Molecular Spectroscopy Analysis of Oil Seeds and Oils

油料油脂的
分子光谱分析

武彦文　编著

化学工业出版社
·北京·

油料油脂分析包括油料、饼粕和食用油脂品质与组分的检验。随着我国饲料饼粕和食用油脂需求的不断增长，迫切需要借助简便、快速的分析技术监测油料油脂的收储、加工和消费环节。分子光谱技术主要包括紫外-可见、近红外、中红外、拉曼光谱和分子荧光，其分析方法具有快捷方便、适合多物态以及信息丰富等优点。近年来，随着光学仪器制造技术的进步和化学计量学方法的成熟，油料油脂的分子光谱分析技术和方法迅速发展，特别是近红外光谱作为一种过程分析技术，已经得到广泛应用。

　　《油料油脂的分子光谱分析》系统地介绍了油料油脂领域的分析需求，分子光谱技术的原理、方法和仪器组成，以及紫外-可见、近红外、中红外、拉曼光谱和荧光光谱在油料油脂分析领域的应用与研究情况。本书注重理论知识的实际应用，通过引用、剖析和总结研究与应用实例，让读者全面了解分子光谱在油料油脂分析领域的最新研究动态和发展趋势。本书内容丰富、资料详实、文字简练、通俗易懂，适用于从事油料油脂生产和检验领域的科研、实验人员，以及高等院校相关专业的师生参考，也可作为分子光谱生产、销售和应用人员的参考书。

图书在版编目（CIP）数据

油料油脂的分子光谱分析/武彦文编著. —北京：化学工业出版社，2019.4
　ISBN 978-7-122-33805-1

　Ⅰ.①油… 　Ⅱ.①武… 　Ⅲ.①食用油-分子光谱学-光谱分析 　Ⅳ.①TS225

中国版本图书馆 CIP 数据核字（2019）第 014625 号

责任编辑：杜进祥　　　　　　　　　　文字编辑：孙凤英
责任校对：王　静　　　　　　　　　　装帧设计：韩　飞

出版发行：化学工业出版社（北京市东城区青年湖南街 13 号　邮政编码 100011）
印　　装：三河市延风印装有限公司
710mm×1000mm　1/16　印张 22¾　字数 442 千字　2019 年 8 月北京第 1 版第 1 次印刷

购书咨询：010-64518888　　　　　　售后服务：010-64518899
网　　址：http://www.cip.com.cn
凡购买本书，如有缺损质量问题，本社销售中心负责调换。

定　　价：88.00 元

前　言

随着全球产业经济与科学技术的飞速发展，油料油脂的分析检验技术也在不断升级迭代。近十几年来，分子光谱技术，特别是近红外光谱凭借其快速、便捷、无损、环保等优势，在油料分析领域取得了令人瞩目的成绩。同时，随着分子光谱仪器设备，特别是采样附件的快速发展，红外光谱、拉曼光谱等在油脂分析领域发展也非常迅速，涌现出许多极具应用前景的研究与应用成果。因此，本书讨论的重点不在于传统的光谱分析方法，即油料油脂样品通过预处理，从中提取、分离得到目标物（有的分离方法与检测技术联用，如高效液相色谱法）；有些目标物还需要通过生色反应呈现光谱特性，最后采用分子光谱技术，如红外光谱仪、紫外-可见或荧光分光光度计检测；而是重点观察分子光谱作为间接方法实现快速检测的过程，即通过一定数量的代表性样品建立待测目标的光谱模型，该模型经过验证合格后即可进行实际样品的快速、无损检测。因此，基于分子光谱与通过直接方法获得的参考数据，建立油料油脂的模式识别模型（定性判别）和校正模型（定量测定）是本书阐述的主要内容。

建立分子光谱识别与校正模型往往需要结合化学计量学方法。对于复杂的油料油脂分析体系，它们的分子光谱通常是多种组分信息叠加的结果，特别是近红外光谱图，其谱峰很难归属到某一类或某一个组分。因此，无法直接采用谱图差异判别或者应用朗伯-比尔定律定量，而是需要通过化学计量学方法提取、甄别谱图中蕴藏的有效信息，找到样品谱图与其组分的一一对应关系，建立相应的定性判别或定量校正模型。倘若模型得当，则未知样品的识别与检测，只需扫描光谱，即可通过模型直接读取相关信息。近年来，随着化学计量学的发展和成熟，近红外、红外和拉曼光谱与化学计量学的结合越来越紧密，许多方法模型在油料油脂分析领域得到广泛应用，发挥出很好的经济效益。本书不仅介绍了分子光谱与化学计量学方法的基础知识，而且总结了大量的油料油脂分析应用案例与最新研究成果。

本书汇集了紫外-可见光谱、近红外光谱、红外光谱、拉曼光谱和分子荧光等五种分子光谱技术在油料油脂分析领域的典型应用与研究案例，内容涉及基础篇（前三章）和应用篇（后五章）两部分。第1章概述了油料油脂的常规分析检验方法；第2章介绍了分子光谱的基础知识和实验技术；第3章重点阐述了化学计量学方法，包括光谱预处理、模式识别方法和校正模型的建立、验证和评价等；第4章讨论了近红外光谱在油料与饼粕组分测定及品质判别方面的应用；第5～8章分别介绍了分子光谱在油脂的真伪鉴别、掺伪分析、组分含量、质量参数测定和氧化监测等方面的应用与研究。

本书的编写目的是让读者熟悉分子光谱技术结合化学计量学的分析方法，了解油料油脂分析领域需要解决的问题，把握国内外分子光谱技术在油料油脂分析领域的最新应用和发展趋势，使读者能够结合实际情况，熟练、灵活地运用分子光谱解决实际和分析检验中遇到的问题，并为新的分析方法开发提供借鉴和参考。

本书的编著者从事了多年分子光谱研究与油脂分析检验工作，积累了较为丰富的应用经验和研究心得。然而，由于本书涉及学科较广，编著者的知识与能力有限，书中难免有不妥之处，望读者批评指正。

本书的编写得到了诸多同仁和同学的支持，书中涉及的多项研究成果凝结了研究团队的多年心血。本书共分8章。武彦文负责全书内容的编著，李冰宁帮助收集和整理了部分荧光光谱和化学计量学方法的基础知识，刘玲玲收集和整理了部分近红外光谱的基础知识，祖文川和汪雨收集了紫外-可见与拉曼光谱的部分研究资料。同时，北京林业大学的欧阳杰、姜树、李倩、阚黎娜、赵瑾凯等老师和同学帮助查阅了大量的文献和案例。此外，本书参考了部分国内外文献与书籍中的图表和研究数据，以及互联网与分析仪器公司的资料和图片。在本书编著过程中得到了中国仪器仪表学会的燕泽程研究员、中国仪器仪表学会近红外光谱分会的刘慧颖高级工程师、中国农业大学的韩东海教授、北京化工大学的袁洪福教授和中国石油科学研究院的褚小立研究员的热情鼓励，出版过程中得到了"北京市科学技术研究院创新团队计划"项目资助以及北京美正生物科技有限公司的鼎力支持，在此一并表示感谢！

武彦文

2019 年 3 月

目 录

基 础 篇

第1章　油料油脂及其分析检验　　　2

第 3 章　化学计量学方法　　　101

应　用　篇

第4章　近红外光谱分析油料与饼粕　139

基础篇

第1章

油料油脂及其分析检验

1.1 油料及其组成与加工

1.1.1 油料的定义与分类

油料（oil-bearing materials）是指凡是含有足够量的油脂成分（一般含油率高于8%），具备工业提取油脂价值的原料。通常可以将油料按照生物来源分为植物油料、动物油料和微生物油料。植物油料包括富含油脂的植物的种子、果肉、胚芽等，如大豆、花生、菜籽、葵花籽、芝麻、玉米胚芽、米糠、棕榈果、橄榄果等；动物油料包括畜禽等陆地动物（如猪、牛、马、鸡、鸭等）和水（海）产动物（如淡水鱼和海产鱼）两大类；微生物油料则包括自然界存在或人工培养的丝状真菌、细菌、霉菌、酵母和微藻类等微生物在一定的培养条件下，利用碳源在体内大量合成并积累的甘油三酯、游离脂肪酸以及其他一些特殊脂类。

从全球的产业规模上看，植物油料与植物油料的生产、贸易和消费无疑占主导地位。随着人们消费观念的改变，动物油料除乳脂之外呈逐年下降趋势。微生物油料产业规模相对较小，主要作为功能成分用于保健食品、功能性饮料、高级化妆品等消费产品中。

植物油料主要包括植物的种子、果肉以及食品加工副产物。植物种子即通常所说的油籽，油籽可以长期保存，很少变质，能够在国际间广泛流通，也便于在大型工厂集中制取油脂。油籽的品种很多，如大豆、花生、油菜籽、葵花籽、棉籽、蓖麻籽、桐籽、芝麻等。与油籽不同，同样作为油料的果肉通常极易腐烂变质，不能以油料形式广泛流通，而是大多以果肉提取、精炼得到的油脂形式进行流通，其典型代表是橄榄果与棕榈果。玉米胚芽、小麦胚芽与米糠则属于食品加工的副产物，它们也是重要的植物油来源。

　　植物油料的分类方法有多种，如果按照植物的属性可以分为木本油料（如油茶、油桐、油棕、核桃、油橄榄、文冠果、椰子等）和草本油料（如大豆、花生、油菜籽、芝麻、亚麻籽、葵花籽、蓖麻籽、棉籽等）。其中，草本油料是油料的主要来源，我国90%以上植物油来自草本油料。植物油料中的油脂含量差异很大，如：芝麻、蓖麻、核桃中的油脂比例（含油率）高达56%～70%；葵花籽、菜籽、花生、油橄榄的含油率为36%～55%；大豆、亚麻籽、棉籽等油料的含油率为15%～35%。因此，植物油料也可以按照含油率高低进行分类。由于同一种油料的含油率会随着品种、质量、储存条件与储存时间的不同呈现出差异，油料中的脂肪含量是油料收购与储存的重要质量检测指标。

　　此外，油料还可以根据栽培区域分为大宗油料、区域性油料、野生油料与热带油料，根据种植面积、产量大小分为大宗油料和小宗油料。全世界的油料作物不下4500种，但主要生产区域位于温带，其中美国、巴西、阿根廷、中国、马来西亚、印度尼西亚等国家处于世界油料生产的最前列。世界性的大宗油料主要有大豆、油菜籽、棉籽、花生、油棕果、葵花籽、芝麻、亚麻籽、红花籽、蓖麻籽、巴巴苏籽、椰子干和油橄榄等。我国由于地理和气候的多样性，食用的植物油料资源与品种都比较丰富，主要的8种食用植物油料是大豆、花生、油菜籽、棉籽、葵花籽、芝麻、油茶籽和亚麻籽。其中，油菜籽和花生的产量居世界第一。同时，我国还有上百种特种植物油料资源，目前产量较大且已开发利用的有油茶籽、红花籽、紫苏、核桃、杏仁、苍耳籽、沙棘、葡萄籽、月见草、南瓜籽和番茄籽等。

　　植物油料及其提取的油脂并非全部能够供人们食用，如油桐、蓖麻等因有不正常味道或毒素而不宜食用，所提取的脂肪也不宜食用，只能作为工业原料。因此，也可以按照用途将植物油料分为食用油料与工业用油料等[1]。

1.1.2　油料的化学组成

　　由于品种、产地、气候、栽培技术以及储存条件的不同，植物油料的主要成分不尽相同。但脂肪、蛋白质、糖类通常是各种油料的三大主要成分，同时还含有水分、灰分、粗纤维、游离脂肪酸、磷脂、色素、维生素、蜡等（表1-1）。个别油料中还含有少量的特殊物质，如棉籽中的棉酚，芝麻中的芝麻素、芝麻酚，油菜籽中的二硫代葡萄糖苷等。这些物质往往影响，甚至决定油脂制取时的工艺条件以及所得油脂与饼粕的品质[2]。

　　脂肪作为油籽中的主要化学成分，是在油料种子成熟过程中由糖类转化形成。油脂的主要成分是甘油三酯，是由甘油和脂肪酸缩合而成的化合物，不同油脂的脂肪酸组成存在差异。

　　大多数油料的蛋白质含量都很高，脱脂后饼粕中蛋白质含量进一步提高，有

表 1-1　常见植物油料的主要化学成分及其含量（干基）　　　单位：%

油料成分	脂肪	蛋白质	磷脂	糖类	粗纤维	灰分
大豆	15.5～22.7	30～45	1.5～3.2	25～35	约9	2.8～6
油菜籽	33～48	24～30	1.02～1.2	15～27	6～15	3.7～5.4
棉籽	14～26	25～30	0.94～1.8	25～30	12～20	3～6.4
花生仁	40～60.7	20～37.2	0.44～0.62	5～15	1.2～4.09	3.8～4.6
芝麻	50～58	15～25	—	15～30	6～9	4～6
葵花籽	40～57	14～16	0.44～0.5	—	13～14	2.9～3.1
亚麻籽	29～44	25（仁）	0.44～0.73	14～25	4.2～12.5	3.6～7.3
大麻籽	30～38	15～23	0.85	21	13.8～26.9	2.5～6.8
蓖麻籽	40～56	18～28	0.22～0.3	13～20.5	12.5～21	2.5～3.2
红花籽	24～45.5	15～21	—	15～16	20～36	4～4.5
油茶仁	40～60	8～9	—	22～25	3.2～5	2.3～2.6
油桐仁	47～63.8	16～27.4	—	11～12	2.7～3	2.5～4.1
米糠	12.8～22.6	11.5～17.2	0.1～0.5	33.5～53.5	4.5～14.4	5～17.7
玉米胚芽	34～57	15～25.4	1.0～2.0	20～24	7.5	1.2～6
小麦胚芽	16～28	27～32.9	1.55～2.0	约47	2.1	4.1
苏子	33～50	22～25	—	—	—	—
橡胶籽仁	42～56	17～21	—	11～28	3.7～7.2	2.5～4.6
核桃仁	60～75	15.4～27	—	10～10.7	约5.8	约1.5
葡萄籽	14～16	8～9	—	约40	30～40	3～5
椰子干	57～72	19～21	—	约14.6	6～8	4～4.5

些饼粕中的蛋白质比例高达40%，是畜牧业和渔业饲料的主要配料。由于蛋白质主要存在于油籽籽仁的凝胶中，因此，蛋白质对油料的加工影响很大，许多制油的工艺流程都与蛋白质的分子结构和变化有关。

通常，油料中的糖类比例并不高，特别是一些高油分油料，这是因为大部分糖类已经转化为脂肪。然而，作为油籽细胞的主要组成以及主要营养物质，糖类对制油加工的影响也很大。如高温下，碳水化合物会发生焦化、变黑分解，与蛋白质等物质反应生成不溶于水的深色化合物等。这些性质需要在制油过程中予以注意。

油籽中糖类有单糖、双糖、低聚糖和多糖等，例如，大豆中的蔗糖（5%）、棉子糖（1%）和水苏糖（4%）等大豆低聚糖。淀粉和纤维素属于多糖，淀粉主要存在于油料核仁中，纤维素主要存在于油籽的皮壳中，如葵花籽、棉籽等，制油时需要预先脱壳再提取，否则纤维素会吸收油分导致饼粕的残油含量增加。糖苷也是油籽中糖类的一种存在形式。天然的糖苷大多是β型糖苷，如苦杏仁苷、硫代葡萄糖苷（简称硫苷）、大豆皂苷等。天然糖苷一般味苦，有的有剧毒，在油料加工时需要采取措施降低或消除糖苷的毒性。

此外，油料中含有游离脂肪酸、甘油一酯、甘油二酯、植物甾醇、蜡酯、类胡萝卜素、生育酚、角鲨烯、磷脂和糖脂等。一些特殊油料中还有特殊成分，如棉籽中的棉酚、芝麻中的芝麻木酚素等。部分油料中含有少量的香豆酸、阿魏酸、芥子酸等酚酸以及黄曲霉毒素等[2]。

1.1.3　油料的加工

1.1.3.1　植物油料的预处理工艺

植物油料加工工艺或技术包括：油料预处理压榨/预榨、浸出、精炼以及油脂加工和深加工等。由于植物油料具有多样性，不同油料的处理技术不同。同时，油脂生产工艺流程的选择也与油料品种、产品及副产品质量、生产规模、技术条件、油料综合利用情况、环境保护等要求密切相关。因此，每一种油料的加工都有其特殊性，其中预处理工段的差异最为明显。目前，我国大中型油脂加工厂主要以大豆、菜籽、棉籽、花生、葵花籽等大宗原料加工为主，采用的工艺大多为传统加工工艺。近年来，随着油脂加工厂规模的不断扩大以及市场对饼粕的多样化需求，许多新建油脂加工厂注重与国际技术接轨，纷纷配备大豆脱皮或膨化工艺，一些厂家还选择了菜籽、棉籽进行膨化处理工艺。本节简要说明部分大宗原料的预处理工艺过程。

对于大豆加工，目前国内中小型加工厂以及许多大型加工厂仍然沿用传统的处理工艺，即清理、破碎、软化、轧坯、生坯烘干等工序，其优点是工艺流程简单、设备投资较少，但缺点是浸出效率低，制取的毛油质量差以及饼粕中的蛋白质含量低。为了改进工艺，目前国内外油脂加工普遍采用大豆全脱皮工艺（图 1-1），从而显著降低了豆皮含量，提高了饼粕的蛋白质含量。此外，一些油脂加工厂还采用挤压膨化技术以降低能耗，提高产品与出油的品质。

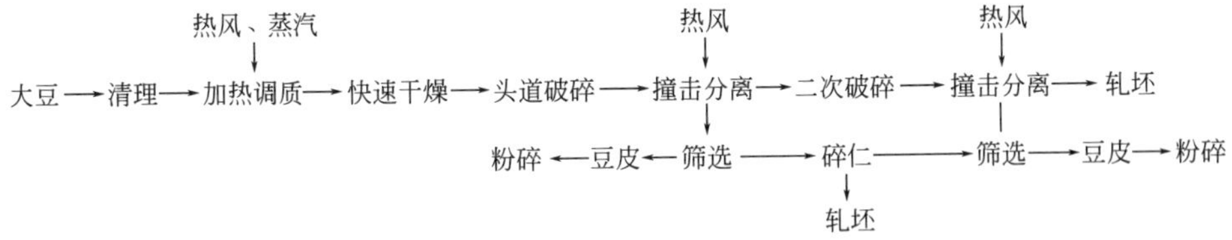

图 1-1　大豆预处理加工中的全脱皮工艺流程

油菜籽的加工普遍采用预榨-浸出工艺（图 1-2）。用于油脂加工的油菜籽有两种，一种是传统的油菜籽，另一种是"双低"（低芥酸及低硫苷）油菜籽。对于传统的油菜籽，由于水分含量较高，一般在油料预处理工艺中不配备软化设备，而"双低"油菜籽在用传统预处理工艺加工时需要配备软化设备。

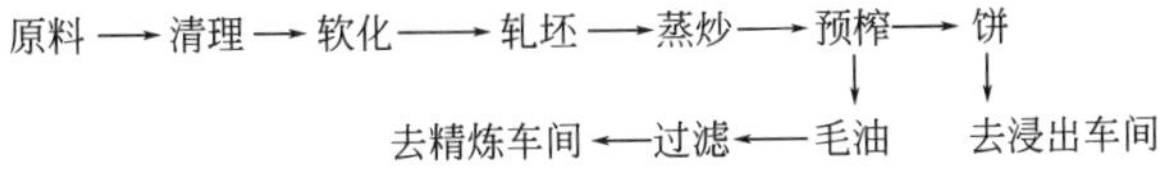

图 1-2　油菜籽的加工工艺流程

目前棉籽的加工多以传统的预榨-浸出加工工艺为主。棉籽的预处理工艺（图 1-3）与其他原料不同，处理过程比较复杂，原因是含有短棉绒，棉绒容易散落，清理困难。清理多采用风选法，同时必须配备除尘系统。油菜籽的预处理工艺设备比较成熟，一些厂家还采用了较为先进的挤压膨化技术。

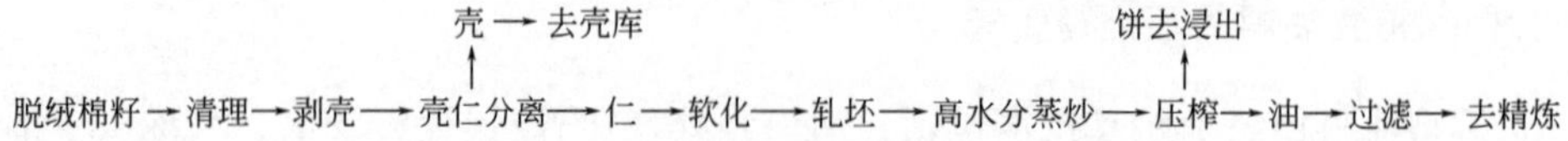

壳 → 去壳库　　　　　　　　　　　　　饼去浸出

脱绒棉籽 → 清理 → 剥壳 → 壳仁分离 → 仁 → 软化 → 轧坯 → 高水分蒸炒 → 压榨 → 油 → 过滤 → 去精炼

图 1-3　棉籽的预处理工艺流程

花生和葵花籽均为高含油油料，目前多采用的是预榨浸出法制油，即花生或葵花籽依次经过清理、剥壳、破碎、轧坯、蒸炒，然后预榨、浸出。目前个别厂家生产冷榨花生油（图 1-4），冷榨花生油比浸出油和高温压榨油的油色清亮，色泽较浅。同时，由于采用低温工艺，最大限度地保留了生理活性物质，营养价值更高[3]。

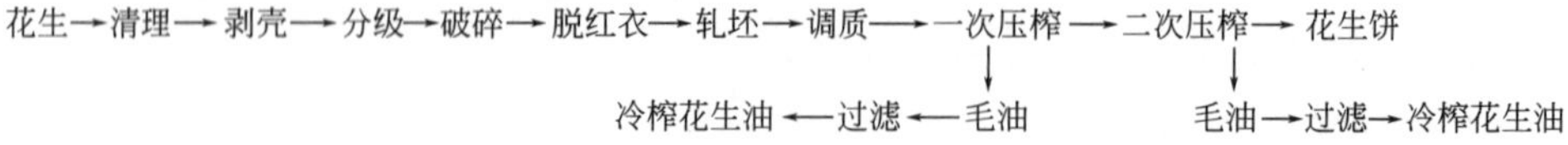

花生 → 清理 → 剥壳 → 分级 → 破碎 → 脱红衣 → 轧坯 → 调质 → 一次压榨 → 二次压榨 → 花生饼

冷榨花生油 ← 过滤 ← 毛油　　　　　　　毛油 → 过滤 → 冷榨花生油

图 1-4　花生油的冷榨工艺流程

1.1.3.2　动物油脂的熬制工艺

动物油脂是由猪、牛、羊等的皮下脂肪、肌肉（肠区）脂肪、屠宰脂肪和分割脂肪等部分熬制精炼而成。动物的脂肪组织中通常含有 70%～80% 的油脂，肉猪板油的油脂含量高达 82%～95%，牛的脂肪组织含油脂 60%～85%。鱼油是从整条含油小鱼（如沙丁鱼和鲱鱼，它们的脂肪含量为 10%～20%）熬制得到。动物油脂的熬制工艺一般分为干法熬油、湿法熬制、浆状熬油法和消化熬油法。

干法熬油是将切碎的脂肪组织放入带有蒸汽夹套的熬炼锅中加热，化开脂肪细胞，释放出熔化的油脂并去除水分，再经过滤、压榨分出油渣得到粗油。熬制可以在常压、真空和加压条件下进行。常压生产的油脂酸价高、易变质，真空和加压下熬制的油脂品质较好。

湿法熬制是在密封容器内或切成小块在连续式双螺旋蒸煮器内用压力蒸汽熬制，然后用低压螺旋压榨机分出油和含水的渣。该法熬制的时间短、产品色泽浅、风味好、酸价低、得率高。如果熬制得当，则不需精炼处理。

浆状熬油法基本过程包括原料粗碎后与产品脂配料混合、磨浆（含脂 68%、含水分 22%），泵入多效蒸发器真空蒸发、离心机脱脂，固体渣（含脂 35%）用螺旋机榨脱脂，油渣残油 10% 以下。其特点是降低蒸汽消耗、改善产品质量、实现连续化低污染生产，适合于肉联厂等大型连续化生产。

消化熬油法是一种借助添加化学品（如氢氧化钠）或酶的作用，通过结缔组织的水解和溶解而促使油脂分离的湿式炼制法。其基本过程包括消化动物原料脂肪（如用 1.75% 的 NaOH，在 85～95℃温度下消化 45min～1h）、离心机脱脂、2%～5% 盐水与清水洗涤或真空干燥。该法产品质量好、酸价低、色泽浅、产品得率较高，尤其适合于新鲜动物油脂的熬制[2]。

1.1.3.3　微生物油脂的工业化生产工艺

微生物油脂（microbial oils）又称单细胞油脂（single cell oil，SCO），是由酵母、霉菌、细菌和藻类等微生物在一定条件下利用碳水化合物、烃类和普通油脂为碳源、氮源，辅以无机盐生产的油脂。工业化生产微生物油脂的基本工艺一般包括原料（干菌体）的制备、预处理、压榨或油脂浸出以及毛油精炼等工序。干菌体是微生物油脂的原料，其制备过程首先需要遵循微生物的生长繁殖规律，为其提供所需的碳源、氮源、能源、无机盐、生长因子以及水等营养素，然后根据选定微生物的特性，提供适宜的条件进行工业发酵，其基本过程见图 1-5。制得的干菌体经过粉碎、蒸炒、预榨浸出后得到微生物油脂的毛油，毛油再经过精炼工艺过程得到成品油[2,3]。

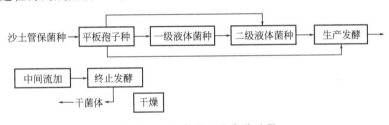

图 1-5　微生物的工业发酵过程

1.2　油料的分析检验

目前，由于植物油在油脂工业中占绝对优势地位，因此关于油料和饼粕的研究主要针对植物油料。植物油料及饼粕的分析检验包括物理和化学分析。物理分析的范围包括纯度、整齐度、杂质、密度、相对密度、硬度、千粒重等，这些反映的是油料的工艺品质与商品价值，经常应用于日常油料检验中。油料及饼粕的化学分析包括水分、灰分、粗脂肪、粗蛋白质及氨基酸、碳水化合物等分析。对于一些特殊油料，如油菜籽、棉籽、大豆等，由于含有的硫苷、棉酚和脲酶等对油脂加工生产和人体健康产生不利影响，也是油料和饼粕检验中必须测定项目。此外，油料中的有害残留物（如农药、真菌毒素等）的分析也属于化学分析范畴。同物理分析相比，化学分析方法复杂、烦琐、耗时，需要用到大量的化学试剂，而分子光谱具有操作简便、无损、快速、试剂用量少甚至不需试剂等优势。

因此，近几十年来，分子光谱技术作为替代方法，在油料油脂分析领域发挥了突出的作用。

1.2.1 油料和饼粕的化学检验

传统的油料及其饼粕中水分含量的测定方法有加热干燥法、电测法、核磁共振法。加热干燥法是我国油料质量标准中测定水分含量的标准方法，该方法操作简单，但耗时长；电测法是指油料收购时采用了电阻式和电容式水分测定仪；核磁共振法可以用于油料水分与脂肪的测定，但仪器价格昂贵，普及性差。近年来，随着近红外光谱技术的快速发展，美国、加拿大等国家已经将近红外光谱法作为检查谷物品质的标准方法，逐步将近红外光谱法作为水分、脂肪、蛋白质及其他成分的非破坏性测定方法。

灰分是指油料和饼粕经高温灼烧后残留的无机物质，主要成分是矿物盐或无机盐类。灰分也是油料和饼粕的质量评价指标之一。灰分测定包括总灰分、水溶性灰分（钾、钠、钙、镁等的氧化物与可溶性盐类）、水不溶性灰分（铁、铝等氧化物和碱土金属碱式磷酸盐以及泥沙）、酸溶性灰分和酸不溶性灰分（油料组织中固有的二氧化硅与泥沙污染物）。灰分的测定方法主要采用灼烧法，即采用马弗炉高温灼烧，使试样中的有机物完全挥发后残留下灰白色物质，称量得到灰分含量。

由于油料的主要用途就是制油，因此粗脂肪含量是评定油料品质和营养价值的重要指标。同时，饼粕中的含油量也是衡量油脂生产工艺的重要技术指标。测定油料和饼粕中脂肪含量的经典方法是索氏抽提法，即采用乙醚或石油醚为提取溶剂提取脂肪。由于提取物中除了脂肪以外，还有游离脂肪酸、磷脂、甾醇、蜡质以及色素等脂溶性物质，因此该提取物被称为粗脂肪。索氏抽提法测定脂肪含量的时间至少需要 $4 \sim 6h$，但如果采用近红外光谱方法，则测定一个样品只需 $2min$，很好地满足了油料收购与加工生产中检测量大、快速的要求。

油料中除了含有大量的脂肪外，还含有丰富的蛋白质。特别是在加工制取油脂后的饼粕中，更是含有大量可利用的蛋白质。蛋白质的测定方法很多，根据测定原理可以分为两类：一类是利用蛋白质的共性，即含氮量、肽键和折射率等，如凯氏定氮法、燃烧法、双缩脲法等；另一类是利用蛋白质中特定氨基酸残基、酸性基团、碱性基团和芳香基团等，如福林-酚试剂法、紫外吸收光谱法、考马斯亮蓝法、荧光法、免疫法等。

凯氏定氮法是油料与饼粕中蛋白质测定的标准分析方法，属于化学方法，其测定原理是通过剧烈的湿消解法彻底破坏蛋白质使其生成氨，氨与硫酸结合生成硫酸铵，以氢氧化钠碱化蒸馏使氨游离，用硼酸吸收后以硫酸或盐酸标准溶液滴定，根据酸的消耗量换算出蛋白质含量。此外，双缩脲法由于测定简便、快速，也是测定蛋白质的常用方法。其测定原理是利用蛋白质在碱性溶液中与二价铜离子反应形成可溶性的紫红色物质，该物质在一定范围内与蛋白质的含量呈线性关系，从而可以利用紫外-可见分光光度法（最大吸收波长为550nm）定量测定。

同样，氨基酸的测定也是通过紫外-可见分光光度法测定其呈色反应得到的有色物质，最典型的方法是茚三酮比色法。该方法是利用氨基酸在碱性条件下与茚三酮反应生成蓝紫色化合物，该化合物在最大吸收波长570nm处的吸光度与氨基酸含量呈一定线性关系。利用该原理发展的氨基酸分析仪能够利用离子色谱分离对氨基酸进行含量测定。此外，氨基酸还可以与一些衍生剂生成荧光物质（如萘磺酰氨基酸），应用荧光分光光度计能够进行含量测定。

碳水化合物简称糖，包括单糖和多糖（包括双糖和多糖），淀粉和纤维素都属于多糖。碳水化合物也是油料籽粒的重要组分。测定油料和饼粕中碳水化合物的国家标准方法是费林法，其测定步骤是先通过水解将试样中的碳水化合物转化为单糖等还原性糖，然后利用其还原性进行化学滴定反应测得含量，最后换算为样品中碳水化合物的含量。由于油料中的糖类组成复杂，用化学方法难以分别测定，因而色谱方法是目前分离和测定各种单糖和低聚糖的常用方法，包括气相色谱法和高效液相色谱法。气相色谱法是先将糖转变为挥发性衍生物，再进行色谱分离与测定。高效液相色谱法主要通过反相化学键合相实现各类单糖、低聚糖和多糖的分离，以示差折光检测器（RI）测定各组分含量。

综上，油料及饼粕的化学组分分析中，涉及水分、灰分、粗脂肪、粗蛋白质及碳水化合物的检测，这些成分的传统或标准分析方法较为烦琐、耗时。分子光谱技术的发展，特别是近红外光谱技术与化学计量学的快速发展，为这些组分的快速检测提供了可能。氨基酸的经典测定方法就已涉及分子光谱中的紫外-可见光谱技术。此外，部分检测成分需要通过液相色谱分离除去干扰成分，然后采用紫外-可见分光光度计定量测定。

1.2.2　特殊油料和饼粕的化学检验

1.2.2.1　油菜籽中的硫苷和叶绿素

油菜是一种重要的油料作物，我国油菜的种植面积和产量居世界首位。然而，我国传统油菜在品质上存在两个问题：一是油菜中芥酸含量高（40%），营养价值低；二是油菜中含有硫苷，制油后残留在饼粕中的硫苷经芥子酶水解产生有毒物质，使得饼粕无法有效利用。因此，硫苷的含量直接影响到油菜籽与饼粕的质量。硫苷的测定方法有气相色谱法和紫外-可见分光光度法。气相色谱法是利用硫苷与芥子酶生成异硫氰酸酯，其经二氯甲烷提取后可用气相色谱测定，换算得到硫苷的含量。紫外-可见分光光度法则通过硫苷与生色团反应生成有色物质测定，如硫苷与氯化钯反应生成的有色物质在 450nm 处有最大吸收，硫苷被芥子酶水解生成的噁唑烷硫酮在紫外区 200～300nm 处有最大吸收。

此外，由于油料种子的成熟度不同，油菜籽中叶绿素的含量也有所差异，一般越成熟的种子，叶绿素的含量越低，因而导致分别制取的油脂呈现不同程度的绿色，给后续的油脂精炼造成不利影响。目前我国测定油菜籽中的叶绿素含量是基于国际上的两个标准方法（ISO 10519:1997 和 AOCS Cc 13i-96:1997）制定的标准方法（GB/T 22182—2008）。该方法是通过有机溶剂将叶绿素从油菜籽中萃取出来，采用紫外-可见分光光度计在 665nm 最大吸收波长处测定油菜籽中叶绿素含量。

1.2.2.2 棉籽中的棉酚

棉籽中的棉酚是其特有物质，占棉籽的 0.15%～1.8%。棉酚在 70～80℃和有氧条件下会自行聚合或氧化成为颜色较深而有黏性的变性产物，其溶于油脂，使得油脂发黏，颜色变深。我国食用植物油卫生标准规定棉籽油中游离棉酚含量不得超过 0.02%。游离棉酚的测定也采用比色法，即利用棉酚与苯胺转化为苯胺棉酚，测定其在波长 440nm 处的最大吸收。

1.2.2.3 大豆中的脲酶

大豆中的胰蛋白酶抑制因子是一种抗营养因子，对动物健康不利，适当加热可以使其活性丧失，但加热过度又会破坏热敏氨基酸，降低大豆中蛋白质的品质。由于大豆中的脲酶与胰蛋白酶抑制因子的含量呈正相关，通过测定脲酶的活性可以评价大豆饼粕的质量。脲酶的测定有盐酸中和法、pH 增值法、酚红判定法，三种方法均是利用脲酶水解尿素生成氨进行分析。

1.2.2.4 饼粕蛋白质的功能特性

饼粕蛋白质的功能特性有黏度、吸水性、溶解性、保（持）水性、吸油性、乳化性、起泡性等指标。这些指标的测定包括物理和化学检验，化学方法以重量法和化学滴定为主，分析方法简单，不需特殊的仪器设备。涉及分子光谱的方法主要有两种，一种是蛋白质表面疏水性的测定，另一种是蛋白质乳化物类型的鉴别。蛋白质表面疏水性的测定是利用荧光探针 1-苯氨基-8-萘磺酸盐与蛋白质结合产物的荧光强度变化，测定在激发波长 390nm，发射波长 470nm 下的荧光强度与蛋白质浓度的曲线，曲线斜率即为蛋白质的表面疏水性。饼粕蛋白质的乳化物类型也采用荧光法区分，方法是用紫外光照射荧光，当产生均匀的荧光时为 W/O（油包水）型乳化物，不均匀的则为 O/W（水包油）型[4]。

1.2.3 油料中的有害残留物分析

油料中的有害残留物主要表现在两个方面：一是油料植物在生长过程中接触

到的农药、矿物油等；二是油料本身由于储运不当而产生的真菌毒素，如大豆中的赭曲霉毒素、花生中的黄曲霉毒素和玉米中的伏马毒素等。

农药的种类很多，有杀虫剂、杀螨剂、杀菌剂、杀线虫剂、除草剂等。根据化学类型，农药又分为有机磷、有机氯、氨基甲酸酯、拟除虫菊酯等多个种类。农药残留的检测方法大多采用气相色谱法，即采用适当的提取、净化方法后，注入配有相应检测器（如氮磷检测器或硫磷检测器）的气相色谱仪中分离、测定。少数农药残留的定量检测采用高效液相色谱法或比色法，如西维因的测定（检测波长280nm）。

赭曲霉毒素和黄曲霉毒素是曲霉属和青霉属的某些菌种产生的次级代谢产物。由于这些真菌毒素在紫外光下会产生蓝紫色荧光，因此，其检测大都采用紫外分光光度计，少数采用荧光分光光度计。为了消除检测干扰，检测之前需要进行细致的分离过程，如薄层色谱或免疫柱色谱净化再配合液相色谱等。

由于油料中农药残留和真菌毒素均属于微量甚至痕量物质，其检测方法一般采用分子光谱技术中较为灵敏的紫外-可见或荧光分光光度法。红外光谱和拉曼光谱由于特征性不强、灵敏度稍差，无法满足微量或痕量物质的检测。但是，近年来出现的一些研究将分子光谱与化学计量学方法结合，尝试对油料中一些微量物质进行定量分析。

1.3　油脂的组成、精炼与氧化

1.3.1　油脂的定义与分类

油脂是来源于植物、动物和微生物的天然有机化合物，其化学成分为脂肪酸的衍生物，是以甘油三酯为主的混合物，根据油脂在常温下的状态定义为"油"（液态）或"脂"（固态）。

油脂、蛋白质和糖类是自然界存在的重要物质，也是人类的三大营养素。油脂为人体提供大量热量，每克油脂在体内彻底氧化可提供大约38kJ的热能（即脂肪热值），是同样质量的蛋白质和糖类的2.3倍，占人体热能总摄入量的20%～50%。此外，油脂还具有多种重要的生理功能，如构成机体的重要成分，提供人体不能合成的亚油酸、亚麻酸等必需脂肪酸，促进脂溶性维生素吸收，调节生理机能与保证生育等，是保证人体健康的重要物质。

除了食用外，油脂也是重要的工业原料，被广泛应用于很多产业部门。因此，按照用途可将油脂分为食用油脂和工业用油脂，本书主要论述食用油脂。油脂按照来源可分为植物油脂、动物油脂和微生物油脂。动物油脂主要有陆地动物油脂和海（水）产动物油脂两大类。除了大量存在于自然界的昆虫油脂有待开发及乳脂以外，陆地动物油脂专指畜、禽肉类加工的副产品，如猪油、牛油、牛脂、马脂、家禽（鸡鸭）油等。海（水）产动物油脂主要来自海洋哺乳动物（鲸类）及鱼类，如鲤鱼、草鱼、鲫鱼、青鱼等淡水鱼的鱼油，鲱鱼、沙丁鱼、步鱼、鲸鱼、海豹等海产鱼油，以及来自鲨鱼、鳕鱼的鱼肝油等。

随着食品营养价值研究的深入和人类膳食习惯的改变，油脂消费正在发生结构性调整，即从动物油脂向植物油脂转变。目前，全世界植物油脂的消费占相当比例，并呈逐年上升趋势。不过，动物油脂仍然是人类食用油脂的重要组成部分。近年来，乳脂与海产鱼油的营养价值与健康功能受到青睐。可以预见，在未来的多元化消费中，乳脂及其制品和海产动物油脂的消费将迅速增加。同时，随着科学技术和食品工业的发展，如果猪油中胆固醇问题得到解决，猪油和禽类脂肪仍然是动物油脂的主要消费对象[5,6]。

1.3.2　油脂的主要成分——甘油三酯

油脂的来源不同，因而不同油脂的组成和性质存在较大差异，但其主要成分都是甘油三酯，一般精炼油脂中的甘油三酯含量都在95%以上。甘油三酯是由1个甘油分子上的3个羟基分别与3个脂肪酸分子上的羧基缩合酯化而成，其分子式见图1-6。在甘油三酯分子中，3个脂肪酸分子可以相同也可以不同，甚至缺失。因此，对应有甘油二酯和甘油一酯。但相对于甘油三酯，后两种甘油酯的含量很低。此外，还需注意脂肪酸在甘油三酯上的分布位置，通常以 sn-1、sn-2、sn-3 分别表示脂肪酸 R^1、R^2、R^3 的位置（图1-6）。

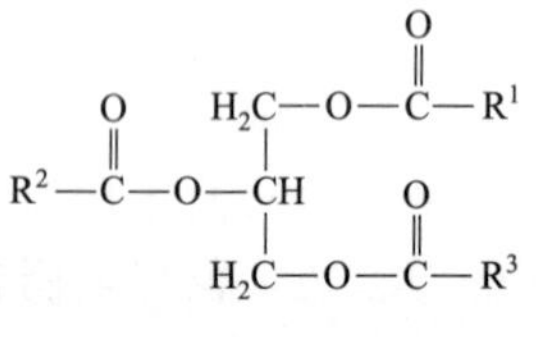

$$H_2C-O-\overset{\displaystyle O}{\overset{\|}{C}}-R^1$$
$$R^2-\overset{\displaystyle O}{\overset{\|}{C}}-O-CH$$
$$H_2C-O-\overset{\displaystyle O}{\overset{\|}{C}}-R^3$$

图1-6　甘油三酯的分子式通式

（R^1、R^2、R^3 可以相同，也可以是不完全相同甚至完全不相同的

脂肪酸；R^2 多为不饱和脂肪酸）

一般在甘油三酯分子中，脂肪酸的碳链都比较长，通常脂肪酸的分子量要占到甘油三酯分子量的90%以上。因此，脂肪酸碳链的种类、结构、性质及其在甘油三酯中所处的位置，直接决定了甘油三酯，乃至各种油脂的组成和性质。常见的脂肪酸大多为直链、偶数碳的，支链和奇数碳的较少。根据脂肪酸的碳碳键饱和程度，分为饱和脂肪酸和不饱和脂肪酸。不饱和脂肪酸又根据双键数目、位置甚至构型不同，分为单不饱和与多不饱和脂肪酸、共轭与非共轭脂肪酸、顺式脂肪酸与反式脂肪酸等。因而，即使是油脂的共同组分——甘油三酯，也会由于构成的脂肪酸不同而呈现出千差万别的结构与性质。

植物油中甘油三酯的脂肪酸主要有棕榈酸（$C_{16:0}$）、硬脂酸（$C_{18:0}$）、油酸（$C_{18:1}$）、亚油酸（$C_{18:2}$）和亚麻酸（$C_{18:3}$）等（表 1-2）。其分布位置也有一定的规律，一般饱和脂肪酸几乎只出现在 sn-1 位上，而亚油酸主要集中在 sn-2 位。

动物油脂包括陆上动物油脂和水产动物油脂。陆上动物油脂中的饱和脂肪酸含量较高，有的高达 60%，主要是棕榈酸和硬脂酸，豆蔻酸（$C_{14:0}$）很少；不饱和脂肪酸以油酸为主，亚油酸和亚麻酸很少（表 1-3）。如猪的背部脂肪层中含油酸 26%、亚油酸 10.7%，肉脂中则含棕榈酸 50.7%、亚油酸 10%。牛油的饱和脂肪酸（主要是棕榈酸和硬脂酸）含量约为 47.8%～71.6%，不饱和脂肪酸主要是油酸，含量为 25.9%～49.6%。羊脂一般比牛脂略硬，其脂肪酸主要是棕榈酸（23.6%～30.5%）、硬脂酸（20.1%～31.7%）和油酸（30%～41.4%），还有少量的亚油酸（1.4%～3.9%）。羊脂缺乏天然抗氧化剂，氧化稳定性较差，需要另外添加抗氧化剂才能储藏。马脂与其他陆地动物的脂肪组成有所不同，其亚麻酸的含量（16.3%）比较高，属于亚麻酸类油脂，其总的不饱和脂肪酸含量高达 62% 以上，包括油酸 33.7%、亚油酸 5.2%。马脂的饱和脂肪酸主要是棕榈酸（26%）、豆蔻酸（4.5%）和硬脂酸（4.7%）。动物油脂中甘油三酯的 sn-2 位大多是棕榈酸，如猪油，牛油甘油三酯的 sn-1、sn-2 和 sn-3 位分别为饱和脂肪酸、不饱和脂肪酸和饱和脂肪酸。此外，陆上动物油脂中含有相当数量的三饱和脂肪酸甘油三酯，即三个位置的脂肪酸均为饱和脂肪酸。

乳脂即牛乳脂肪，又称黄油、酥油、奶油，是从全脂鲜牛奶或稀牛奶经离析、分离而得到的一种直径约 $2\sim3\mu m$ 带膜脂肪球的混合体，属于成分最复杂的一种油脂。乳脂中已经测定的脂肪酸多达 500 多种，但主要的只有 15～20种，其中饱和脂肪酸占 66%～70.6%，不饱和脂肪酸以油酸为主，还包括一些奇数碳和支链型脂肪酸以及具有牛乳风味的乳酸（表 1-3）。值得注意的是，季节对乳脂脂肪酸组成有较大影响，冬季产乳脂的饱和脂肪酸含量高于夏季。

水产动物油脂以海洋中的鱼油和鱼肝油为主，还有就是海洋中哺乳动物油（如鲸油）。海洋动物油脂的脂肪酸组成与陆上动物油脂不同，具体表现在：一方面，其脂肪酸的碳链范围较宽，以 $C_{16}\sim C_{22}$ 为主；另一方面，饱和脂肪酸的含量低（约为 20%），主要为棕榈酸，豆蔻酸和硬脂酸的含量很低。水产动物油脂最突出的特点是富含 ω-3 多不饱和脂肪酸。几乎所有的鱼油中都含有 ω-3 多不饱和脂肪酸，尤其含有二十碳五烯酸（EPA）和二十二碳六烯酸（DHA）这两种特征脂肪酸，其中 EPA 约为 3%～22%，DHA 为 5%～28%。海产鱼油中，长碳链多烯酸的含量尤为突出（表 1-4）。

微生物油脂中的脂肪酸组成与植物油脂类似，主要是硬脂酸、油酸和亚油酸[7-9]。

表 1-2 常见植物油脂的脂肪酸组成

单位：%

脂肪酸	简称	大豆油	菜籽油（普通）	低芥酸菜籽油	葵花籽油	花生油	核桃油	芝麻油	玉米油	棕榈油	棉籽油	米糠油	橄榄油
豆蔻酸	$C_{14:0}$	ND~0.2	ND~0.2	ND~0.2	ND~0.2	ND~0.1	—	ND~0.1	ND~0.3	0.5~2.0	0.6~1.0	0.4~1.0	≤0.05
棕榈酸	$C_{16:0}$	8.0~13.5	1.5~6.0	2.5~7.0	5.0~7.6	8.0~14.0	6.0~10.0	7.9~12.0	8.6~16.5	39.3~47.5	21.4~26.4	12~18	7.5~20.0
棕榈一烯酸	$C_{16:1}$	ND~0.2	ND~0.3	ND~0.6	ND~0.3	ND~0.2	0.1~0.5	ND~0.2	ND~0.5	ND~0.6	ND~1.2	0.2~0.4	0.3~3.5
十七烷酸	$C_{17:0}$	ND~0.1	ND~0.1	ND~0.3	ND~0.2	ND~0.1		ND~0.2	ND~0.1	ND~0.2	ND~0.1	—	≤0.3
十七碳一烯酸	$C_{17:1}$	ND~0.1	ND~0.1	ND~0.3	ND~0.1	ND~0.1		ND~0.1	ND~0.1	—	ND~0.1	—	≤0.3
硬脂酸	$C_{18:0}$	2.5~5.4	0.5~3.1	0.3~3.0	2.7~6.5	1.0~4.5	2.0~6.0	4.5~6.7	ND~3.3	3.5~6.0	2.1~3.3	1.0~3.0	0.5~5.0
油酸	$C_{18:1}$	17.7~28.0	8.0~60.0	51.0~70.0	14.0~39.4	35.0~67.0	11.5~25.0	34.4~45.5	20.0~42.2	36.0~44.0	14.7~21.7	40~50	55.0~83.0
亚油酸	$C_{18:2}$	49.8~59.0	11.0~23.0	15.0~30.0	48.3~74.0	13.0~43.0	50.0~69.0	36.9~47.9	34.0~65.6	9.0~12.0	46.7~58.2	29~42	3.5~21.0
亚麻酸	$C_{18:3}$	5.0~11.0	5.0~13.0	5.0~14.0	ND~0.3	ND~0.3	6.5~18.0	0.2~1.0	ND~2.0	ND~0.5	ND~0.4	<1.0	≤1.0
花生酸	$C_{20:0}$	0.1~0.6	ND~3.0	0.2~1.2	0.1~0.5	1.0~2.0		0.3~0.7	0.3~1.0	ND~1.0	0.2~0.5	<1.0	≤0.6
花生一烯酸	$C_{20:1}$	ND~0.5	3.0~15.0	0.1~4.3	ND~0.3	0.7~1.7		ND~0.3	0.2~0.6	ND~0.4	ND~0.1	—	—
花生二烯酸	$C_{20:2}$	ND~0.1	ND~1.0	ND~0.1	—	—	—	—	ND~0.1	—	ND~0.1	—	—
山嵛酸	$C_{22:0}$	ND~0.7	ND~2.0	ND~0.6	0.3~1.5	1.5~4.5	—	ND~1.1	ND~0.5	ND~0.2	ND~0.6	<0.2	≤0.2
芥酸	$C_{22:1}$	ND~0.3	3.0~60.0	ND~3.0	ND~0.3	ND~0.3	—	—	ND~0.3	—	ND~0.3	—	—
二十二碳二烯酸	$C_{22:2}$	—	ND~2.0	ND~0.1	ND~0.3	—	—	—	—	—	—	—	—
木焦油酸	$C_{24:0}$	ND~0.5	ND~2.0	ND~0.3	ND~0.5	0.5~2.5	—	ND~0.3	ND~0.5	—	ND~0.1	—	≤0.2
二十四碳一烯酸	$C_{24:1}$	—	ND~3.0	ND~0.4	—	ND~0.3	—	—	—	—	—	—	—

表 1-3 常见动物油脂的脂肪酸组成 单位：%

脂肪酸	乳脂	猪油（熬制猪油）	工业牛油（食用牛油）	羊脂	食用鸡油
$C_{14:0}$	5.4～14.6	0.5～2.5	1.4～7.8	2.1～5.5	—
$C_{14:1}$	1.54～1.8	≤0.2	0.5～1.5	—	—
$C_{15:0}$	1.1～1.34	≤0.1	0.5～1.0	0.8	—
$C_{16:0}$	22～41	20～32	17～37	23.6～30.5	18.0
$C_{16:1}$	2.29～2.8	1.7～5.0	0.7～8.8	1.2～1.5	—
$C_{17:0}$	0.7～1.08	≤0.5	0.5～2.0	1.4	—
$C_{17:1}$	约0.37	≤0.5	≤1.0	0.2	—
$C_{18:0}$	10.5～14	5.0～24	6.0～40	20.1～31.7	8.0
$C_{18:1}$	18.7～33	35～62(37.7～44)	26～50(41.1～41.8)	30.0～41.4	52.0
$C_{18:2}$	0.9～3.7	3.0～16(5.7～7.8)	0.5～5.0(1.6～1.8)	1.4～3.9	17.0
$C_{18:3}$	1.23～2.6	≤0.15	≤2.5	0.2	—
$C_{20:0}$	约0.03	≤1.0	≤0.5	0.2	—
$C_{20:1}$	约0.52	≤1.0	≤0.5	0.1	—
$C_{20:2}$	约0.14	≤1.0	—	—	—
$C_{20:4}$	约0.04	≤1.0	≤0.5	—	—
$C_{22:0}$	0.04	≤0.1	—	—	—
$C_{22:2}$	0.14	—	—	—	—

表 1-4 主要海产鱼油的脂肪酸组成 单位：%

脂肪酸	鲸油类	步鱼油	沙丁鱼油	鲱鱼油	鳕鱼肝油	鲭鱼油
$C_{14:0}$	4.2～8.3	7.2～12.1	6.6～7.6	3.2～7.6	2.8～3.5	12.4
$C_{15:0}$	0.2～1.0	0.4～2.3	0.6	0.4～1.3	0.3～0.5	0.46
$C_{16:0}$	4.3～12.1	15.3～25.6	15.5～17.0	13～27.2	10.4～14.6	20.5
$C_{16:1}$	8.4～18	9.3～15.8	9.1～9.5	4.9～8.3	5～12.2	11.1
$C_{16:2}$	—	0.3～2.8	—	—	—	—
$C_{16:3}$	—	0.9～3.5	—	—	—	—
$C_{16:4}$	—	0.5～2.8	—	—	—	—
$C_{17:0}$	0.4～0.8	0.2～3.0	约0.7	0.5～3.0	0.1～1	1.88
$C_{18:0}$	0.9～3.0	2.5～4.1	2.3～3.7	1.8～7.4	1.2～3.7	4.08
$C_{18:1}$	27～32.8	8.3～13.8	11.4～17.3	13.5～22	19.6～39	4.35
$C_{18:2}$	0.1～2	0.7～2.8	1.3～2.7	1～4.3	0.8～2.5	3.56
$C_{18:3}$	0.4～0.8	0.8～2.3	0.8～1.3	0.6～3.4	0.2～1	—
$C_{18:4}$	0.5～0.7	1.7～4.0	2.0～2.9	1.8～2.8	0.7～2.6	—
$C_{20:0(20:1)}$	约0.6	0.1～0.6	(3.2～8.1)	(1.2～15)	(8.8～14.6)	0.27(2.1)
$C_{20:4}$	0.6～11.9	1.5～2.7	1.9～2.5	0.4～3.4	1～2.1	0.5
$C_{20:5}$(EPA)	0.9～4.1	11.1～16.3	9.6～16.8	4.6～10.2	5～9.3	10.7
$C_{22:1(22:4)}$	8.6～17.9	0.1～1.4	3.6～7.8	11.6～28	4.6～13.3	1.73(2.19)
$C_{22:5}$	0.7～3.8	1.3～3.8	2.5～2.8	1～3.7	1～2	1.39
$C_{20:6}$(DHA)	5.2～7.1	4.6～13.8	8.5～12.9	3.8～20.3	8.6～19	4.37

　　除甘油三酯之外，各种油脂中还含有复杂的类脂物及脂肪伴随物。此外，油脂在提取（熬制）、精炼加工过程中还会由于外来污染与高温反应产生一些有毒

有害物质[10]。下面分别简略介绍不同油脂的组成与精炼（加工）工艺，以便为后续分析方法的理解提供帮助。

1.3.3　油脂的组成与精炼

1.3.3.1　植物油的组成

植物油料经压榨、浸出或水剂法得到的未经精炼的植物油脂称为毛油（或原油）。毛油是以甘油三酯为主要成分的混合物，除了甘油三酯之外，其他成分为非甘油酯物质或杂质。非甘油酯成分的含量与油料品种、产地、制油方法和储存条件相关。根据非甘油酯成分在油脂中的存在状态，可以粗略分为悬浮杂质、水分、胶溶性成分、脂溶性成分和有害残留与污染物等几类（图 1-7）。

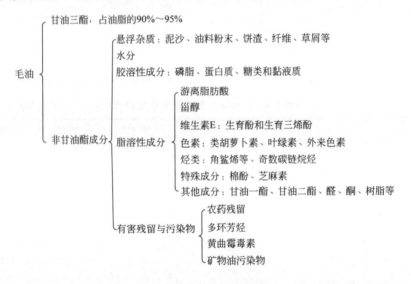

图 1-7　植物毛油的组成

悬浮杂质包括制油和储运过程中混入毛油的一些泥沙、油料粉末、饼渣、纤维、草屑以及不溶于乙醚或石油醚的固体杂质，这些杂质对毛油的输送、储存以及油脂精炼产生不良影响，需要及时除去。根据悬浮物不溶于油脂的特点，一般应用沉降、过滤等分离工艺除去。

水分通常是生产或储运过程中直接带入或伴随磷脂、蛋白质等亲水物质混入的，常常与油脂形成 W/O 乳化体系，影响油脂的透明度，同时也为解脂酶活化分解油脂提供了条件，不利于油脂的安全储存。实际生产中，采用常压或减压加热法脱除水分。常压加热脱水易造成油脂的过氧化值升高，减压加热脱水对油脂的稳定性较好。

（1）胶溶性杂质

胶溶性杂质是指以 $1nm \sim 0.1\mu m$ 的粒度分散在油中呈溶胶状态的物质，其存在状态易受水分、温度及电解质的影响。胶溶性杂质在油脂中的含量与油料品种、生长条件及制油方法相关，一般主要有磷脂、蛋白质、糖类和黏液质几种。

磷脂是一类结构和理化性质与油脂相似的类脂物。磷脂在油料中大多与糖类、蛋白质等组成复合物，呈胶体状态存在，在制取油脂过程中随油脂一同溶出。不同的油料品种和制油工艺，毛油中的磷脂含量不同，一般为 $1\% \sim 3\%$。磷脂营养丰富（如卵磷脂、脑磷脂是公认的营养保健品），但极不稳定，容易氧化酸败，同时会导致油脂颜色深暗、浑浊，遇热焦化变苦，影响油脂品质，需要精炼除去。工业上通常采用水化、酸炼或碱炼等方法使磷脂与油脂分离。

毛油中的蛋白质大多是简单蛋白质与糖、磷酸、色素和脂肪酸结合成的糖朊、磷朊、色朊、脂朊以及蛋白质的降解产物，其含量取决于油料蛋白质的生物合成及水解程度。糖类包括多缩戊糖、戊糖胶、硫苷以及糖基甘油酯等。游离态的糖类较少，多数与蛋白质、磷脂、甾醇等组成复合物而分散于油脂中。黏液质是单糖和半乳糖酸的复杂化合物，其中还可能结合无机元素，黏液质主要存在于亚麻籽和白芥籽中。

虽然毛油中的蛋白质、糖类等物质含量不高，但其亲水特性导致油脂水解酸败，影响油脂的品质与储存稳定性。某些成分，如硫苷的水解产物异硫氰酸酯具有毒性，导致甲状腺肿胀，影响人体健康。此外，蛋白质和糖类及其分解产物还会发生美拉德反应导致油脂颜色加深，需要在油脂制取过程中注意。蛋白质、糖类等胶溶性杂质对酸碱不稳定，因此通常采用水化、碱炼、酸炼等精炼工艺将其从油脂中除去。

（2）脂溶性杂质

脂溶性杂质完全溶于油脂中呈真溶液状态。脂溶性成分有游离脂肪酸、甾醇、维生素 E、色素、烃类、脂肪酸和蜡等物质，棉籽毛油中有棉酚，芝麻毛油中还有芝麻素等特殊成分。

① 游离脂肪酸　游离脂肪酸包括未成熟的油料种子中尚未合成酯的脂肪酸，因油料中的甘油三酯发热、受潮和经解脂酶作用形成，以及由油脂氧化分解产生的脂肪酸组成。其含量视油料品种、储存条件不同而异，一般植物毛油中约含 $0.5\% \sim 5\%$ 的游离脂肪酸，陈化米糠油、棕榈油在解脂酶作用下游离脂肪酸可高达 20％以上。不同种类的油脂，组成其甘油三酯的脂肪酸不同，所含的游离脂肪酸的种类也不同。

油脂中的游离脂肪酸含量过高，会产生刺激性气味影响油脂的风味和食用价值，进一步加速油脂的水解酸败。不饱和脂肪酸的热稳定性和氧化稳定性较差，容易导致油脂氧化酸败，阻碍油脂氢化并腐蚀设备。游离脂肪酸存在于油脂中，还会使磷脂、糖脂、蛋白质等胶溶性物质和脂溶性物质在油脂中的溶解度增加。

同时，游离脂肪酸本身还是油脂、磷脂水解的催化剂。水在油脂中的溶解度也随着游离脂肪酸的增加而增加，因此要在精炼过程中除去。

游离脂肪酸能与碱中和生成皂，并絮凝成容易与油脂分离的皂脚。游离脂肪酸在高温、高真空条件下稳定，不易分解，却容易从油脂中汽化逸出。基于这些性质，近年来，很多油脂企业普遍应用物理精炼法除去油脂中的游离脂肪酸。

② 甾醇、维生素 E 与色素　甾醇是环戊氢化菲的烃基、羟基衍生物，根据结构中的取代烷基不同，甾醇包含多种化合物。动物油脂中的甾醇主要是胆固醇，植物油中的甾醇包括谷甾醇、豆甾醇、菜油甾醇、麦角甾醇等多种植物甾醇。甾醇是油脂不皂化物的主要成分，不同油脂中的甾醇含量不同，如椰子油、棕榈油中的含量较低，玉米胚芽油中的含量较高。甾醇为无色晶体，具有旋光性，不溶于乙醇、氯仿等溶剂，在油脂精炼时可采用水蒸气蒸馏法除去。

维生素 E 又称生育酚，为氢化苯肼吡喃的衍生物，是由 α、β、γ、δ-维生素 E 及 α、β、γ、δ-生育三烯酚组成的复杂混合物。一般植物油中维生素 E 的含量较少，大豆油、玉米胚芽油、小麦胚芽油、棉籽油和稻米油中含量较多，约为 $0.1\% \sim 0.4\%$。维生素 E 无色无味，无氧时很耐热，温度高至 $200℃$ 也不会破坏，是很好的抗氧化剂。同时，维生素 E 还有多种药效功能，属于营养物质。因此，一般食用油脂要尽可能保留它。

油脂中的色素有天然和外来两个来源。天然色素是油料自身特有的色素，包括类胡萝卜素和叶绿素两类，类胡萝卜素有胡萝卜素和番茄红素。天然的胡萝卜素有 α、β、γ、δ 等几种同系物，其中 β-胡萝卜素在植物油中最常见，也叫叶红素。棕榈油中 α-胡萝卜素和 β-胡萝卜素的含量达到 0.1%，故呈棕红色。橄榄油、菜籽油等呈绿色的原因是含有叶绿素或去镁叶绿素。类胡萝卜素和叶绿素都有一定的抗氧化作用，但当光照（或加热）时氧化作用消失，甚至有促使油脂氧化劣变的作用，通常以光照氧化、吸附等方法除去。

此外，油脂在原料储运过程、加工不当时，蛋白质与糖类发生美拉德反应或者油脂和磷脂等类脂物氧化会产生新的色素，导致颜色变深，这种后来产生的色素一般不易通过脱色消除，需要多加注意，防止其产生。

③ 烃类、脂肪醇和蜡等　天然油脂中的烃类大多为不饱和支链长碳链烯烃（如角鲨烯）和奇数碳饱和链烷烃（碳数范围一般为 $C_{21} \sim C_{35}$）。其广泛存在于鱼肝油、橄榄油、油茶籽油等动植物油脂中。此外，油脂浸出提取过程中也会由于溶剂蒸脱不彻底而混入外来的微量烷烃等。通常认为油脂的气味和滋味与烃类的存在相关，需要在精炼过程中设法脱除。由于烃类在一定的温度和压力下的饱和蒸气压比油脂高，因而常采用减压水蒸气蒸馏法将其脱除。

此外，天然油脂中还有以高级脂肪酸酯（蜡）形式存在的脂肪醇和蜡，如油脂中的蜂蜡、巴西蜡、糠蜡、棕榈蜡、棉花蜡、虫蜡等。通常，脂肪醇和蜡在稻米油、棉籽油、芝麻油、大豆油、葵花籽油和鲨鱼油中含量较高，如在稻米油中的含量为3%～5%。脂肪醇和蜡的存在导致油脂冷却时浑浊，影响外观和质量，也需要除去。由于脂肪醇和蜡难以皂化，一般的精炼方法较难除尽，需要采用低温结晶或液-液萃取法等。

某些特定的油脂中存在一些特殊成分，典型的有棉籽油中的棉酚，芝麻油中的芝麻素、芝麻酚等。棉酚是棉籽特有的色素，是棉籽毛油色深的主要原因。棉籽中棉酚的含量与棉籽的品种和生长条件有关，除了无棉酚腺的棉籽外，一般品种的棉籽制取棉籽毛油中的棉酚含量为0.08%～2.0%。蒸炒效果好的棉胚制得的棉籽毛油，其棉酚及其衍生物的含量较少，反之则高。棉酚具有毒性，在制油过程中还能与磷脂、蛋白质结合形成结合棉酚，需要去除，国内一般采用碱炼法去除棉酚。

芝麻素是芝麻油的特有成分，含量一般为0.11%～0.27%。芝麻素本身不显颜色，但在遇氧被氧化或与某些试剂相互作用时，会呈现很深的颜色。此外，蓖麻油中含有蓖麻碱，油茶籽油中含有皂苷，橡胶籽油中含有胶素，菜籽油中含有硫化物等。对于影响油脂品质的特有组分，需要设法去除。

除了上述的脂溶性成分外，毛油中还有在制取、储运过程中产生的氧化分解产物甘油一酯、甘油二酯、甘油、醛、酮、树脂等，以及由于环境、设备或包装器具污染而带入的微量元素等，这些杂质的存在，影响油脂品质和稳定性。金属离子不仅是油脂氧化酸败的催化剂，而且对油脂脱臭工艺带来直接影响，需要除去。

（3）有害残留与污染物

目前，动植物油脂的有害残留和污染物主要有农药残留、多环芳烃、黄曲霉毒素和矿物油污染物等。

农药的广泛使用已经造成了大面积的食品污染。动植物油料由于农药喷洒而直接污染，水体、土壤和空气被间接污染，会经食物链而传递。油料的污染通过制油过程部分转入毛油中，造成农药污染。农药对人体的危害严重，应当设法在精炼过程中去除。一般经过脱臭处理后，油脂中残留的各类农药会被较为完全地脱除。

多环芳烃是指两个以上苯环稠合的或六碳环与五碳环稠合的一系列芳烃化合物及其衍生物，如苯并（a）蒽、苯并（a）菲、苯并（a）芘等。其中苯并（a）芘是主要的食品污染物。多环芳烃污染来源于植物油料在生长过程中受到的空气、水和土壤等环境污染，生产加工过程中的烟熏和润滑油污染，以及油脂在高温下发生的热聚变等。通常油脂中的苯并（a）芘含量为$1～40\mu g/kg$，经重烟熏制的椰子制得的毛油中含量高达$393\mu g/kg$。多环芳烃对人体有致癌作用，应尽可能完全脱除。通常采用活性炭吸附精炼或特定条件的脱臭工艺处理，去除油脂中的多环芳烃。

黄曲霉毒素是黄曲霉、寄生霉和温特曲霉的代谢产物，高温、高湿地区的花生、玉米胚、棉籽等油料极易被污染，而由污染油料制取的毛油中黄曲霉毒素的含量有时可高达 $1000\sim10000\mu g/kg$。黄曲霉毒素属于剧毒物，毒性高于氰化钾，是目前发现的最强的化学致癌物质，必须采取适当工艺去除。我国卫生标准规定，花生、花生油、玉米中的黄曲霉毒素含量不得超过 $20\mu g/kg$，大米、食用油中不得超过 $10\mu g/kg$，其他粮食、豆类、发酵食品不得超过 $5\mu g/kg$，婴幼儿食品中不得有黄曲霉毒素。

迄今为止，已经确定的黄曲霉毒素根据化学结构有黄曲霉毒素 B_1、B_2、C_1、C_2 等 17 种，其中 B_1 的毒性最大。黄曲霉毒素耐热，高于 $280℃$ 时才发生裂解，一般在烹饪加工的温度下难以破坏。黄曲霉毒素在水中溶解度较低，易溶于油和一些有机溶剂，如氯仿和甲醇，但不溶于乙醚、石油醚和己烷。碱性条件下，黄曲霉毒素结构中的内酯环被破坏形成香豆素钠盐，该盐能溶于水；酸性条件下，其又发生逆反应，恢复其毒性。因此根据可逆反应，油脂加工过程需要采用碱炼配合水洗，才能将油脂中的黄曲霉毒素含量降低至标准值以下。但是，碱炼皂脚及洗涤废水中可能含有毒素，应妥善处理，以免造成污染。此外，黄曲霉毒素能被活性白土、活性炭等吸附剂吸附，在紫外光照下也能解毒。

矿物油污染物来源于动植物油料在生长过程中受到的水体和土壤等环境污染，植物收割、晾晒与加工、运输过程中的发动机润滑油与环境粉尘等污染，以及包装材料的迁移污染等。2008 年，欧盟发现从乌克兰进口的葵花籽油中含有大量矿物油，随后欧洲多个国家开展了食用油中矿物油的含量调查，发现食用油中广泛存在矿物油污染，最后规定食用油中的矿物油污染物不得超过 $50mg/kg$[12]。

矿物油是石油原油在物理分离（如蒸馏、萃取）和化学转化（如加氢反应、裂解、烷基化和异构化）过程中形成的，其成分包括直链、支链和环状的饱和烷烃（mineral oil saturated hydrocarbons，MOSH）以及带烷基的多环芳烃（mineral oil aromatic hydrocarbons，MOAH）。矿物油的毒性按照碳链长度和黏度呈低等到中等，包括：引发脂肪肉芽肿、自身抗体和全身性红斑狼疮以及关节炎；破坏人体消化系统，使人产生恶心、呕吐等症状，导致突发性食物中毒；损坏神经系统，导致人体因中枢神经功能障碍死亡；破坏呼吸系统，降低血液中的红细胞数目，导致呼吸功能衰竭以及使皮肤发炎过敏等[11]。

矿物油属于烃类物质，极性很弱，易溶于石油醚、乙醚、正己烷、正庚烷等有机溶剂。矿物油与油脂互溶，且不能皂化。去除矿物油的方法相对复杂，需要在油料到油脂的整个生产、加工、运输、包装等多个环节中严格控制，防止污染。

1.3.3.2 植物油的精炼

油脂精炼通常是指对毛油进行精制，即除去毛油中的杂质。原因是这些杂质不仅影响油脂的食用价值和安全储藏，而且给后续的深加工带来困难，杂质包括蛋白质、磷脂、棉酚、黏液、水分等。然而，精炼并非除去所有杂质，而是有选择性地保留或尽量减少有益成分的损失，如维生素 E、甾醇等。因此，根据不同的要求和用途，将不需要的和有害的杂质从油脂中除去，得到符合国家标准的各级成品油，这就是油脂精炼[5]。

从油脂精炼的流程上看，油脂精炼包括毛油初步处理、脱胶、脱酸、脱色、脱臭、脱蜡等步骤（图 1-8）。

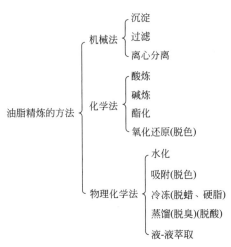

图 1-8　植物油的精炼

（1）毛油的初步处理

毛油的初步处理是通过沉降、过滤和离心等方法除去毛油中的料坯粉末、饼渣粕屑，以及泥沙、纤维等固体颗粒杂质。其处理方法有重力沉降、过滤和离心分离等。

（2）脱胶

油脂脱胶的目的是除去毛油中的磷脂（磷脂是胶溶性杂质的主要成分，因此脱胶有时也称作脱磷）、蛋白质、黏液质和糖基甘油二酯等胶溶性杂质，这些成分不仅容易与油脂形成溶胶体系，不利于油脂的精炼加工，而且降低油脂的品质。脱胶的方法很多，有水化脱胶、酸炼脱胶、吸附脱胶、冷滤脱胶、热聚脱胶（即化学试剂脱胶）等。其中，普遍应用的方法是水化脱胶和酸炼脱胶。

（3）脱酸

一般毛油中均含有一定数量的游离脂肪酸，脱除油脂中游离脂肪酸的过程即为脱酸。脱酸的方法有碱炼、蒸馏、溶剂萃取及酯化等多种方法，工业上常用的是碱炼法和水蒸气蒸馏法（即物理精炼法）。碱炼法是用碱中和油脂中的游离脂肪酸，所生成的皂吸附部分其他杂质，而从油中沉降分离的精炼方法，用于中和游离脂肪酸的碱有氢氧化钠（烧碱）、纯碱和氢氧化钙等。油脂工业生产中，普遍采用的是烧碱、纯碱，或者先用纯碱再用烧碱，国外广泛应用烧碱。

（4）脱色

油脂脱色就是脱除油脂中的色素，虽然油脂中的绝大部分色素无毒，但影响油脂的外观。因此，生产较高等级的油脂产品，如高级烹调油、色拉油、人造奶油的原料油以及某些化妆品原料油需要进行脱色处理。然而，油脂脱色的目的并非理论性地脱尽所有色素，而是获得油脂色泽的改善以及为油脂脱臭提供合格原料油品。因此，脱色需根据油脂色度标准、油脂及其制品的质量要求，以最低损耗下获得油色的最大程度改善为宜。

油脂脱色的方法很多，工业生产中应用最广泛的是吸附脱色法，此外还有加热脱色法、氧化脱色法、化学试剂脱色法等。实际上，油脂色素的脱除并不全靠脱色工艺，碱炼、酸炼、氢化、脱臭等工艺都有辅助脱色的作用。如碱炼可除去酸性色素，如棉籽油中的棉酚因与烧碱作用，通过碱炼可以较为彻底地去除。此外，碱炼生成的肥皂可以吸附类胡萝卜素和叶绿素。由于肥皂的吸附能力有限，仅能去除约 25％ 的叶绿素。因此，碱炼后的油脂还要用活性白土等其他脱色剂进一步脱色处理。酸炼能够较为有效地去除油脂中黄色和红色色素，尤其对于质量较差油脂的脱色效果比较明显。氢化能破坏还原色素（如类胡萝卜素），氢化后红、黄色褪去。叶绿素氢化时被部分破坏。脱臭可以去除热敏感色素，类胡萝卜素在高温、高真空条件下分解而使油脂褪色。

脱色工艺在主要脱除色素的同时，还可以除去油脂中的微量金属离子，除去残留的微量皂粒、磷脂等胶质及一些有臭味的物质，除去多环芳烃和残留农药等。尤其用活性炭作脱色剂时，可以有效地除去油脂中分子量较大的多环芳烃，而油脂的脱臭过程只能除去分子量较小的多环芳烃。

（5）脱臭

脱臭是指脱除油脂中的低分子臭味物质，包括甘油一酯、甘油二酯、硫化物和色素的热分解产物等。纯净的甘油三酯是没有气味的，但各种油脂都有其特殊的气味，原因是油脂中的挥发性物质，如微量的非甘油酯成分，酮类、醛类、烃类等的氧化物；油料中的不纯物；油料中含有的高度不饱和脂肪酸甘油酯所分解的氧化物等。另外，在制油工艺过程中也会产生一些新的气味，例如浸出油脂中的溶剂、碱炼油脂中的肥皂味和脱色油脂中的泥土味等。所有这些人们不喜欢的气味，在油脂厂中一般都统称为"臭味"。因此，脱臭的目的主要是除去油脂中引起臭味的物质。

通常，油脂脱臭都在脱胶、脱酸和脱色之后进行。脱臭的方法有真空蒸汽脱臭法、气体吹入法、加氢法等几种。真空蒸汽脱臭法是目前国内外应用最为广泛、效果最为理想的一种方法，主要是利用水蒸气蒸馏原理，将油脂导入脱臭器内，在真空下用蒸汽把引起臭味的挥发性物质除去。气体吹入法是将油脂放置在直立的圆筒罐内，先加热到一定温度（即不发生聚合作用的温度范围），然后吹入与油脂不发生反应的惰性气体，如二氧化碳、氮气等，油脂中所含挥发性物质便随气体挥发而除去。加氢法是将微量的还原镍或其他催化剂加入油脂中，将油加热到接近180℃，然后通入氢气，使油脂发生加成反应，让液体油变成固体油，除去油脂中的臭味物质。

（6）脱蜡

脱除油脂中蜡质的工艺过程称为油脂脱蜡。植物油料大多含有微量的蜡，主要来自油料种子的皮壳。皮壳含蜡量越高，制得的毛油含蜡量越高。蜡在40℃以上溶解于油脂，因此无论是压榨法还是浸出法制取的毛油中，一般都含有一定量的蜡。各种毛油的含蜡量有很大的差异，大多数含量极微，制油和加工过程中可不必考虑，但有些含蜡量较高，例如玉米胚芽油（含0.01%~0.04%）、葵花籽油（含0.06%~0.2%）、米糠油（含1%~5%）。蜡质会使油品的透明度和消化吸收率下降，并使气味和适口性变差，从而降低油脂用品质、营养价值及工业使用价值，需要在油脂加工时将其去除。

脱蜡方法有多种：常规法、溶剂法、表面活性剂法、结合脱胶脱酸法等，此外还有凝聚剂法、尿素法、静电法等。虽然各种方法所采用的辅助手段不同，但基本原理均属冷冻结晶后再行分离的范畴，即根据蜡与油脂的熔点差及蜡在油脂中的溶解度（或分散度）随温度降低而变小的性质，通过冷却析出蜡（或蜡及助晶剂混合体），经过滤或离心分离而达到油-蜡分离的目的。各种脱蜡方法的共同点都是要求温度在25℃以下，才能取得预期的脱蜡效果。

1.3.3.3　动物油脂的组成与精炼

（1）动物油脂的组成

动物油脂的组成除了甘油三酯之外，还含有磷脂、蛋白质、色素、游离脂肪酸、胆固醇和脂溶性维生素等，如乳脂中含磷脂4.7%、胆固醇20.4%、胆固醇酯5.2%、维生素A 0.9%、胡萝卜素0.45%、角鲨烯0.61%等。鱼油，尤其是鱼肝油中含有丰富的油溶性维生素，如维生素E、维生素A、维生素D等。

（2）动物油脂的精炼

熬制得到的动物油脂还不是符合食用或食品工业原料要求的合格产品，还必须经过一个合适的加工工艺过程，类似植物油的精炼过程，包括脱酸、脱色、脱臭，以及改性等深加工方法，如氢化、蒸馏、分提等。当然，针对不同原料和不同产品规格，所需的精炼加工过程及其组合不同，本节仅以脱酸、脱色和脱臭的工序为例说明。

一般新鲜的猪、牛、羊油的酸值低，不需脱酸。然而，鸡油等不饱和脂肪酸含量较高（油酸含量高达52%）的动物油脂若长时间存放，会产生酸败变质、哈味变重等现象，因此要求脱酸处理。脱酸方法与植物油的基本相同，采用化学碱炼或物理精炼等方法。

多数情况下，新鲜猪油不需脱色，但在采用牛羊油或食用级的鸡油制造香皂时，则需要经过脱色除去色素。脱色方法一般利用中性或酸性白土作为脱色剂，在适当条件下，采用真空或常压脱色。例如：猪油的脱色条件是 95～100℃，反应 15～25min，白土用量 0.25%～0.5%；牛油的脱色条件是 105～110℃，反应 25min，白土用量 0.3%～1.5%。

动物油脂的脱臭方法有减压汽提蒸馏和短程分子蒸馏两种。减压汽提蒸馏法通常是在 240～265℃高温及高真空度（残压 10^3～10^4 Pa）条件下，用蒸汽去除加热油脂中所含的有味物质和低分子量的臭味物质、有害成分等。减压汽提蒸馏同时也去除了游离脂肪酸和一些油溶性的微量成分，如生育酚（维生素 E）、胆固醇等。短程分子蒸馏法的操作温度相对较低（温度 135℃，残压 10^1～10^3 Pa），受热时间短，分离效果好，得率高，产品质量好，目前已经成功用于脱除或浓缩油溶性维生素 E 和维生素 A，选择性脱除乳脂中的胆固醇等[10]。

1.3.3.4　微生物油脂的组成与精炼

微生物油脂的主要成分是甘油三酯和磷脂，甘油三酯约占 80%以上，磷脂约占 10%以上。磷脂主要有磷脂酰胆碱、磷脂酰乙醇胺、磷脂酰丝氨酸的脂肪酸酯等。这些脂质由多种脂肪酸组成，以油酸、棕榈酸、亚油酸的含量最高。其他脂肪酸，如亚麻酸、花生酸、花生油酸、花生四烯酸、二十碳五烯酸（EPA）、二十二碳六烯酸（DHA）以及一些特殊脂肪酸也存在于一些变异株中，且含量差异大。

微生物油脂的精炼加工与植物油的类似，即通过水化脱胶、碱炼、活性白土脱色和蒸汽脱臭对微生物毛油进行精炼，从而得到品质较高的微生物油脂[12]。

1.3.4　油脂的氧化与煎炸

1.3.4.1　油脂氧化

由于空气中的氧约占 1/5，因而空气中氧对物质的氧化几乎完全自发，自然界普遍存在的铁生锈、橡胶老化、油脂变质以及细胞癌变等均与其有关。当油脂暴露在空气中，无论环境条件怎样，有无光照，是低温（即使在 0℃以下）还是高温，均会自发而缓慢地被空气氧化。研究表明，油脂的空气氧化有自动氧化、光氧化和酶促氧化几种途径。其中，自动氧化是活化的不饱和油脂（含烯底物）与三线态氧（$^3O_2$）发生了自由基反应。光氧化是双键与单线态氧（$^1O_2$）直接发生反应，$^1O_2$ 的分子轨道上具有空轨道，强烈吸引电子填充，能以极快的速度与油脂分子中具有高电子密度的双键部位结合，形成氢过氧化物。酶促氧化则是由脂氧酶及类似化合物参与的氧化反应。

油脂的空气氧化无论通过上述何种途径，都首先生成产物一级氢过氧化物，一级氢过氧化物可继续氧化生成二级氢过氧化物，一级、二级氢过氧化物均很不稳定，极易发生一系列的分解反应和聚合反应。分解反应产物是醛、酮、酸等一系列挥发性及非挥发性物质，其中醛、酮、醇、酸及烃类等小分子化合物有强烈的刺激味，影响油脂口味，不宜食用，就是俗称的油脂"哈喇味"，这种现象称为油脂的酸败。聚合反应则形成二聚和多聚物，在自动氧化的终止阶段，自由基相互结合可以形成大量的聚合物。聚合物难以被人体吸收，降低了食品的营养价值，有些还有潜在的毒性，积累在体内有害健康。

通常人们将油脂的氧化酸败过程划分为4个阶段，即诱导期、延长期、终止期、二次产物生成期（分解与聚合期），这期间的化学组分的变化如图1-9所示。油脂氧化酸败的4个阶段并无绝对的界线，只是以某个阶段占优势的反应为主而已。实际工作中，最有意义的是确定油脂氧化的诱导期。诱导期是油脂质量指标之一，用于反映油脂的氧化稳定性。

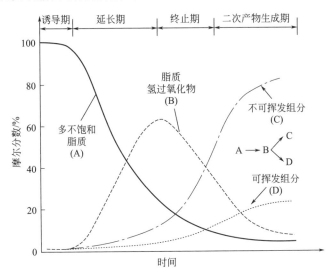

图 1-9　油脂氧化的一般过程

油脂氧化也有有利的一面。在某些情况下，如在陈化的干酪、烤制的坚果或一些油炸食品中，轻度氧化的油脂是人们所期望的，因为它可以产生该食品特有的风味和色泽。此外，涂于物质外层防止腐蚀的油漆就是利用干性油高度氧化聚合形成的坚韧固体薄膜。

1.3.4.2　油脂煎炸

油脂氧化是油脂中的不饱和双键与氧发生一系列的自由基链式反应的过程，

光、热、金属等因素都会诱导、强化油脂氧化的速度和程度。油脂煎炸则是油脂与食物成分在高温下发生的一系列氧化、水解、聚合、裂解等复杂化学反应。油脂煎炸过程中产生大量挥发性和非挥发性化合物，改变了油脂及食物的物理特性、感官特征及营养价值。油脂在煎炸过程中会发生诸多化学变化，这些变化包括过氧化物和挥发性成分含量先升高后降低，油脂的不饱和度降低，酸、醛、酮、酯、醇等极性组分和聚合物含量升高等（表 1-5）。煎炸油脂表现出来的物理和感官变化有颜色加深、黏度增大、泡沫增多及气味变化等。这些化学与物理变化联系紧密，并且相互促进。由于煎炸过程严重破坏了油脂中亚油酸、亚麻酸等营养成分，产生了反式脂肪酸等有害物质，因而油脂煎炸降低了食物的营养价值，过度煎炸对人体健康造成危害[13,14]。

表 1-5　油脂煎炸过程发生的部分化学反应及其反应产物

序号	化学反应	反应产物	主要特点
1	氧化分解反应或自由基反应	醇、醛、酮、酸和烃类	具有挥发性；由油脂中 UFAs 的双键数量及位置、氧气含量决定
2	水解反应	甘油二酯、甘油一酯、甘油和脂肪酸	由煎炸体系的水分含量和受热温度决定
3	氧化反应或自由基反应、环氧化反应	氧化甘油三酯单体、环氧产物	一个 TG 分子中有多个氧原子及氧基、羟基等；由油脂中 UFAs 的双键数量及位置、氧气含量决定
4	环化反应	环状脂肪酸单体	顺、反式构型的单环或多环的五元环和六元环结构（饱和或不饱和）；决定因素同序号 3
5	氧化反应，涉及加成-消去反应，异构化反应，协同反应等	反式异构体	TFAs、CLAs 以及存在于反式异构体的 TG；决定因素同序号 3
6	氧化聚合反应、热聚合反应、Dels-Alder 反应等	甘油三酯聚合物	无环或有环的甘油三酯二聚体、三聚体等；决定因素同序号 3
7	氧化聚合反应	甾醇衍生物	分子结构中存在羟基、羰基和环氧基及甾醇聚合物等

1.4　油脂的理化性质及分析检验

1.4.1　油脂的物理性质

油脂的物理性质分析包括油脂的相对密度、折射率、色泽、熔点、透明度、气滋味、黏度、烟点、凝固点和固体脂肪指数等。这些物理性质从不同角度表明油脂的性质与质量，如：相对密度用于油脂纯度、品质评价和质量体积的换算；透明度和气滋味用于鉴定油脂的种类和酸败程度；烟点用于指示油脂的精炼程度等。不同物理指标的检测采用不同的技术方法，如相对密度采用比重瓶，折射率采用阿贝折光仪，固体脂肪指数采用膨胀计或低分辨的核磁共振法。分子光谱分析技术在油脂的物理性质分析方面没有突出优势，仅有的应用表现在油脂的色泽测试上。

色泽是油脂的质量指标之一，油料中的叶绿素、叶黄素等色素，油脂酸败劣变等均会加深油脂的颜色。油脂色泽的检测方法有罗维朋色调法，该方法虽然优于感官评定和重铬酸钾比色法，但操作上相对烦琐、费时，且有一定的主观性。于是，人们一直想以紫外-可见分光光度法替代罗维朋色调法，即利用油脂在波长 400~700nm 之间的吸收曲线，或在固定波长下油脂的吸收值（或透过率）来测定油脂色泽。然而，不同产地或来源的同种油脂色泽和吸收曲线并不完全一致。根据不同厂家对于同种油品的紫外-可见吸收曲线，或固定波长吸收值的汇总结果，尚不能形成一个具有统计学意义的标准方法，因此，目前应用紫外-可见分光光度法检测油脂色泽仍处于研究摸索阶段。不过，对于同一厂家的同一类产品而言，企业内部利用紫外-可见分光光度法检测油脂色泽以评判产品质量，不失为一种简便、有效的方法。

此外，大量的研究表明：特级初榨橄榄油由于富含叶绿素，其色泽与纯橄榄油存在具有统计意义的差别，国际标准已经推荐采用紫外-可见分光光度法作为鉴别特级初榨橄榄油是否掺假的标准方法。该方法将在第5章详细介绍。

1.4.2 油脂的化学性质

油脂的化学性质包括酸值、皂化值、碘值、过氧化值、乙酰值、羟基值等。油脂的酸值用于评估油脂中的游离脂肪酸的含量；皂化值用于判断油脂中脂肪酸的分子量大小和组成特性；碘值用于衡量油脂的饱和程度；乙酰值和羟基值用于判断油脂中游离羟基的含量；过氧化值用于判断油脂中氢过氧化物的含量，评价油脂的氧化情况。

上述油脂化学性质的分析方法普遍采用化学分析方法，如酸值、皂化值和乙酰值等采用酸碱中和滴定法，碘值和过氧化值的测定则采用氧化还原滴定法。这些测定方法大多是需要日常检测或监测的指标，如酸值、碘值和过氧化值。然而，传统的标准检测方法却需要消耗大量的有机试剂，对环境和检测人员造成不良影响，而且操作烦琐，费力耗时，不利于生产需要。目前，利用近红外光谱快速测定油脂中碘值的方法非常成熟，已经应用在大多数的油脂企业中。酸值和过氧化值的研究与应用也在不断研发中，本书的第7章将详细介绍这方面的研究和应用情况。

1.4.3 油脂的脂肪酸组成分析

前面提到，油脂的主要成分是甘油三酯，占到95％以上，其余是含量极少却非常复杂的类脂物，包括可皂化的游离脂肪酸、甘油一酯、甘油二酯、甾醇酯、磷脂等，包括不可皂化的甾醇、维生素、色素等，包括特殊油脂，如棉籽油中的棉酚、芝麻油中的芝麻酚等。

同样，我们知道甘油三酯中的脂肪酸占到 90% 以上，因此，油脂的脂肪酸组成是油脂的重要特征。一方面，油脂的脂肪酸组成代表油脂的营养特性，如亚油酸、亚麻酸是人体的必需脂肪酸，ω-3 多不饱和脂肪酸（如 EPA 和 DHA）对人体有很好的保健作用；另一方面，油脂的脂肪酸组成也是鉴别油脂、判断油脂的氧化稳定性以及设计生产和储运条件的重要指标。因此，油脂的脂肪酸组成的测定是油脂分析的一项重要内容。

油脂的脂肪酸分析包括脂肪酸总量、饱和脂肪酸、不饱和脂肪酸、反式脂肪酸、sn-2 位脂肪酸以及单个脂肪酸的测定等。广泛应用的测定脂肪酸的方法是气相色谱法，即将油脂的甘油三酯水解为脂肪酸，脂肪酸经甲酯化后注入气相色谱仪。由于不同脂肪酸在碳链长度、饱和度、双键的位置及几何构型等方面存在差异，这些差异使得它们通过气相色谱柱的保留时间不尽相同，从而达到分离、分析的目的。通常，如果样品前处理得当，气相色谱条件合适，又有足够多样的标准品，应用气相色谱法可以得到几乎所有单个脂肪酸化合物的含量。

气相色谱法无疑是最为经典，也是最为常用的脂肪酸测定方法，但缺点是操作烦琐，对实验人员的要求较高。因此，自从人们发现脂肪酸中的孤立反式双键在红外光谱 966cm^{-1} 处有特征吸收峰之后，红外光谱法测定反式脂肪酸立刻成为标准方法。该方法成为分子光谱技术在油脂分析领域的典型应用，本书将在第 8 章进行详细论述。

1.4.4　油脂的氧化产物与抗氧化剂分析

油脂在加工和储藏期间，由于受温度、光照、空气中氧、酶等外界条件的影响，会发生复杂的化学变化，导致油脂劣变，即发生油脂的酸败。酸败油脂不仅营养价值降低，而且具有毒性。油脂酸败的评价和检验，常常以测定油脂氧化生成初级产物氢过氧化物以及氧化分解产物（醛、酮、酸类物质）进行综合评价。氢过氧化值用过氧化值来评价。醛、酮产物的测定根据醛、酮的呈色反应，利用生成的有色物质在一定波长下的吸收值大小对醛、酮等小分子进行定量。

判断油脂氧化程度方法有 p-茴香胺值、硫代巴比妥酸（TBA）值和羰基值等的定量测定。p-茴香胺值的测定原理是基于油脂中不饱和脂肪酸易氧化生成过氧化物，过氧化物不稳定，易分解产生二次生成物，利用二次生成物中具有不挥发性的 α-不饱和醛类和 β-不饱和醛类与 p-茴香胺发生缩合反应，在 350nm 波长下测定其吸光度，即可知醛类的多少。TBA 值的测定原理是油脂中不饱和脂肪酸氧化分解产物中的丙二醛，能与硫代巴比妥酸作用生成粉红色化合物，该化合物在波长538nm处具有最大吸收峰。羰基值的测定则是基于油脂氧化酸败产生的羰基（上述的醛、酮、酸中都有羰基），其原理是根据醛、酮等羰基化合物可与2,4-二硝基苯胺反应生成具有浅红色的腙化合物，腙化合物再与KOH共热，生成具有葡萄酒红色的醌型离子，该化合物在440nm处有最大吸收值。可见，判别油脂氧化程度的三个值均应用了紫外-可见分光光度分析法。

随着人们对油脂氧化的深入研究，油脂氧化的一些规律性特征得以阐明。众所周知，油脂的空气氧化有自动氧化、光氧化和酶促氧化反应。自动氧化产物——十八碳二烯氢过氧化物和共轭二烯在232nm处显示出吸收谱带；自动氧化的二级产物——二烯酮类在268nm处有吸收谱带，共轭三烯则在紫外区呈现三个吸收峰：主峰在268nm附近，第二个峰在278nm处，第三个峰则位于268~274nm之间。因此，通常采用紫外分光光度法测定油脂在232nm处的吸光度，能表明油脂自动氧化劣变的程度；测定其在268nm、262nm及274nm之间的变化，或者测定277~283nm之间的吸光度能表明油脂自动氧化的二级产物和共轭三烯的存在。

极性组分（PC）用于测定油脂煎炸的程度。油脂在高温煎炸过程中会发生热氧化、异构化、热解、热聚合及水解反应等，从而产生包括油脂过氧化物在内的多种氧化分解或聚合产物，使得油脂的极性增强，测定这些极性成分的含量即可判断油脂的氧化程度。我国卫生标准规定，食用植物油煎炸过程中PC含量不得超过27%。此外，对于油脂氧化可能性的预判，国内外标准规定可以采用加速氧化实验进行评价，具体方法有烘箱法、活性氧法（AOM法）和酸败仪（rancimat）测定法等。

既然油脂容易氧化，为了防止油脂的氧化酸败，抗氧化剂的添加必不可少。目前，常用的抗氧化剂有叔丁基羟基茴香醚（BHA）、二叔丁基对甲酚（BHT）、没食子酸丙酯（PG）和叔丁基对苯二酚（TBHQ），这些抗氧化剂的检测方法常用高效液相色谱法。这四种抗氧化剂在波长280nm处均有吸收，利用色谱分离后，检测它们的紫外吸收值即可达到定量的目的。

1.4.5 油脂的脂类伴随物分析

油脂的脂类伴随物（有的也称为类脂物、非油成分或其他脂质）是指除了甘油三酯之外的成分，这些成分虽然含量甚微，但相当复杂，且其种类和含量随油料、制取工艺的不同存在很大差异。脂类伴随物包括磷脂、糖脂、醚脂、甘油一酯、甘油二酯、脂肪酸、甾醇及其酯、脂肪醇、脂肪烃、蜡、角鲨烯、色素、维生素等。当然，还包括特殊油脂中的特有成分，如棉籽油中的棉酚，芝麻油中的芝麻酚、芝麻素等。此外，油脂中也存在农药和真菌毒素的残留以及油脂氧化的一系列醛、酮、酸、醇、酯等化合物。

1.4.5.1 磷脂的测定

油料中的磷脂会随着制油过程转移到油脂中。油脂中的磷脂含量若过高，容易引起油脂氧化酸败，因此，有必要测定油脂中的磷脂含量以保证油脂的质量。磷脂的测定方法很多，包括乙醚及丙酮不溶物测定、挥发测定、酸值测定和色泽测定等。然而，磷脂的精确定量方法还需要采用紫外-可见分光光度分析法，例如卵磷脂的测定是通过测定磷脂乙醇溶液在 350nm 处的吸光度进行定量。磷脂的定量也可以用含磷量间接分析，其原理是基于磷脂灰化后的磷与钼酸钠反应生成磷钼酸盐，磷钼酸盐的还原产物钼蓝具有显色功能，通过检测 650nm 处钼蓝的吸收值可以换算出磷脂的含量。此外，磷脂的定量也可以采用高效液相色谱法，即采用硅胶柱分离后，以紫外-可见分光光度检测器测定 206nm 波长下的吸光度，得到磷脂的定量结果。

1.4.5.2 维生素的测定

油脂中的维生素主要是指脂溶性的维生素 A 和维生素 E。维生素属于非皂化物，因此，其检测方法通常采用皂化提取处理，将不可皂化物收集后注入高效液相色谱分离测定。由于维生素 A 和维生素 E 均有紫外吸收，因此，高效液相色谱的检测器通常为紫外-可见分光光度计，其中维生素 A 的最大吸收波长为 325nm，维生素 E 的最大吸收波长为 294~300nm。

此外，维生素 E 还具有荧光特性，其正己烷溶液在激发波长 295nm，发射波长 324nm 条件下表现出较强的荧光特征。因此，油脂中维生素 E 的定量测定可以采用荧光分光光度法。有些方法还利用了维生素 E 的还原特性，通过其与氯化铁（$FeCl_3$）作用，将三价铁离子还原为二价铁离子，然后利用二价铁的呈色反应达到定量测定维生素 E 的目的。

1.4.5.3 棉酚、芝麻素等的测定

我国食品卫生标准严格限制了棉酚在棉籽油中的含量，要求一级棉籽油中的游离棉酚的含量不大于 0.02%。常用的棉酚测定方法是分光光度法和高效液相色谱法。分光光度法是利用棉酚在乙醇溶液中与苯胺形成黄色化合物，其在波长 445nm 处有最大吸收，从而可以通过标准曲线对油脂中的棉酚进行定量分析。此外，游离棉酚本身在波长 378nm 处有最大吸收，其吸收值在一定范围内与棉酚的含量呈线性关系，因而也可以应用分光光度法进行定量测定。高效液相色谱法同样也可以用于油脂中棉酚的测定，其方法是经乙醚提取的棉酚用乙醇复溶，通过 C_{18} 色谱柱将棉酚与样品的干扰物分开，最后应用分光光度法测定波长 235nm 处的吸收值以定量。

芝麻中的芝麻素（sesamin）和芝麻林素（sesamolin）是芝麻中两种含量较多的木脂素类化合物，具有清除自由基、降低胆固醇的功能。芝麻油具有良好抗氧化性和生理活性，其主要原因是含有这两种木脂素类化合物。芝麻素在芝麻油中的含量约为 0.5%～1.0%，芝麻林素为 0.2%～0.4%。芝麻素和芝麻林素的国家标准检测方法是高效液相色谱法，其操作步骤包括提取，固相萃取净化，富集，最后注入带有紫外检测器的 HPLC（高效液相色谱）仪器，其检测波长为287nm[4]。

1.4.5.4 角鲨烯、甾醇以及不皂化物的测定

角鲨烯（squalene）最早是从鲨鱼肝油中提取出来的，又名三十碳六烯，是一种高度不饱和的直链三萜烯类化合物。后来发现角鲨烯也广泛地存在于植物油中，如橄榄油和米糠油中的角鲨烯含量高达 300mg/100g 以上。角鲨烯具有极强的抗氧化能力与增强人体免疫力的生物活性，受到保健品和药品领域的青睐。角鲨烯的检测也采用配有紫外检测器的高效液相色谱仪，其检测波长为 215nm。

甾醇也是油脂中的不皂化物，植物甾醇，如谷甾醇、豆甾醇、菜油甾醇广泛存在于小麦胚芽油、玉米油、稻米油中，动物油脂则主要是胆固醇。植物甾醇和胆固醇的检测常用气相色谱法。随着分析技术不断进步，气相色谱-质谱联用（GC-MS）与液相色谱-质谱联用（HPLC-MS）也常常用于植物甾醇和胆固醇的定量分析中。

油脂中的不皂化物是指油脂在一定条件下皂化时，不被碱皂化的成分。油脂中的不皂化物包括矿物油、甾醇、维生素、脂肪醇、色素、角鲨烯等，其中甾醇是不皂化物的主要成分，一般植物油中的不皂化物含量约为 1%～3%。油脂中不皂化物含量的大小也是油脂质量的指标之一，如果油脂中混有矿物油，油脂的不皂化物的含量就会增大。因此，有时也需要测定油脂中不皂化物的含量，其测定方法相对简单，即先使油脂发生皂化反应，然后用正己烷等有机溶剂萃取不皂化物，蒸发掉溶剂后的残留物即为不皂化物。由于该方法涉及皂化反应、萃取、称重等几个步骤，操作相对烦琐耗时，且灵敏度较差。

综上，本章简要总结了油料油脂分析检验中涉及的标准方法。不难发现，分子光谱技术在这一分析领域中的应用非常普遍，主要表现在三个方面：一是分析目标物本身具有光谱特性，利用其性质可以直接达到定性或定量目的，如：孤立双键的反式双键在中红外区域的 $966cm^{-1}$ 处有特征吸收峰，可以直接根据该吸收峰进行定性识别和定量测定；维生素 E 本身具有荧光特性，设定合适的激发波长和发射波长，即可以根据荧光强度直接对试液中的维生素 E 进行定量测定；油菜籽中的叶绿素则可以依据其自身颜色进行分光光度测定等。二是分析目标物通过呈色反应生成具有光谱性质的呈色物质，如：油脂的 TBA 值测定是利用油脂氧化产物丙二醛与硫代巴比妥酸作用生成粉红色化合物，该化合物在波长

538nm 处有最大吸收峰；羰基值的测定是基于羰基与 2,4-二硝基苯胺反应生成浅红色的腙化合物；棉酚的测定则是利用其与苯胺形成黄色化合物等。上述两种方法在实际应用时除了采用紫外-可见分光光度法直接测定吸光度之外，也可以作为高效液相色谱的检测器，经过液相色谱柱分离试液中的干扰物后，进入光谱检测器分析测定。三是分子光谱与化学计量学方法结合，通过建立判别模型或校正模型快速测定油料油脂中的目标物。其中近红外光谱技术在这方面发展迅猛，许多方法已经广泛应用于实际，如：快速测定油料和饼粕中水分、脂肪、蛋白质的近红外方法；快速测定油脂中碘值的近红外方法等。此外，红外光谱、拉曼光谱结合化学计量学的方法研究也在快速发展，如：应用红外光谱鉴别油脂真伪、判别油脂的产地、等级与感官特性等；应用分子光谱定量测定油脂中的酸值、过氧化值、脂肪酸组成等。本书从第 4 章开始，对分子光谱技术结合化学计量学方法在油料油脂分析领域的应用研究作详细叙述。

◆ **参考文献** ◆

［1］　王兴国，金青哲，刘元法．油料科学原理．北京：中国轻工业出版社，2011.
［2］　倪培德，唐宝奎．油料加工与操作技术问答．北京：中国化学出版社，2009.
［3］　何东平，闫子鹏，陈文麟．油脂精炼与加工工艺学．北京：中国化学出版社，2012.
［4］　李桂华．油料油脂检验与分析．北京：化学工业出版社，2006.
［5］　于殿宇．油脂工艺学．北京：科学出版社，2012.
［6］　王瑞元，穆彦魁，李子明，等．植物油料加工产业学．北京：中国化学出版社，2009.
［7］　王兴国，金青哲．油脂化学．北京：科学出版社，2012.
［8］　毕艳兰．油脂化学．北京：化学工业出版社，2009.
［9］　何东平，陈文麟．油脂化学．北京：化学工业出版社，2013.
［10］　张佰帅，王宝维．动物油脂提取及加工技术研究进展．中国油脂，2010, 35（12）: 8-11.
［11］　武彦文，欧阳杰，李冰宁．反式脂肪酸．北京：化学工业出版社，2015.9.
［12］　相光明，刘建军，赵祥颖，等，微生物油脂研究进展．粮油加工，2000,9.56-60.
［13］　张清．大豆油在不同煎炸体系中的特征理化性质的变化研究．北京：中国农业大学，2014:5-16.
［14］　European food safety authority (EFSA). Scientific opinion on mineral oil hydrocarbons in food. EFSA J, 2012, 10 (6): 2704.

第2章

分子光谱分析技术

  当电磁辐射与物质分子作用时，物质内部就会发生量子化的能级之间跃迁，测量由此产生的反射、吸收或散射辐射的波长与强度而进行的分析方法称为光谱法。光谱法分为原子光谱和分子光谱。原子光谱是由原子外层或内层电子能级的变化产生的，它的表现形式为线光谱。属于原子光谱的有原子发射光谱（AES）、原子吸收光谱（AAS）、原子荧光光谱（AFS）和 X 射线荧光光谱（XFS）等。分子光谱是光谱法的一个重要分支。分子光谱由分子中电子能级、振动能级和转动能级的变化产生，表现形式为带光谱。这类分析方法包括属于分子电子光谱的紫外-可见分光光度法（UV-Vis），属于分子振动光谱的近红外光谱（NIR）、红外光谱（IR）、拉曼光谱（Raman），属于分子发射光谱的荧光分光光度法（FS）等[1]。

  分子光谱方法的特点是简单、便捷、谱图信息丰富，适合于气、液、固多种状态物质的分析，是分析化学中常用的定性和定量方法。由第 1 章我们知道，紫外-可见光谱在油料油脂分析领域的应用最为广泛，是多种理化指标与组分检测的常用方法。近十几年来，随着计算机技术与化学计量学方法的快速发展，近红外光谱、红外光谱、拉曼光谱和分子荧光光谱在油料油脂领域的研究与应用逐渐增多，特别是近红外光谱，发展非常迅猛，已经广泛应用于油料品质及油料、饼粕与油脂组分的快速测定。红外光谱和拉曼光谱则在油脂的定性鉴别、掺伪分析以及组成分析方面表现出突出优势，分子荧光方法的研究与应用相对较少，但在一些特殊的分析需求中表现出独有的特色。

  本章首先介绍分子光谱的理论基础，然后分别叙述紫外-可见光谱、红外光谱、近红外光谱、拉曼光谱和分子荧光光谱的分析原理、仪器构成和实验技术。目的是让读者了解和掌握分子光谱分析技术的特点，为后续的应用做好准备。

2.1 分子光谱的理论基础

2.1.1 分子光谱的产生

分子由原子通过核外电子相互作用的化学键连接而成，具有确定的构型。考察分子的运动状态，应包括分子的整体平动、（价）电子运动、分子内原子在平衡位置附近的振动和分子的转动。因此，分子的能量可以看作由分子的平动能（E_t）、电子运动能（E_e）、振动能（E_v）和转动能（E_r）组成，即 $E = E_t + E_e + E_v + E_r$。

由于原子核和电子无论是质量还是运动速度都相差很大，因此，通常忽略它们的相互作用，认为原子核与电子在力学上各自独立运动。此外，因为分子的整体平动能只是温度的函数，其对分子本身的核间运动及电子运动的影响可以忽略。因此，与分子光谱相关的能量变化可以看作由电子运动、分子的振动和转动这三种运动的能量变化引起，即分子的能级有电子能级、振动能级和转动能级。图 2-1 为双原子分子的电子能级、振动能级和转动能级示意图。

图 2-1 中 E_A 和 E_B 是不同能量的电子能级，在每个电子能级中，分子的能量因振动能量的不同而分为若干个振动能级，图中 $\nu' = 0$，1，2，3，4，…是电子能级 B 的各振动能级，$\nu'' = 0$，1，2，3，4，…是电子能级 A 的各振动能级。分子处于同一电子能级和同一振动能级时，它

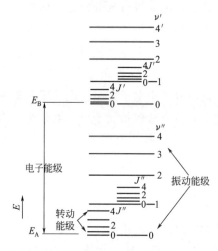

图 2-1　分子中电子能级、振动能级和
转动能级的示意图

的能量还分为若干转动能级，图中 $J'' = 0$，1，2，3，…即为电子能级 A，振动能级 $\nu'' = 0$ 上的各转动能级。因此，分子能量为电子运动能、振动能和转动能三项之和，即 $E = E_e + E_v + E_r$。

分子从外界吸收能量后，就能引起分子能级的跃迁，即从基态能级跃迁到激发态能级。分子吸收能力具有量子化的特征，即分子只能吸收等于两个能级之差的能量：

$$\Delta E = E_2 - E_1 = h\nu = hc/\lambda$$

由于电子运动、振动和转动这三种能级跃迁所需能量不同，因此需要不同波长的电磁辐射才能使它们跃迁，从而在不同的光学区出现吸收谱带。

当能量接近于 E_e 的紫外和可见光照射分子时，其能量能够引起电子能级的跃迁。通常，电子能级跃迁所需的能量为 1～20eV。如果是 5eV，则可以计算出相应的波长。

已知：
$$h = 6.624 \times 10^{-34} J \cdot s = 4.136 \times 10^{-15} eV \cdot s$$
$$c = 2.998 \times 10^{10} cm \cdot s^{-1}$$

因此：
$$\lambda = hc / \Delta E = 4.136 \times 10^{-15} eV \cdot s \times 2.998 \times 10^{10} cm \cdot s^{-1} / 5eV$$
$$= 2.48 \times 10^{-5} cm = 248nm$$

可见，电子能级跃迁吸收的光谱主要在紫外和可见光区（200～800nm），即紫外-可见光谱。当然，电子能级跃迁时会不可避免地产生振动能级的跃迁。振动能级的能量差一般为 0.025～1eV。如果能量差是 0.1eV，是 5eV 的 2%，248×2%≈5（nm），也就是说，电子跃迁并不是产生一条波长为 248nm 的线，而是产生一系列的线，其波长间隔约为 5nm。然而，实际观察到的光谱要复杂得多，这是因为还伴随着转动能级的跃迁。转动能级的能量差小于 0.025eV。如果能量差为 0.005eV，即为 5eV 的 0.1%，相当于其波长间隔为 0.25nm。因此，紫外-可见吸收光谱一般包含若干谱带系，不同谱带系相当于不同的电子能级跃迁，同一个谱带系中又包含若干振动能级跃迁产生的谱带（间隔 5nm），同一谱带内又包含若干转动能级跃迁产生的光谱线（间隔 0.25nm）。按照常规分子光谱仪的分辨率，实际观察到的是合并后的宽谱带。因此，分子光谱是一种带状光谱。

同样，当能量接近于 E_v 的红外光（$\lambda = 0.78～50\mu m$，相当于能量为 1～0.025eV）照射分子时，由于此电磁辐射的能量不足以引起电子能级变化，只能引起分子振动能级变化，同时伴随着转动能级的变化，此时，分子产生的吸收光谱称为振动-转动光谱或振动光谱，即红外吸收光谱。因此，中红外和近红外光谱也是以谱带形式出现。此外，对应于分子内振动能级改变的光谱技术还有拉曼光谱，用于观测拉曼散射光。如果能量更低的远红外光（$\lambda = 50～300\mu m$，相当于能量为 0.025～0.003eV）照射分子，则只能引起转动能级跃迁，这样得到的光谱称为转动光谱，即远红外光谱。

2.1.2　朗伯-比尔定律

朗伯-比尔定律（Lambert-Beer law）是吸收光谱的基本定律，适用于所有的电磁辐射和吸光物质，同时也是吸收光谱定量分析的最根本的理论基础。朗伯-比尔定律可以描述为：当一束平行的单色光垂直通过某一均匀的吸光物质（一般为溶液）时，吸光物质的吸光度与其浓度和光程的乘积成正比，即当光程一定时，吸光度 A（非透过率 T）与浓度 c 成线性关系。其数学表达式为：
$$A = \lg I_0 / I = \varepsilon b c$$

式中，A 为吸光度；I_0 为入射光强度；I 为透射光强度；b 为吸光物质的厚度或称光程；c 为吸光物质的浓度，g/mL（或 mol/mL）；ε 为吸光系数，mL/（g·cm）[当浓度 c 的单位是 mol/mL 时，ε 的单位是 mL/（mol·cm），称为摩尔吸光系数]。ε 与吸光物质的性质、温度及入射光波长等因素有关，它表征的是吸光物质在特定溶剂和波长下的特征常数，用于衡量吸光物质的光谱灵敏度。ε 值越大，说明该吸光物质对此波长光的吸收能力越强，呈色反应越有效，方法的灵敏度越高。在紫外-可见光谱中，某种呈色物质的吸光特性常常用最大摩尔吸光系数（ε_{max}）表示，其数值等于光程为 1cm，浓度为 1mol/mL 时的吸光物质的吸光度。

然而，如前所述，我们从光谱仪器上只能得到波长范围较窄的光谱带，而非真正的单色光，从而产生实际情况与朗伯-比尔定律的偏离。此外，仪器的杂散光问题、吸光物质不均匀、浓度过高、化学反应、噪声、温度等也都会造成偏离，限制了朗伯-比尔定律的应用。为了提高实际应用的可靠性，通常可以采用选择波长、控制吸光度的范围（$A = 0.2 \sim 0.8$）、谱图处理等方法降低或消除偏离因素。此外，采用化学计量学的多元校正方法也可以在一定程度上消除非线性的影响。

当吸光物质中含有多种吸光组分时，如果各组分不存在相互作用，则它们在某波长下总的吸光度是各组分吸光度的加和，称为吸光度的加和性，这是多元混合物进行光谱定律分析的基础[1]。

2.1.3 漫反射理论

朗伯-比尔定律适用于透明真溶液的定量分析，对于固态样品（如粉末或颗粒状样品）的定量分析则需采用漫反射光谱及其定量理论。当一束平行的入射光照射到粗糙的固体表面时，由于固体颗粒凸凹不平，会产生反射、吸收、透射和散射等现象，其中反射包括镜面反射和漫反射。漫反射光是指入射光能照射到样品内部后，经过（多次）反射、折射、衍射或吸收后返回样品表面的光（图 2-2）。由于漫反射光在传播过程中与样品内部分子发生作用，携带有丰富的样品组成和结构信息，可用于定性和定量分析。

然而，由于漫反射光包含了曲折和不规则光程的散射光和吸收光，以及未携带样品信息的镜面反射光，因此漫反射吸收光谱与样品中吸光成分浓度之间的关系并非线性，不服从朗伯-比尔定律。为了应用漫反射光谱解决实际问题，目前广泛认可的是 Kubelka-Munk 理论，其定义漫反射吸光度 A 为：

$$A = -\lg R_\infty = -\lg[1 + k/s - \sqrt{(k/s)^2 + 2(k/s)}] \tag{2-1}$$

式中，R_∞ 为实际样品的相对漫反射率，R_∞ 不易测定，一般采用具有光滑表面的陶瓷或镀金材料作为参比，待测样品的厚度为无穷大时的相对漫反射率；

k 为漫反射吸收系数，与待测样品的化学组成相关；s 为散射系数，与待测样品的物理特性相关。不难看出，漫反射吸光度 A 与 k/s 成对数关系。在一定范围内，A 与 k/s 近似呈线性关系（图 2-3）。当样品浓度较低时，漫反射吸收系数 k 与样品浓度 c 成正比，因此，当散射系数 s 为常数时，漫反射吸光度值 A 与样品浓度 c 的关系可表示为：$A = a + bc$。由于散射系数与样品颗粒的形状、粒径大小和分布等多种因素相关，因此，采用漫反射测量时需要综合考虑样品制备与数据处理的全过程[2]。

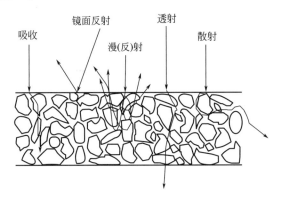

图 2-2　固体颗粒样品发生漫反射的示意图

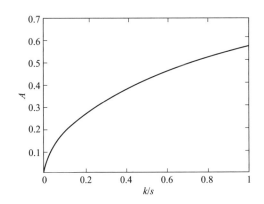

图 2-3　漫反射吸光度 A 与 k/s 的关系曲线

2.1.4　衰减全反射理论

衰减全反射（ATR）光谱技术是红外光谱测试技术中一种应用十分广泛的技术，它已经成为傅里叶变换红外光谱分析测试工作中经常使用的一种样品测试手段。这种测量技术特别适合于动植物油脂这样的液体样品，其优点是样品的涂布与清洗简单、方便，无须稀释溶剂和进行样品前处理，极大地简化了制样过程。

ATR 的测量原理是根据光的折射和反射作用。当一束光从空气中以射角 α 照射到一块晶体材料的表面时，其中一部分光会发生反射，另一部分光会发生折射 ［图 2-4(a)］。由于空气是光疏介质，晶体是光密介质，所以入射角 α 大于折射角 γ。反过来，如果光从晶体材料向空气中照射，则一部分光会在晶体中反射，另一部分光向空气中折射，如图 2-4(b) 所示。由于晶体的折射率大于空气的折射率，故入射角 α_1 小于折射角 γ_1，且 γ_1 随着入射角 α_1 的增大而增大，当 α_1 增大至临界角时，折射光将沿着晶体界面传播，如图 2-4(c) 所示，当入射角大于临界角时，入射光全部被反射回晶体内，即发生全反射现象，如图 2-4(d) 所示。ATR 就是利用光的全反射原理工作的[3]。

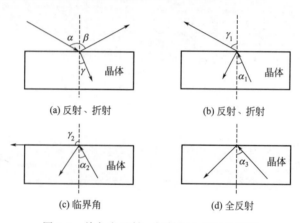

图 2-4　单色光反射、折射和全反射示意图

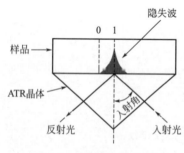

图 2-5　全反射与隐失波
的示意图

那么，红外光如何与样品发生作用呢？由于光照射在晶体材料上时，晶体的外表面附近会产生驻波，称为隐失波（evanescent wave），如图 2-5 所示。当样品与晶体的外表面接触时，在每个反射点的隐失波都穿入样品中，因此，可以根据隐失波衰减的能量得到样品的吸收信息。隐失波振幅随空间距离的增大而急剧衰减，当衰减至原来振幅的 $1/e$ 时所经过的距离为穿透深度。穿透深度与入射光的波长、入射角的大小、晶体材料的折射率和样品的折射率相关。当入射光的波长越大，入射角越小，晶体材料的折射率越大，或样品的折射率越小时，红外光的穿透深度越深。通常，ATR 附件的标准配置是硒化锌（ZnSe）晶体，ZnSe 的入射角为 45°，在 4000～650cm^{-1} 范围的穿透深度是 0.3～2.0μm，适合绝大多数样品的测试。除此之外，还有 Ge 晶体和钻石等，ATR 的

晶体材料均需要具有良好的化学稳定性和高的机械强度。

ATR 的光谱强度取决于有效穿透厚度、反射次数、样品与反射晶体的紧密贴合程度、样品本身吸收的多少。单次有效穿透深度 D 取决于入射光的波长、晶体的折射率、样品的折射率和光线的晶体界面的入射角，可由下面的公式计算：

$$D = \lambda / \sqrt{2\pi n_1 \left[\sin^2\alpha - (n_s/n_1)^2 \right]} \tag{2-2}$$

式中　λ——入射光的波长；

　　　n_1——ATR 晶体的折射率；

　　　n_s——样品的折射率；

　　　α——入射角。

可以看出：晶体的折射率越大、入射角越大，穿透深度越浅；样品折射率越高、入射光波长越长，穿透深度越深。

有机物折射率一般在 1.0～1.5 之间，如果有机物折射率取 1.25，采用 ZnSe 作为晶体材料（其折射率为 2.43），入射角为 45°，则单次穿透深度 D 约为 0.1λ。在 $4000～650\text{cm}^{-1}$ 范围的穿透深度是 $0.25～1.55\mu\text{m}$。由此可见，采用 ATR 附件测得的中红外光谱，在高频端和低频端的穿透深度相差近一个数量级。

计算样品的穿透深度时，样品和晶体的接触是一种理想的接触。空气与晶体的接触以及液体与晶体的接触都属于理想的接触。当固体样品与晶体表面接触不好时，红外光穿透样品的深度比计算值要小得多。

根据样品的吸收情况可以选择不同反射次数的 ATR 晶体，以得到满意的光谱强度。对于多次全反射晶体，采用水平 ATR（HATR，图 2-6），其有效光程 $L = DN$。式中，D 为单次有效穿透深度；N 为反射次数。$N = l/(t\cos\alpha)$。式中，α 为入射角；l 为晶体长度；t 为晶体厚度。

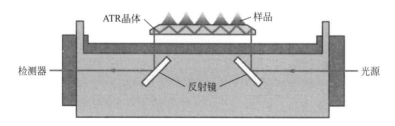

图 2-6　多次反射的 HATR 附件的光路示意图

若光的波长、反射次数以及样品与反射晶体的紧密贴合程度一定，ATR 的光谱强度只与样品本身的性质有关。ATR 测量方式的主要缺点是其有效光程与测定样品有关，只有当溶液的折射率变化不显著时，ATR 的有效光程才可视为常数，即溶液浓度与 ATR 吸光度呈线性关系。若测量过程中，溶液的折射率发生较大改变，则需要采用非线性校正方法建立模型[2]。

2.2 紫外-可见吸收光谱

紫外-可见光谱法，又称紫外可见分光光度法（UV-Vis），是根据物质分子对 200～800nm 范围电磁辐射的吸收特性建立起来的一种定性、定量和结构解析的分析方法。紫外光谱分析方法发展历史长久、仪器价格相对低廉、灵敏度高、操作简便，是最普遍的分子光谱方法。

紫外-可见吸收光谱分析法是经典的定量分析方法，其分析依据朗伯-比尔定律以及吸光度的加和性，可以对单组分进行定量测定，也可以进行多组分混合物的测定。随着现代化学计量学方法的兴起，利用全谱或特征波段的信息，无须分离便可对复杂体系进行多组分的同时测量或识别，且灵敏度和准确性都有显著提高，大大简化了样品的预处理步骤。同时，紫外-可见吸收光谱分析法还可以用于分子结构解析，用于分析有机物分子与 π 电子相关的共轭结构信息。由于紫外-可见光谱吸收谱带的数目远远不及中红外光谱的多，不能单独用于结构解析，而是配合化合物的核磁共振、质谱和红外光谱共同解析分子结构。因此，紫外-可见光谱是分子定性分析的重要工具，用于提供结构分析参考。

2.2.1 基本原理

2.2.1.1 跃迁类型

紫外-可见吸收光谱法是根据被测物质分子对紫外-可见波段范围（200～800nm）光的吸收性质进行定性、定量或结构分析的一种方法，又称为紫外-可见分光光度法，其雏形为目视比色法。

紫外-可见吸收光谱属于电子光谱，产生于价电子和分子轨道上电子的电子能级跃迁。在有机化合物分子中，与紫外-可见吸收光谱相关的电子形成单键的 σ 电子、形成双键的 π 电子以及未成键 n 电子（孤对电子）。按照分子轨道理论，这三种电子的能级高低次序是 $\sigma < \pi < n < \pi^* < \sigma^*$，其中，σ 和 π 表示成键轨道，n 表示非成键轨道，π^* 和 σ^* 表示反键轨道。一般来说，紫外-可见吸收光谱的电子跃迁有 $\sigma \rightarrow \sigma^*$、$n \rightarrow \sigma^*$、$\pi \rightarrow \pi^*$ 和 $n \rightarrow \pi^*$ 四种类型（图 2-7），其中最有用的光谱由 $\pi \rightarrow \pi^*$ 和 $n \rightarrow \pi^*$ 跃迁产生，因为这两类跃迁所需能量较小，其吸收峰波长通常大于 200nm，处于近紫外光区，$n \rightarrow \pi^*$ 甚至在可见光区（表 2-1）。因此，紫外-可见吸收光谱适用于分子中含有不饱和双键的化合物，特别是含有共轭体系化合物的分析和研究。此外，还存在金属配合物的电子能级跃迁，包括金属离子 $d \rightarrow d^*$ 和 $f \rightarrow f^*$ 电子跃迁，电荷转移跃迁和配位体内电子跃迁。

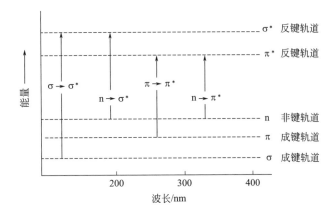

图 2-7　紫外-可见吸收光谱中电子跃迁的示意图

表 2-1　价电子的能级跃迁分类

跃迁类型	波长范围	化合物类型或典型基团
σ→σ*、σ→π*、π→σ*	远紫外区	C—C、C—H，饱和烃类化合物
n→σ*	150～250nm	—OH、—NH₂、—X、—S，饱和脂肪族醇(醚、胺、氯化物等)，
π→π*	165～280nm	含有双键、三键和芳香环的不饱和化合物
n→π*	200～400nm	—C═O，C═S、—N═O、—N═N—、C═N、—C═C—O

2.2.1.2　常用术语

（1）生（发）色团和助色团

有机化合物的颜色与其分子中存在的基团有关，能产生典型的紫外-可见吸收的生色团有羰基、羧基、酯基、硝基、偶氮基及芳香体系等。这些生色团的结构特征是都含有 π 电子。孤立的碳碳双键或三键虽然最大吸收波长（λ_{max}）落在近紫外区之外，但已经接近一般仪器可测量的范围，具有"末端吸收"，因而也可以看作生色团。

助色团是指当它们孤立存在于分子中时，在紫外-可见光区内不一定发生吸收。但当它们与生色团相连时能使生色团的吸收谱带明显向长波移动，而且吸收强度也相应增加。助色团的特点在于通常都含有 n 电子。当助色团与生色团相连时，由于 n 电子与 π 电子的 p-π 共轭效应导致 π→π* 跃迁能量降低，生色团的吸收波长向长波移动，颜色加深。常见的助色团有—OH、—Cl、—NH、—NO₂、—SH 等。

（2）红移和蓝移，增色效应和减色效应

红移和蓝移指的是吸收峰波长位置的移动。通常，由于取代基作用或溶剂效应导致生色基的吸收峰向长波方向移动的现象称为红移，向短波方向的移动称为蓝移。增色效应和减色效应指的是吸收强度的增加。通常，由于取代基作用或溶剂效应导致吸收带强度增加的作用称为增色效应，使吸收带强度降低的作用称为减色效应。

2.2.1.3 有机化合物的吸收谱带

由前面的电子跃迁方式得知，紫外-可见吸收光谱适用于含有不饱和双键，特别是共轭体系（包括芳香化合物）的分析。由于一般饱和化合物在近紫外区无吸收，因此常用作测定紫外光谱的溶剂。例如甲烷的 λ_{max} 为 125nm，乙烷的 λ_{max} 为 135nm。如果烷烃碳上的氢原子被杂原子（如 O、N、S、Cl）取代时，λ_{max} 会发生红移，如 CH_3Cl、CH_2Cl_2、$CHCl_3$ 和 CCl_4 的 λ_{max} 分别为 173nm、220nm、237nm 和 257nm。含孤立不饱和双键的化合物若无助色团的作用，在近紫外区也无吸收，如乙烯的 λ_{max} 为 165nm、乙炔的 λ_{max} 为 173nm。

共轭体系的 π-π 共轭效应使得 π→π* 跃迁发生红移，如丁二烯 λ_{max} 为 217nm，同时吸收强度也大大增强（丁二烯的 ε_{max} 为 21000L/(mol·cm)）。具有共轭体系的分子除了共轭二烯，还有 α,β-不饱和醛、酮、酸、酯。其中 α,β-不饱和醛、酮的 λ_{max} 有一定规律，可以通过 Woodward-Fieser 规则进行计算。α,β-不饱和酸、酯的 λ_{max} 有一定规律，可用 Nielsen 规则进行计算。

芳香族化合物为环状共轭体系，例如苯在 185nm 和 204nm 处有两个强吸收带，是由苯环结构中的三个乙烯的环状共轭系统跃迁产生，是芳香族的特征吸收。如果苯环上有助色团（如—OH 和—Cl 取代），吸收带发生红移；如果有生色团取代并与苯环共轭，则吸收带也发生红移。

2.2.1.4 影响紫外光谱的因素

（1）共轭和超共轭效应

共轭体系使分子 π→π* 跃迁的能量降低。共轭体系越长，π→π* 的能量差越小，紫外光谱的最大吸收峰发生红移，甚至移到可见光区。随着吸收的红移，吸收强度也增大，并且出现多个吸收谱带。

（2）溶剂效应

在 π→π* 跃迁中，由于极性溶剂对电荷分散体系的稳定能力，使激发态和基态的能量都有所降低，但程度不同，极性溶剂对激发态能量的降低作用更强，从而导致跃迁吸收能量比在非极性溶剂中更低，发生吸收谱带红移。在 n→π* 跃迁中，极性溶剂的影响正好与 π→π* 跃迁相反。极性溶剂使谱带发生蓝移。此外，极性溶剂（如水、醇、酚和酮）通常会使由振动效应产生的光谱精细结构消失而出现一个宽峰。

（3）立体效应

立体效应是指因空间位阻、构型、跨环共轭等影响因素导致吸收光谱的红移或蓝移，立体效应也常常伴随增色或减色效应。如果空间位阻妨碍分子内共轭的发色基团处于同一平面，使共轭效应减小或消失，则吸收峰发生蓝移，吸收强度降低。如果位阻完全破坏了发色基团间的共轭效应，则只能观察到单个发色团各自的吸收谱带。在顺反式几何构型中，一般顺式异构体的 λ_{max} 比反式的谱带波长短。此外，带有苯环的分子有时会产生邻位效应，即苯环上发色团或助色团的邻位如果有另外的取代基时，该取代基空间位阻会削弱发色团或助色团与苯环间的有效共轭，从而使得 ε_{max} 值下降，产生减色效应。跨环效应是指两个发色基团虽不共轭，但由于空间的排列方式，使它的电子云仍能相互影响，使 λ_{max} 和 ε_{max} 发生变化。

（4）pH 值的影响

pH 值的改变也可能引起共轭体系的延长或缩短，从而引起吸收峰位置的改变，对一些不饱和酸、烯醇、酚及苯胺类化合物的紫外光谱影响很大。如果化合物溶液从中性变为碱性时，吸收峰发生红移，说明该化合物为酸性物质；如果化合物溶液从中性变为酸性时，吸收峰发生蓝移，说明该化合物可能为芳胺。

2.2.2　仪器构成

2.2.2.1　基本组成

紫外-可见光谱仪主要由光源、单色器、试样室和检测器组成（图 2-8）。此外，还有电子和控制系统以及测量与分析软件等。

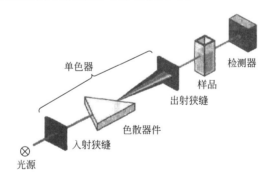

单色器

检测器

样品

出射狭缝

色散器件

入射狭缝

⊗ 光源

图 2-8　紫外-可见光谱仪的主要结构示意图

（1）光源

紫外-可见吸收光谱仪的常用光源有热辐射光源和气体放电光源两类。热辐射光源用于可见光区，如钨丝灯和卤钨灯；气体放电光源用于紫外光区，如氢灯和氘灯。在检测过程中，光谱仪根据测量的光谱范围自动切换光源，并自动转换滤光片，以消除高级次谱的干扰。

钨丝灯是常用于可见光区的连续光源，其辐射能大部分处于近红外区。提高灯丝的工作温度可以使光谱向短波方向移动，钨丝灯的使用温度通常为 2870K。灯的发射系数对灯电压非常敏感，记录的光电流与工作电压的四次方成正比。所以，在使用钨丝灯时需严格控制灯的端电压。卤钨灯是在钨丝灯中加入适量的卤素或卤化物而制成。由于灯内卤族元素的存在，使钨丝灯在工作时挥发出的钨原子与卤素作用生成卤化物，卤化物分子在灯丝上受热分解成钨原子和卤素，使钨原子重新返回到钨丝上，这样就大大减少了钨原子的蒸发，提高了灯的使用寿命。此外，卤钨灯比普通钨丝灯的发光效率也高得多。所以，大多数光谱仪都采用卤钨灯作为可见光区和近红外区的光源。

氢灯和氘灯是常用于紫外区的连续光源。由于玻璃对紫外光有吸收，灯管用石英制成，灯管内充几十帕的高纯氢（或同位素氘）气体。当灯管内的一对电极受到一定的电压脉冲后，自由电子加速穿过气体，电子与气体分子碰撞，引起气体分子电子能级、振动能级、转动能级的跃迁，当受激发的分子返回基态时，即发出相应波长的光。氘灯的辐射光强度比相同功率的氢灯高 3～5 倍，寿命也长，是紫外光区应用最广泛的一种光源。

（2）单色器

单色器是将复合光分解为单色光并分离出所需波段光束的装置，是光谱仪的关键部件，主要由入射狭缝、出射狭缝、色散元件和准直镜等组成。入射狭缝的作用是限制杂散光进入，准直镜的作用是把通过入射狭缝的光束转化为平行光，通过色散元件（包括棱镜或光栅）分解为单色光，通过转动棱镜或光栅使单色光依次通过出射狭缝得到单色光束。调节出射狭缝的宽度可以控制出射光束的光强和波长、纯度。

单色器的性能直接影响出射光的纯度，从而影响测定的灵敏度、选择性及校准曲线的线性范围，其性能的优劣，主要决定于色散元件的质量以及单色器的结构设计。色散元件的光栅比棱镜的色散率大、分辨率高、工作光谱范围宽，现代仪器中已普遍采用光栅进行分光。光栅利用光的衍射和干涉作用将复合光按波长进行分解。光栅的种类很多，依据光是否穿透光栅可分为透射式和反射式光栅，在紫外-可见光谱仪中最常用的是反射式衍射光栅。依据光栅成像的形状，可分为普通光栅和平场光栅，普通光栅所成的像是弯曲不平的，而平场光栅所成的像是平面像。依据光栅是机械刻划法还是用全息干涉方法制成，又可分为刻划光栅和全息光栅。

（3）试样室

试样室用来放置比色皿，按材料可分为玻璃比色皿和石英比色皿两种，由于玻璃对紫外有吸收，故不能用于紫外分析。比色皿的光程可在 0.1～10cm 变化，其中以 1cm 光程的比色皿最为常用。比色皿常常用于液体测定，对于气体测定可将配套的气体吸收池置于试样室中。此外，还有用于测量固体的漫反射积分球，衰减全反射（ATR）也可以用于紫外光谱的测定。

（4）检测器

检测器是检测光信号，并将光信号转变为电信号的光电转换装置。紫外-可见光谱仪常用的检测器有光电池、光电管、光电倍增管和光电二极管阵列检测器等。

① 光电池　光电池是一种简单、便宜、使用方便、无须附加电源、可直接使用的光电转换元件。目前，硅光电池是准双光束 UV-Vis（紫外-可见光谱仪）上常用的检测器，分为可见区使用和紫外-可见区使用两种。由于光电池的稳定性受制造工艺、温度和电磁场干扰影响，其工作环境要注意防潮、防高温、防电磁干扰等。光电池在没有光照时也会有电流输出，称为暗电流，暗电流是光电检测器的重要技术指标之一。暗电流越小，检测器的质量越好。光电池的暗电流一般较大。近年来国外生产的某些硅光电池的暗电流很小。

② 光电管　光电管是在石英泡内放置一个金属丝圈阳极与一个半圆筒体阴极，其适用的波长范围取决于阴极上的光电材料。光电管在接受光照射时，阴极发射出电子，入射光越强，产生的光电流越大。然而，光电管也会产生暗电流，为了保证质量，仪器中通常都设有一个补偿电路以消除暗电流（图 2-9）。

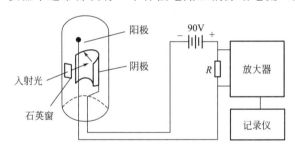

图 2-9　光电管的结构示意图

③ 光电倍增管　光电倍增管（photo multiplier tube，PMT）是检测弱光最常用的光电元件，其灵敏度比光电管高得多。光电倍增管实际上是由一个阳极、一个表面涂有光敏材料的阴极、若干个倍增极和电阻组成的电子管。当光照射到外加负压的光电阴极时，阴极上的光敏材料便会发出一次光电子，一次光电子碰撞到第一倍增极上，就可释放出增加了许多倍的二次光电子。二次光电子再碰撞到第二倍增极上，又可释放出比二次光电子增加了许多倍的三次光电子。以此类推，从而使微弱的光信号转化为强大的电信号（图 2-10）。一般光电倍增管的放大倍数是 $10^5 \sim 10^7$。光电倍增管不能用来测定强光，否则光阴极和二次发射极容易疲劳，使信号漂移、灵敏度降低，并且光电倍增管可因阳极电流过大而损坏。光电倍增管的灵敏度与光电管一样，受到暗电流的限制。暗电流主要来自光阴极和次级发射的热电子发射以及各极间的漏电流。电极电压较低时，暗电流主要来自漏电流；电极电压较高时，则主要来自热电子发射。

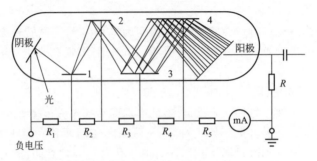

图 2-10　光电倍增管的原理示意图（1～4 是倍增极）

④ 光二极管阵列检测器　光二极管阵列检测器（photo-diode array detector，PDA）是一种在晶体硅上紧密排列的一系列光二极管的检测器，每个二极管能同时分别接收一定波长间隔的光信号，二极管输出的电信号强度和光强度成正比。PDA 的显著特点是能进行快速光谱采集，例如一个在 190～820nm 波长范围内由 316 个二极管组成的光二极管阵列检测器，若每个二极管在 1/10s 内每隔 2nm 测一次，并采用同时并行数据采集方法，就可在 10s 内得到一张 190～820nm 波长范围内的光谱。而一般的分光光度计若每隔 2nm 测一次，每次需时 1s，要得到相同的范围光谱需要 5min。

⑤ 电荷耦合阵列检测器　电荷耦合阵列检测器（charge-coupled array detector，CCD）是一类以半导体硅片为基材的集成电路式光电探测器。CCD 阵列检测器也是以光电效应为基础，但与大多数光电器件不同的是，CCD 是以电荷而不是以电流或电压作为信号。构成 CCD 的基本单元是金属-氧化物-半导体（metal oxide semi-conductor structure，MOS）结构。在一定的偏压下，MOS 结构成为可存储电荷的分立势阱。当光照射到硅片上时，光电效应产生的电荷将存储在 MOS 势阱中，这些势阱构成了 CCD 的探测微元。将按一定规则变化的电压加到 CCD 的各电极上时，电极下的电荷将沿半导体表面朝一定方向移动。所谓电荷耦合，就是指势阱中的电荷从一个电极移向另一个电极的过程。

一个 CCD 芯片由几万甚至上百万个这样的微元组成，构成一个平面的探测阵列。根据实际应用需要，可将位于同一行或同一列上的微元串联，同一行或同一列上收集到的电荷可一起输送到输出端。一行微元上的电荷输出可按顺序进行，再由装在芯片角上的输出放大器将信号送往外接的计算机处理。事实上，CCD 的基本元件是一片将光电效应和集成电路、放大器一体化的半导体集成块。

CCD 具有极高的光电效应量子效率。它的电荷转移效率几乎达到 100%，器件量子效率超过 90%，CCD 在低温下工作时几乎无暗电流。此外，它的噪声几乎接近于零。CCD 的平面阵列结构，使其具有天然的多通道同时分析的优点。以上这些因素，使得 CCD 的灵敏度超过其他传统的光电探测器。单个探测微元的灵敏度比光电倍增管还高 5 倍。CCD 总的探测速度比扫描式光电倍增管高几百到上千倍。此外，CCD 还有波长响应区域宽（100～1100nm），极高的光电效应量子效率；异常宽的动态响应范围和理想的响应线性；几何尺寸稳定，耐过度曝光等优点。因此，CCD 是光谱分析的理想检测器。

2.2.2.2　仪器类型

由于目前紫外-可见光谱仪的分光元件大多由棱镜和光栅联合组成。因此，一般分类方法都按照仪器结构来分类，分为单光束、准双光束、双光束和双波长四类（图 2-11），下面将四类之间的区别、各自特点作一简单介绍。

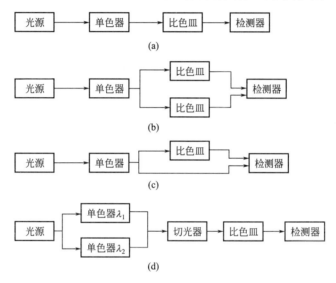

图 2-11　单光束（a）、双光束（b）、准双光束（c）和双波长（d）
紫外-可见光谱仪的结构示意图

① 单光束紫外-可见光谱仪　单光束紫外-可见光谱仪只有一束单色光、一只比色皿、一只光电转换器，其光电转换器通常采用硅光电池、光敏三极管或光电管，因而结构简单、价格便宜。但因其杂散光、光源波动、电子学的噪声等都不能抵消，故这类仪器的光度准确度差，分析误差也较大。

② 双光束紫外-可见光谱仪　双光束紫外-可见光谱仪有两束单色光。目前，国内外绝大多数的双光束紫外-可见光谱仪均配备两只比色皿、一只光电转换器，其光电转换器全部是光电倍增管。由于有两束光，所以对光源波动、杂散光、电子学噪声等的影响都能部分抵消，因此，光度准确度好是这类光谱仪的最大优点。

③ 准双光束紫外-可见光谱仪　准双光束紫外-可见光谱仪有两束光及一只比色皿，其中一束光通过比色皿，一束光不通过比色皿，不通过比色皿的那束光，

主要为了抵消光源波动对分析误差的影响。国内普及型的常规仪器大多属于这个类型。这种仪器一般都用硅光电池或光电管作光电转换器，因此结构简单，价格便宜。准双光束类型仪器因为有两束光，其光源波动可抵消一部分，电子学噪声也可以部分抵消，故准确度较单光束仪器好。

④ 双波长紫外-可见光谱仪　双波长紫外-可见光谱仪都采用两个单色器，将光源发出的光分成两个波长 λ_1 和 λ_2，通过切光器将 λ_1 和 λ_2 两束单色光交替入射到同一试样中，光电倍增管交替接收经过试样的两束单色光，并将其转换成电信号，处理出它们之间的吸光度差 $\Delta\lambda$。双波长紫外-可见光谱仪的定量依据是待测组分浓度与两波长 λ_1 和 λ_2 的吸光度差 $\Delta\lambda$ 成正比，以此可以用于试样溶液的单组分和多组分测量。如果试样的吸收光谱上有两个或两个以上组分的吸收峰互相重叠或非常接近，或者有较为严重的背景吸收干扰，则可利用导数光谱来处理谱图。

2.2.2.3　性能指标

紫外-可见光谱仪的主要性能指标有：波长的准确性和重复性、吸光度准确性和重复性、杂散光、噪声、光谱带宽、基线平直度和基线漂移等。

① 吸光度准确性　吸光度准确性是光谱仪最关键的根本性技术指标，光谱数据是否准确、可靠取决于这个重要指标。影响吸光度准确性的主要因素有杂散光、噪声、基线平直度、光谱带宽、试样的来源与制备等。吸光度准确性一般用纯度高、稳定性好的标准滤色片或重铬酸钾的 $0.005mol/L\ H_2SO_4$ 溶液来测试。目前，一些典型光谱仪的吸光度准确度（ΔA）为 $\pm0.005A$（$0\sim1.0A$ 范围）。

② 吸光度重复性　吸光度重复性又称光度精密度，是表征仪器稳定性的指标。其定义是：多次测量（通常 3～5 或 7 次）中的最大值与最小值之差。影响吸光度重复性的主要因素有光源系统、检测系统、电子系统和环境温度、电磁场干扰等。吸光度的重复性往往与准确性同时测量，一般光谱仪的吸光度重复性（ΔA）为 $\pm0.002A$（$0\sim1.0A$ 范围）。

③ 杂散光　杂散光是紫外-可见光谱仪非常重要的关键技术指标，是仪器分析误差的主要来源，它直接限制分析样品浓度的上限。当一台仪器的杂散光一定时，被分析的试样浓度越大，其分析误差就越大。杂散光的来源很多，但光栅的设计和器件缺陷是杂散光的主要来源。杂散光的测定方法是采用标准滤光片或 $10g/L$ 的 NaI 及 $50g/L$ 的 $NaNO_2$，在 220nm（NaI）或 340nm（$NaNO_2$）处测定透过率。一般光谱仪的杂散光应小于 0.05%。

④ 噪声　噪声是使朗伯-比尔定律偏离的最主要因素之一，是主要的分析误差来源。噪声由于直接影响仪器的信噪比，因此主要限制被测试样浓度的下限。噪声主要来源于光学系统、光源、检测器和电子学系统等。噪声通常在光谱带宽

为 2nm 测试条件下，用 500nm 处 10min 连续测量的最大峰-峰吸光度表示，一些高性能光谱仪的光度噪声可达 ±0.0002A。

⑤ 基线平直度　与噪声只给出 500nm 处的信号波动不同，基线平直度是指每个波长上的光度噪声，这对采用全谱结合化学计量学建立的方法尤为重要，它决定了光谱仪各个波长下的分析检测浓度的下限。影响基线平直度的主要因素有光源切换时的噪声、滤光片或光学元件蒙尘、环境的振动、电磁场干扰等。一般仪器光谱仪的基线平直度为 0.001A（200～800nm）。

⑥ 光谱带宽　由于光谱带宽影响吸光度的准确性和分辨率，导致分析测试结果存在误差，因而也是仪器的关键技术指标。目前，国际上对光谱带宽的测试方法一般选取某些光源（如 Hg 灯）的特征谱线（546.1nm 和 253.7nm），对它进行光谱扫描，绘制出该谱线的轮廓，再测出该谱线的半峰宽度即为光谱带宽。光谱带宽越宽，光谱图的分辨率越差，一般 2nm 的光谱带宽可以满足绝大多数的分析测试需求。

⑦ 波长准确度　波长准确度是指波长的实际测定值与理论值（真值）的差值，其影响吸光度准确性的测试结果。采用化学计量学建立校正模型的方法时，波长准确性是影响模型仪器间有效传递的主要因素之一。测试波长准确度的方法很多，一些仪器公司习惯于检测氘灯的 486.0nm、656.1nm 的波长准确度，通常波长准确度为 ±0.2nm，波长重复性为 ±0.1nm。

⑧ 基线漂移　基线漂移也是评价仪器稳定性的关键指标之一。影响基线漂移的主要因素包括仪器的光源系统、电子学系统和仪器周围的环境等。通常测定基线漂移的方法是：设定光谱带宽为 2nm，以空气为试样和参比，连续扫描 1h，记录吸光度的最大差值。光谱仪的基线漂移通常要求为 0.0004A/h[4]。

2.2.3　实验技术

2.2.3.1　透射测量

紫外-可见光谱大多用于液体样品的检测，因此透射测量方式最为常用。测量时可选用不同光程和类型的石英（紫外和可见区）或玻璃（可见区）比色皿，其中以 1cm 光程的比色皿最为常见。对于样品量较少的物质，可选用微量样品池。用于定量分析时，参比光路和样品光路中的比色皿必须严格匹配，包括空比色皿的吸光度、光程长度、光路距离和方向一致等。同时保持彻底清洁，操作时注意不能触摸窗口。

测定试样的紫外-可见光谱时，选择溶剂非常重要，常用溶剂有正己烷、环己烷、甲醇、乙醇等。根据相似相溶原理，非极性试样通常选择正己烷、环己烷，极性试样通常选择甲醇、乙醇和水等。选择溶剂时，首先要保证溶剂的紫外谱图不对样品造成干扰。其次，还要注意溶剂的纯度与杂质对谱图的干扰。再次，为了保持溶液的澄清透明，要注意样品在溶剂中的溶解度，是否会发生化学反应，pH 值的影响等。最后，要注意溶剂效应，即同一样品在不同溶剂中的吸收波长和强度会有差异。

2.2.3.2　漫反射测量与 ATR 技术

近红外光谱中使用的漫反射测量技术和红外光谱中常用的 ATR 技术也可以应用在紫外-可见光谱的测量中。对于只有微弱透光或完全不透光的样品，可以采用漫反射测量方法。对于较为黏稠的样品或不便稀释的液体可采用 ATR 技术。这两种技术可能是未来的发展趋势。

漫反射测量的主要附件是积分球。积分球是一个挖成空心的球体，其内径一般为 60～150mm，球的内壁上涂有高散射物质（如硫酸钡或氧化镁）。当单色光进入积分球照射在样品上时，较厚样品反射的光以及较薄样品透反射的光被积分球收集、汇聚在检测器上。目前，漫反射在材料、生命等领域应用较多，在油脂领域的应用尚少。

ATR 技术已经在中红外光谱分析领域中应用广泛。ATR 每次反射的有效等价光程与晶体类型、样的折射率以及入射光波长和入射角度相关，紫外光区的等价光程一般为 $1～2\mu m$，如果光在晶体内经 6 次反射，其等价光程约为 $10\mu m$。与常用的 1cm 光程的比色皿相比，缩小为 1/1000，意味着 ATR 可以直接测量比传统比色皿所测浓度高 1000 倍的溶液。因此，ATR 可以直接用于高浓度溶液的检测分析，或者在测量时可减少样品的稀释倍数。

2.3　中红外光谱

中红外光谱也称红外光谱（infrared spectroscopy，IR），其能量小于紫外-可见光谱，波长范围为 $2.5～25\mu m$，通常以波数表示（$4000～400cm^{-1}$）。为了与近红外光谱相区别，有时也称中红外光谱。红外光谱反映的是分子中原子间的伸缩和弯曲振动（又称变角振动或变形振动）。分子在振动的同时还存在转动，虽然转动涉及的能量较小，处在远红外区，但其影响振动而产生偶极矩变化，因而红外光谱图实际上是分子的振动与转动的加和表现。

红外光谱是现代分析化学和结构分析必不可少的工具。作为化合物结构解析的四大谱（红外光谱、核磁共振波谱、质谱和紫外-可见吸收光谱）之一，红外光谱图中蕴藏着丰富的分子结构信息。因为每一种分子中各个原子之间的振动形式十分复杂，即使是简单的化合物，其红外光谱也是复杂且有特征的。因此，通过分析化合物红外吸收峰的峰位、峰强和峰形以及峰-峰比例等信息，即可获得许多反映分子结构的信息，从而用于测定化合物分子结构、鉴定未知物以及分析混合物组成和含量等。此外，应用红外光谱还可测定分子的键长和键角，可以推断分子的立体构型，判断化学键的强弱等。由于红外光谱发展成熟，测试简单，无损快速，环境友好，并且已经积累了大量的谱图数据等优势，使得红外光谱的应用极为广泛。

近年来，随着仪器制造技术，特别是附件技术以及化学计量学方法和计算机的快速发展，红外光谱已经越来越多地与化学计量学方法结合，用于油脂的定性鉴别、掺伪分析与定量测定等。

2.3.1　基本原理

2.3.1.1　双原子分子的振动

红外光谱是由分子中原子吸收红外光后发生振动能级跃迁而产生的。其原理可以用简单的双原子分子作为谐振子模型，运用经典的简谐振动加以讨论。其结论是：分子振动能级跃迁所需能量的大小取决于化学键力常数以及两端原子的折合质量。由于分子中基团与基团之间、基团内的化学键之间存在影响，使得分子振动能级跃迁与分子的结构特征相关。而不同有机化合物结构中的原子量和化学键力常数各不相同，从而就会出现不同的吸收频率，因而产生各自的特征红外吸收光谱。

由于简谐振动的跃迁必须在相邻的振动能级之间进行，即振动量子数变化只能为 1 个单位（$\Delta V \pm 1$），1 个能级以上的跃迁是禁止的，因室温下大多数分子处于基态（$V=0$），允许的跃迁 $V=0 \rightarrow V=1$ 称为基频跃迁，这种跃迁在红外吸收光谱中占主导地位，其谱带出现在中红外区域，即产生红外光谱。其他允许的跃迁，如 $V=1 \rightarrow V=2$、$V=2 \rightarrow V=3$ 等由激发态（$V \neq 0$）开始的跃迁，由于处于激发态的分子数相对较少，相应的谱带强度比基频吸收弱得多，通常在强度上相差 1～3 个数量级。

而真实的分子振动是近似的简谐振动，可以产生 $\Delta V \pm 2$ 或 $\Delta V \pm 3$ 的能级跃迁，称为倍频峰，由于分子非谐振性质，各倍频峰也并非正好是基频峰的整数倍，而是略小一些。此外，基频峰的相互作用，形成频率等于两个基频峰之和（或之差）的合频峰。倍频峰和合频峰的能级跃迁概率较小，故与基频峰相比，它们通常为弱峰，常常不能检出。

2.3.1.2　多原子分子的振动

多原子分子的振动要比双原子分子复杂得多。根据一个原子在三维空间中有 3 个运动自由度可知，多原子分子的振动自由度为 $3n-6$，这个基本的振动也称为简正振动。每一个简正振动都对应着一个能级的变化，但是并非每一个振动都能产生红外吸收谱带，只有那些可以产生瞬间偶极矩变化的振动才能产生红外吸收，那些没有偶极矩变化但有分子极化率变化的振动可以产生拉曼光谱（图 2-12）。

图 2-12　CS_2 的振动形式与红外活性的关系示意图

分子的偶极矩（μ）是分子中正、负电荷中心的距离（γ）与正、负电荷中心所带电荷（δ）的乘积，它是分子极性大小的一种表示方法。H_2O 本身是极性分子，$\gamma \neq 0$，则 $\mu \neq 0$，有偶极矩。当 H_2O 分子发生振动时，γ 随化学键的伸长和缩短变化，偶极矩也发生变化，即 $\Delta\mu \neq 0$。CO_2 分子的正、负电荷中心重合，即 $\gamma = 0$，则 $\mu = 0$。当其分子发生对称振动时，即 $\gamma = 0$ 时，$\Delta\mu = 0$。只有发生不对称振动时，正、负电荷中心不再重合时，偶极矩才发生变化，即 $\Delta\mu \neq 0$。H_2O 和 CO_2 分子的偶极矩见图 2-13。因为偶极矩是一个矢量，故中心对称分子的全对称振动总的偶极矩变化为零。因此，一个分子的振动是否具有红外活性与分子的对称类型有关。中心对称分子的全对称振动在红外光谱中不产生吸收，但在拉曼光谱中是有活性的。

图 2-13　H_2O 和 CO_2 分子的偶极矩

2.3.1.3　分子的振动类型

分子的振动分为伸缩振动和弯曲振动两类。伸缩振动是指成键原子沿着价键的方向来回相对运动，键长有变化而键角不变，用字母 ν 来表示伸缩振动。伸缩振动又可分为对称伸缩振动和反对称伸缩振动，分别用 ν_s 和 ν_{as} 表示。弯曲振动是键长不变而键角改变的振动方式，用字母 δ 表示。根据振动是发生在一个平面内还是不在一个平面内，弯曲振动又分为面内弯曲振动和面外弯曲振动。如果弯曲振动的方向垂直于分子平面，则称为面外弯曲振动；如果弯曲振动完全位于平面上，则称为面内弯曲振动（图 2-14）。

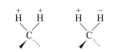

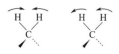

对称伸缩振动 ν_s　　　不对称伸缩振动 ν_{as}　　　非平面摇摆振动　扭曲振动　　　剪式振动　平面摇摆振动

面外弯曲　　　　　　　面内弯曲

图 2-14　亚甲基的分子振动方式（＋和－分别表示运动方向垂直纸面向里和向外）

2.3.1.4　谱带的吸收强度

红外光谱的谱带强度主要由两个因素决定：一是振动中偶极矩变化的程度，瞬间偶极矩变化越大，吸收峰越强；二是能级跃迁的概率，跃迁的概率越大，吸收峰也就越强。一般来说，基频跃迁概率大，吸收较强。倍频虽然偶极矩变化大，但跃迁概率很低，峰强反而很弱。

偶极矩变化的大小与原子的电负性、振动方式、分子的对称性、氢键、诱导效应和振动耦合等因素的影响有关。一般化学键两端原子的电负性差别越大，其伸缩振动引起红外谱带的吸收越强；伸缩振动比变形振动的谱带吸收强度大；对称性差的振动偶极矩变化大，吸收峰强等。

红外光谱的吸收强度指的是谱带的吸光度（A），吸光度越大，谱带强度就越大。一般定性地用很强（vs）、强（s）、中（m）、弱（w）和很弱（vw）等表示。稀溶液红外光谱的谱带吸光度同样遵守朗伯-比尔定律，可用于定量分析。油脂中反式脂肪酸的定量测定即利用了孤立反式双键在 $966cm^{-1}$ 处的吸收强度。

红外光谱图一般纵坐标吸光度（A），横坐标为波数（cm^{-1}）表示。横坐标的表示常用裂分法而非等分法。因为红外谱图的低波数段（$2000\sim400cm^{-1}$）的谱峰比高波数段（$4000\sim2000cm^{-1}$）的多很多，为了更清楚地表示 $2000\sim400cm^{-1}$ 之间的吸收峰，常常将这个区段的横坐标放大一倍。还有的红外谱图是以 $2200\sim1000cm^{-1}$ 为界线进行裂分的表示法，目的也是扩展 $1000\sim400cm^{-1}$ 的吸收峰。这种表示法对谱峰是识别大大优于将横坐标按波数等间隔分布的等分法。

2.3.1.5　常见基团的红外光谱特征

红外光谱的最大特点是具有特征性，一些化学基团即使在不同的分子中，其红外吸收总是出现在一个较窄的范围内。例如—CH_3 基团的特征吸收峰总是在 $2800\sim3000cm^{-1}$ 附近，—OH 伸缩振动的强吸收峰在 $3200\sim3700cm^{-1}$。这种不随分子构型变化而出现较大变化的频率称为基团特征振动频率，即基团频率。基团频率区位于 $4000\sim1500cm^{-1}$ 之间，区内的吸收峰是由伸缩振动产生的吸收带，比较稀疏，易于辨认，常用于鉴定官能团。

基团频率区可又分为三个区域：

Ⅰ. $4000\sim2500cm^{-1}$ 为 X—H 伸缩振动区，X 可以是 O、H、C 和 S 原子。

这个区域内的基团振动主要包括 O—H、N—H、C—H 和 S—H 键的伸缩振动。

Ⅱ. 2500～1900cm⁻¹ 为三键和累积双键区，主要包括炔键、丙二烯基、氰基、烯酮基、异氰酸醋基等的反对称伸缩振动。

Ⅲ. 2500～1900cm⁻¹ 为双键伸缩振动区，主要包括 C＝C、C＝O、C＝N、—NO₂ 等的伸缩振动，芳环的骨架振动等。

在 1500～400cm⁻¹ 区域，除了单键的伸缩振动外，还有因变形振动产生的谱带。这些振动与整个分子的结构有关。当分子结构稍有不同时，该区域的吸收就有细微的差异，并显示出分子的特征。这种情况就像每个人有不同的指纹一样，因此称为指纹区。指纹区对于指认结构类似的化合物很有帮助，而且可以作为化合物具有某种基团的旁证。

指纹区主要是 X—Y 单键的伸缩振动以及 X—H 变形振动区，主要包括 C—C、C—O、C—N、C—X（卤素）、C—P、C—S、P—O 等伸缩振动和 C＝S、S＝O、P＝O 等双键的伸缩振动。例如 C—O 的伸缩振动在 1300～1000cm⁻¹，是指纹区最强的峰，较易识别。此外，1000～650cm⁻¹ 区域内的某些吸收峰还可用于确认化合物的顺反构型。

2.3.1.6　影响基团频率的因素

分子中的化学键振动并不是孤立的，而是受到内部因素影响，如氢键、相邻基团等，同时也受溶剂、测定条件等外部因素的影响。内部因素除了氢键和相邻基团之外，还包括电效应、振动耦合、费米共振和空间效应等。氢键容易在羰基和羟基之间形成，使得羰基的频率降低。最明显的是羧酸，游离羧酸的C＝O在 1760cm⁻¹ 左右，固液态时形成二聚体形式，C＝O 在 1700cm⁻¹ 附近。电效应又包括诱导效应、共轭效应和偶极场效应，它们都是由于化学键的电子分布不均匀而引起的。振动耦合是指当两个或两个以上相同的基团连接在同一个原子上时，如果基团原来的基频振动频率相同或相近，则可能会发生相互作用而裂成两个峰。费米共振是当一个振动的倍频和另一个振动的基频挤近时，由于发生相互作用而产生很强的吸收峰或发生裂分。空间效应又称立体障碍，包括场效应和空间位阻效应。场效应是原子和原子团的静电场由于基团靠得太近而发生的空间作用，空间位阻效应会使邻近基团发生频率位移和峰形变化。

2.3.2　仪器构成

红外光谱仪器由光源、分光器件以及检测器等主要部件组成。根据分光原理不同，红外光谱仪主要分为色散型和干涉型两大类。色散型的原理与紫外-可见分光光度计类似，缺点是扫描速度慢、分辨率和信噪比低、重复性差等。因此，傅里叶变换型（Fourier transform，FT）是目前常用的仪器类型，具有高信噪比、高分辨率、高测量精度以及测量速度快等一系列优势。

2.3.2.1 基本组成

傅里叶变换红外光谱仪主要是由光源、迈克逊干涉仪、样品室、检测器和电子计算机组成,其光学系统的核心部分是迈克逊干涉仪(图 2-15)。光源发出的光首先经过迈克逊干涉仪变成干涉光,再让干涉光照射样品。检测器获得干涉图,然后电子计算机对干涉图进行傅里叶变换而得到红外吸收光谱图。

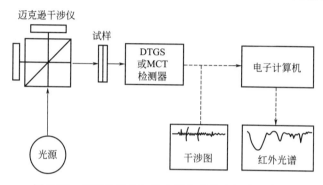

图 2-15 傅里叶变换红外光谱仪的基本组成示意图

(1)光源

红外光谱仪中所用的光源通常是一种惰性固体,用电加热使其发射高强度连续红外辐射。常用的红外光源有碳硅棒和陶瓷光源两类,通常采用空气进行冷却,如空冷陶瓷光源等,它的适用范围为 $9600 \sim 50 \mathrm{cm}^{-1}$。

(2)干涉仪

干涉仪是傅里叶变换红外光谱仪光学系统中的核心部件。傅里叶变换红外光谱仪的分辨率和其他性能指标主要由干涉仪决定。干涉仪的基本组成包括固定不动的反射镜(定镜)、可移动的反射镜(动镜)和分束器三个部件(图 2-16)。定镜和动镜是互相垂直的平面反射镜,分束器以 45° 角置于定镜和动镜。分束器是由 CaF_2、$ZnSe$、KBr 或 CsI 等透光基片上镀 Ge 或 Si 等材料膜形成半透半反射膜,它将来自光源的光束分成相等的两部分,一半透过,另一半反射。透过的光束照射到动镜,被反射回来后再经分束器反射,透过样品到达检测器;反射的光束照射到定镜上,反射回来后透过分束器,经过样品到达检测器。这样这两束光因动镜的运动而具有光程差,发生光的干涉作用(图 2-16)。干涉仪将高频振动的红外光(光速/波长 $\approx 10^{14}$ Hz)通过动镜不断移动调制成低频的音频频率(10^2 Hz),从而消除了杂散光的干扰。

如果进入干涉仪的是单色光,则光束随动镜的运动时间而变化为一条余弦曲线。而实际上红外光源是具有一定波数范围的连续光源,因而检测器得到的信号是各单色光干涉图的叠加结果。零光程差时各单色光强度都为极大值,其余部位则因相长或相消干涉强弱不同而相互抵消，这些加和的结果形成一个中心极大并向两边迅速衰减的对称干涉图（图 2-17）。干涉图经过傅里叶变换，把时域信号变成频域谱，得到我们熟悉的红外光谱图。

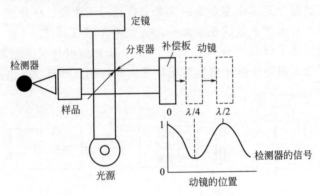

图 2-16　迈克逊干涉仪的示意图

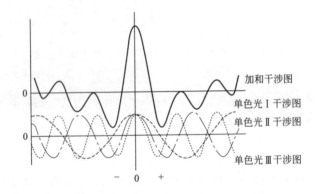

图 2-17　不同单色光的干涉图及其加合的干涉图

（3）检测器

检测器的作用是检测红外干涉光通过样品后的能量。红外光谱的检测器需满足以下三点要求：检测灵敏度高、响应速度快以及测量范围宽。目前，中红外光谱仪常用的检测器有氘化硫酸三甘氨酸酯（DTGS）检测器和汞镉碲（mercury cadmium tellurium，MCT）检测器。

DTGS 检测器由 DTGS 晶体薄片制成，薄片两面引出电极通至检测器的前置放大器。红外干涉光照射 DTGS 晶体产生极其微弱的信号，信号经放大后再通过模数转换送至计算机进行傅里叶变换，得到红外谱图。DTGS 晶体怕潮湿，需要用红外窗片密封。根据密封材料分为 DTGS/KBr、DTGS/CsI 和 DTGS/聚乙烯等，其中 DTGS/KBr 最常用，是红外光谱仪的标准配置。

MCT 检测器由宽频带的半导体碲化镉和半金属化合物碲化汞混合制成，改变混合物成分比例，可以获得测量范围不同、检测灵敏度不同的各种 MCT 检测器。目前常用的有三种，分别是窄带的 MCT/A 检测器（测量范围为 10000～650cm^{-1}）、宽带的 MCT/B 检测器（测量范围为 10000～400cm^{-1}）和中带的 MCT/C 检测器（测量范围为 10000～580cm^{-1}）。其中，MCT/A 的灵敏度最高、噪声最小、响应速度最快，得到的红外谱图的信噪比很高。

DTGS 检测器比 MCT 检测器的灵敏度低得多，噪声也大得多，响应速度也慢，但它的检测范围较宽，如 DTGS/KBr 和 DTGS/CsI 若配备相适应的分束器可以测定低至 350cm^{-1} 和 200cm^{-1} 的红外谱图。由于 DTGS 检测器可以在室温下工作，而 MCT 检测器必须在液氮温度下工作，因此，DTGS 检测器在傅里叶变换红外光谱仪中最为常用。高端仪器则可再配备一个 MCT 检测器，形成双检测器系统[3]。

（4）样品室

样品室中能够安放各种红外附件，如透射附件、衰减全反射（ATR）附件、漫反射附件、镜反射附件、光声附件等。

由于傅里叶变换红外光谱仪采用了迈克逊干涉仪，因而可以一次获取全波段光谱信息，具有高光通量、低噪声、测量速度快等一系列优点。

2.3.2.2　测量附件

红外光谱仪配有多种测量附件以适应不同测量对象的需要，如透射附件、镜面反射附件、漫反射附件、衰减全反射附件、光纤探头附件、光声光谱附件和显微镜附件等。测量附件与制样技术也息息相关。

（1）透射附件

透射是红外光谱最为传统的测定方法，主要用于定性分析，如果光程固定，也可以进行定量分析。透射附件分为固体、液体和气体池几种，其中以固体透射附件的应用最为普遍。固体透射附件的普遍应用方法是将样品与 KBr 均匀混合并压成薄片，然后放入样品支架上固定、测量即可（图 2-18）。对于黏稠液体，可以直接在 KBr 片上涂抹均匀进行定性测量，薄膜类样品则直接使用专用的样品夹测量。液体透射附件指的是不同类型的液体池，包括固定厚度液体池、可变厚度液体池、可拆式液体池等，这些液体池的基本结构都是用两块盐片和一个间隔片构成。盐片可以是 KBr、NaCl、CsI、ZnSe 等，间隔片的厚度通常为 0.01～1mm，用于调节光程和所用样品的体积。固定厚度的液体池可以用于定量分析。图 2-19 是固定厚度液体池示意。在工业分析中，还可以使用配有蠕动泵的半自动进样液体池。

（2）衰减全反射附件

衰减全反射（ATR）附件有多种形式，如单次衰减全反射 ATR（single bounce，SB-ATR，图 2-20）、水平衰减全反射 ATR（HATR，图 2-21）和 ATR

图 2-18　磁性样品夹

图 2-19　固定厚度液体池

图 2-20　单次衰减全反射
ATR 附件

流通池等。油脂样品大多呈液态，测定时适合使用 HATR 附件。HATR 的样品架有槽形和平板形两种。测试液体最好使用槽形样品架（图 2-21），有的槽形样品架还配备一个盖子，以防止挥发性液体挥发。ATR 晶体一般固定在凹槽内，测定油脂样品时，一定要保证液体充满整个凹槽，将 ATR 晶体表面完全盖住，才能起到多次衰减全反射作用，使谱图的吸收增强，从而得到较好的定量效果。平板形样品架适用于薄膜样品的测定。有些 HATR 还可以安装和拆卸，当晶体被污染时，可将晶体拆下来清洗。需要注意的是，尽管 ATR 晶体的机械强度很高，清洗时也要使用镜头纸或柔软的面巾纸，因为一旦晶体表面磨损，就会影响光的反射率，从而影响光谱的信噪比。

ATR 晶体的清洗一般不建议用有机溶剂，可能是担心有机溶剂溶解晶体与样品支架处的黏合剂，对晶体表面造成污染，以及损坏 ATR 附件。因此，测定时要按照低浓度到高浓度的顺序依次扫描，清洗时可先用软纸擦去油脂，然后滴少量乙醇在 ATR 晶体表面，再用软纸擦拭干净[2]。

图 2-21　水平衰减全反射附件（槽形）

　　HATR 附件大都是多次反射，与单次反射 ATR 相比，多次反射的 HATR 采集的谱图信号更强，灵敏度更高，从而达到更低的检出限。Mossoba 在建立油脂中反式脂肪酸的分析方法时发现：相比 ATR 的单次反射，9 次反射采集谱图的灵敏度提高了 5 倍，反式脂肪酸的检出限达到 0.34%。AOCS14e-09 中建议配置至少 3 次以上反射的 ATR 附件，如果采用单次反射 ATR 附件，则要求仪器配备灵敏度更高的 MCT 检测器。此外，由于氢化植物油和动物脂的熔点较高，常温下呈固态，无法让样品均匀地充满 ATR 晶体表面，ATR 附件最好具有加热功能，保持（65±2）℃恒温扫描。当然，条件不具备时，也可以先将样品放置在加热设备中预热，趁热迅速加样到 ATR 晶体表面，但这样做可能会由于样品间的温度差异导致测量结果存在误差[5]。

　　（3）漫反射附件

　　漫反射附件（diffuse reflectance，DR）主要用于测量细颗粒和粉末状样品的分析。图 2-22 是一种漫反射附件的光路图。将粉末状样品装在漫反射附件的样品杯中，红外光束经右侧平面镜 M₁ 反射到椭圆球面镜 A，将光束聚焦后射到样品杯中的粉末样品表面。样品的漫反射光经椭圆球面镜 B 收集聚焦，经左侧平面镜 M₂ 反射到检测器。

　　当一束红外光聚焦到粉末样品表层上时，红外光与样品的作用有两种方式：一部分光在样品颗粒表面发生镜面反射，一部分光射入样品颗粒内部，经过透射、折射或在颗粒内表面发射后，从样品颗粒内部射出（图 2-22）。由于镜面反射没有进入样品颗粒内部，没有和样品发生作用，从而不负载样品信息。而漫反射光与样品发生了相互作用，负载了样品的结构和

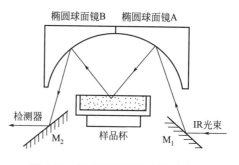

图 2-22　漫反射附件的光路示意图

组成信息，可以用于光谱分析。通常，样品的颗粒越大，越容易产生镜面反射，粒度越小，镜面反射成分越少，漫反射成分越多，测量的灵敏度越高，一般规定样品粒度应在 2～5μm。

　　漫反射附件可以用于测试中红外光谱，也可以用于测试近红外光谱。在测试近红外的漫反射光谱时，由于谱带的强度较弱，通常不需要添加稀释剂，直接将固体样品研磨成粉末测试。如果需要用稀释剂，一般采用 $BaSO_4$ 或 KBr 粉末。

　　在测试中红外的漫反射光谱时，通常用 KBr 或 KCl 粉末作为样品的稀释剂。将样品和稀释剂混合研磨均匀装在样品杯中，样品杯中样品厚度至少为 3mm，样品表面应平整。粉末样品装满样品杯后，用不锈钢小扁铲将粉末表面刮平即可，背景要用稀释剂粉末测试。

图 2-23　漫反射附件

利用中红外漫反射光谱进行定量分析时，一般应满足下列条件：①高质量的漫反射光谱；②样品应与 KBr 粉末混合研磨；③样品的浓度约为 1%，即样品与 KBr 质量比为 1∶99；④样品厚度至少为 3mm，样品表面平整。总之，漫反射光谱用于定量分析时，由于散射系数实际上常有较大的变化，所以定量分析结果会出现较大的误差。

漫反射附件有多种类型，包括常温常压附件、高温高压附件、高温真空附件和低温真空附件等。图 2-23 是一款常用的商品漫反射附件。

（4）其他附件

此外，红外显微镜附件的应用越来越多。红外显微镜附件用于测量微小或微量样品，灵敏度很高，且无须添加稀释剂。一般地，普通透射红外的有效光斑直径约为 10mm，而红外显微镜的光束经红外物镜聚焦后，照射在样品上的有效光斑直径为 $100\sim200\mu m$。在这样微小的区间内，光通量大，可以高质量地测量纳克级的样品。红外显微镜的发展很快，除了普通型之外，还有自动逐点扫描成像显微镜（mapping）和自动面扫描和线扫描成像显微镜（imaging），其构造和光路系统也依型号和厂家不同而不同，具体可以参阅相关文献和资料。

除了红外显微镜附件之外，还有拉曼光谱附件、镜面反射附件、变温光谱附件、偏振红外附件、光声光谱附件、高压红外光谱附件、红外光纤附件以及色红联用模块等，用于各类特殊的研究或应用工作中，这里不再赘述。

2.3.2.3　性能指标

红外光谱仪的性能指标包括分辨率、信噪比、波数准确性与重复性等。

（1）分辨率

仪器的最高分辨率是研究型红外光谱仪器的重要指标。傅里叶变换红外光谱仪的最高分辨率取决于动镜移动的最长有效距离，即从零光程差到采集最高分辨率所需要的最后一个数据点动镜移动的距离，最长有效距离（cm）两倍的倒数就是这台仪器的最高分辨率。

每种型号的傅里叶变换红外仪器都有确定的最高分辨率，但是测量光谱时很少使用最高分辨率。红外光谱数据采集之前，应根据需要设定分辨率。可选的分辨率档次是有限的，通常有 $64cm^{-1}$、$32cm^{-1}$、$16cm^{-1}$、$8cm^{-1}$、$4cm^{-1}$、$2cm^{-1}$、$1cm^{-1}$、$0.5cm^{-1}$、$0.25cm^{-1}$、$0.125cm^{-1}$ 等。对于一般的固体和液体样品的红外光谱测定，通常选用 $4cm^{-1}$ 分辨率。对于气体测量，则需较高的分辨率。

（2）信噪比

仪器的信噪比是指光谱吸收峰强度与基线噪声的比值，噪声水平越低，信噪比越高。仪器的噪声水平实际上是指基线上的噪声，即透过率光谱 100% 基线的峰-峰值或吸光度光谱零基线的峰-峰值。在测量光谱噪声时，通常选择 $2600\sim$ $2500cm^{-1}$、$2200\sim2100cm^{-1}$ 或 $2100\sim2000cm^{-1}$，因为这三个区间既没有水汽的吸收峰又没有 CO_2 吸收峰的干扰。信噪比与仪器的分辨率和光通量成正比，与扫描次数的平方根成正比，同时切趾函数和检测器的性能也会对光谱的噪声产生一定的影响。为了提高吸收光谱的信噪比，在其他测试条件不变的情况下，可以采用增加扫描次数的办法。也可以采用降低光谱分辨率的方法，分辨率的降低不仅可以提高光谱的信噪比，还可降低水汽吸收峰对光谱的影响。

（3）波数准确性和重复性

傅里叶变换红外光谱仪由于采用了 He-Ne 激光器，其波数通常非常准确，不需外部校准。测量仪器的波数准确性与重复性多采用标准聚苯乙烯薄膜（厚度 $38.1\mu m$），分辨率设定为 $4cm^{-1}$，以聚苯乙烯的 9 个特征吸收峰进行波数准确性和重复性的考察，即 $3081.80cm^{-1}$、$3059.70cm^{-1}$、$3025.64cm^{-1}$、$2849.28cm^{-1}$、$1942.64cm^{-1}$、$1601.15cm^{-1}$、$1028.41cm^{-1}$、$906.62cm^{-1}$、$539.63cm^{-1}$（图 2-24）。

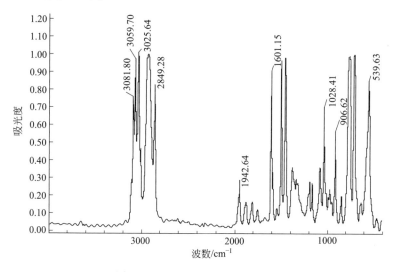

图 2-24　聚苯乙烯的红外光谱图

2.3.2.4　使用与维护

傅里叶变换红外光谱仪在使用时应注意防潮和防水、防振、防磁、防腐蚀、防尘和恒温等。其中潮湿环境不但会锈蚀仪器的精密金属部件而影响精度，更重要的是分束器和 DTGS 检测器透光窗等的关键部件材料是 KBr、CsI 等卤化物晶体，这些材料容易因潮解而损坏。放置红外光谱仪的实验室应配有湿度计和除湿机，保持实验室内的相对湿度在 65% 以下。此外，在湿度比较大的夏天，仪器即使不用，也要每个星期至少给仪器通电几个小时，赶走仪器内部各部件的潮气。

2.3.3 实验技术

通常，进行红外光谱测试的样品不应含有游离水，因为水的红外光谱吸收较强，会严重干扰样品的光谱图，同时会侵蚀吸收池的盐窗片。此外，试样的浓度和测试厚度应选择适当，理想的测量谱图中大多数吸收峰的透过率应位于10％～80％范围内。

2.3.3.1 固体样品

（1）压片法

固体样品最常用的制备方法是卤化物压片法，即稀释剂是 NaCl、KBr 等卤化物，其中以 KBr 最为常用。压片法一般是将 1mg 左右的固体试样与约 150mg 的 KBr 混合，在玛瑙研钵中研磨至粒度小于 $2.5\mu m$，然后倒入压片磨具，均匀铺平，用压片机压成厚度约 0.5mm 的透明薄片，取出并迅速测试。

压片法制备样品时需要注意：①样品用量不宜过多，否则容易引起光谱全吸收，通常控制最强谱峰的吸光度（A）为 0.5～1.4 或透射率（T,%）在 30％～4％之间；②KBr 的用量不宜过多或过少，过多压出的锭片不透明，过少则锭片容易碎裂；③潮湿的样品和 KBr 需要事先烘干；④研磨的颗粒尺寸需要足够细，否则容易引起散射。散射的判断依据是观察光谱基线是否倾斜，若高频段的基线抬高，说明发生了光散射现象。此外，由于溴化钾极易吸潮，应在红外灯下充分干燥后压片，否则会在 $3300cm^{-1}$ 和 $1640cm^{-1}$ 处出现水的吸收峰。

（2）糊状法

对于无法采用压片法制样的固体粉末样品可采用糊状法，此法是在玛瑙研钵中将待测样品和糊剂仪器研磨，将样品微细颗粒均匀地分散在糊剂中测定光谱。最常用的糊剂有石蜡油（液体石蜡）和氟油。以石蜡油研磨为例的制备方法是：将几毫升样品放在玛瑙研钵中，滴加半滴石蜡油研磨，然后将糊剂物刮出，均匀地涂抹在两片 KBr 晶片之间测定红外光谱。石蜡油和氟油糊状法制备红外样品可以互补，因为氟油在 $1300cm^{-1}$ 以上没有吸收谱带，而石蜡油在 $1300cm^{-1}$ 以下没有吸收谱带（除了在 $720cm^{-1}$ 出现一个弱吸收峰以外）。

（3）薄膜法

当压片法和糊状法中的稀释剂对样品光谱图有干扰时，还可以采用薄膜法，即将样品溶解于适当的溶剂中，然后将溶液滴在 NaCl、KBr、BaF_2 等红外晶片、载玻片或铝箔上，待溶剂完全挥发后即可得到样品的薄膜而用于测试。

由于上述三种方法的样品量不易确定，因此一般不能用于定量测定，主要用于定性分析。

2.3.3.2　液体样品

液体样品的测试可用液体池，液体池的种类大致有可拆式、固定厚度和可变厚度液体池三类。对于沸点较高、黏度较大的液体，直接滴在两块盐片之间，形成没有气泡的毛细厚度液膜，然后用夹具固定进行测试。对于低沸点、低黏度的液体样品，可用固定密封液体池进行测试。对于高沸点、低黏度的液体样品，可用可拆式液体池进行测试。由于水的红外吸收很强，测试水溶液样品时，液体池的光程一般需要控制得很薄，大约为 $0.005 \sim 0.007 mm$，也可以采用 ATR 附件进行测量，尤其是对于黏稠或浓溶液来说，使用 ATR 极为方便。

2.3.4　谱图处理

2.3.4.1　基线校正

当红外谱图出现基线倾斜、基线漂移和干涉条纹时，需要进行基线校正（baseline correct）。基线校正就是将吸光度光谱的基线人为地拉回到 0 基线上。在进行基线校正之前，通常都将透过率光谱转换成吸光度光谱，透射光谱的基线校正需要与 100% 线重合。

基线校正的方法是从红外光谱的软件窗口处理菜单中选择基线校正命令，一般有两种方法，即自动基线校正和人为校正。对于倾斜和漂移的基线可以选择自动基线校正，当然也可采用逐点校正方法。对于干涉条纹的基线，则只能通过手动逐点基线校正。基线校正后光谱吸收峰的峰位不会发生变化，但峰面积会有些变化，基线越倾斜，这种变化越明显。利用红外光谱法进行定量分析时，如需要计算吸收峰的峰高或峰面积，最好将吸光度光谱进行基线校正（图 2-25）。

2.3.4.2　光谱差减

光谱差减（subtract）在数学上就是将两个光谱相减，得到的光谱称为差减光谱，或差谱和差示光谱。光谱差减方法有两种，一种是背景扣除法，另一种是吸光度光谱差减法。

（1）背景扣除法

傅里叶变换红外光谱基本上都采用单光路系统，测试光谱时，既要采集样品的单光束光谱，又要采集背景的单光束光谱，从样品的单光束光谱中扣除背景的单光束光谱就得到样品的谱图。采用透射法测定红外谱图时，如果用空光路采集背景光谱，则主要扣除的是光路中的二氧化碳和水汽的吸收，同时也扣除了仪器各种因素的影响。

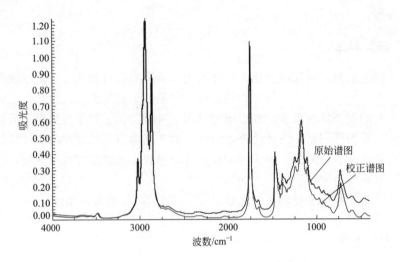

图 2-25　基线校正前后的大豆油红外谱图

采用 KBr 压片法测定光谱时，纯的 KBr 片作为背景光谱以消除 KBr 研磨压片的影响。但由于 KBr 容易吸收水分，用作背景光谱时需要新鲜压制，并每隔一定时间（半天或一天）在相同条件下重新压制，作为样品测试光谱的背景谱图。

采用液体池测试溶液的光谱时，可以用装有溶剂的液体池作为背景光谱以扣除溶剂的影响，但由于溶剂的厚度必须精确到纳米级，因此，这种方式往往难以控制溶剂的厚度。

（2）吸光度光谱差减法

傅里叶变换红外光谱图的吸光度坐标的每一个数据点都是由横坐标（x 值）的波数（ν，cm^{-1}）或波长（λ，nm）与纵坐标（y 值）的吸光度（A）或透过率（T，%）组成。如果两张光谱的分辨率相同，则两张谱图在相同区间内的 x 值一一对应，只是 y 值不同，此时，当两张谱图相减时，实际上就是所有数据点的 y 值相减。根据红外光谱吸光度的加和性，两张谱图的差谱可以看作是样品的差减，即混合物 a 和 b 的谱图减去组分 a 的谱图就得到组分 b 的谱图。实际操作中，要想得到正确的差谱，往往需要选择好参考峰和调节差减因子。

2.3.4.3　光谱归一化、乘谱和加谱

如上所述，如果对红外光谱图的 y 值进行四则运算，就可以对光谱图进行归一化、乘谱和加谱处理。光谱归一化（normalize scale）就是将光谱的纵坐标进行归一化，即将透射光谱图中的最大吸收峰的透射率变为 10%，将基线变为 100%；或将吸光度光谱图中的最大吸收峰的吸光度归一化为 1，将光谱的基线归一化为 0。归一化的谱图是标准谱图（图 2-26），用于建立谱图库。归一化的

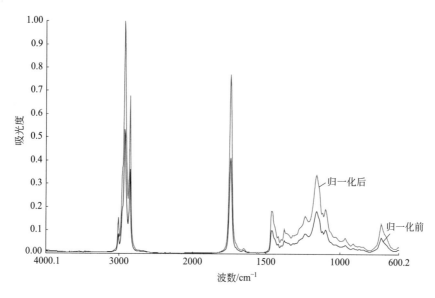

图 2-26 归一化前后的大豆油红外谱图

谱图不反映测试样品的浓度和用量。

乘谱就是将红外光谱乘以一个系数后得到的光谱，主要用于对吸光度光谱的处理。乘谱的用途有：将波谷变为波峰以利于峰位的标示；通过与参考峰的峰强比较，进行定量分析等。需要注意的是，乘谱不能改善光谱的信噪比。

加谱即是将两个或两个以上的光谱图相加得到新的光谱图。如果是同一个样品的两个吸光度光谱相加，可以提高光谱图的信噪比。利用红外光谱剖析未知物时，可以灵活运用光谱的乘谱和加谱处理技术进行分析。

2.3.4.4 光谱平滑

光谱平滑（smooth）的目的是降低光谱的噪声，改善光谱形状，其方法是对光谱中的数据点 y 值进行数学平均计算，常用 Savitsky-Golay 算法。平滑的数据点依据软件可以选择 5～25 或 3～99 之间的奇数。数据点选择得越大，光谱越平滑。例如，当选择 5 点平滑时，则平均值 $\bar{y}$ 是相邻的 5 个数据点 y 值的平均。可见，光谱平滑虽然降低了噪声，光谱的分辨率也降低了。由于光谱平滑只是补救光谱信噪比差的一种措施，实际上与降低分辨率采集的谱图基本等同。因此，通常建议通过降低分辨率提高光谱的信噪比。

2.3.4.5 导数谱

通常，利用光谱软件提供的导数谱（derivative）命令可以将红外吸收光谱图转换为一阶导数谱、二阶导数谱或四阶导数谱。一阶导数谱能够显示出原始谱图中的吸收峰，二阶导数谱能给出原始谱图中吸收峰和肩峰的准确位置，四阶导数谱的分辨能力很强。

在数学上，一阶导数谱就是曲线上某一点切线的斜率连成的曲线。红外光谱的基线、峰尖、峰谷和肩峰位置的切线斜率均为零，因此，其一阶导数谱中的基线与各个峰交点的波数即为原始谱图的峰尖、峰谷和肩峰的波数。

二阶导数谱在数学上就是对一阶导数谱再次求一阶导数，也可以是直接在原始光谱上求二阶导数得到的谱图。二阶导数谱的峰谷位置对应的是谱图中的峰尖和肩峰位置，以此利用二阶导数谱可以找出原始光谱图中所有吸收峰和肩峰的准确位置。因此，二阶导数谱是一种非常有用的数据处理谱图。值得注意的是，需要转换为二阶导数谱的原始光谱的信噪比要求较高，且不能有水汽的吸收峰。

四阶导数谱就是将二阶导数谱再求一次二阶导数得到的谱图。四阶导数谱的峰方向都是朝上的，与样品的吸收光谱峰的方向一致，四阶导数谱的分辨能力比二阶导数谱更强（图 2-27）。

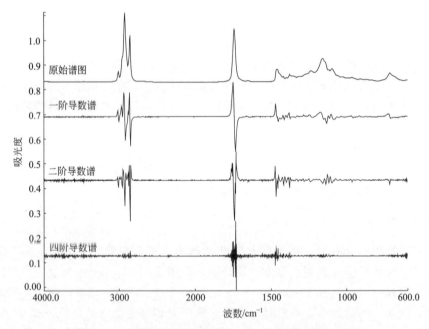

图 2-27   大豆油红外谱图的原始、一阶、二阶和四阶导数谱
（采用 Savitzky-Golay 平滑方法）

2.3.4.6　傅里叶退卷积光谱

傅里叶退卷积（fourier self-deconvolution，也叫自卷积、解卷积或去卷积）可以将严重重叠的谱带分开，其目的是提高红外光谱的分辨能力。傅里叶退卷积就是将原先通过傅里叶卷积得到的实测光谱进行退卷积，重新变成干涉图，然后

选择一个合适的切趾函数与干涉图相乘，再重新进行傅里叶变换的全部运算过程。

傅里叶退卷积通常只能对一定光谱区间的吸光度谱图进行处理，其退卷积谱图中峰的方向与原光谱图吸收峰的方向一致。进行退卷积操作时，需要人为地调节谱带宽度（bandwidth 或 half width）和分辨增强因子（enhancement 或 K factor）。谱带宽度是对重叠谱带中各子峰宽度的估计，而分辨率增强因子是对光谱数据分辨程度的量度。由于是人为调节，不同操作者对同一区间的红外谱带进行退卷积运算的结果不同。为了判断退卷积结果的正确性，通常将退卷积光谱与二阶导数谱进行比较，如果两个光谱的吸收峰个数和峰位都基本相同，可以认为退卷积结果是正确的。值得注意的是，进行退卷积之前，要对原始光谱的信噪比和基线进行考察，必要时通过光谱平滑和基线校正对谱图进行处理。

2.3.5　二维相关光谱

1986 年，Noda 建立了二维相关红外技术（two-dimensional correlation infrared spectroscopy，2D-IR），即将一个低频率的扰动作用在样品上，通过测定不同弛豫过程的红外振动光谱，并运用数学上的相关分析技术得到二维相关红外光谱图[6]。实验证明，二维红外光谱的开发既能提高光谱的分辨率，又是研究功能基团动态结构变化和分子内、分子间相互作用的一种强有力手段。前者特别适用于差别较小样品的分析鉴定（别），后者则往往能获得一维红外光谱实验不能得到的许多新信息。随后在二维相关红外光谱的基础上，Noda 于 1993 年又提出了广义的二维相关谱概念，从而将二维相关谱从普通的红外光谱推广到近红外光谱、拉曼光谱、荧光光谱、电子自旋共振谱等[7]。目前，二维相关谱已经成功应用到物理、化学、生物学、药学的各个研究领域，如聚合物研究、蛋白质二级结构研究、液晶类化合物研究、分子动力学研究、中药鉴定（别）等。此外，二维相关光谱还可以与一系列新技术相结合，如步进扫描、纵深断层剖析等，从而使二维相关谱有着更为广阔的应用前景。

2.3.5.1　基本原理

二维相关红外谱法是建立在对红外信号的时间分辨检测基础之上的，是一种研究分子内官能团间相互作用和分子间相互作用的新方法。严格地讲，这种二维相关红外谱方法的核心是将数学中的交叉-相关分析（cross-correlation analysis）方法运用到一系列动态红外光谱数据的处理中，从而得到三维的立体图谱。其平面的二维是由两个自变量构成，通常是同一物理量（如二维红外光谱中的波数-波数等），且彼此之间是相关的。第三维反映平面上特定自变量下的强度变化。这种二维相关谱大体有两种表示方法，一种是由纸面上表示的立体三维鱼网图

（fishnet map），另一种是将其中的第三维强度固定，得到的是三维立体谱图的一个截面图、等高线图（contour map），这就是通常所用的二维相关红外谱。

2.3.5.2 实验方法

二维红外光谱的产生基于由外部微扰所产生的样品体系动态变化检测。外部微扰以设定好的一定规律连续激发样品分子，诱发体系内各种局部环境产生不同变化，所检测并记录到这一系列受到微扰的瞬态光谱也就有相应变化。这系列变化着的瞬态光谱称为动态光谱（dynamic spectra）。图 2-28 是获取二维相关谱的实验方法示意图。

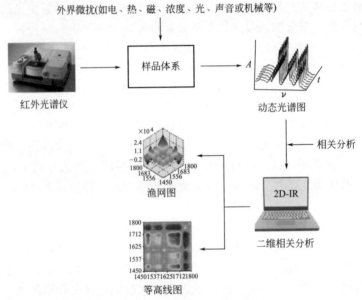

图 2-28　二维相关红外光谱实验方法的示意图

当任意一种外界微扰作用于样品体系时，样品的各种化学组成则被选择性地激发。例如：对于聚合物薄膜，可以采用拉伸的办法；对于蛋白质样品，可以采用 H-D（氢-氘）交换；对于中药样品，可采用加热变温的微扰方法。激发和后继的向平衡方向的弛豫，通常可以用包括红外光束在内的电磁探头来探测。微扰诱发产生的分子区域性环境的变化，可以由相应的各种谱图随着微扰作用时间的变化来表示，即获得一系列的动态谱。在红外光谱中，观察到动态谱的典型变化包括吸收峰强度的变化，吸收峰的位移等。对这些动态谱进行数学上的相关分析，就可以产生非常有用的二维相关红外光谱。

2.3.5.3 谱图解析

经相关分析所获得的二维谱包括同步谱和异步谱。图 2-29 是一个示意性的二维同步相关谱。从图中可以看到，同步相关谱是关于主对角线对称的谱。在处于主对角线位置（$\nu_1 = \nu_2$）上的峰，它是动态红外信号自身相关而得到的，所以称为自动峰（autopeak）。自动峰总是正峰，它们代表吸收谱带对该微扰的敏感程度。

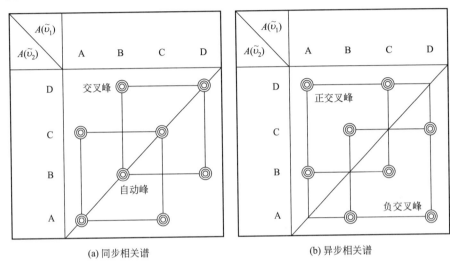

(a) 同步相关谱　　　　　　　(b) 异步相关谱

图 2-29　二维相关光谱的示意图

二维相关红外光谱中的信号反映了样品中化学基团瞬态偶极矩的重新取向，其同步相关谱中自动峰则代表了样品中各化学基团对瞬态偶极矩重新取向的难易程度，越容易者则自动峰强度越高。

在二维同步相关谱中，位于非主对角线位置处的峰称为交叉峰（cross peak）。当两个独立波数处的动态红外信号彼此相关或者反相关（变化同向或者反向）时，就会出现交叉峰。与自动峰不同，交叉峰有正峰、负峰。交叉峰的出现，说明在分子内或者分子间峰位所涉及的官能团存在着相互作用，而且这些作用会限制官能团变化的独立性。当两个不同官能团的两个瞬态偶极矩变化方向一致（动态信号的相差为 0）时，在相关谱图中则观察到相应的正交叉峰；如果它们的变化方向相反（动态信号的相差为 π），则观察到一对负峰。图 2-29（a）中的交叉峰说明波数为 A、C 的谱带可能有关联，B、D 可能有关联，这说明与这些红外谱带相对应的分子官能团可能存在着强的相互作用或协同作用。另外，在图 2-29（a）中，A 与 B、A 与 D、B 与 C 或 B 与 D 等谱带对之间没有明显的关联，其对应的官能团的瞬态偶极矩或多或少是独立变化的，即这些官能团不存在相互作用。

图 2-29（b）是一个示意性的异步相关谱，它是关于主对角线反对称的相关谱。在谱图中主对角线上没有峰，只有非对角线位置上才出现交叉峰。同样，交叉峰有正峰、负峰。如图 2-29（b）所示，谱图中有 8 个交叉峰，其中 4 个为正

峰，4 个为负峰。

异步相关谱中的交叉峰是当瞬态偶极矩彼此独立地以不同速率变化时产生的，交叉峰的产生表明分子内或分子间的官能团没有相互作用，没有直接相连或成对现象，如图 2-29(b) 中的 A 与 B、B 与 C、C 与 D。如果两个谱带无交叉峰（如 A 与 C、B 与 D），说明它们的瞬态偶极矩变化是高度协同化的。

异步相关谱的一个优点就是可以提高红外光谱图的表观分辨率。当分子内或分子间的两个或更多官能团的红外吸收带位置很靠近或重叠时，由于这些官能团对微扰的动态响应不同，将在二维相关红外异步谱中呈现不同的交叉峰，在平面内分辨开来[6,7]。

2.4　近红外光谱

近红外光谱（near infrared spectroscopy，NIR）的能量介于紫外-可见光谱和中红外光谱之间，其波长范围为 $700\sim2500nm$（$14286\sim4000cm^{-1}$），分为短波（$700\sim1100nm$）和长波（$1100\sim2500nm$）近红外两个区域。近红外光谱主要反映的是含氢基团 X—H（如 C—H、N—H、O—H 等）振动的倍频和合频吸收。不同基团（如甲基、亚甲基、苯环等）或同一基团在不同化学环境中的近红外吸收波长与强度都有明显差别，近红外光谱具有丰富的结构和组成信息，非常适用于含氢有机物质（如农产品、石化产品和药品等）的物理化学参数测量。

然而 20 世纪 70 年代之前，近红外谱区却被称为"被遗忘的谱区"，原因是近红外光谱的谱带大多是重叠的宽谱带，非尖峰和与基线分离的谱峰，几乎没有"指纹性"，且倍频和合频吸收峰很容易受到温度和氢键的影响，无法用于分子结构的定性鉴定。同时，由于谱带重叠严重，无法利用单波长的朗伯-比尔定律进行定量。此外，近红外的光谱带吸收很弱，强度仅为中红外光谱的 $1/100\sim1/10$，且谱带范围宽，因而对仪器的信噪比要求极高。直到 20 世纪 80 年代，随着化学计量学方法、光纤技术、计算机技术以及仪器工业的快速发展，近红外光谱受到关注，逐渐在工农业生产过程质量监测领域发挥作用，目前已经成为发展最快、最引人注目的光谱分析技术。

近红外光谱分析技术的优点是测试简便。由于其谱带的吸收弱，因而需要的光程长，如液体池的光程为毫米或厘米级（中红外光谱则为微米级），相差 $2\sim4$ 个数量级，这使得样品可以放在普通玻璃瓶中直接进行近红外光谱分析，大大简化了采样步骤。对于大多数的样品，不需样品处理即可直接测量，真正做到无损检测，不需试剂，环境友好。另外，由于近红外光谱中水的谱带强度微弱，消除了水对其他谱带的干扰，可以用于湿度大的样品分析。对于固体样品，则可以采用漫反射方式直接测量分析。此外，由于近红外光谱的波长范围介于紫外光与红外光之间，其仪器的光学材料只需石英或玻璃，仪器和附件包括光纤等的成本都较低，适合于远程在线分析和小型便携化。

近红外光谱分析也有其局限性：一方面，近红外分析仅适用于样品中含量高的组分测定，不适用于微量和痕量组分的分析；另一方面，近红外分析几乎都是基于化学计量学模型建立的间接方法，而稳健模型的建立需要大量的前期投入，因此，近红外分析只适用于日常质量检测，很难用于非常规分析。

2.4.1　基本原理

2.4.1.1　光谱的产生及特性

近红外光谱同中红外光谱一样，也是由分子中原子吸收红外光后发生振动能级跃迁而产生的。但中红外光谱最主要的是 $\Delta V \pm 1$ 跃迁的基频峰，近红外光谱则主要是 $\Delta V \pm 2$ 或 $\Delta V \pm 3$ 能级跃迁的倍频峰以及基频峰相互作用的合频峰。因为实际情况中的分子并非理想的谐振子，具有非谐性。首先，振动能级能量间隔不是等间距的，其能级间隔随着振动量子数 V 的增大而慢慢减小。其次，倍频跃迁（$\Delta V \pm 2$ 或 $\Delta V \pm 3$），即 $V=0 \rightarrow V=2$、$V=3$、$V=4$、…是允许的，但倍频吸收的频率并不是基频吸收的 2、3、4、…倍，而是略小于对应的整数倍。合频是指一个光子同时激发两种或多种跃迁所产生的泛频，包括二元组合频（$\nu_1 + \nu_2$）和三元组合频（$\nu_1 + \nu_2 + \nu_3$）以及其他类型的组合频，如基频和倍频的组合频（$2\nu_1 + \nu_2$）等。

此外，当一个振动的倍频和合频与另一个振动的基频相近时，还可能发生费米共振，使得基频与倍频或合频的距离加大，形成两个吸收谱带，也可能使基频振动强度降低，而使原来很弱的倍频或合频振动强度明显增大或发生分裂。

总之，近红外光谱主要是分子基频振动的倍频和合频吸收以及费米共振产生的吸收峰，其吸收谱带要比红外基频吸收弱得多。例如，水的近红外光谱摩尔吸收系数约是红外光谱的 1/1000。与红外光谱相比，近红外光谱的谱带重叠严重，单一的谱带可能是由几个基频的倍频和组合频组成，很难像红外光谱或拉曼光谱那样对其进行精确归属。近红外区域最常观测到的谱带是含氢基团（C—H、N—H 和 O—H）的吸收。一方面是由于含氢基团（X—H）伸缩振动的非谐性常数非常高，相比而言，羰基伸缩振动的非谐性较小，其倍频吸收强度就很低；另一方面是由于 X—H 伸缩振动出现在红外的高频区，且吸收最强，其倍频及其与弯曲振动的合频吸收恰好落入近红外光谱区。此外，氢键的变化会改变X—H键的力常数。通常，氢键的形成会使谱带频率发生位移并使谱带变宽。因组合频是两个或多个基频之和，倍频是基频的倍数，所以，氢键对组合频和倍频谱的影响要大于对基频的影响。溶剂和温度变化产生的氢键效应是近红外光谱区的一个重要特性，溶剂稀释和温度升高引起氢键的减弱并使谱带向高频（短波长）发生位移 $10\sim100cm^{-1}$。因此，应用近红外光谱进行定量和定性分析时，应注意氢键的影响[8]。

2.4.1.2 谱带归属

通常，近红外光谱可以分为三个谱区：谱区 Ⅰ（$800\sim1200nm$，$12500\sim8500cm^{-1}$）主要是 X—H 基团伸缩振动的二级倍频和三级倍频及其组合频；谱区 Ⅱ（$1200\sim1800nm$，$8500\sim5500cm^{-1}$）主要是 X—H 基团伸缩振动的一级倍频及组合频；谱区 Ⅲ（$1800\sim2500nm$，$5500\sim4000cm^{-1}$），主要是 X—H 基团伸缩振动的组合频以及羰基（C ＝O）伸缩振动的二级倍频。

2.4.2 仪器构成

2.4.2.1 基本组成

近红外光谱仪的光学部分也是由光源、分光系统和检测器等部分构成。

（1）光源

近红外光谱对光源的要求较高，不仅要光强度大，而且稳定性和均匀性要好。高强度的光比较容易实现，稳定性和均匀性则需要依靠合适的光源电路和滤光片。近红外光谱仪最常用的光源是卤钨灯，其性能稳定，价格也相对便宜。发光二极管（LED）是一种新型光源，波长范围可以设定，线性度好，适用于在线或便携仪器，但价格较高。一些专用仪器也采用单色性更好的激光发光二极管作光源。

（2）分光系统

分光系统是近红外光谱仪器的核心，其作用是将复合光转化为单色光，由单色器来实现，常见的单色器有滤光片、光栅、迈克逊干涉仪、声光调谐滤光器等。根据单色器的放置位置，可以分为前分光和后分光两种形式。

（3）检测器

近红外光谱仪的检测器可分为单点检测器和阵列检测器两种。响应范围、灵敏度、线性范围是检测器的三个主要指标，表2-2总结了几种近红外检测器的主要性能指标与适用温度。在短波区域多采用 Si 检测器或 CCD 阵列检测器；在长波区域多采用 PbS 检测器或 InGaAs 检测器，或其阵列式检测器。InGaAs 检测器的响应速度快，信噪比和灵敏度高，但响应范围相对较窄，价格也较贵。PbS检测器的响应范围较宽，价格约为 InGaAs 检测器的 1/5，但其响应呈较高的非线性。为了提高检测器的灵敏度，扩大响应范围，使用时往往采用半导体或液氮制冷，以保持较低的恒定温度。

表 2-2 几种近红外检测器的主要性能指标

检测器	类型	响应范围/μm	响应速度	灵敏度	适用温度[①]
PbS	单点	1.0~3.2	慢	中	25℃/−20℃
InGaAs(标准)	单点	0.8~1.7	很快	高	25℃
InSb	单点	1.0~5.5	快	很高	−196℃
PbSe	单点	1.0~5.0	中	中	25℃
Ge	单点	0.8~1.8	快	高	—
HgCdTe	单点	1.0~14.0	快	高	−196℃/−60℃
Si	单点	0.2~1.1	快	中	25℃
Si(CCD)	阵列	0.7~1.1	快	中	25℃
InGaAs(标准)	阵列	0.8~1.7	很快	高	25℃
InGaAs(扩展)	阵列	0.8~2.6	很快	高	25℃/−196℃
PbS	阵列	1.0~3.0	慢	中	25℃
PbSe	阵列	1.5~5.0	中	中	25℃

① 低温下检测器的响应范围更宽，灵敏度更高。

2.4.2.2 测量附件

近红外光谱仪常用的测量方式有透射、漫反射和漫透射三种。针对不同的测量对象，配有多种形式的商品化测量附件。通常，液体样品采用透射测量，可使用的附件是玻璃或石英比色皿以及透射式光纤探头。固体样品可采用漫反射测量，可使用的附件有漫反射附件、积分球和漫反射探头，短波区也可采用测量固体样品的透射式附件。对于浆状、黏稠状以及含有悬浮颗粒的液体，除了透射方式外，也可以采用漫透射测量，此外一些谷物、水果等固体样品也可用漫透射测量。光纤附件常用于现场分析和在线分析[9]。

（1）透射和透反射附件

近红外光谱最理想的测量方式是透射，其测量附件是由石英、玻璃、CaF_2等材料制成的比色皿及其样品池支架组成。按照不同的测量对象和吸收波段，可以选用不同光程（短波区光程 30~100mm，长波区 0.1~0.5mm）和结构的比色皿 [图 2-30(a)]。透反射和透射的测量原理相同，只是在比色皿后面放置一组

入射光纤 出射光纤　入射光纤 出射光纤

光程　　　　两倍光程

光学棱镜　　光学棱镜

(a) 比色皿　　　　(b) 液体流通池　　(c) 透射和透反射光纤探头(结构示意图)

图 2-30 透射和透反射附件

反射镜，使透过比色皿的光又折回重新通过样品，这样，与透射相比，透反射的光程增加一倍。此外，液体池也是近红外光谱仪常用的透射和透反射附件。液体池根据用途不同，可以选用可拆卸式液体池、带压液体池和流通池等[图 2-30(b)]。

另外一种常用的近红外光谱测量附件是透反射光纤探头，商品化的透反射光纤探头有很多种，用户可以依据测试对象，选用不同材质和光程的光纤探头测量附件。图 2-30(c) 是光纤探头的结构示意图，其原理是：入射光纤传输的光经透镜耦合准直后变成平行光，照射到棱镜上，经棱镜改变光的传输方向后，进入待测样品，携带样品信息的光再通过透镜耦合进入出射光纤中。光纤探头进行样品测量时较为方便，只需将探头完全浸入液体即可。使用时，不要过度弯曲光纤，以防折断。

(2) 漫反射附件

漫反射测量附件常用于饲料、谷物等固体颗粒、粉末的测量。在漫反射过程中，光与样品表面或内部发生相互作用并不断改变传播方向，最终携带样品信息后反射出样品表面被检测器收集、检测。用于近红外光谱的漫反射附件主要有普通漫反射附件、积分球和光纤漫反射探头三种类型。

普通漫反射附件的结构见图 2-31(a)。分析时单色光垂直照射样品上后发生反射，反射光由 2 个或 4 个检测器在 45°方向上收集测量。普通漫反射结构相对简单，但需要样品均匀且具有一定厚度。通常生产厂家会设计旋转式和往复运动式的样品杯，并备有标准压件，以便装样一致，减轻样品的不均匀性，保证光谱的重现性。

积分球也是一种常见的测量固体或颗粒、粉末样品的附件，其结构见图 2-31(b)。积分球的作用是收集从固体或粉末样品表面反射到四面八方的漫反射光，送入放置在积分球出口的检测器。与普通漫反射附件相比，积分球收集反射光的效率更高，且光谱的信噪比高、重复性好，不易受入射光束的波动影响。积分球的样品杯（瓶）也可采用旋转式，以提高光谱的稳定性和可靠性。

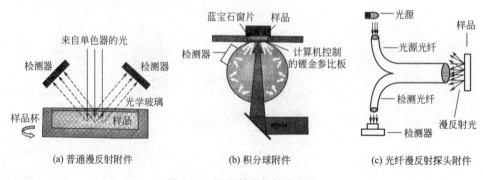

(a) 普通漫反射附件　　　　(b) 积分球附件　　　　(c) 光纤漫反射探头附件

图 2-31　漫反射附件的示意图

　　光纤漫反射探头由传输光源或单色光的光源光纤（source fiber）与收集和传输样品漫反射光的检测光纤（detector fiber）组成［图 2-31（c）］，两种光纤均由多根光线束组成，以多种方式排列。光纤探头测量方便，且容易小型化，可以实现样品的直接测量、现场分析，也可用于工业上的过程与在线分析。

　　（3）漫透射和漫透反射附件

　　当一束平行光照射到黏稠状或含有悬浮颗粒的液体中时，光除了被吸收之外，还会产生散射和反射作用，这类样品的透射即称为漫透射或漫透反射，其测试方式与传统的透射相同，只是光与样品的作用形式不同，有时也将这类方式直接称为透射方式。前述的透射附件（如比色皿和光纤探头）也可以对这类液体进行测量。对于较难清洗的样品往往采用一次性样品瓶或者塑料袋，流动性较差的样品有时需要加热恒温附件。

　　一些透光性较好的固体颗粒或者粉末也可采用漫透射或漫透反射方式测量，如谷物的小麦、玉米和大豆等固体农作物颗粒样品。由于这类样品的透光性差，通常采用穿透能力较强的短波区域（700～1100nm）。该波段的光学材料和检测器相对价廉易得，可以制造低价位的专用分析仪。仪器厂商通常会提供 5～30mm 光程范围的透射式颗粒样品槽和粉末样品盘。为了得到代表性强的光谱，通常将样品槽设计成能够上下或左右往复运动的方式，或者可旋转运动的样品盘。此外，市场上还有一些特殊的颗粒漫透射附件，如单籽粒样品杯，主要用于育种分析。根据测量对象，又可分为小麦/水稻、玉米/大豆以及油菜籽/亚麻籽等专用型单籽粒漫透射测量附件。

2.4.2.3　仪器类型

　　近红外光谱仪器的种类繁多，有多种分类方法。通常，按照单色器元件分为滤光片型、色散型（光栅、棱镜）、傅里叶变换型和声光可调滤光器型（acoustic optical tunable filter，AOTF）等。也可以按照仪器的结构、功能和检测器类型划分，如通用型和专用型，或者实验室仪器、便携式仪器和在线仪器以及阵列检测器型等。

　　（1）滤光片型

　　滤光片型仪器以滤光片进行分光，即利用入射和反射之间的相位差产生的干涉现象，得到光谱带宽相当窄的单色光，其半波长带宽可达到 10nm 以下，基本上可以达到单色器分光要求（图 2-32）。通常滤光片的波长覆盖范围为紫外-可见光区和红外光区。

　　滤光片型仪器的光通量较高，多用于漫反射测量。若采用积分球附件，可以得到更高质量的

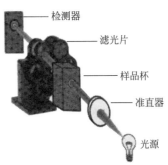

图 2-32　滤光片型单色器的光路示意图

检测器

滤光片

样品杯

准直器

光源

谱图。滤光片型仪器的优点是采样速度快、坚固耐用，缺点是只能在单一或少数几个波长下测定，波长数目有限，测量误差较大。因此，滤光片往往用于专用仪器，针对一些成熟的特定项目进行现场或快速分析。

（2）光栅扫描型

色散型近红外光谱仪的分光元件是光栅或棱镜，如常见的光栅扫描型即以光栅为分光元件，将从光源发出并通过入射狭缝的复色光色散为单色光，通过转动光栅可以获得不同波长的出射单色光（图 2-33）。光栅扫描型仪器的结构较为简单，制造容易，其信噪比高于相应的中红外光谱仪，原因是近红外光谱区可采用高能量光源和高灵敏度检测器。光栅扫描型仪器的分辨率不及傅里叶变换型的，因而波长准确性也随之下降。由于光栅需要转动，仪器的长期稳定性受到挑战，需要进行特殊的仪器设计与装配要求。

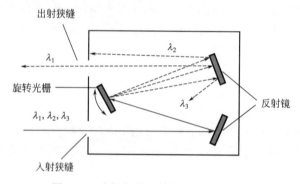

图 2-33　光栅扫描型单色器结构示意图

近年来，基于微电子机械系统（micro electro-mechanical systems，MEMS）扫描光栅型近红外光谱仪受到关注，其光学原理与传统的扫描光栅相同，只是光栅是通过 MEMS 技术制造的微扫描光栅。MEMS 随半导体集成电路微细加工和超精密机械加工技术发展起来，因而可以批量制作集微型机构、微型传感器、微型执行器以及信号处理、控制电路、接口技术、通信和电源等于一体的微型器件或系统，具有重量轻、功耗低、耐用、价廉的优点。

（3）阵列检测器型

阵列检测器型多采用后分光方式，即光源发出的光首先经过样品，再由光栅分光，光栅不需要转动，经过色散后的光聚焦在阵列检测器的焦面上同时被检测（图 2-34）。短波段区域多采用 Si 基的电荷耦合器件（CCD），长波段区多采用 InGaAs 或 PbS 基的二极管阵列检测器（PDA），可选的像素有 256、512、1024 和 2048 等。阵列检测器型的特点是分光系统中没有移动的光学部件，因此结构简单、成本低、极易小型化。这类仪器的优点是长期稳定性和抗干扰性好，扫描速度快（每秒可以完成几十次到上百次的光谱测量），特别适合于现场和在线分析。其缺点是分辨率较低，仪器之间的一致性难以保证。此外，对于强吸收物质

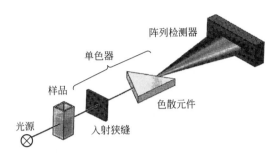

图 2-34 固定光路阵列检测器型的光路示意图

还需要注意杂散光问题。

（4）傅里叶变换型

傅里叶变换型近红外光谱仪的原理和结构与中红外光谱仪的相同（图 2-35），其特点是扫描速度快、分辨率高、波长准确度好。由于采用单色性极好的 He-Ne 激光器对干涉系统进行监控，且光谱的分辨率高，使得这类仪器具有很好的波长准确性和重复性，容易实现仪器之间的一致性，有利于定量模型的转移。

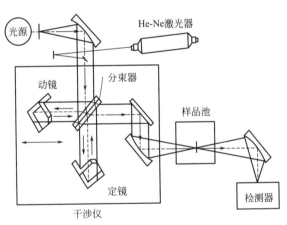

图 2-35 傅里叶变换型的光路示意图

（5）AOTF 型

AOTF 型仪器以双折射晶体为分光元件，采用声光衍射原理对光进行色散。AOTF 是由双折射晶体、射频辐射源、电声转换器和声波吸收器组成。双折射晶体多采用 TeO_2，也可使用石英或锗，射频辐射源提供频率可调的高频辐射输出，晶体上的电声转换器将高频的驱动电信号转换为在晶体内的超声波振动，声波吸收器用来吸收穿过晶体的声波，防止产生回波。AOTF 分光的工作原理是：当高频电信号由电声转换器转换成超声信号并耦合到双折射晶体内以后，在晶体内形成一个声行波场，当一束复色光以一个特定的角度入射到声行波场后，经过光与声的相互作用，入射光被超声衍射成两束正交偏振的单色光和一束未被衍射的光，其中两束衍射光的波长与高频电信号的频率有着一一对应的关系。当改变入射超声频率时，晶体内的声行波就会发生相应的变化，衍射光波长也将随之改变。因此，自动连续改变超声频率，就能实现衍射光波长的快速扫描，达到分光的目的（图 2-36）。

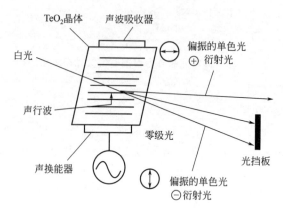

图 2-36   AOTF 分光的工作原理示意图

AOTF 型近红外光谱仪的显著特点是分光系统中无可移动部件，扫描速度快。它既可实现扫描范围内的全光谱扫描，也可以在扫描范围内任意选定一组波长进行扫描，对于固定的应用对象，则可以大大节省测量时间。另外，AOTF 滤光器体积小、重量轻，可以做到光谱仪器的小型化。但这类仪器的分辨率不及光栅扫描和傅里叶变换型的仪器高，价格也较为昂贵。此外，这类仪器的一致性也较差[10]。

2.4.2.4　性能指标

近红外光谱仪的性能指标与紫外-分光光度计以及红外光谱仪类似，也包括波长范围、分辨率、波长的准确性和重复性、吸光度的准确性和重复性、仪器噪声、基线的稳定性、杂散光和扫描速度等。

由于近红外光谱分析几乎完全依赖校正模型，校正模型的准确性、通用性和稳定性在很大程度上取决于仪器的稳定性和重现性。因此，高信噪比、高稳定性以及仪器间的高度一致性一直是各仪器厂商追求的目标，这些性能通常通过仪器的信噪比、波长的准确性和重复性、吸光度的准确性和重复性等指标来体现。当不同仪器的波长和吸光度的差异足够小时，则校正模型的通用性可以基本保证，光谱或分析结果可以在不同仪器之间得到一致的结果，避免在每台仪器上进行重复建模的工作，真正实现分析模型的传递和转移。

近红外光谱仪通常对仪器的分辨率要求不高，一般 $4cm^{-1}$ 和 $8cm^{-1}$ 即可满足大多数样品的测试要求。

2.4.3　实验技术

通常，应用近红外光谱测试样品不需预处理，只需根据不同的样品选择仪器和附件，选择原则可以从光谱的重复性、谱图的信息量、噪声高低以及操作是否简便性等角度考虑。对于液体样品，如果样品的流动性好且均匀一致，可采用透射方式测量。光程的选择要对应不同倍频和合频所需光程（表 2-3）。此外，还需依据仪器的扫描范围，选择合适的光程。如果是含氢键的液体样品，应注意温度对 O—H 吸收谱带的影响，必要时进行恒温处理。

表 2-3　C—H 基团各级倍频谱带的吸收强度比较

谱带	波长/nm	相对强度	需用光程(对液体烃样品)/cm
基频(ν)	3300~3500	1	0.001~0.04
合频	2200~2450	0.01	0.1~2
一级倍频(2ν)	1600~1800	0.01	0.1~2
二级倍频(3ν)	1150~1250	0.001	0.5~5
三级倍频(4ν)	850~940	0.0001	5~10
四级倍频(5ν)	720~780	0.00005	10~20

固体样品多采用漫反射方式测量，颗粒和粉末样品的漫反射受样品状态、粒径大小和装填方式（如密实程度、装填高度等）的影响较大，测试时要尽量保证条件一致。同时，也要注意温度和湿度等对谱图的影响。

近红外光谱对样品的基体非常敏感。基于近红外光谱建立的校正模型如果没有经过认真、系统地设计和验证，极易受样品的颗粒度、密度、湿度和温度等的影响。目前，建立近红外光谱模型，一方面要求测试过程尽量保证样品的一致性，另一方面则要求开发更有效的算法消除样品基体对光谱的影响，提高模型的稳健性。

总之，尽管近红外光谱技术不是特别灵敏的分析技术，但由于该技术具有无损、快速、简便的特点，非常适合于过程监测。近年来，近红外光谱仪器向小型化方向发展，利用成像技术实现了样品成分的微观分布信息分析。此外，低成本、小型、专用的仪器与现场生产的紧密结合，真正实现了近红外光谱的现场实时分析、在线监测和过程控制。

2.5　拉曼光谱

拉曼光谱（Raman）是一种散射光谱，广泛用于物质结构的鉴定，20 世纪60 年代以后，随着激光光源、CCD 检测器和计算机的发展，拉曼光谱分析的应用领域得到很大的进展。拉曼光谱被称为红外光谱的姊妹谱，它与红外光谱在结构分析上各有所长，相辅相成，能够提供更多的分子结构信息（图 2-37）。此外，与红外光谱相比，拉曼光谱还有如下优势：①由于工作区域在紫外-可见光区或近红外光区，因而可以采用廉价的玻璃或石英，也可用石英光纤实现在线测量；②激光光源使其容易分析微量样品，如表面、薄膜、粉末、溶液和气体等样品；③水的拉曼光谱很弱，可以对水溶液进行直接测量；④利用共振拉曼或表面拉曼增强可以提高光谱的灵敏度和选择性，有利于低浓度和微量样品的检测。同时，拉曼光谱也有局限，包括：①激光照射样品会产生热效应，不利于热敏性样品的测量；②存在荧光干扰问题；③由于没有背景测量的绝对强度，容易受到外界因素的干扰，如环境温度、激光功率或样品位置变化等；④目前拉曼光谱的标准谱图库还不丰富，在鉴定有机化合物方面受到一定影响。

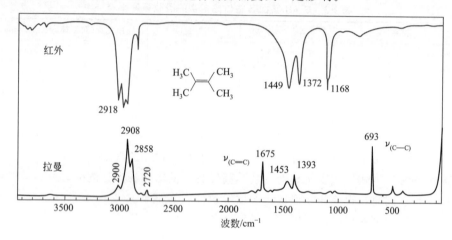

图 2-37　2,3-二甲基-2-丁烯的红外光谱图与拉曼光谱图

2.5.1　基本原理

2.5.1.1　拉曼散射

当一束频率为 ν_0 的单色光照射到某些物质上时，一部分光发生透射，一部分光发生反射，另外还有一部分光会偏离原来的传播方向，向各个方向散射。依据频率特性可将散射光分成瑞利散射和拉曼散射两类。瑞利散射的频率与入射光的频率相同，而拉曼散射的频率与入射光的不同。因为瑞利散射是光子与物质分子发生了弹性碰撞，在碰撞过程中没有能量交换，因而光子的频率不变，仅改变方向。而拉曼散射是光子与物质分子发生非弹性碰撞，在碰撞过程中有能量的交换。因此，光子的频率和方向都发生了改变（图 2-38）。

拉曼散射中，若散射光的频率小于入射光的频率，称为斯托克斯线（Stroke）；若散射光的频率大于入射光的频率，称为反斯托克斯线。Stroke 线或反 Stroke 线的频率与入射光频率之差 $\Delta\nu$ 称为拉曼位移。由散射发生的概率推知

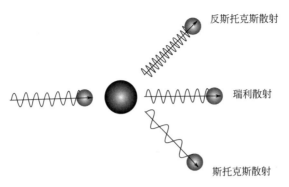

图 2-38　分子振动产生的光散射示意图

各散射光的强度，不难发现：瑞利散射的强度只有入射光的 $1/1000$，而拉曼散射的强度比瑞利散射还要弱得多，约为入射光强度的 $10^{-6} \sim 10^{-8}$，其中 Stroke 线的强度比反 Stroke 线的强得多。因此，拉曼光谱记录的拉曼位移是 Stroke 线的频率与入射光频率的差值（$\Delta\nu$）。谱图以拉曼位移为横坐标，以强度为纵坐标。

　　同一种物质分子的拉曼位移具有特征性。当入射光频率改变时，物质分子的拉曼谱线频率也随之改变，但拉曼位移始终保持不变。因此，拉曼位移与入射光频率无关，仅与物质分子的振动和转动能级有关。由于拉曼光谱的光源是位于紫外-可见光或近红外光的激发光，因而拉曼光谱同红外光谱一样，是分子的振动光谱。不同物质分子有不同的振动和转动能级，因此，拉曼谱图具有指纹特征性。一般同样振动方式的拉曼位移和红外吸收频率相同。

2.5.1.2　拉曼活性

　　拉曼光谱和红外光谱均与分子振动相关。但红外光谱与分子的偶极矩相关，只有产生偶极矩变化的分子振动才有红外活性。而拉曼活性与分子的极化率相关，只有极化率发生变化的振动才有拉曼活性。极化率是指分子在电场的作用下，分子中电子云变形的难易程度。拉曼光谱的强度与原子在通过平衡位置前后电子云形状变化的大小有关。

　　在物质分子中，某个振动可以既有拉曼活性，又有红外活性，也可以只有拉曼活性而无红外活性，或只有红外活性而无拉曼活性。尽管通常化合物基团的拉曼谱带的频率与其红外谱带的频率基本一致，但在拉曼光谱中的强谱带可能在红外光谱中并不出现。对于一个分子，其拉曼和红外活性的判别规则如下：①相互排斥规则，有对称中心的分子，若其有红外活性，则无拉曼活性，反之亦然，即若无红外活性，则有拉曼活性；②相互允许规则，通常没有对称中心的分子，其红外和拉曼均有活性；③相互禁阻规则，相互排斥规则和相互允许规则适用于大多数分子，但少数分子的振动可能均无红外和拉曼活性。

2.5.1.3　光谱参数

拉曼光谱的参数有频率（拉曼位移）、强度和退偏比，其中拉曼位移［单位为波数（cm^{-1}）］是分子结构定性的依据，光谱强度（I）是定量分析的基础，退偏比（ρ）则用于确定分子振动的方式和对称性。

拉曼光谱的定量分析依据以下公式：

$$I = I_0 KLc \tag{2-3}$$

式中　I——拉曼光谱的强度；

$\quad\quad I_0$——入射光强度；

$\quad\quad K$——仪器和样品的参数；

$\quad\quad L$——样品池的厚度；

$\quad\quad c$——样品的浓度。

当测试条件相同时，拉曼光谱的强度与样品浓度成正比。退偏比是激光的偏振方向和入射光垂直的拉曼散射光光强（$I_\perp$）与激光的偏振方向和入射光平行的拉曼散射光光强（$I_{/\!/}$）的比值，即 $\rho = I_\perp / I_{/\!/}$。退偏比表示偏振入射光作用于物质分子后，所产生的拉曼散射光偏离原来入射光的程度。退偏比对确定分子振动的对称性和其他物理化学性质有重要的作用。通常，拉曼散射光中分子的退偏比在 $0 \sim 0.75$ 之间。退偏比越接近零，产生的拉曼散射光越接近完全偏振光，表明分子振动中含有对称振动的成分越多。退偏比越接近 0.75，则分子振动中含有非对称振动的成分越多[2]。

2.5.1.4　共振拉曼

共振拉曼光谱是指当激发光的波长接近或落在化合物的电子吸收光谱带内时，分子发生跃迁后会立即回到基态的某一振动能级，从而使某些拉曼线的强度急剧增大，这种现象称为共振拉曼效应（图 2-39）。共振拉曼是电子跃迁与振动

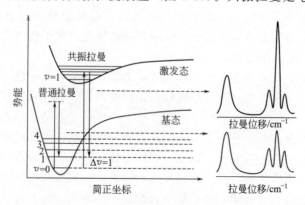

图 2-39　拉曼散射和共振拉曼散射的能级图以及对应的拉曼谱图示意图

耦合作用的结果，具有选择性增强的特点。在共振拉曼光谱中，只有生色团或与生色团相连接基团的振动才有可能被增强，与此无关的振动则不被增强。共振拉曼光谱法适用于生物大分子化合物的研究，它的强度比普通拉曼光谱的强度提高了 $10^2 \sim 10^6$ 倍，检测限可达 $10^{-8}\,mol/L$，而一般的拉曼光谱只能用于测定 $0.1mol/L$ 以上浓度的样品。共振拉曼的局限是存在荧光干扰，需要连续可调的激光器，以满足不同样品在不同区域的吸收。如果共振拉曼和非共振拉曼联用，则可以获得样品平均及特定组成的信息。

2.5.1.5　表面增强拉曼

当一些分子被吸附或靠近到某些粗糙金属（如金、银或铜）的表面时，分子的拉曼散射信号强度会增加 $10^4 \sim 10^6$ 倍，这种现象被称为表面增强拉曼散射（surface-enhanced Raman scattering，SERS）效应。一般认为，SERS 产生机理有物理增强和化学增强两类。物理增强也称电磁增强，认为 SERS 起源于金属表面局域电场的增强，是由金属表面等离子共振振荡引起的。化学增强认为分子在金属上的吸附伴随电荷的转移而引起分子能级的变化，或者分子吸附在特定金属表面的结构点上，分子的极化率发生改变，从而引起拉曼散射增强。SERS 的灵敏度极高，可以进行痕量的定性分析。利用 SERS 光谱进行定量分析较为困难，因为影响 SERS 强度的因素非常多。若进行定量分析，必须控制实验条件，使 SERS 基体表面形态尽可能保证一致。近年来，将 SERS 光谱与化学计量学方法结合用于定量分析和模式识别逐渐增多，发展迅速。

2.5.1.6　常见基团的拉曼光谱特征

同红外光谱一样，拉曼光谱也是以基团的特征频率为分析基础，且以相同的振动形式与符号表示。然而，拉曼光谱与红外光谱的互补性，表现为如下一些规律：

① 非极性或弱极性基团的伸缩振动产生强的拉曼吸收谱带及弱的红外吸收，如 C═C、N═N、C═N、C═S 等。C═O 的拉曼吸收为中等强度，红外光谱为强吸收。

② 脂肪族化合物的 C—H 伸缩振动产生强的拉曼吸收，其 C—H 变形振动则为弱谱带。此外，O—H 和 N—H 在拉曼光谱中也是很弱的谱带，但它们的红外光谱为强吸收。

③ 环状化合物的对称振动的拉曼吸收最强，其振动频率与环的大小和取代基相关。

④ X═Y═Z、C═N═C、O═C═O、C—O—C 的对称伸缩振动具有强拉曼吸收，但红外光谱很弱。反之，不对称伸缩振动的拉曼光谱很弱，红外光谱有中等强度。

⑤ 含有卤素和重金属等重原子基团的拉曼光谱比红外光谱强。

⑥ 各种振动的倍频和合频谱带的红外光谱强于拉曼光谱。

拉曼光谱与红外光谱的许多吸收峰位置是一致的，只是强度存在明显差异。

2.5.2 仪器构成

与红外光谱仪相比，拉曼仪器发展缓慢，原因是没有找到理想的激发光源。直到 20 世纪 60 年代后激光的出现，拉曼光谱仪得以快速发展。由于激光光源处于可见光和近红外区，一些荧光较强的物质容易覆盖拉曼信号，传统的色散型仪器受荧光干扰严重。傅里叶变换拉曼光谱仪可以消除荧光干扰问题，且扫描速度快、分辨率高，因而受到越来越多的关注。近年来，专用的傅里叶和共聚焦拉曼光谱仪等也陆续出现，丰富了拉曼光谱仪器的种类。

2.5.2.1 基本组成

拉曼光谱仪主要由激发光源、外光路系统、分光系统、检测系统等部分组成，其测试过程是：激光器激发出的光经外光路系统照射到样品，样品产生的拉曼散射经分光系统（单色器）色散，通过信号放大进入检测器获得拉曼谱图。

（1）光源

拉曼光谱仪的光源采用激光器，其特点是单色性好（线宽窄）、辐照强度高、功率稳定性好、寿命长。常用的激光器有 Kr^+（568.2nm、647.1nm、725.5nm）、Ar^+（488.0nm、514.5nm）、He-Ne（632.8nm）和二极管激光器（785nm）等。目前，FT-Raman 光谱仪大都采用 Nd：YAG（钕：钇铝石榴石固体激光器，1064nm），其特点是输出功率高、坚固耐用、体积小，但激光的单色性和频率的稳定性较差。通常，一些大型拉曼光谱仪上装有多个激光器，以满足不同检测样品的需求。

（2）外光路系统

外光路系统也称收集系统，是激发光源到单色器之间的所有设备，包括聚焦透镜、多次反射镜、试样台、退偏器等。由于拉曼散射的效率很低，必须以最有效的方式照射样品和聚集散射光。通常采用聚焦激光束提高辐照强度，并通过透镜收集来自样品的拉曼散射光。试样台的设计也非常重要，激光束照射在试样上有 90°和 180°两种方式，90°方式可以进行准确的偏振测定，改进拉曼与瑞利两种散射的比值，容易测量低频振动。180°方式可以获得最大的激发效率，适用于浑浊和微量的样品测定。同时，为了适应不同形态的样品，一般配备三维可调的试样台和各种样品池和样品架，如毛细管、液体池、气体池、180°背散射架等。对于一些光敏、热敏物质，为避免分解，还可选择可旋转的样品室。

（3）分光系统

分光系统可采用滤光片、光栅或迈克逊干涉仪，目的是把散射光分光并减弱杂散光。色散型拉曼光谱仪为了降低瑞利散射和杂散光，通常使用双光栅或三光栅组合的单色器。为了避免降低光通量，光栅大多选用平面全息光栅，使用凹面全息光栅时需要适当减少反射镜的数量以提高反射效率。FT-Raman 光谱仪通常需要使用光学滤波器过滤掉散射光中的瑞利散射，防止拉曼散射被瑞利散射覆盖。光学滤波器的性能决定了 FT-Raman 光谱仪检测的波数范围（主要是低波数）和信噪比。常见的 Chevron 和介电过滤器的波数范围是 $3600 \sim 1000 \mathrm{cm}^{-1}$，陷波（notch）滤波器的范围为 $3600 \sim 500 \mathrm{cm}^{-1}$。FT-Raman 光谱仪中的干涉仪与 FT-IR 相同，分束器一般是镀 Si 或 Fe_2O_3 的 CaF_2 分束器。专用的 FT-Raman 光谱仪中定镜和动镜表面均镀金，以提高对近红外光的反射效率。

（4）检测系统

拉曼光谱仪的检测系统根据不同的激发波长可采用光电倍增管检测器、CCD 检测器或半导体阵列检测器。对于落在可见区的拉曼散射光，可以采用光电倍增管检测器。CCD 检测器的光源多为 785nm 二极管激光器，以减弱荧光背景的产生。FT-Raman 光谱仪的常用检测器是 Ge 或 InGaAs 检测器。Ge 检测器在液氮温度下，高波数区可以达到 $3400 \mathrm{cm}^{-1}$；InGaAs 检测器在室温下高波数区可以达到 $3600 \mathrm{cm}^{-1}$，但噪声较高，降低至液氮温度可以降低噪声，但高波数区也减少至 $3000 \mathrm{cm}^{-1}$。

2.5.2.2 仪器类型

拉曼光谱仪按照分光系统和检测器可以分为滤光片型、色散型、CCD 型和傅里叶变换型仪器。滤光片型拉曼光谱仪由激光光源、一个或多个滤光片和检测器组成，仪器结构简单，多用于气体分析，如 H_2、N_2、O_2、Cl_2、CO、CO_2、NH_3 等。

色散型拉曼光谱仪由激光源、外光路系统（包括样品室）、单色器、放大系统和检测系统等组成（图 2-40）。色散型光谱仪常常采用可见光区的激光光源（如 514.5nm），其拉曼散射光也落入可见光区，检测器多采用光电倍增管。这类仪器的光谱分辨率高，但测量速度慢，多用于实验室分析。此外，该仪器使用移动光栅分光，波长重现性较差，需要经常校正。由于可见光区的激光光源容易使含有芳环和杂环分子、生物分子等产生荧光，影响拉曼光谱测量，使得这类仪器的应用受到限制。

CCD 型激光拉曼光谱仪采用固定光栅分光和 CCD 阵列检测器的光路设计，因此，其测量速度快，仪器容易小型化。同时，CCD 型仪器的成本相对较低、灵敏度高、测量速度快、长期稳定性高，但分辨率较低，适用于工业分析与现场分析。

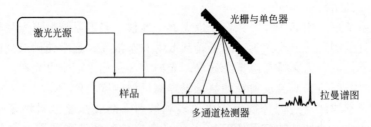

图 2-40　色散型拉曼光谱仪的示意图

FT-Raman 光谱仪的结构与 FT-IR 类似，由光源、样品室、干涉仪、滤波器和检测器组成（图 2-41）。FT-Raman 光谱仪的激光光谱通常采用 1064nm 发射的 Nd：YAG 固体激光器，因此减少了对样品的损伤，避免了大部分的荧光干扰，可以用于生物大分子的检测。FT-Raman 仪器的优点是波长准确性和重现性高，缺点是光谱分辨率低，特别是在低波数区域的分辨率，不及色散型拉曼光谱仪。

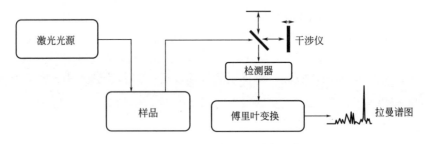

图 2-41　傅里叶变换拉曼光谱仪示意图

2.5.2.3　测量附件

散射光的收集方式有透镜收集和镜面反射收集两种。散射光与激光束之间有 0°（前散射）、90°、180°（背散射）三种关系，常见的是 90° 和 180° 两种。其中 180° 的镜面反射收集效率最高，但要调整好样品的位置，否则严重影响拉曼散射信号。因此，样品的测量附件非常重要。

（1）样品池

拉曼光谱仪的样品池用玻璃或石英材料制成（图 2-42）。液体样品的测量多采用核磁共振（NMR）样品管，微量样品的检测可以选用不同直径的毛细管，如果样品的沸点低，应将毛细管封闭。液体样品测量也可选用带有球形底部的玻璃管，即球形池，其一侧镀银，以增大收集效率和反射效率，适用于拉曼散射较弱和稀溶液的样品。气体的测量可采用气体池。固体的测量常用 5mm 的核磁共振管或毛细管，粉末样品的测定采用样品管或直接压片测定，透明的固体样品可以直接测定。对于光敏和热敏样品，可以采用旋转样品池，避免局部过热。

图 2-42　液体与粉末样品管

（2）光纤探头

光纤探头常常应用在工业在线分析、活体原味和现场监测分析领域。光纤探头通常用一束光纤，以 180° 背散射方式采集信号（图 2-43）。为了消除光纤背景和瑞利散射的干扰，可以在光纤探头上安装滤光器。此外，光纤探头末端还可安装聚焦透镜，将入射激光聚焦于样品的一小片区域，同时收集来自聚焦区域的拉曼散射光，称为成像聚焦光纤探头。

（3）显微共聚焦拉曼

显微共聚焦拉曼光谱是将拉曼光谱与显微技术结合起来的技术，显微镜附件采用"激光焦点-共焦针孔-探测器狭缝"光学共轭系统，可以有效收集和筛选样品的拉曼散射光，去除焦点以外区域样品的信息，从而在不受周围物质干扰情况下，获得样品微区的化学成分、晶体结构、分子相互作用以及分子取向等拉曼光谱信息，具有很好的空间分辨率。此外，显微共聚焦拉曼光谱可以消除来自样品离焦区域的杂散光，形成空间滤波，保证到达探测器的拉曼散射光是激光采样焦点微区（约 2μm）的信号。因此，共焦显微拉曼系统具有"光学切片"（逐层色谱分离）及三维成像能力（图 2-44）。共聚焦纤维拉曼光谱仪有多个频率可供选

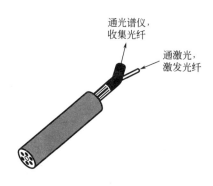

图 2-43　光纤探头的结构示意图

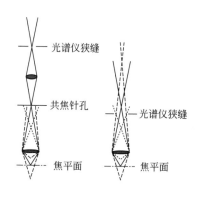

图 2-44　共焦显微镜的光路示意图

择，但应注意，在测试生物样品时，入射光通过显微物镜把能量集中在一个微区，因此，必须采用低功率的激光以避免样品的热和光化学反应[2]。

2.5.3 实验技术

2.5.3.1 常规方法

拉曼光谱可测定固、液、气多种形态的样品，其中液体最易测量。常量的液体或固体粉末、晶体可选用常规样品池；微量的采用不同直径的毛细管样品池；低沸点、易挥发、易吸潮或分解的样品应密封毛细管；粗大颗粒的样品需要研磨成粉末测量；有的粉末可以压片测量；透明的棒状、块状或片状样品可直接放入样品室测量；当分析不均匀样品或由于激光热效应导致的样品局部过热或分解时，可采用旋转样品池。气体的测量需要通过加压、多次测量提高拉曼光谱的信号强度。总之，不同的样品需要选择合适的制样技术，并考虑荧光和激光致热因素的影响。

2.5.3.2 荧光干扰的消除

荧光是拉曼光谱测试的最大干扰，如果样品中含有荧光物质，当激光光源照射时，会产生较强的荧光（图 2-45），其强度足以干扰拉曼信号，有时远远超过拉曼信号的强度，因此，降低或消除荧光干扰非常重要。消除荧光干扰最常用的方法是选择合适波长的激光光源，长波长光源的能量小，激发荧光的概率较小，从而避免荧光干扰（图 2-46）。此外，也可以采用强光照射、加入猝灭剂、分离除去干扰杂质等降低和消除荧光干扰。

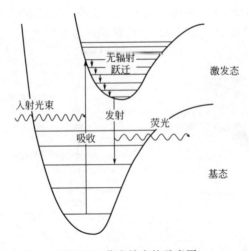

图 2-45 荧光效应的示意图

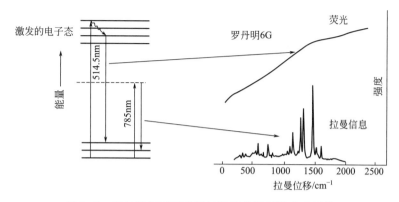

图 2-46　通过选择不同波长的激光光源消除荧光干扰

2.5.3.3　表面增强拉曼光谱

表面增强拉曼光谱（SERS）是利用粗糙表面与样品分子发生共振，大幅度提升样品拉曼散射的强度，提高检测灵敏度的方法，如 Ag、Au 胶颗粒吸附染料或有机物质，检测灵敏度可提高 $10^5 \sim 10^9$ 数量级。进行 SERS 测试时，需要考虑入射激光波长、激发强度、金属 SERS 活性基底三个重要因素，关键是制备增强能力强、稳定性好的 SERS 基底。SERS 基底制备方法很多，如电化学方法、金属溶胶、纳米自组装等。实际应用时要选取合适方法制备出性能优良的 SERS。注意根据选择与基底金属和样品类型相匹配的激发光源，如：Ag 基底选择产生红外、近红外和可见光的激光器；Cu 和 Au 基体只能选择产生红外光的激光器。

2.5.4　实际应用

2.5.4.1　定性鉴别

拉曼光谱与红外光谱互相补充、互相佐证，已经成为物质结构分析的重要工具。前面提到，红外活性对应分子振动的偶极矩变化，拉曼振动对应分子振动的极化率变化，高度对称的分子振动没有红外活性，却有拉曼活性。此外，红外光谱的波长较长，空间分辨率较低，不具有空间色谱分离能力，而拉曼光谱的光源激发可见光和近红外光，具有空间分辨率，结合共聚焦显微技术可以实现无损的三维色谱检测。同时，拉曼不受水的干扰，可以实现生物样品的分析。因此，拉曼光谱也是一种研究分子结构的重要手段。

2.5.4.2　定量分析

实验测量拉曼散射辐射强度 I 可以用式(2-4) 表示：

$$I = ac \tag{2-4}$$

式中，a 为在一定的测量条件和介质下分子指定谱带的特征常数；c 为浓度。应用式(2-4)可以计算目标物的浓度。但在使用中要得到辐射强度 I 和浓度 c 之间的线性关系比较困难。因为拉曼谱带的强度受到许多因素影响，如仪器光源功率的稳定性、单色器的光谱狭缝宽度、样品的自吸收、不同浓度样品的折射率变化和溶剂噪声等。因此，直接通过比较不同浓度样品的拉曼强度来定量非常困难，最有效的解决方法是加入内标。应用拉曼光谱定量分析的步骤与其他分子吸收光谱的方法相同。分析溶液时常用的内标有 CCl_4（459cm^{-1}）、NO_3^-（1050cm^{-1}）和 ClO_4^-（930cm^{-1}）。分析固体样品时可选择样品中的某一拉曼线作内标。应用拉曼光谱可以同时测定多个组分，其分析水溶液的准确度较高，但灵敏度较低，一般检出限在微克/毫升（$\mu g/mL$）数量级，提高分析灵敏度可以采用激光共振拉曼光谱和 SERS 法[8]。

2.6 分子荧光

荧光是一种光致发光现象，即物质吸收光后发射出较长波长的光。光致发光有荧光和磷光两种，荧光是光激发分子从第一激发单重态的最低振动能级回到基态发出的辐射；磷光是激发分子从第一激发三重态的最低振动能级回到基态发出的辐射。因此，荧光的波长较磷光短，时间短。荧光分析法是根据物质的荧光谱线的位置及其强度进行物质定性和定量分析的方法。

荧光分析的优点是：

① 灵敏度高　荧光分析通常比紫外-可见分光光度分析高 2~4 个数量级，检测限可以达到 0.1~0.001$\mu g/mL$。

② 选择性强　物质的荧光分析既可依据激发光谱，也可依据发射光谱。如果几种物质的发射光谱相似，则可通过其激发光谱的差异区分，反之亦然。

③ 试样用量少，能够提供多个物理参数　如激发光谱、发射光谱、荧光强度、荧光效率、荧光寿命等物理参数。

荧光分析的缺点是应用范围小。

通常，能够在紫外光照射下发射出荧光的物质均具有共轭芳香结构，如多环胺、萘酚、嘌呤、吲哚、多环芳烃。此外，含有芳环或杂环的氨基酸、蛋白质和维生素（如维生素 A、B_1、B_2、B_3、B_6、B_9、B_{12}、C 和 E）也能发射荧光。一般情况下，天然具有荧光发射性质的物质可以直接用荧光法测定。但是，为了提高荧光分析的灵敏度和选择性，很多时候会采用荧光试剂对目标物进行衍生化。由于荧光衍生物具有更大的 π 键系统，可以在较长波长发射荧光，并同时增大荧光强度及量子效率。常用的荧光试剂有荧光胺、邻苯二甲醛、8-羟基喹啉、丹磺酰氯等，这些试剂与分析目标物发生缩合反应或关环反应，增加或延长了分子的共轭体系。

　　通常，荧光分析法应用于纸色谱或薄层色谱分离的斑点定位，高效液相色谱的荧光检测器以及以荧光物质为标记物的免疫分析等。荧光分析的新技术包括激光诱导荧光分析、时间分辨荧光分析、荧光偏振分析、同步荧光分析和三维荧光光谱分析等。

2.6.1　基本原理

2.6.1.1　光谱的产生

　　通常，大多数分子处于最低振动能级的基态（S_0），当基态分子吸收能量后会发生能级跃迁至激发态。处于激发态的分子不稳定，将很快返回到基态，期间伴随着光子辐射，即发生了光致发光现象（图 2-47）。由于分子的核外电子排布遵循能量最低原理、泡利不相容原理和洪特规则，因此，激发态电子的三重态（T_1、T_2、T_3）的能级略低于激发单重态（S_1、S_2、S_3）。激发态分子返回基态的过程包含多个过程，有荧光发射、磷光发射、振动弛豫、内转换、系间跨越和外转换等（图 2-47）、其中以速度最快、激发态寿命最短的途径占优势。由于磷光的寿命比荧光长得多，因而荧光的应用远远大于磷光。

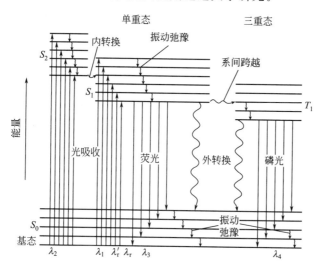

图 2-47　核外电子的电子跃迁与光致发光现象

　　大多数荧光物质的跃迁都是由 $\pi \rightarrow \pi^*$ 或 $n \rightarrow \pi^*$ 激发，然后经过振动弛豫或其他无辐射跃迁，发生 $\pi^* \rightarrow \pi$ 或 $\pi^* \rightarrow n$ 跃迁而产生荧光，其中以 $\pi^* \rightarrow \pi$ 跃迁的荧光效率较高。因此，含有 $\pi \rightarrow \pi^*$ 跃迁能级的芳香族化合物的荧光最强，其 π

电子的共轭体系越大，越容易产生荧光，荧光光谱也越向长波移动。因此，绝大多数能发生荧光的物质都含有芳香环或杂环。此外，一些具有刚性平面结构的有机分子，如荧光素和酚酞等也产生强烈的荧光。

2.6.1.2　光谱的特性

由于分子对光的选择性吸收，不同波长的入射光便具有不同的激发效率。任何荧光化合物都具有两个特征光谱，即激发光谱和发射光谱，发射光谱又称荧光光谱。它们是荧光定性和定量分析的基本参数和依据。

（1）激发光谱

荧光是光致发光，因此必须选择合适的激发光波长，这可以由待测物质的激发光谱曲线确定。绘制激发光谱曲线时，选择荧光的最大发射波长为测量波长，改变激发光的波长，测量荧光强度的变化。激发光谱以激发光波长为横坐标，以荧光强度为纵坐标作图，反映了不同波长的激发光辐射分析目标物后，物质发射某一波长荧光的相对效率。激发光谱的形状与吸收光谱的形状极为相似，这是因为物质分子吸收能量的过程就是激发过程。

（2）发射光谱

绘制发射光谱曲线是将激发光波长固定在最大激发波长处，然后扫描发射波长，测定不同发射波长处的荧光强度。发射光谱具有 Stroke 位移、镜像规则以及光谱形状与激发波长无关等特性。Stroke 位移是指分子荧光的发射峰较吸收峰的波长长，即发射峰的能量降低。镜像规则是指发射光谱与其吸收光谱呈镜像对称关系（图 2-48）。此外，由于分子在较高激发态通过内转换和振动弛豫回到第一激发单重态的概率极高，远远大于由高能激发态直接发射光子的速度，因此，在荧光发射中，无论激发光的波长如何，电子都是从第一单重态跃迁返回到

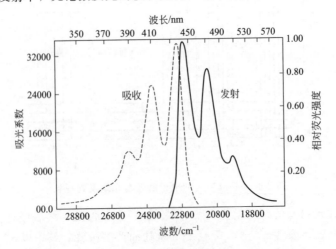

图 2-48　镜像规则：芘的苯溶液的荧光激发和发射光谱

基态，因而荧光发射光谱与激发波长无关。

2.6.1.3　荧光强度与量子产率

分子产生荧光必须具备两个条件：①分子必须具有与所照射的辐射频率相适应的结构，才能吸收激发光；②分子吸收了与其本身特征频率相同的能量之后，必须具有一定的荧光量子产率（φ_f）。荧光量子产率表示物质发射荧光的能力，数值在 0～1 之间。

前面提到，$\pi^* \rightarrow \pi$ 跃迁的荧光效率较高，因此，含有 $\pi \rightarrow \pi^*$ 跃迁能级的芳香族化合物的荧光最强。如果苯环上有给电子基团的取代基（如—OH、—OR、—NH$_2$、—CN、—NR$_2$），则由于产生 p-π 共轭而使荧光增强。反之，吸电子取代基（如—COOH、—C=O、—NO$_2$、—NO）则会减弱或猝灭荧光。

荧光强度（I_f）正比于吸光的光量（I_a）与荧光量子产率，即 $I_f = \varphi_f I_a$，再根据朗伯-比尔定律推导，可以得到 $I_f = 2.3\varphi_f I_0 \varepsilon l c$。即荧光强度还与入射光强度（$I_0$）、样品的摩尔吸光系数（$\varepsilon$）、样品池的光程（$l$）和样品浓度（$c$）成正比。一般来说，这种线性光学只有在极稀的溶液（吸光度不超过 0.05）中才成立。对于较浓的溶液，由于猝灭、自吸收等现象，荧光强度与浓度并不呈线性关系。此外，溶剂、温度和溶液的 pH 值对荧光强度也有影响。

综上，通过荧光光谱可以进行定性、定量和解析分子间的相互作用。定性是指利用激发光谱和发射光谱可以进行样品的鉴定或推测杂质存在与否。定量是指利用荧光强度和浓度的关系进行物质浓度的测量。解析分子间相互作用是指从荧光光谱中得到荧光发射峰的波长、荧光强度（量子产率）等信息推测所吸收光能经过的途径，并且通过考察这些结果与样品浓度的关系及共存物质的影响，解析分子间的相互作用。

2.6.2　仪器构成

2.6.2.1　基本组成

荧光光谱仪器一般由激发光源、激发和发射单色器、样品池、检测系统四部分组成。其工作原理是：光源发出的光通过激发单色器照射到样品，样品发射出的光通过发射单色器进入检测系统记录分析（图 2-49）。荧光仪器的特点是有两个单色器，光源与检测器通常成直角。

（1）光源

理想的荧光光谱仪的光源应能够在较宽的波长范围内产生强度稳定的连续光源。高压氙弧灯是应用最广泛的荧光光源，它是一种短弧气体放电灯，外套为石英，内充氙气，在 250～800nm 波长区域呈连续光谱，氙灯的使用寿命约为

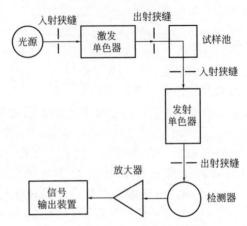

图 2-49　荧光分光光度计示意图

2000～4000h，近几年推出的闪烁氙灯寿命长达 20000h。高压汞灯也是常用的荧光光源，它利用汞蒸气放电发光，其发射光谱与汞的蒸气压有关，属于线状光源，可以发出 313nm、365nm、405nm、436nm 和 546nm 的光。

激光光源的应用推动了荧光技术的发展，其原理基于受激辐射，发射的光单色性好，光束可以发射到很远的地方，且能够保持高的能量密度。激光器的种类很多，但基本上都是由激励能源、工作物质和光学谐振腔三部分组成（图 2-50）。其中，激励能源是产生光能、电能、热能、电子束等的装置；工作物质是能够产生激光的物质，如红宝石、钕玻璃、氦气、有机染料等；光学谐振腔的作用是加强输出激光的亮度，调节和选定激光的波长和方向等。目前，高性能荧光仪器的光源主要采用可调谐的染料激光器，其波长范围为 330～1020nm，即从近紫外到近红外范围，是理想的荧光分析光源。

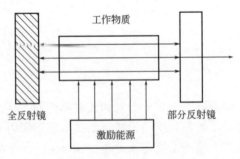

图 2-50　气体激光器的结构示意图

（2）样品池

荧光仪器用的样品池材料要求无荧光发射，通常为合成的熔融二氧化硅材料，而不是天然的石英。由于激发光和检测器呈 90°角设置，因此荧光光谱仪的样品池四壁均光洁透明，而不是像紫外-可见吸收光谱仪中吸收池只有两面光洁透明。对于不透明的固体样品，不能使用液体用的样品池来盛装样品，通常将样品固定于样品夹的表面（图 2-51）。

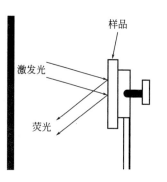

图 2-51　固体样品的测量装置

（3）单色器

荧光仪器中一般需要两个单色器：一个置于光源和样品池之间，用于选择激发光波长，使之照射于被测样品上；另一个置于样品池与检测器之间，用于分离出所需检测的荧光发射波长。单色器一般为光栅和滤光片，其中应用较多的是光栅单色器。

（4）检测器

荧光的强度通常比较弱，因此要求检测器有较高的灵敏度。检测器一般为光电管或光电倍增管，二极管阵列检测器、CCD 以及光子计数器等高性能检测器也得到应用。由于荧光的测量是在较强的激发光存在下进行的，直角观测可以避开激发光、杂射光等的影响，使测定在黑背景下进行，增加了仪器的灵敏度。因此，荧光光谱仪中检测器与激发光的方向呈直角。

2.6.2.2　仪器类型与测量附件

（1）仪器类型

荧光光谱仪可以分为单光束和双光束两种，其中以单光束居多。单光束的工作原理如前所述。双光束光谱仪与单光束不同的是，激发光可以在不同瞬间分别将光汇聚于样品池和参比池上，样品受激发后发射荧光。与样品池和参比池呈垂直方向上的荧光，则经光学元件汇聚于发射单色器上，然后照射在检测器上。荧光光谱仪可以根据测量需求分为低温激光荧光光谱仪、寿命荧光光谱仪等。

（2）测量附件

根据测量样品的状态和测量需要，荧光光谱仪的测量附件有很多种，包括样品池、固体样品支架、液相色谱流动池、吸样器、恒温水浴（搅拌）支架、光纤等。样品池测量附件即比色皿，其应用最为普遍。比色皿包括各种光程的常量比色皿、半微量比色皿及超微量比色皿（图 2-52），比色皿放置在样品架上固定

图 2-52　盛装液体的比色皿

测量（图 2-53）。此外，还有流动比色皿和用于磁性搅拌器的比色皿。

液相色谱流动池可以看作是配有荧光检测器的液相色谱仪的一种替代解决方案。吸样器附件可以将样品由容器自动转移到样品池中，减少了人为操作、清洗的步骤。通常，恒温水浴（搅拌）支架适用于生命科学领域的生物动力学测定。此外，还有光纤附件（图 2-54）可以直接、无损测量样品。

图 2-53　样品池支架

图 2-54　光纤附件

2.6.2.3　仪器校正与性能指标

（1）仪器校正

理想的荧光光谱仪应具备：①各个波长处能够发射出同样光子数的激发光源；②对各波长光的透过率都一致的单色器，且单色器的效率与偏振光无关；③对各波长光的检测效率完全一致的检测器。然而，实际中并不存在这种理想化的仪器与光学部件，且样品空白无法抵消不同波长的荧光强度与光谱差异，因此，需要对荧光光谱进行校正。

激发光谱的失真主要是由激发光源和激发单色器的光谱特性所造成的。同样，发射光谱的失真也主要由发射单色器和检测器的光谱特性导致。激发光谱的校正多采用光量子计。罗丹明 B 的乙醇溶液（3g/L）是一种常用的光量子计，它在波长 200～600nm 范围内能全部吸收入射光，且其荧光量子产率及最大发射波长（630nm）基本上与激发波长无关。因此，这种罗丹明 B 溶液能够提供一个恒定波长的荧光信号和一个正比于激发光光量子的信号，从而由检测器检测到的信号能够正确反映激发光光量子数与波长的关系。光量子计除了罗丹明 B 之外，也可用硫酸奎宁（4g/L 溶于 0.5mol/L 硫酸溶液中）和荧光素（2g/L 溶于 0.1mol/L 氢氧化钠溶液中）代替，它们均用于激发波长 220～340nm 范围的激发光谱校正。

发射光谱的校正需要在校正激发光谱之后进行，方法有散射光法和标准荧光物质法等，其中以散射光法最为快速、可靠。散射光法是将散射光板插入样品室，然后进行激发单色器和发射单色器同波长的同步扫描，将得到的信号进行归一化处理，随后扫描得到的就是样品的校正发射光谱。为了方便用户，近年来多数厂家都在荧光分光光度计上装配有光谱校正的装置，能够直接扫描到校正光谱。

（2）性能指标

荧光光谱仪的性能指标与其他光谱仪类似，主要的性能指标有：光谱波长范围的激发波长和发射波长的准确度和重现性，谱带宽度，仪器的信噪比，灵敏度，杂散光和分辨率等。

近年来，荧光仪器的灵敏度采用一种准确、方便的表示方法，即以水的 Raman 峰的信噪比表示。纯水很容易获得，而且水的 Raman 峰的重现性和稳定性都很理想，所以容易比较不同仪器的灵敏度。水受到 350nm 波长的光激发时，在 397nm 处产生 Raman 谱峰。Raman 峰是 Raman 散射的结果，并非荧光光谱。由于 Raman 峰的波长比激发光的波长长，可以用于模拟荧光。具体操作如下：设定激发波长为 350nm，扫描 365～460nm 范围的光谱，在 397nm 处测定 Raman 信号，在 420～460nm 范围测定噪声信号，计算仪器的信噪比（图 2-55）。一般荧光光谱仪的信噪比应大于 50。

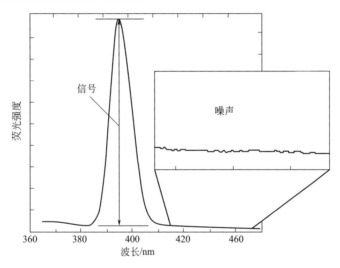

图 2-55　水的 Raman 光谱

2.6.3　实验技术

2.6.3.1　样品采集

荧光光谱分析技术可以提供待测样品的激发光谱、发射光谱、发光强度、发光寿命、量子产率、荧光偏振等多种信息。对于不同样品的分析需求，使用的分析技术不同。就采样方式而言，固体样品如果是块状，最好切成规则形状，并进行抛光；粉体、微晶粉体和微晶样品一般夹在石英玻璃片中进行测试，期间注意避免混入诸如滤纸纤维、胶水等杂质；一些化合物还应特别注意控制入射光的强度，避免破坏样品；液体样品一般放在带盖石英比色皿中进行测试，尽量使用透明溶液，如果是易挥发、易变质的溶液，最好现配现测。

2.6.3.2 实验方法

（1）直接荧光法

直接荧光法就是利用化合物自身产生的荧光进行分析。油脂分析相关的化合物，如稠环芳烃、维生素、植物色素（如胡萝卜素）等均可采用直接荧光法分析。例如，维生素 A 有 5 个共轭双键，能够发出蓝绿色荧光，于 330nm 处激发，在 490nm 处测定荧光强度即可对溶液中的维生素 A 进行定量测定。

（2）荧光衍生化法

荧光衍生化法是将非荧光物质与荧光衍生化试剂发生反应，生成荧光物质的方法。根据分析对象不同，选择的衍生化试剂不同。通常，荧光衍生化试剂应该具备：①在温和条件下即能迅速产生定量的衍生物；②衍生物具有较低的极性，便于萃取分离；③衍生物对某一功能基团的衍生反应具有高选择性，过量衍生试剂容易从反应产物中分离；④衍生物具有良好的分离稳定性；⑤衍生物具有高的量子产率，发射波长应足以避开溶剂的背景荧光吸收；⑥衍生化试剂易得，毒性小；⑦衍生物对光有足够的稳定性等。

（3）荧光猝灭法

荧光猝灭法基于荧光物质所发出的荧光被分析物猝灭，随着被分析物浓度的增加，溶液的荧光强度降低，从而可以通过荧光的猝灭程度换算得到被分析物的含量。

2.6.3.3 分析技术

（1）激光诱导荧光分析

激光诱导荧光分析（laser induced fluorescent analysis，LIF）是以激光作为激发光源诱导产生荧光进行分析的方法。LIF 一般采用可调谐激光器作为激发光源。这种光源的单色性好，发射光强度大，消除了散射光等的干扰，提高了检测灵敏度，检出限可达 10^{-10} g/mL。激光诱导荧光法是测定超低浓度的有效方法，也可用于毛细管电泳等分离技术的检测。

（2）时间分辨荧光分析

由于不同分子的荧光寿命不同，可在激发和检测之间延缓一段时间，使具有不同荧光寿命的物质得以分别检测，这就是时间分辨荧光法（time resolved fluorescent analysis，TRF）。TRF 采用带时间延迟设备的脉冲光源和带有门控时间电路的检测器件，可以在固定延迟时间后和门控宽度内得到时间分辨荧光光谱。如果选择了合适的延迟时间，可以把待测组分的荧光和其他组分或杂质的荧光以及仪器的噪声分开而不受干扰。应用激光光源可获得皮秒（ps）级的脉冲宽度，可用于测定大多数荧光物质的寿命。目前，该法已发展成为时间分辨荧光免疫分析法（time-resolved fluoro-immunoassay）。

（3）荧光偏振

在荧光分光光度计的激发和发射光路上分别加上起偏器和检偏器，即可分别观察到平行于检偏器或垂直于起偏器的荧光。荧光体的偏振度与荧光体的转动速度成反比。对于大分子而言，由于分子运动缓慢，发射光保持较高的偏振程度。而对于小分子，分子的转动和无规则运动很快，发射光相对激发光将会被不同程度地去偏振。荧光偏振（fluorescence polarization）技术被广泛用于研究分子间的作用，如蛋白质与核酸、抗原与抗体的结合作用等。若样品中有小分子抗原，连接到被荧光探针标记的抗体上后，荧光偏振度下降，从而可用于抗原或抗体的测定。

（4）同步荧光分析

同步荧光分析（synchronous fluorescent analysis，SF）根据激发和发射单色器在扫描过程中彼此保持的关系，可分为固定波长差、固定能量差和可变波长同步扫描三类。固定波长差法是将激发和发射单色器波长维持一定差值 $\Delta\lambda$［通常选用 $\lambda_{max(ex)}$ 与 $\lambda_{max(em)}$ 之差］，得到同步荧光光谱。荧光物质的浓度与同步荧光光谱中的峰高呈线性关系，可用于定量分析。同步扫描技术具有光谱简单、谱带窄、分辨率高等优点，从而提高了选择性，减少了散射光等的影响。同步荧光分析在油脂分析中的应用最为普遍，主要用于油脂鉴别与掺伪分析。

（5）三维荧光光谱分析法

三维荧光光谱是描述荧光强度同时随激发波长和发射波长变化的关系图谱。其表示方法有两种，一是以发射波长、激发波长、荧光强度各自为轴的三维荧光立体图，二是以发射波长、激发波长为轴的荧光强度等高线图。对于多组分的三维荧光光谱图，通过一次扫描便可检测体系中的全部组分。三维荧光光谱可作为一种很有价值的光谱指纹技术，可用于不同油脂品种和来源的鉴别。

此外，还有低温荧光分析、固体表面荧光分析、动力学荧光分析和前表面荧光分析等多种荧光分析技术。

参考文献

［1］　李克安．分析化学教程．北京：北京大学出版社，2005.
［2］　褚小立．化学计量学方法与分子光谱分析技术．北京：化学工业出版社，2011.
［3］　翁诗甫．傅里叶变换红外光谱分析．第 2 版．北京：化学工业出版社，2010.
［4］　李昌厚．紫外可见分光光度计及其应用．北京：化学工业出版社，2010.
［5］　武彦文，欧阳杰，李冰宁．反式脂肪酸．北京：化学工业出版社，2015.
［6］　Noda I. Two-dimensional infrared spectroscopy. J Am Chem Soc, 1989,111(21):8116-8118.
［7］　Noda I. Generalized two-dimensional correlation method applicable to infrared, Raman, and other types of spectroscopy. Appl Spectrosc, 1993,47(9):1329-1336.

［8］ 柯以侃,董慧茹.分析化学手册:分子光谱分析.第3版.北京:化学工业出版社,2016.

［9］ 陆婉珍.近红外光谱仪器.北京:化学工业出版社,2010.

［10］ 朱明华,胡坪.仪器分析.北京:高等教育出版社,2008.

第3章

化学计量学方法

3.1 化学计量学及其研究内容

3.1.1 化学计量学

化学计量学是利用数学、统计学和计算机等方法和手段对化学测量数据进行处理和解析，以最大限度地获取有关物质的成分、结构及其他相关信息。1971年，化学计量学由瑞典 Umea 大学的化学家 S. Wold 首先提出。1974 年，美国华盛顿大学的 B. R. Kowaski 与 S. Wold 共同倡议成立了国际化学计量学学会，标志着化学计量学学科产生。化学计量学是现代分析仪器与计算机技术快速发展的必然产物。各种光谱、色谱、质谱等现代分析仪器产生了海量的分析数据，而计算机的快速发展赋予其运用多种数学方法处理大量数据，提取和解析其中有效信息的能力。20 世纪八九十年代，化学计量学发展迅速，各种新算法的基础和应用研究进步飞速，成为化学与分析化学的发展前沿。同时，化学计量学的兴起有力地推动了分析化学的发展，为分析化学工作者优化实验设计和量测方法、科学处理和解析数据并从中提取有用信息，开拓了新的思路，提供了新的工具。特别地，化学计量学极大地推动了分子光谱的发展，它最为显著的贡献就是唤醒了近红外光谱技术这个沉睡的分析"巨人"，使得近红外分析技术在石油、化工、制药、农业、食品、材料等领域获得广泛应用。同时，化学计量学还在紫外-可见光谱、红外光谱、拉曼光谱、荧光光谱等方面得到大量应用，成为复杂混合体系光谱辨析和多组分同时测定的一种常用数据处理方法[1,2]。

3.1.2 化学计量学的研究内容

化学计量学是化学量测的基础理论和方法学，它运用数学、统计学、计算机科学以及其他相关学科的理论和方法，优化化学量测过程，并从化学量测数据中最大限度地获取有用的化学信息。因此，化学计量学的研究和发展主要表现在两个方面：一是发展解析化学数据的理论和方法；二是研究化学计量学方法在各个化学学科中的应用。化学计量学涵盖了化学量测的全过程，包括采样理论与方法、实验设计与化学化工过程的优化控制、化学信号处理、分析信号的多元校正与分辨、化学模式识别、化学过程和化学量测过程的计算机模拟、化学定量构效关系、化学数据库与化学专家系统等（图 3-1），是一门内涵相当丰富、实用性很强的化学分支学科[1,2]。

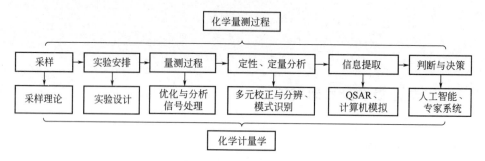

图 3-1　化学计量学研究内容与化学量测过程的对应关系

3.2　分子光谱结合化学计量学的分析方法

通常，应用分子光谱结合化学计量学方法可以进行油料油脂的定性判别与定量分析，其分析方法的一般流程是：收集一组有代表性的样品，分别测定和扫描它们的参考数据和分子光谱图，剔除异常样本后，将样本分为校正集和验证集两类；然后根据校正集样本的谱图和参考数据建立（定量）校正模型或（定性）判别模型；通过验证集样本对模型进行验证和评价，根据评价参数优化模型，直至最终建立稳健、可靠的分析模型。模型应用时，只需扫描未知样品的光谱图即可得到相应的检测数据或判别结果（图 3-2）。常用于分子光谱分析的化学计量学方法有样本选择、异常样本剔除、光谱预处理、谱图范围选择、定性模式识别和定量多元校正模型的建立与评价方法以及模型传递等方法，其核心是模式识别和多元校正方法。

3.2.1　样本收集

样本收集是分子光谱结合化学计量学建立定性定量模型的第一步。首先需要根据定性定量模型确定收集的样本范围。在样本收集过程中还要考虑样本的各种影响因素，如样本的种类、表面、理化性质、形状、大小、颜色等。由于油料油

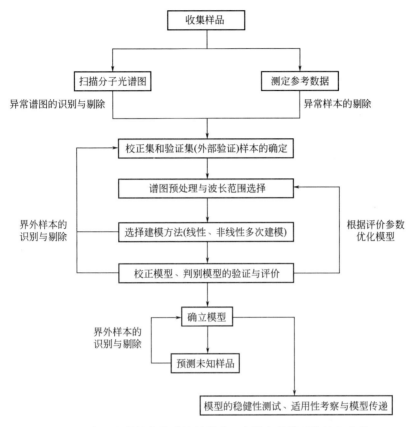

图 3-2　分子光谱结合化学计量学建立定性定量模型的基本流程

脂样本大多来自植物，还需要了解油料的生长环境、气候条件、品种和产地、收获季节，甚至采收和运输方式以及油脂的加工工艺过程等。

此外，收集样本时还应注意样本的存放方式，需保证在测量样本基础数据和对应的光谱图时，该样本组成未发生任何变化。同时，收集样本时要注意记录相关信息，以便后续异常样本的剔除。由于一般建立模型需要大量的代表性样本，因此收集样本时要避免有过多重叠信息，需要挑选出部分样本以代表样本的全部信息，即样本的选择，此部分的详细介绍请参见 3.3 节。

3.2.2　光谱测定

分子光谱图的质量是影响定性定量模型预测能力的重要因素，因此，选择合适的光谱采集方式和测量条件非常重要。合适的采集方式与测量条件应当满足以下要求：①光谱的重复性和再现性好；②测量简便、快速；③光谱的信噪比高；④样本的信息完整。

根据光谱技术和测量对象的不同，光谱的采集方式可以选择透射、反射、全反射、漫反射和漫透射等。由于同一种光谱采集方式可以有不同的测量方式和条件，因此需要注意事先优化测量条件，并做到所有样本的测定统一、规范。例如中红外光谱的衰减全反射扫描方式，有单点扫描和水平的多点扫描以及温度控制与否等几种方式（附件），测定时应先优化测量条件，确定最佳测量条件，包括采集附件、测量温度、光程、光谱仪的分辨率、光谱的累加次数、光谱波长范围以及样本的前处理方法等，使得所有样本的测量条件完全一致，保证获得高质量的光谱图。此外，为了得到一致性测量的光谱图，光谱的规范化采集也十分重要。同一个模型中所有样本的光谱测量条件应尽可能保持一致，包括样本的温度、含水量（油料）、环境条件、样本的均匀性、装样方式（如单个油籽的朝向、固体籽粒的紧实度、盛装油脂的比色皿方向和厚度等）等，这些均应做到规范化操作。

3.2.3　参考数据的获得

参考数据又称基础数据或标准值，是通过经典方法或标准方法获得的有关样本性质或浓度的直接数据。由于参考数据是模型预测能力的基础，因此参考数据的准确性至关重要。为了获得准确性高的参考数据，需要按照规范的分析方法和操作规程获得检测数据，尽可能让熟练的实验人员测量样本的参考数据。此外，为了保证样本的参考数据与光谱图的互相对应，尽可能在短时间内完成样本的参数数据和光谱图的测试和收集，以免样本组成发生变化，对模型的准确性造成影响。

3.2.4　模型的建立

通常，建立定性定量模型需要借助化学计量学软件。一般建立定性定量模型的大致顺序和采用的方法如下：

① 分别导入光谱图与对应的参考数据，组成校正数据阵。

② 对光谱图进行必要的谱图预处理，可采用基线校正、求导、标准化方法等。

③ 选择合适的光谱波长范围，可采用相关系数法、连续投影算法等。

④ 应用定性识别方法或定量校正方法建立模型。定性识别方法有主成分分析、聚类分析、K-最邻近法等；定量校正方法有偏最小二乘法、人工神经网络法等。模型建立过程中需要对这些方法及其参数进行反复筛选，筛选的依据是模型交互验证结果和验证集预测结果。

⑤ 异常样本的剔除。异常样本是指交互验证时得到的样本预测值与其实际

值有明显差异。产生异常样本可能是由于样品的参考数据或光谱图测量有误，也可能由于其与校正集的其他样本不属于同一类。

⑥ 模型的重新建立。将异常样本从校正集中剔除后，采用相同的校正方法和参数重新进行模型建立，直至得到满意的定量模型[3]。

3.2.5　模型的验证与评价

建立模型之后，需要用一组验证集样本对模型的准确性、重复性、稳健性和传递性等性能进行验证。验证集样本应具有待测样本的所有性质、成分及其范围，验证集样本的性质或浓度范围要至少覆盖校正集的性质和浓度范围的 95%，且分布是均匀的。此外，验证集样本的数量应足够多以便进行统计检验，通常要求不少于 28 个样本。

① 准确性　应完全按照校正集样本的光谱测量方式收集验证集光谱图，参考数据的收集也应与校正集样本的测量方法完全相同，通常用预测标准偏差（SEP）、相关系数（R）或决定系数（R^2）、绝对偏差等参数来评价模型的准确性。

② 重复性　从验证集中选取 5 个以上样本，这些样本的浓度必须覆盖校正集浓度范围的 95%，且是均匀分布的。对每个样本分别进行至少 6 次连续光谱测量，采集光谱时要重新装样，用建立的模型计算结果，通过平均值、极差和标准偏差来评价模型预测的重复性。

③ 稳健性　稳健性是指模型抵抗外界干扰的能力，如更换了比色皿、光纤探头等测量附件，更换了光源，在不同测量温度或湿度、样品不同物理状态或含水量下的谱图预测效果。一般采用重复性来评价稳健性。如考察油料颗粒的影响时，可采用不同颗粒样本的谱图预测平均值、极差和标准偏差来考察模型的稳健性。

④ 传递性　模型的传递性主要由仪器系统的硬件差异决定，实际上是考察光谱仪器及其关键部件的可更换性。通常采用考察重复性的样本评价模型的传递性。如选用多台同一型号的光谱仪，对以上样本分别进行光谱采集，同一台仪器上建立的模型分别对同一样本在不同仪器上测量的光谱进行预测分析，通过平均值、极差和标准偏差来评价传递性。

3.2.6　模型的适用性考察

任何一个模型只能在一个特定范围内适用，通常要求模型预测的未知样品必须在模型的覆盖范围之内，未知样品的性质或组分浓度范围应在校正集样本的性质或组分浓度范围内。判断模型是否适用于未知样本的预测，可以将马氏距离、光谱残差和最邻近距离作为判断依据。以马氏距离为判断依据是指：如果待测样本的马氏距离大于校正集样本的最大马氏距离，则说明待测样本中的一些性质或组分浓度超出了校正集样本的性质或组分浓度范围。光谱残差是指：如果待测样本的光谱残差大于规定的阈值，则说明待测样本中含有校正集样本中没有的性质或组分。最邻近距离是指：如果待测样本与所有校正集样本之间距离的最小值（最邻近距离）大于了规定的阈值，则说明待测样本落入了校正集分布比较稀疏的地方，预测结果的准确性值得怀疑。

3.2.7 预测分析与模型的更新

分子光谱模型建立并经过验证后，就可以对日常样本进行快速、简便的分析测定。测定时应当完全按照校正集样本的光谱测量方法采集谱图，包括背景采集方式、分辨率、样本与环境温度、样本预处理方法和装样方式等。采集谱图时，应先对光谱仪的状态，如光谱能量、波长准确性和吸光度准确性等指标进行测试，确保仪器处于正常工作状态。在对待测样本进行预测前，应对模型的适用性进行判断，如果马氏距离、光谱残差和最邻近距离中的任何一个超出了设定的阈值范围，都说明模型不适用于该样本的预测分析。

模型更新是指建立好的模型并非一劳永逸，实际应用中需要定期对模型进行维护和更新。模型更新是利用定期验证样本的比对数据，集中对模型进行更新，以提高模型的稳健性[3]。

3.3 样本选择方法

利用分子光谱结合化学计量学方法建立模型，首先需要选择足够多且具有代表性的样本，包括采用现行的标准方法测定样本的组成或性质，采集样本的分子光谱图，然后根据样本参考数值的范围（包括最高值、最低值和平均值等）和谱图，选择样本分别组成校正集和验证集。值得注意的是，无论是校正集还是验证集样品均需具有代表性，且要达到一定的数量，因此可以采用同样的方法选取校正集和验证集样本。此外，选取校正集样本前需剔除异常样本，选取样本后可以通过参考数值分布图，检验样本的均匀性和代表性。

3.3.1 样本集应满足的条件

油料油脂是复杂的天然混合物体系，很多情况下不能通过人工配制组成样品集，必须收集实际样本，也只有通过实际样本建立的模型才能获得准确、稳健的预测结果。然而，实际样本往往重复性较高，需要从中选择代表性强的样本建立校正模型，从而提高建模速度，减少模型库的储存空间。更重要的是，当遇到模型外样本时，只需通过较少的样本，即可扩大模型的适用范围，便于模型的更新和维护。同时，由于参与建模的样本需要应用现行标准方法检测为基础（参考）数据，若不进行筛选，样本的分析测试费用巨大。

理想的校正集或验证集样本应满足如下几个条件：

① 样本的组成或性质应涵盖未来待测样本的化学组成或性质；

② 样本的参考数值范围应超过未来待测样本中可能遇到的所有变化范围，其中，验证集样本的参考数值范围应包含于校正集中，即验证集的范围在校正集的最大和最小数值之间；

③ 样本（特别是校正集样本）的参考数值应在整个变化范围内分布均匀；

④ 样本的数量能够满足统计确定光谱变量与浓度（或性质）之间的数学关系。

由于实际样品很难完全满足上述要求，为了避免未知样品出现在模型范围之外导致预测误差，可以通过光谱残差均方根（RMSSR）、马氏距离和异常样本识别等方法，判断未知样品是否落在校正集样品范围之内。如果未知样品的化学组成或性质参数范围落在校正集之外，则其 RMSSR 会大于模型给定的阈值范围；如果未知样品的参考数值范围超过了校正集样品的参考数值范围，则其马氏距离会大于模型给定的阈值。异常样本识别我们放在下一节阐述。

样品数量的选取与分析样品的复杂程度有关，如果分析样品中的指标参数和光谱变量较少，则较少的样品数量即可满足要求，反之则需要较多的样品数。通常，只有建立了模型之后才能了解建模所需的变量数，如了解多元线性回归（MLR）中的光谱变量数，主成分回归（PCR）或偏最小二乘法（PLS）中的主因子数，才能了解建模所需的校正集样品数（一般验证集样品数为校正集的 $1/5 \sim 1/2$）。例如：如果模型需要 $\leqslant 3$ 个变量，则校正集至少需要 24 个样品。如果需要 $\geqslant 3$ 个变量，则应为 $6f$（f 为变量数）个样品。如果建模时使用了均值中心化，则需要 $(6f+1)$ 个样品[2,4]。

3.3.2 Kennard-Stone 方法

前面提到的 RMSSR、马氏距离都是以样本性质为依据进行判断，油脂掺伪分析领域的一些组成和性质也可以通过人工配制的方式获得较为理想的样品集。然而，很多时候，仅仅根据性质分布选择校正样本也不能得到满意的结果，因为某一性质相同的两个样本，其光谱图可能存在较大的差异。目前最常用的 Kennard-Stone（K-S）方法是基于光谱变量进行样本选择的方法。

K-S 方法基于变量之间的欧氏距离。当在特征空间中均匀选取样本时，可以直接采用光谱作为特征变量，也可以将光谱进行主成分分析（PCA）后，选用主成分得分为特征变量选择样本。K-S 方法首先计算两两样本之间的距离，选择距离最大的两个样本，然后分别计算剩余的样本与已选择的两个样本之间的距离。对于每一个剩余样本，先选择其与已选样本之间最短距离的样本，再选择这些最短距离中最长距离所对应的样本作为第三个被选中样本，重复上述步骤，直至所选样本个数等于事先确定的数目为止。

3.3.3　SPXY 方法与其他方法

K-S 方法是基于光谱特征选取样本的，没有考虑性质变量的影响。对于低含量的组分，若光谱特征不显著，采用 K-S 方法可能不会得到满意的校正集样本。SPXY（sample set partitioning based on joint X-Y distances）方法是在 K-S 方法的基础上提出的，其样本的选择策略与 K-S 方法相同，只是在计算样本之间的距离时，除考虑以光谱为特征参数计算样本之间的距离，还考虑了以浓度为特征参数计算样本之间的距离。为了使样本在光谱空间和浓度空间具有相同的权重，分别除以它们各自的最大值进行标准化处理。

采用样本剔除的方法也可以实现样本选择，其基本原理是以光谱，如主成分分析（PCA）的得分变量为特征计算每个样本与邻近样本之间的欧氏距离，并根据样本分布的密集程度确定阈值。还有一类方法是对样本进行缩合，以获取有代表性的样本，这类方法是以光谱为特征进行聚类分析，聚类数即为要选择的校正样本数，从每一类中任选一类作为校正样本，也可把每一类中所有样本的光谱及性质数据进行平均，将其作为一个校正样本。这种方法的优点是通过数据的平均处理，可在一定程度上改善基础数据的准确性[4]。

3.4　界外样本的识别方法

界外样本（outliers）又称异常样本、奇异点或异常点。界外样本对光谱模型影响很大，包括误导光谱变量的选择，使模型参数发生偏离，降低模型的预测准确性和稳健性。界外样本的产生主要包括以下几种情况：①环境引起的光谱异常；②仪器自身不稳定引起的光谱异常；③被测样本本身引起的光谱异常；④基础数据产生的异常样本等。界外样本的识别在光谱分析中主要用于两个方面，一是模型建立过程的界外样本识别，二是预测分析时需要判断待测样本是否为模型的界外样本。

3.4.1　校正集界外样本识别

校正过程中可能出现两类界外样本。

第一类是含有极端组成的样本，常称为高杠杆点样本，这些样本对回归结果造成很大影响。识别方法是通过光谱阵的主成分分析（PCA）与马氏距离（MD）结合的方法（PCA-MD）来检测这类界外样本，剔除马氏距离大于 $3f/n$ 的校正样本，其中 f 为 PCA 所用的主因子数，n 为校正集样本数。

第二类是参考数据与预测值在统计意义上有差异的校正样本。存在这样的界外样本，表明该参考数据可能存在较大误差。识别方法可以通过相应参考方法规定的再现性要求来提出，即剔除交互验证过程的预测值与参考方法测量值之间偏差大于相应参考方法规定的再现性的校正样本。若参考方法没有提供再现性，可根据交互验证得到预测标准偏差（SECV）的 2 倍值作为参考，剔除界外样本。也可以采用 t 检验或 F 检验方法识别、剔除界外样本。

上述方法只能一次识别、剔除一类界外样本（或光谱异常点、参考数据异常点）。蒙特卡罗交互验证法（MCCV）可以同时检测光谱和参考数据及其共同异常点（图 3-3）。该方法的基本思路是基于蒙特卡罗采样，随机将样本集划分为校正集和预测集，用校正集建模，并对没有参与建模的样本进行预测误差的计算，进行几千次这样的随机采样，每个样本点都可得到其预测误差的一个分布。如果界外样本在校正集中，整个模型的质量将受到影响；如果界外样本在预测集中，则仅此样本的预测结果受到影响。由于不同情况对预测结果的影响不同，可以通过样本预测误差的分布判断界外样本的来源。在 MCCV 中，正常样本点的预测误差一般较小，其均值在零附近，大致呈正态分布；参考数据的界外样本的预测误差较大，远离零点；样本光谱的界外样本的预测误差在零附近，但其预测误差的方差分布一般较大[2]。

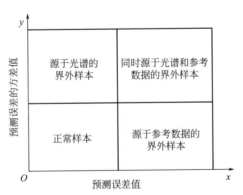

图 3-3 基于样本预测结果的误差与方差情况判别正常样本与
界外样本以及界外样本的来源

3.4.2 验证集界外样本识别

预测过程界外样本的识别主要是用来检验待测样本是否在所建校正模型的覆

盖范围内，以确保对其预测结果的准确性。模型界外样本主要分为以下三类：浓度界外样本、光谱残差界外样本、最邻近距离界外样本[2]。

3.4.2.1 浓度界外样本的识别

浓度界外样本的识别采用 PCA 或 PLS 结合 MD 的方法。对未知样本光谱，通过校正集样本求得光谱载荷，计算其光谱得分，再计算 MD。根据校正过程中确定的 MD 阈值判断界外样本。在图 3-4(a) 中，未知样本的浓度超出了校正样本的浓度范围，则该样本应被识别为 MD 界外样本。

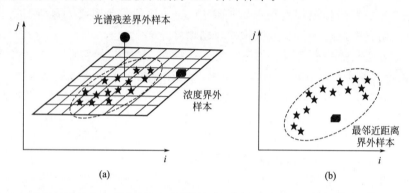

图 3-4　浓度界外样本、光谱残差界外样本（a）和最邻近距离界外样本（b）的示意图

3.4.2.2 光谱残差界外样本的识别

光谱残差用于识别未知样本含有校正样本不存在的组分。通过选定的主因子对校正集光谱阵进行重构，得到重构后的光谱阵，由校正集的光谱残差及光谱的重复性可以确定光谱残差均方根（RMSSR）阈值。对未知样本光谱，通过 PLS 校正模型的光谱载荷，计算出其 RMSSR，如果该值大于设定的阈值，则说明该样本是 RMSSR 界外样本，即该样本可能含有校正集不存在的组分 [图 3-4(a)]。

对于校正集光谱，首先通过 PLS 校正过程选定最佳主因子数 f，然后以 f 对校正集光谱阵 $\boldsymbol{X}$ 进行重构，得到重构后的光谱阵 $\hat{\boldsymbol{X}}$，则校正集的光谱残差矩阵 $\boldsymbol{R} = \boldsymbol{X} - \hat{\boldsymbol{X}}$。校正集每个样本的 RMSSR 的计算公式是：

$$\mathrm{RMSSR}_i = \sqrt{r_i r_i^{\mathrm{T}} / f} \qquad (3-1)$$

式中，r_i 为校正集光谱残差矩阵 $\boldsymbol{R}$ 中第 i 个样本的光谱残差；RMSSR_i 为校正集第 i 个样本的光谱残差均方根；f 为 PLS 校正过程选择的最佳主因子数。RMSSR 阈值通过光谱的重复性确定。

对于未知样本光谱 x，首先通过 PLS 校正模型的光谱载荷，计算其光谱得分，并进行重构 $\hat{x}$，得到光谱残差 $r = x - \hat{x}$，再计算其 RMSSR 并判断该值是否大于设定的阈值，确定该样本是否为 RMSSR 界外样本。

3.4.2.3　最邻近距离界外样本的识别

对于校正集样本在变量空间中分布不均匀的情况而言，如果有一未知样本的 MD 和 RMSSR 值均小于设定的阈值，但其落入了样本聚集相对较少的校正空间 [图 3-4（b）]。此时需要采用最邻近距离判别该未知样本是否为界外样本，通常采用 PCA-MD 方法计算最邻近距离。具体步骤是：通过主成分得分计算校正集所有样本间的 MD，得到校正集样本之间的最大距离（NND_{max}）。对于未知样本光谱，通过校正样本求得光谱载荷，计算其光谱得分，再计算未知样本与校正集每个样本之间的 MD，并求取最小值。如果此最小值大于 NND_{max}，则说明该样本落入校正样本分布较少的空间，这类样本称为最邻近界外样本。

3.5　光谱预处理方法

光谱除含有样品自身的化学信息外，还包含有其他无关信息和噪声，如样品的状态、光的散射、电噪声和杂散光等，导致了光谱的基线漂移和光谱的不重复。因此，对原始光谱数据进行预处理，消除光谱数据无关信息和噪声是十分重要的。光谱的预处理主要是指光谱噪声的消除、斜坡背景的校正、数据的压缩以及消除其他因素对谱图信息的影响，从而为校正和判别模型的建立和未知样品的准确预测奠定良好基础。常用的谱图预处理方法有基线校正、均值中心化、标准化、归一化、平滑、导数、标准正态变量变换、多元散射校正、傅里叶变换、小波变换等。

3.5.1　基线校正

在光谱技术中，常常遇到光谱基线漂移的情况，基线漂移包括简单的上下漂移和仪器信号的上下漂移而产生的向上或向下倾斜的线，甚至是谱线展宽，这时就要进行基线校正（baseline correction）。最简单的基线校正要求光谱必须有一段零信号区，从而计算光谱在该频率区域的平均信号强度，然后用光谱的各个频率减去该强度，就得到了基线校正光谱。

常用的基线校正方法有简单的去趋势算法，也有较复杂的多项式迭代拟合法、小波变换法等。去趋势算法是按多项式将光谱 x 和波长 λ 拟合出一趋势线 d，然后从 x 中减掉 d 即可。多项式迭代拟合法的原理与去趋势算法相同，区别在于多项式迭代拟合法的基线是拟合迭代完成，其拟合过程中不断比较调整原始光谱数据，并将调整后的光谱与拟合曲线上的点直接进行比较，直到没有新的采样点被替代。多项式迭代拟合法的前提是假设样品基线沿着光谱最低点开始拟合，因此，这个方法适合中红外光谱图的基线校正，但不一定适合近红外光谱。

图 3-5 是近红外光谱的两种基线校正方式的比较。

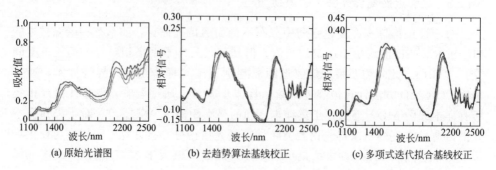

(a) 原始光谱图　　　　(b) 去趋势算法基线校正　　　(c) 多项式迭代拟合基线校正

图 3-5　比较近红外光谱的两种基线校正方式

3.5.2　平滑

平滑是一种常用的消除噪声方法,其应用简单的算法提高光谱信噪比。平滑的基本思路是假设叠加的噪声是均值为零的随机噪声,因此可以通过多次测量的平均值有效降低噪声的影响。常用的平滑方法有移动平均平滑法和 Savitzky-Golay(简称 S-G)卷积(多项式最小二乘)平滑法。

移动平均平滑法选择具有一定宽度的平滑窗口($2u+1$),每个窗口有奇数个波长点,用窗口内中心波长点 k 以及前后 u 点处测量值的平均值 $\overline{x_k}$ 代替波长点的测量值,自左至右依次移动 k,完成对所有点的平滑,即 $x_{k,\text{smooth}}=\overline{x_k}=\dfrac{1}{2u+1}\sum_{i=-u}^{+u}x_{k+i}$。采用移动平均平滑法时,平滑窗口宽度是一个重要参数,窗口宽度过小,平滑效果不明显,窗口宽度过大,光谱信号失真(图 3-6)。一般窗口宽度与光谱峰的半高宽的相对比值应选择在 0.5 附近。

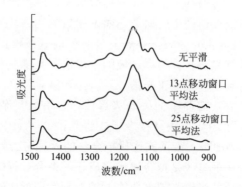

图 3-6　移动平均平滑法不同窗口宽度对平滑效果的影响

S-G 卷积平滑法与移动平均平滑法类似,只是在移动平均平滑法的基础上引入多项式最小二乘拟合，即用多项式拟合值（每个测量值 x_k 均与平滑系数 h_i 相乘）代替原值 x_k，而不是简单采用取平均值的方法，即 $x_{k,\text{smooth}} = \overline{x_k} = 1/\sum\limits_{i=-u}^{+u} h_i \sum\limits_{i=-u}^{+u} x_{k+i} h_i$。因此，S-G 卷积其实是一种加权平均法，更强调中心点的中心作用。S-G 法是目前应用较为广泛的平滑方法，移动窗口的影响明显低于移动平均平滑法的影响（图 3-7）[2]。

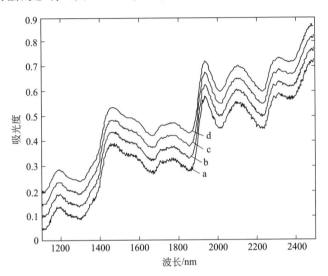

图 3-7　S-G 卷积平滑法不同窗口宽度对平滑效果的影响

a—原始谱图；b—S-G 三次多项式 5 点平滑谱图；c—S-G 三次多项式 11 点平滑谱图；
d—S-G 三次多项式 23 点平滑谱图

3.5.3　求导

求导是消除基线漂移和其他背景干扰，提高光谱分辨率和灵敏度的常用方法，一般用一阶（1st derivative）导数去除同波长无关的漂移，用二阶导数（2nd derivative）去除同波长线性相关的漂移。需要注意的是，导数光谱的信噪比低于原始光谱，且阶次越高的导数光谱信噪比越低。

对光谱求导一般有两种方法，直接差分法和 S-G 卷积求导法。直接差分法（也称 Norris 求导法）是一种最简单的离散波谱求导方法。对于离散光谱 x_k，计算波长 k 处，差分宽度为 g 的一阶导数和二阶导数光谱分别为：$x_{k,\text{1st}} = (x_{k+g} - x_{k-g})/g$ 和 $x_{k,\text{2nd}} = (x_{k+g} - 2x_k + x_{k-g})/g^2$。对于分辨率高、波长采集点多的光谱，直接差分法的导数光谱与实际相差不大，然而稀疏波长采样点导数谱的误差则较大。因此，目前大多数化学计量学软件多采用 S-G 卷积求导法。S-G 卷积求导法通过最小二乘法计算得到与平滑系数相似的导数系数，通过对应的导数系数计算求得导数谱[2]。

前面提到导数光谱可有效地消除基线和其他背景的干扰，分辨重叠峰，但它同时会引入噪声，降低信噪比。使用时要注意选择差分宽度（常称为导数或微分点数）：如果差分宽度太小，噪声会很大，影响所建分析模型的预测能力；如果差分宽度过大，平滑过度，会失去大量的细节信息。实际应用中可以通过差分宽度与交互验证校正标准偏差（RMSEC）或预测标准偏差（RMSEP）作图来选取最佳值，一般认为差分宽度不应超过谱峰半峰宽的 1.5 倍。

3.5.4 均值中心化、标准化与归一化

光谱均值中心化就是指将样品光谱减去校正集的平均值（$x - \bar{x}$）。这种方法将光谱的变动与待测性质或组成的变动相关联，增加了样品光谱之间的差异，从而提高模型的稳健性和预测能力。标准化（又称均值方差化）是将均值中心化处理后的光谱再除以校正集光谱阵的标准偏差光谱 $[(x - \bar{x})/s]$。标准偏差光谱

$$s_k = \sqrt{\sum_{i=1}^{n} (x_{i,k} - \bar{x}_k)/n - 1}$$，其中，n 为校正集样品数，$k = 1, 2, 3, \cdots,$

m，m 为波长点数。该方法给光谱图中所有波长变量以相同的权重，特别适用于低浓度成分的模型建立。归一化法常被用来校正由微小光程差异引起的光谱变化。常用的矢量归一化方法对光谱进行校正，其计算方法是：$x_{\text{normalized}} = \left(x - \right.$

$$\left. \sum_{k=1}^{m} x_k / m \right) \bigg/ \sqrt{\sum_{k=1}^{m} x_k^2} \ 。$$

3.5.5 标准正态变量变换与去趋势算法

在光谱测量中，由于样品的不均匀等引起的散射使谱图基线发生漂移。标准正态变量变换（standard normal variate transformation，SNV）主要用来消除因样品固体颗粒大小、表面散射以及光程变化对近红外光谱漫反射的影响。SNV校正认为每一个光谱中，各波长点的吸光度满足一定的分布（正态分布），其算法与标准化的计算方法相同，差别在于 SNV 处理只针对一条光谱，即基于光谱阵的行，而非光谱阵的列。去趋势算法（detrending）通常与 SNV 结合使用，处理 SNV 处理后的光谱，用来消除漫反射光谱的基线漂移。去趋势算法也可单独使用。

3.5.6 多元散射校正

多元散射校正（multiplicative scatter correction，MSC）广泛用于固体漫反

射和浆状物透（反）射光谱，主要是消除颗粒分布不均匀（即颗粒大小）产生的散射影响，其目的与 SNV 基本相同，处理结果也相似。

　　MSC 通过数学方法将光谱中的散射光信号与化学信息进行分离，并假设散射系数在所有波长处都是一样的。经过 MSC 处理的光谱数据可以有效消除光散射的影响，增强与成分含量相关的光谱信息。然而，由于 MSC 假定散射与波长及样本浓度变化无关，对于化学组成相似或接近的样本，同时它们的光谱与浓度的线性关系较好的情况下，MSC 能够发挥很好的作用。当样本间的成分差异和光谱差异很大时，使用 MSC 处理很难得到比较理想的结果。MSC 算法的属性与标准化相同，也是基于一组样品的光谱阵进行运算的。其算法是：①首先计算校正集样本的平均光谱 $\bar{x}$；②将单个样品光谱 x 与 $\bar{x}$ 进行线性回归 $x = b_0 + \bar{x}b$，用最小二乘法求取 b_0 和 b，其中，b_0 为平移量，b 为相对偏移系数；③进行 MSC 计算，即 $x_{MSC} = (x - b_0)/b$。图 3-8 是大豆的近红外谱图经过 MSC 处理前后的谱图比较。

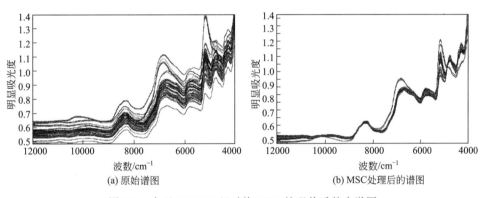

(a) 原始谱图　　　　　　　　　　　　　　(b) MSC 处理后的谱图

图 3-8　大豆 FT-NIR 经过均 MSC 处理前后的光谱图

3.5.7　傅里叶变换与小波变换

　　傅里叶变换（Fourier transform，FT）是一种十分重要的信号处理技术，它能够实现频域函数与时域函数之间的转换。本书的第 2 章在介绍应用迈克逊干涉原理的光谱仪时，同时介绍了通过傅里叶变换可将干涉图转换为光谱。其原理是把光谱分解成许多不同频率的正弦波叠加。通过 FT 变换达到光谱的平滑去噪、数据压缩以及信息提取的目的。通过 FT 还可对原始谱图数据进行导数和卷积等运算来提高分辨率，或者通过 FT 得到傅里叶系数或功率谱，将它们作为特征变量直接参与建立定量校正模型或模式识别模型，可以在不牺牲准确度的前提下，大大缩短运算时间。

　　FT 将信号分解成一系列不同频率的正弦波叠加，正弦波在时间上没有限制，它虽能较好地刻画信号的频率特性，但它在时空域上无任何分辨，不能做局部分析。如果信号中有一个错误产生，就会殃及整个数据的分解结果。小波变换（wavelet transform，WT）的基本思想类似于 FT，就是将信号分解成一系列小波函数的叠加，这些小波函数都是由一个母小波函数经过平移和尺度伸缩得到的。WT 在时域和频域上同时具有良好的局部化性质，它可以对高频成分采用逐渐精细的时域或空间域取代步长，从而可以聚焦到对象的任意细节。因此，WT 被誉为分析信号的"数学显微镜"，在分析化学的信号处理中有着较为广泛的应用，包括平滑去噪、数据压缩、背景扣除、图像处理等[5]。

3.6 光谱波长范围选择方法

应用分子光谱建立分析模型时，必须对波长范围进行筛选，原因是：①光谱仪噪声会导致某些波段下样本的光谱信噪比较低，光谱的质量较差，从而影响模型的稳定性；②某些波段的样本光谱信息与被测组分或性质间不存在线性关系，降低线性模型的预测能力；③分子光谱波长之间存在多重相关性，即波长变量之间存在线性相关的现象，导致光谱信息中存在冗余信息，模型计算复杂，降低预测精度；④有些波长对外界环境因素变化敏感，一旦外界环境因素发生变化，不仅影响预测结果，还会使所测样本成为异常点；⑤波长优选可以减少波长变量的个数，提高测量速度，利于现场快速及过程在线监测。因此，波长筛选可以简化模型，剔除不相关或非线性变量，得到预测能力强、稳健性好的分析模型。目前，常用的波长选择方法主要有相关系数法、方差分析法、无信息变量消除方法（elimination of uninformative variable，UVE）、竞争性自适应权重取样法（competitive adaptive reweighted sampling，CARS）、连续投影算法（successive projections algorithm，SPA）和遗传算法（genetic algorithm，GA）等。

3.6.1 相关系数法和方差分析法

相关系数法（correlation coefficients）是将校正集光谱阵中的每个波长点对应的吸光度向量 x 与待测组分的浓度向量 y 进行相关性计算，得到每个波长变量下的相关系数，将相关系数排序，选择合适的阈值，保留相关系数大于该阈值的波长点建立模型。由于相关系数法是基于线性统计方法建立的，对于非线性相关及校正集样本分布不均匀的情况，通过该方法不能给出最优结果。

方差分析法（variance analysis）是通过对校正集光谱阵下的方差分析，得到波长-标准偏差图，标准偏差越大的波长，说明其光谱变动越显著，与相关系数法相似，可给定一阈值来选择波长区间。由于方差分析法不是针对待测组分优化选取波长，因而较少用于定量模型，多用于定性模型建立过程中的波长选择。

3.6.2　无信息变量消除方法

无信息变量消除方法（UVE）是基于 PLS 回归系数建立的一种波长选取方法，这种方法的基本思想是将回归系数作为波长重要性的衡量指标。该方法将一定变量数目的随机变量矩阵加入光谱矩阵中，然后通过传统的交互验证或蒙特卡罗交互验证胶粒 PLS 模型，通过计算 PLS 回归系数平均值与标准偏差的比值，选取有效光谱信息。UVE 方法在选取波长时集噪声与浓度信息于一体，比较直观实用。

3.6.3　蒙特卡罗方法和竞争性自适应权重取样法

蒙特卡罗采样方法（Monte-Carlo sampling）是通过蒙特卡罗采样或随机采样的方式，从校正集随机抽取一部分样品进行 PLS 模型建立，如此反复进行上百次取样建模，然后按照一定规则选取影响显著的回归系数所对应的波长变量。竞争性自适应权重取样法（CARS）是这类方法的代表。CARS 方法模仿达尔文进化论中的"适者生存"原则，将每个波长看作一个个体，对波长实施逐步淘汰。利用回归系数绝对值大小作为衡量波长重要性的指标，同时，引入了指数衰减函数来控制波长的保留率。每次通过 CARS 筛选出 PLS 模型中回归系数绝对值大的波长点，去掉权重小的波长点，利用交互验证选出模型交互验证均方根误差（RMSECV）值最低的子集，可以有效选择出最优波长组合。

3.6.4　连续投影算法

连续投影算法（SPA）是一种前向循环选择方法，利用向量的投影分析，选取含有最少冗余度和最小共线性的有效波长。该方法从一个波长开始，每次循环都计算它在未选入波长上的投影，将投影向量最大的波长引入到波长组合。每一个新选入的波长，都与前一个线性关系相比最小。

3.6.5　间隔与移动窗口 PLS 法

间隔偏最小二乘法（interval PLS，iPLS）是一种波长区间选择方法，其原理是将整个光谱等分为若干个等宽的子区间，在每个区间上进行 PLS 回归，找出最小的 RMSECV 对应的区间，然后再以该区间为中心单向或双向扩充（或消减）波长变量，得到最佳的波长区间。

协同间隔偏最小二乘法（synergy interval PLS，SiPLS）、正向间隔偏最小二乘法（forward interval PLS，FiPLS）、后向间隔偏最小二乘法（backward interval PLS，BiPLS）是在 iPLS 基础上发展的波长选择方法，其中 SiPLS 是通过不同波长区间个数的任意组合，得到相关系数最大，且预测误差最小的波长区间组合。

移动窗口偏最小二乘法（moving windowsPLS，MWPLS）的基本思想是将一个窗口沿着光谱轴连续移动，每移动一个波长点，采用交互验证方式建立一个模型，得到系列不同窗口（移动波长点）和主因子数对应的残差平方和（PRESS 或 SSR），便可选择出与待测组分相关的高信息量的光谱区间[2]。

3.6.6 随机优化方法与遗传算法

遗传算法（GA）、随机搜索、全局优化算法、模拟退火算法（simulated annealing algorithm，SAA）、蚁群优化算法（ant colony optimizaiton，ACO）等均属于随机优化方法。这些方法在解决现实问题时显示了强大的搜索能力，它们可在合理的时间内逼近问题的最优解。这些算法涉及人工智能、统计热力学、生物进化论和仿生学，大都是以一定的自然现象作为基础构造的算法，所以又被称为智能优化算法。这些方法容易引入启发式逻辑规则，算法原理直观易于编码实现，且能以较大概率找到全局最优解。近年来，这些随机优化方法得到广泛应用。

遗传算法（GA）借鉴生物界自然选择和遗传机制，利用选择、交换和突变等算法的操作，随着不断的遗传迭代，使目标函数值较优的变量被保留，较差的变量被淘汰，最终得到最优结果。GA 主要包括 5 个基本步骤：参数编码、群体的初始化、适应度函数的设计、遗传操作设计、收敛判据及最终变量选取等。GA 根据适应度函数来评价个体的优劣，由于在整个搜索进化过程中，只有适应度函数与所解决的具体问题相联系，因此适应度函数的确定至关重要。对于波长选择，适应度函数可采用交互验证或预测过程中因变量的预测值和实际值的相关系数（R）、RMSECV 和 RMSEP 等作为参数。由于 GA 具有全局最优、易实现等优点，已经成为目前较为常用且有效的一种波长选择方法。GA 还可以与其他波长选择方法结合（如 iPLS），筛选优化出多个波段的组合。

3.7 定性模式识别方法

油料油脂的分析中经常需要知道油料的优劣或质量等级，油脂的真伪和类别等定性问题。化学计量学中的模式识别方法可以解决这些问题，其优点是测试方便、速度快、信息丰富，可用于现场检测。分子光谱应用模式识别方法对不同样本的分子光谱数据，按某些共同的特征进行分类识别，通过样本之间的内在联系，获得决策性的信息。模式识别方法（pattern recogntion）依据学习过程（或称训练过程）可分为无监督（unsupervised method）和有监督（supervised method）两类。无监督方法不需要依据已知类别关系的指导，仅根据样本光谱图差异进行分类，不需训练过程的分类方法，常用的方法有主成分分析、系统聚类分析、K-均值聚类分析和自组织神经网络等。有监督方法是用一组已知类别的样本作为校正集，让计算机向这些已知样本学习，由这个学习过程得到分类模型，从而对未知样本的类别进行预测。常用的方法有线性判别，如线性判别分析、软独立建模分类法、判别偏最小二乘法和支持向量机等。无监督和有监督方法都是基于样本的类别进行定性分析的，即每类别中必须包含多个典型的样本，当有新样本添加到数据库时，需要对识别模型重新进行校正。

3.7.1　无监督模式识别

3.7.1.1　主成分分析

主成分分析（principal component analysis，PCA）是一种古老的多元统计分析技术，其中心目的是降维，将原变量进行转换，使少数几个新变量成为原变量的线性组合。同时，这些变量要尽可能多地表征原变量的数据特征而不丢失信息。经转换得到的新变量是相互正交的，即互不相关，以消除众多信息共存中相互重叠的信息部分。

主成分分析将光谱矩阵 X（$n \times k$）分解为 k 个向量的外积之和，即 $X = t_1 p_1^T + t_2 p_2^T + \cdots + t_k p_k^T$。式中，$t$ 为得分向量；p 为载荷向量，又称为主成分或主因子。各个得分向量之间以及载荷向量之间是正交的，且每个载荷的向量长度为 1，从而可以得出公式 $t_i = X p_i$，说明每个得分向量实际上是矩阵 X 在其对应载荷向量方向上的投影。向量 t_i 的长度反映了矩阵 X 在 p_i 方向上的覆盖程度，反映了样本之间的相互关系，它的长度越大，X 在 p_i 方向上的覆盖程度或变化范围越大。如果将得分向量按其长度做如下排列：$\| t_1 \| > \| t_2 \| > \cdots > \| t_k \|$，则载荷向量 p_i 代表矩阵 X 变化（方差）最大的方向，p_2 与 p_1 垂直并代表 X 变化（方差）第二大的方向，p_k 代表 X 变化（方差）最小方向[2]。

从概率统计观点可知：一个随机变量的方差越大，该随机变量包含的信息越多。当一个变量的方差为零时，该变量为一常数，不含任何信息。当矩阵 X 中的变量间存在一定程度线性相关时，X 的变化将主要体现在最前面几个载荷向量方式上，X 将在最后几个载荷向量上的投影很小，可以认为它们主要是测量噪声引起的。因此，X 矩阵的 PCA 的分解为：$X = t_1 p_1^T + t_2 p_2^T + \cdots + t_f p_f^T + E$。式中，$E$ 为误差矩阵，代表 X 在 p_f 到 p_k 载荷向量方向上的变化。由于误差矩阵 E 主要是测量噪声引起，将 E 忽略掉不会引起数据中所包含的大部分信息的明显损失，而且还会起到消除噪声的作用。在实际应用中，f 往往比 k 小很多，从而达到数据压缩与特征变量提取的目的[2]。

对于主成分分析模型 $X = TP^T + E$，得分矩阵 T 可用于定性分析，如作为计算样本之间马氏距离的特征变量以判断界外样本。实际上，可直接将主成分得分向量用二维或三维作图，通过计算机屏幕图形显示来实现不同样本的分类（图 3-9）。另外，光谱残差矩阵 E 也可用于定性分析，如 SIMCA 方法和光谱残差界外样本的识别等。

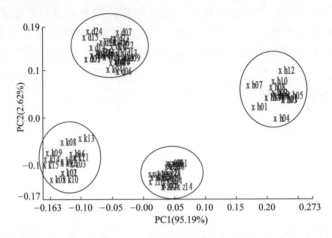

图 3-9 芝麻油、大豆油、花生油和葵花籽油的 PCA 得分图

3.7.1.2 系统聚类分析

在分子光谱定性分析中，聚类分析（cluster analysis，CA）的应用最为广泛。聚类分析的主要思路就是利用同类样本彼此相似，即常说的"物以类聚"，相似样本在多维空间中距离小，而不相似的样本彼此间的距离应较大，聚类就是将相似的样本"聚"在一起达到分类目的的方法。此外，聚类分析也往往与偏最小二乘法（PLS）或人工神经网络（ANN）相结合，即先用聚类分析将校正样本分为几大类，然后对每一类样本建立模型，从而提高模型的预测能力。常用的聚类分析方法有系统聚类分析法、K-均值聚类方法等。值得注意的是，尽管聚类分析属于无监督模式，但实际应用中也需要专业领域的知识介入，否则单纯依靠纯粹的数学聚类算法不能得到满意的分类效果。

聚类分析的重要组件是样品间的距离、类间的距离、并类的方法和聚类数目。其中首先要定义样本间的相似程度，通常采用相似系数和距离定义两个样本间的接近程度。两个样本越接近，它们的相似系数越接近 1 或 -1。距离一般用欧氏距离（Eucidian distance）和马氏距离（Mahalanobis distance）表示，其中，马氏距离考虑了样本的分布，在识别模型界外样本方面有重要作用[3]。

系统聚类分析（hierarchical cluster analysis，HCA）的应用最为广泛，它

采用非迭代分级聚类策略，其基本思想是：先认为每个样本都自成一类，然后规定类与类之间的距离。因为每个样本自成一类，类与类之间的距离是等价的，选择距离最小的一对合并成一个新的类，计算新类与其他类的距离，再将距离最小的两类合并成一类，这样每次减少一类，直至所有的样本都聚为一类为止。根据样本的合并过程，能够得到系统聚类分析的谱系图（图 3-10），它能够详细展现从所有样本自成一类到总体归为一类过程中的所有中间情况，由近及远地反映了所有样本的亲疏关系，再根据一定的原则，如相关领域的知识和经验选取合适的分类阈值确定最终分类结果。

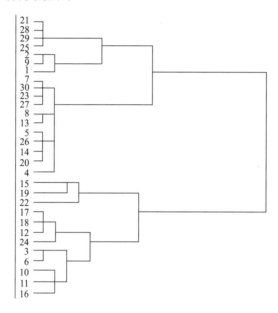

图 3-10　系统聚类分析的谱系图

3.7.1.3　K-均值聚类分析

使用系统聚类法时，一旦某个样本点被划分为某一类之后就不再变化，这要求划分时要非常准确，而且系统聚类法需要计算距离矩阵，处理大样本量时存储开销较大。Mac Queen 等人基于迭代运算在 1967 年提出了动态聚类法，首先给出一个粗糙的初步分类，然后按照某种原则动态修改聚类结果，直到得到合理的分类结果。动态聚类法通常需要事先人为给定类数，或者一些阈值[6]。

K-均值聚类算法的思路清楚、算法简洁、收敛速度快，比较适合于大样本量的情况，因此得到了广泛的应用。但是该方法需要领域专家事先确定聚类数 k，若选定得不合适便会影响最终的分类结果，而且该方法对于初始聚类的中心点较为敏感，有时会由于选择不当而过早地收敛于局部最优解。

针对 K-均值聚类算法的弱点，有许多改进的算法，例如美国标准局提出的迭代自组织 ISODATA 算法就是其中的一个代表算法。ISODATA 算法有 6 个参数，可以控制算法当某个类中元素过多并且过于分散时，就会将此类分解为两类，而当某个类中样本过少时，就会执行和另外一类的合并操作。这样的自组织过程会比较灵活地控制类的数目，较 K-均值算法有更好的适应性和灵活性。然而，该算法的参数较多，使得整个算法难以调优。目前，多采用全局最优化方法（如遗传算法、模拟退火算法、蚁群算法和粒子群算法等）对 K-均值聚类算法进行改进，以得到最优的聚类数和聚类中心。

3.7.1.4 自组织神经网络

自组织神经网络（self-organizing neural network）是一种无教师学习方式，类似人类大脑中生物神经网络的学习，其特点是通过自动寻找样本中的内在规律和本质属性，自组织自适应地改变网络参数与结构。自组织神经网络有多种类型，最典型的是芬兰学者 Kohone 教授 1981 年提出的自组织特征映射（self-organizing feature map，SOM）神经网络。

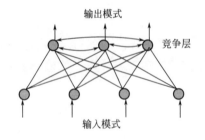

图 3-11 Kohonen 网络结构示意图

图 3-11 是 Kohonen 网络结构示意图，它是一个简单的双层网络结构，具有一个输入层和一个竞争层。输入层负责接受外界信息将输入模式向竞争层传递，再观察作用。竞争层负责对该模式进行"分析比较"，找出规律以正确分类。竞争学习的策略有多种，有模式分类、相似聚类等。自组织网络构成的基本思想是网络的竞争层各神经元竞争对输入模式响应的机会，最后仅有一个神经元成为竞争的"胜者"，这一获胜神经元就代表对输入模式的识别或分类[6]。

3.7.2 有监督模式识别

有监督是模式识别的主要方法，它是基于一定数量类别已知的校正集建立的分类方法，其总体思路是将一组已知类别的样本作为校正集，让计算机"学习"这些已知样本进行分类。常见的监督方法有 K-最邻近法、簇类独立软模式方法和判别偏最小二乘法等。

3.7.2.1 K-最邻近法

根据距离函数的分类方法是判别分类中最简单直观的方法，其核心思想是使用一类的重心来代表这个类，计算样本到各类重心的距离，归入距离最近的类（图 3-12）。常用的距离函数是马氏距离，因为马氏距离既考虑了类的均值，又包含了类内方差的信息，较为充分地利用了校正样本蕴含的信息。

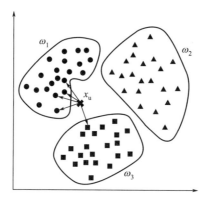

图 3-12　K-最邻近法原理示意图

最邻近判别法是赋予了类中所有样本点都可以代表类的资格，它不是比较样本与各类均值的距离，而且计算该样本和所有样本点之间的距离，只要有距离最近者就归入所属类。最邻近法实际上就是将校正集的全部样本数据存储在计算机中，当有未知样本需要判别时，为了克服最邻近法错判率较高的缺陷，可以采用优化的 K-邻近法（K-nearest neighbor，KNN），该方法不是单单选取一个最邻近样本进行分类，而是选取 k 个邻近样本。实际应用中，KNN 将校正集的全体样本数据储存在计算机内，针对需要判别的未知样本，逐一计算该样本与校正集样本之间的距离，找出其中最近的 k 个邻近样本，然后根据它们的类别，归入比重最大的一类进行判别。

KNN 并不要求校正集的几类样本是线性可分的，也不需要单独的训练过程，新的已知类别的样本加入到校正集中也很容易，而且能够处理多类问题，因此应用较为方便。KNN 的主要问题是 k 值的选取，由于每一类中的样本数量和分布不尽相同，选用不同的 k 值，未知样本的判别结果可能会不同。k 值的选取尚无一定规律可循，只能由具体情况或由经验来确定，通常不宜选取较小的 k 值[3]。

3.7.2.2　簇类独立软模式方法

簇类独立软模式（soft independent modeling of class analogy，SIMCA）方法以主成分分析（PCA）为基础，其基本思路是对校正集中每一类样本的光谱矩阵分别进行主成分分析，建立每一个类的主成分分析数学模型，然后分别将未知样本与各类样本的数学模型拟合，确定其属于哪一类或者不属于哪一类。即 SIMCA 方法分两步，第一步是建立每一类的主成分分析模型，第二步是将未知样本逐一去拟合各类主成分模型进行判别归类。每类模型中的最佳主成分数可以通过交互验证进行确定，每个独立模型可以选取不同的主成分数。因此，不同类的模型可能表现为图 3-13 所示的线、平面、盒或超盒等形状。由于 SIMCA 方法基于主成分光谱残差进行未知样本识别，实际应用中会出现未知样本虽然符合某一类主成分分析模型，但却远离该类的校正集样本，这时候需要通过主成分得分对其进行限定[2]。

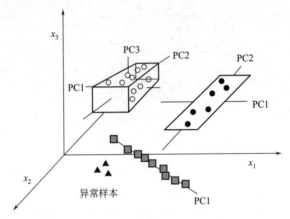

图 3-13　不同主成分数的 SIMCA 模型示意图

3.7.2.3　判别偏最小二乘法

判别偏最小二乘法（discriminant partial least squares，DPLS）是将定量的偏最小二乘法（PLS）用于定性判别。PLS 分为 PLS1 和 PLS2，PLS1 是每次只校正一个组分，PLS2 是对多组分同时校正回归。关于 PLS 的方法原理在本章 3.8 节有详细说明。DPLS 的基本思想是将已知类别的样本的浓度阵分别设为 0、1（PLS1 方法分为两类），或 -1、0、$+1$（PLS1 方法分为三类），或 01、10（PLS2 方法分为两类），或 001、010、100（PLS2 方法分为三类），以此类推，然后再通过定量 PLS 建立模型。

对于未知样本，利用 PLS 模型的预测值可给出其类别。例如，对于两类的 PLS1 模型，若未知样本的 PLS 预测值介于 $-0.5\sim0.5$ 之间属于第一类，若介于 $0.5\sim1.5$ 之间则属于第二类。由于 PLS 方法同时将光谱阵和类别阵进行分解，加强了类别信息在光谱分解时的作用，以提取出与样本类别最相关的光谱信息，即最大化提取不同类别光谱之间的差异，因此 DPLS 方法通常可以得到比 PCA 方法更优的分类或判别结果。

3.7.3　模式识别性能的评价

在对分类结果进行评价时，常用到混淆矩阵（confusion matrix），它给出了样本的预测类别与实际类别的对应关系。对于一个 G 类的分类问题，混淆矩阵是一个 $G \times G$ 的矩阵（表 3-1）。混淆矩阵中的行表示真实的类别，列表示预测的类别。矩阵中的元素 n_{gk} 表示有 n_{gk} 个真实类别为 g 的样本被预测为 k 类，矩阵对角线上的元素代表预测类别正确的样本数，若每个样本的预测类别都是正确的，则混淆矩阵为对角阵[2]。

表 3-1　混淆矩阵

预测的类别 ＼ 实际的类别	1	2	3	⋯	G
1	n_{11}	n_{12}	n_{13}	⋯	n_{1G}
2	n_{21}	n_{22}	n_{23}	⋯	n_{2G}
3	n_{31}	n_{32}	n_{33}	⋯	n_{3G}
⋮	⋮	⋮	⋮		⋮
G	n_{G1}	n_{G2}	n_{G3}	⋯	n_{GG}

通过混淆矩阵可以计算正确分类率 NER、错误分类率 ER 和随机分类率 RER：

$$\text{NER} = \sum_{g=1}^{G} n_{gg}/n$$

式中，n 为校正集或验证集中所有的样本数。

错误分类率 ER 则为：ER＝1－NER

可将错误分类率 ER 与 NOMER 值进行对比，$\text{NOMER} = (n - n_M)/n$。式中，$n_M$ 为校正集中含样本最多一类的样本数；NOMER 为不用判别分析直接将样本归属 M 类的错误率。显然，要求 NER＜NOMER。

RER 表示不用判别分析，随机将样本归属于某类的错误率。

$$\text{RER} = \left\{ \sum_{g=1}^{G} \left[(n - n_g)/n \right] n_g \right\}/n$$

式中，n_g 为校正集 g 类中的样本数。

也可以将分类率 NER 与随机分类率 RER 进行比较。

对于每一类的判别结果，可用以下参数评价：

准确率（sensitivity）或查全率（recall）Sn_g 表示判别模型将 g 类样本正确归属 g 类的能力，$\text{Sn}_g = n_{gg}/n_g$。

命中率（precision）Pr_g 表示判别模型只将 g 类样本归属 g 类的能力，$\text{Pr}_g = n_{gg}/n_g'$，$n_g'$ 表示预测为 g 类的样本数。

否定率（specificity）Sp_g 表示判别模型将非 g 类样本归属为非 g 类的能力，$\text{Sp}_g = \left[\sum_{g=1}^{G} (n_k' - n_{gk}) \right]/(n - n_g)(k \neq g)$。$n_k'$ 表示预测为 k 类的样本数。

表 3-2 为 30 个样本 3 类判别结果的混淆矩阵，表 3-3 是对表 3-2 的判别结果

进行评价得到的统计参数值。对于真、伪两类的识别问题,混淆矩阵可简化为相依表 (contingency table) (表 3-4)[2]。

表 3-2　30 个样本 3 类判别结果的混淆矩阵

预测的类别 ＼ 实际的类别	A	B	C	10
A	9	1	0	12
B	2	8	2	8
C	1	2	5	$n=30$
合计	12	11	7	

表 3-3　对表 3-2 的判别结果进行评价得到的统计参数值

参数	参数值	参数	参数值
NER	0.73	Sp(A)	0.85
ER	0.27	Sp(B)	0.83
NOMER	0.60	Sp(C)	0.91
RER	0.66	Pr(A)	0.75
Sn(A)	0.90	Pr(B)	0.73
Sn(B)	0.67	Pr(C)	0.71
Sn(C)	0.63		

表 3-4　两类判别分析的混淆矩阵 (相依表)

预测的类别 ＼ 实际的类别	真(P)	伪(N)	实际合计
真(P)	TP	FN	TP+FN
伪(N)	FP	TN	FP+TN
预测合计	TP+FP	FN+TN	TP+FP+FN+TN

若真样本被识别为真样本,记为真正类 (true postive,TP);若真样本被识别为伪样本,则记为假正类 (false postive,FP)。若伪样本被识别为伪样本,记为真负类 (true negative,TN);若伪样本被识别为真样本,则记为假负类 (false negative,FN)。上述 NER、ER 参数可按下列公式计算.

$$NER=(TP+TN)/n$$
$$ER=(FP+FN)/n$$
$$Pr=TP/(TP+FP)$$

真正率 (true positive rate,TPR):$TPR=Sn=TP/(TP+FN)$

真负率 (true negative rate,TNR):$TNR=Sp=TN/(FP+TN)$

假正率 (false positive rate,FNR):$FPR=1-TNR$

从上述参数可知,当 $TPR=0$、$FPR=0$ 时,表明所有样本都被预测为负类;当 $TPR=1$、$FPR=1$ 时,所有样本均被预测为正类;当 $TPR=1$、$FPR=0$ 时,所有样本均得到正确分类,以 TPR 为 x 轴、FPR 为 y 轴作图可得到 ROC (receiver operating characteristic) 曲线,通过 ROC 可以评价分类模型的好坏。一个好的分类模型应该尽可能靠近图形的左上角，而一个随机猜测的模型则位于其主对角线上。

也可以用 ϕ 相关系数（phi correlation coefficient）评价两类识别结果的优劣：

$$\phi = (TP \times TN - FP \times FN)/\sqrt{(TP+FN)(TN+FP)(TP+FP)(TN+FN)}$$

当 ϕ 相关系数等于 1 时，说明分类完全正确；当 ϕ 相关系数小于 0 时，说明分类效果不如随机猜测[2]。

3.8 定量校正方法

定量校正方法（也称多元校正方法）就是在物质的理化指标或组分浓度与分子光谱之间建立定量关系的方法。常用的定量校正方法有线性校正方法和非线性校正方法两种，其中线性校正方法有多元线性回归（MLR）、主成分回归（PCR）和偏最小二乘法（PLS）等，非线性校正方法有人工神经网络（ANN）和支持向量机（SVM）等。其中，PLS 和 ANN 的应用较为广泛。

3.8.1 线性校正方法

3.8.1.1 多元线性回归

多元线性回归（multiple linear regression，MLR）方法又称为逆最小二乘法或 P 矩阵法。其公式由朗伯-比尔定律 $\boldsymbol{Y} = \boldsymbol{XB} + \boldsymbol{E}$ 推导得出。式中，$\boldsymbol{Y}$ 为校正集浓度矩阵（$n \times m$，n 个样本，m 个组分）；$\boldsymbol{X}$ 为校正集光谱浓度矩阵（$n \times k$，n 个样本，k 个波长组成）；$\boldsymbol{B}$ 为回归系数矩阵；$\boldsymbol{E}$ 为浓度残差矩阵。

$\boldsymbol{B}$ 的最小二乘解为：$\boldsymbol{B} = (\boldsymbol{X}^T\boldsymbol{X})^{-1}\boldsymbol{X}^T\boldsymbol{Y}$。回归系数 $\boldsymbol{B}$ 的值与自变量 $\boldsymbol{X}$ 阵密切相关，即要考察多重共线性。多重共线性是指线性回归模型中的回归系数由于自变量之间存在高度相关关系而变得不稳定且难于解释，其值难以精确估计。稳健的回归系数要求 $\boldsymbol{X}$ 阵的各变量相互独立。

因此，MLR 要求尽量减少多重共线性，常用的方法是数据降维，包括特征选择和特征提取（特征变换）两种方法。特征选择是从特征集中选择一个特征子集，该子集不改变原始特征空间的性质，只是从原始空间中选择一部分重要特征，组成一个新的低维空间。常用的特征选择方法有逐步回归法、遗传算法、模拟退火算法、连续投影算法等。特征提取是指通过将原始特征空间进行变换，重新生成一个维数更低，各维之间独立的特征空间。特征提取分为线性和非线性，线性特征提取方法有主成分分析法（PCA）、独立成分分析法、投影追踪等，非线性特征提取方法有 Kohonen 匹配和非线性 PCA 网络等。在分子光谱分析中，最常用的特征提取方法是 PCA 法。

3.8.1.2 主成分回归

主成分回归（principal component regression，PCR）方法是采用多元统计中的主成分分析法（principal component analysis，PCA），先对混合光谱矩阵 X 进行分解，然后选择其中的主成分进行多元线性回归分析，其核心是主成分分析。关于主成分分析叙述见 3.7.1.1 节。

用矩阵 X 主成分分析得到的前 f 个得分向量组成矩阵 $T=[t_1, t_2, \cdots, t_f]$，代替原始吸光度变量进行多元线性回归，即得到主成分回归模型：$Y=TB+E$，B 的最小二乘解为 $B=(T^TT)^{-1}T^TY$。对于待测样品的光谱 X，首先由主成分分析得到载荷矩阵，求得分向量 $t=XP$。然后，通过主成分回归模型 B 得到最终的结果 $y=tB$。

PCR 有效克服了 MLR 的多重共线性问题，最大可能地保留了分子光谱的有用信息，同时，通过忽略那些次要主成分，抑制了测量噪声对模型的影响，提高了模型的预测能力。PCR 适用于较复杂的分析体系，特别是在干扰组分未知的情况下，能够较为准确地预测出待测组分的含量。

确定参与回归的最佳主成分数是 PCR 分析的关键。如果选取的主成分太少，就会丢失原始光谱较多的有用信息，拟合不充分；如果选取的主成分太多，会将测量噪声包括进来，出现过拟合现象，从而增大模型的预测误差。因此，需要合理确定参加模型建立的主成分数。

选取的方法大多采用交互验证法（cross validation），最常用的判断依据为预测残差平方和（prediction residual error sum of squares，PRESS）。其方法是：对某一因子数 f，从 n 个样本校正集中选取 m 个作为预测［选取方法通常采用"留一法"（leave one out cross validation，LOOCV），即每次留取一个样本作为预测。当样品数量较多时，也可采用"留五法"或"留十法"］，用余下 $(n-m)$ 个样品建立校正模型，来预测这 m 个样品。然后再从 n 个样本中选取另外 m 个作为预测，重复上述过程，直到这 n 个样本均被预测一次且仅被预测一次。对应因子数的 $\text{PRESS}=\sum_{i=1}^{n}(y_i-\hat{y}_i)^2$，交互验证的标准偏差 $\text{RMSECV}=\sqrt{\text{PRESS}/(n-1)}$，这两个值越小，校正模型的预测能力越好[2]。

最佳主成分数的选取则使用 PRESS 值对主成分数作图获得（PRESS 图）。理想的 PRESS 图随着主成分数增加呈递减趋势，当 PRESS 值达到最低点后开始出现微小上升或波动，说明在该点以后，增加的主成分是与被测组分无关的噪声成分，此时对应 PRESS 图的最低点，即最佳主因子数，如果没有最小值，可以将 PRESS 值大约达到一固定水平的第一个点作为最佳主因子数。

3.8.1.3　偏最小二乘法

上述的 PCR 方法仅对 $Y=XB+E$ 中的光谱矩阵 X 进行了分解，用来消除无用信息。同样地，浓度矩阵 Y 也包含无用信息，也应当被消除或减弱。PLS 方法就是基于这一思想，将光谱矩阵 X 和浓度矩阵 Y 同时进行分解，其模型为：

$$X=TP+E$$
$$Y=UQ+F$$

式中，T 和 U 分别为 X 和 Y 的得分矩阵；P 和 Q 分别为 X 和 Y 的载荷矩阵；E 和 F 分别为 X 和 Y 的 PLS 拟合残差矩阵。PLS 的第二步是将 T 和 U 做线性回归：

$$U=TB$$
$$B=(T^TT)^{-1}T^TY$$

在预测时，首先根据 P 求出位置样品光谱矩阵 $X_{未知}$ 的得分 $T_{未知}$，然后由 $Y_{未知}=T_{未知}BQ$ 得到浓度的预测值。

在实际的 PLS 算法中，PLS 把矩阵分解和回归并为一步，即 X 和 Y 矩阵的分解同时进行，并且将 Y 的信息引入到 X 矩阵分解过程中，在计算每一个新主成分前，将 X 的得分 T 与 Y 的得分 U 进行交换，使得到的 X 主成分直接与 Y 关联。可见，PLS 在计算主成分时，在考虑所计算的主成分方差尽可能最大的同时，还使主成分与浓度最大限度地相关。方差最大是为了尽量多地提取有用信息，与浓度最大限度地相关则是为了尽量利用光谱变量与浓度之间的线性关系。这就克服了 PCR 只对 X 进行分解的缺点。

PLS 又分为 PLS1 和 PLS2，所谓的 PLS1 是每次只校正一个组分，而 PLS2 则可对多组分同时校正回归，PLS2 在对所有组分进行校正时，采用同一套得分矩阵和载荷矩阵，显然这样得到的得分矩阵 T 和载荷矩阵 P 对浓度矩阵 Y 所用浓度向量都不是最优化的。对于复杂体系，会显著降低预测精度[4]。

3.8.2　非线性校正方法

上述的 MLR、PCR 和 PLS 都是基于线性回归的多元校正方法，其前提都是假设分子光谱体系遵循朗伯-比尔定律的线性加和性。然而，实际工作中，有时由于样品含量范围较大，混合体系中各组分的相互作用以及一切噪声、基线漂移等因素，光谱变量与组分浓度或理化性质之间并非呈线性。因此，必须根据分析体系的非线性特征建立非线性的校正模型。常用的方法有人工神经网络、支持向量回归和偏最小二乘法等[2]。

3.8.2.1　人工神经网络

人工神经网络是通过模仿人脑的神经活动建立起来的数学模型，即把信息和计算同时储存在神经单元中，在一定程度上神经网络可以模拟人大脑神经系统的活动过程，具有自学习、自组织、自适应能力、很强的容错能力、分布储存与并行处理信息的功能及高度非线性表达能力，这是其他传统多元校正方法所不具备的。

人工神经网络有多种算法，按学习策略可以粗略地分为有监督式（supervised learning network）和无监督式（unsupervised learning network）两类。有监督式的方法主要是对已知样本进行训练，然后对未知样本进行预测。此类方法的典型代表是误差反向传输人工神经网络（back propagation-artificial neural network，BP-ANN）。无监督式方法，亦称自组织（self-organization）人工神经网络，无须对已知样本进行训练，即可用于样本的聚类和识别。

在上述诸多算法中，BP-ANN 在分子光谱定量模型中应用最为广泛。它是由非线性变换神经单元组成的一种前馈型多层神经网络，一般由输入层、输出层和隐含层 3 个神经元层次组成。数据由输入层输入，经标准化处理，并施以权重传输到第二层，即隐含层，隐含层经过权值、阈值和激励函数运算后，传输到输出层，输出层给出神经网络的预测值，并与期望值进行比较，若存在误差，则从输入开始反向传播该误差，进行权值、阈值调整，使网络输出逐渐与希望输出一致。

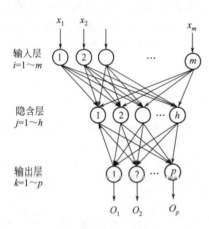

各层的神经元之间形成全互连连接，各层次内的神经元之间没有连接，利用人工神经网络进行计算主要分两步：首先对网络进行训练，即网络的学习过程，再利用训练好的网络对未知样本预测。BP 网络的基本原理是利用最陡坡降法的概念将误差函数予以最小化，误差逆传播把网络输出出现的误差归结为各连接权的"过错"，通过把输出层单元的误差逐层向输入层逆向传播以"分摊"给各层神经元，从而获得各层单元的参考误差，以便调整相应的连接权，直到网络的误差达到最小[6]。典型的 BP 人工神经网络拓扑结构示意图见图 3-14。

图 3-14　典型的 BP 人工神经网络拓扑结构示意图

标准的 BP 学习算法是梯度下降算法，即网络的权值和阈值是网络误差变化的负梯度方向进行调节的，最终使网络误差达到极小值或最小值（该点误差梯度为零）。梯度下降学习算法存在固有的收敛速度慢、易陷于局部最小值等缺点。因此，出现了改进的快速算法，根据改进途径主要分为两大类：一类是采用启发式学习方法，如上面提到的引入动量因子的学习算法、变学习速率的学习算法、

"弹性"学习算法等；另一类是采用更有效的数值优化算法，如共轭梯度学习算法、Quasi-Newton 算法以及 Levenberg-Marquardt（L-M）优化算法等。目前，在光谱定量模型建立中，多选用 L-M 优化算法，该学习算法可以有效抑制网络陷于局部最小，提高了 BP 算法的可靠性。

3.8.2.2　支持向量回归

支持向量回归（support vector regression，SVR）方法是基于支持向量机（support vectormachine，SVM）的校正方法。SVM 最早是针对模式识别提出来的，SVM 能够有效克服 ANN 方法收敛难、解不稳定以及推广性差的缺点，在解决小样本数、非线性和高维数据空间的模式识别问题上显示出特有优势。

SVM 的基本思想来源于线性判别的最优分类面，即要求分类面不但能将两类样本无错误地分开，而且要使分类空隙（或称分类间隔）最大。通过实现最优分类面，提高预测能力，降低分类错误率。传统的模式识别方法实现分类通过降维，而 SVM 正好相反，对于特征空间中不能靠超平面分开的两类样本的非线性问题，SVM 采用映射方法将其映射到更高维的空间，并通过求出最佳区分两类样本点的超平面方程，作为判别未知样本的判据。具体应用 SVM 的步骤为：选择适当的核函数→求解优化方程以获得支持向量及相应的 Lagrange 算子→写出最优分类面判别方程。

SVR 的主要思想是将非线性通过变换转化为某个高维空间的线性问题，并在高维空间中进行线性求解。SVR 也是通过核函数（如多项式核函数、高斯径向基核函数等）代替回归函数中的点积运算，实现非线性回归，特别适合有限样本的校正模型建立。

为了减少训练时间和降低计算的复杂程度并提高预测能力，一些改进的支持向量机算法，如最小二乘支持向量机（LS-SVM）和加权支持向量机（W-SVM）等被提出来。LS-SVM 采用最小二乘线性系统作为损失函数，通过解一组线性方程组代替传统 SVM 采用的较复杂的二次规划方法，降低计算复杂程度，加快了求解速度。

3.8.3　多元校正模型的性能评价

3.8.3.1　评价参数

（1）偏差或残差与极差

偏差或残差是校正集或验证集的预测值（$y_{i,\text{predicted}}$）减去参考方法的测定值（$y_{i,\text{actural}}$）的差值，即 $d_i = y_{i,\text{predicted}} - y_{i,\text{actural}}$，$d$ 值反映模型预测值与实际值的偏离程度。一般要求偏差应小于参考方法规定的重现性。

平均偏差（bias）是校正集或验证集所有样本偏差 d_i 的平均值。

极差 e 为校正集或验证集所有样本偏差中的最大值，即 $e = (d_i)_{max}$。

（2）校正标准偏差

校正标准偏差（standard error of calibration，SEC）有时也称为校正均方根误差（root mean square error of calibration，RMSEC），反映了校正集样品的预测误差的总体偏离量。其计算公式为：

$$RMSEC = \sqrt{\left[\sum_{i=1}^{n}(y_{i,actual} - y_{i,predicted})^2\right]/(n-1)}$$

式中，$y_{i,actual}$ 为校正集中第 i 个样品通过参考方法测得的真实值；$y_{i,predicted}$ 为校正集中第 i 个样品通过模型得到的预测值；n 为校正集的样品数。有的文献中的 RMSEC 考虑了主因子数 f，计算公式改为：

$$RMSEC = \sqrt{\left[\sum_{i=1}^{n}(y_{i,actual} - y_{i,predicted})^2\right]/(n-f-1)}$$

（3）预测标准偏差

预测标准偏差（standard error of prediction，SEP）、验证集（或测试集）均方根误差（root mean square error of prediction，RMSEP）在有些文献中也称反映了验证集样品的预测误差的总体偏离量。其只是针对验证集的样品，即 $RMSEP = \sqrt{\dfrac{\sum_{i=1}^{n}(y_{i,actual} - y_{i,predicted})^2}{m-1}}$。式中，$y_{i,actual}$ 和 $y_{i,predicted}$ 分别为验证集中第 i 个样品的真实值和预测值；m 为验证集的样品数。有的文献中 RMSEP 经过平均偏差修正，计算公式改为：$RMSEP = \sqrt{\dfrac{\sum_{i=1}^{n}(y_{i,actual} - y_{i,predicted} - bias)^2}{m-1}}$。

（4）交叉验证均方根误差

交叉（或交互）验证均方根误差（root mean square error of cross validation，RMSECV）在有些文献中也称交互验证的校正标准偏差（standard error of cross validation，SECV）。其计算公式为：$RMSECV = \sqrt{\dfrac{\sum_{i=1}^{n}(y_{i,actual} - y_{i,predicted})^2}{n-1}}$。式中，$y_{i,actual}$ 和 $y_{i,predicted}$ 分别为校正集交叉验证过程中第 i 个样品的真实值和预测值；n 为校正集的样品数。

（5）相关系数或决定系数

相关系数（R）或决定系数（R^2）反映校正集或验证集预测结果的

准确度，其值越接近 1，预测结果越好。计算公式为：$R = 1 -$

$$\dfrac{\sum\limits_{i=1}^{n}(y_{i,\text{actual}} - y_{i,\text{predicted}})^2}{\sum\limits_{i=1}^{n}(y_{i,\text{actual}} - \bar{y}_{i,\text{actual}})^2}$$。式中，$y_{i,\text{actual}}$ 和 $y_{i,\text{predicted}}$ 分别为校正集或验证集

中第 i 个样品的真实值和预测值；$\bar{y}_{i,\text{actual}}$ 为校正集或验证集所有样品真实值的平均值。

（6）验证集标准偏差与均方根误差的比值

验证集标准偏差与均方根误差的比值（ratio of standard deviation of the validation set to standard error of prediction，RPD），其计算公式为：RPD＝SD/RMSEP。式中，SD 为验证集所有样本通过参考方法测定的真实值的标准偏差。验证集样本的组分含量或性质的范围分布越宽、越均匀，RMSEP 的值越小，RPD 的值则越大。

（7）t 检验

t 检验用来检验光谱方法与参考方法测定值之间有无显著性差别。如果光谱方法与参考方法之间无系统误差，则两种测定结果差值的平均值 $\bar{d}$ 之间无显著性差异，即 $\bar{d}=0$。t 检验的计算公式为：$t = \bar{d}\sqrt{m}/\text{SD}$。式中，SD 为两种分析方法测定结果间的标准偏差；m 为测定样本数。对于一给定的显著性水平 α，若 $|t| < t_{(\alpha,\,m-1)}$，说明校正模型的预测值与参考方法的平均测定值结果之间无显著性差异[2]。

3.8.3.2　模型评价

在分子光谱结合化学计量学建立的分析方法中，需要提供建模的评价参数应包括：校正样本数目、含量或性质的分布范围和标准偏差、参考方法及其重复性和重现性要求、光谱预处理方法及其参数、波长选取方法及波长范围、多元定量校正或定性校正方法、剔除的界外样本数、校正集和验证集的统计参数等。

（1）建立校正模型的样本数量和代表性

建立校正模型的样本要求具有代表性和具备一定的数量。代表性是指样本组成应包含以后待测样品所包含的所有化学组分，其变化范围应大于待测样品对应性质的变化范围，通常变化范围要大于参考测量方法再现性的 5 倍，且在整个变化范围内是均匀分布的。样本数量应当足够多，以能有效提取出光谱与待测组分之间的定量数学关系，对于简单的测量体系，至少需要 60 个样本，对于复杂的测量体系，至少需要上百个样本。

（2）模型建立过程的评价

其主要的评价参数有 RMSEC、RMSECV 和 R^2。RMSEC 越小，则模型回

归得越好。一般 RMSEC 与参考方法规定的重复性相当。通常 RMSECV 大于 DMSEC。

校正结果的决定系数 $R^2 = 1 - \text{RMSEC}^2/\text{SD}^2$。式中，SD 为校正集中样本真实值的标准偏差。$R^2$ 的大小与含量或性质的分布范围相关，相同的 RMSEC，分布范围越宽，R^2 值越大。

（3）模型的验证

模型建立之后需要用验证集对模型的准确性、重复性、稳健性和传递性等性能进行验证。

① 验证集样本要求　验证集由一组完全独立于校正集的样本组成，这些样本应包含待测样品所包含的所有组分或性质等定量指标，且它们的浓度或分布范围至少要覆盖校正集样品的 95%，且分布均匀。此外，验证集样本的样品数量应足够多以便进行统计检验，通常要求不少于 28 个样本。

② 准确度评价　验证集样品的光谱采集与参考方法测定应当与校正集样本完全一致，以保证方法的准确度。准确度的评价主要采用验证集的 RMSEP、R^2、RPD 和 t 检验。其中，RMSEP 越小，结果越准确。根据概率统计，若光谱方法的预测值为 $\hat{y}$，则参考方法测得的真实值落在 $[\hat{y} \pm \text{RMSEP}]$ 范围的概率约为 67% 左右，落在 $[\hat{y} \pm 2 \times \text{RMSEP}]$ 范围的概率为 95% 左右。R^2 的大小与待测指标的分布范围（SD）关系极大。SD 相同的情况下，R^2 越接近 1，准确度越好。然而，对于分布范围很宽的特性，即 SD 值较大，R^2 值即使接近 1，准确性也可能较差。RPD 与 R^2 实际上是同样的评价参数，其关系式为 $\text{RPD} = 1/\sqrt{1 - R^2}$。因此，在待测指标分布范围相同时，RPD 越大，准确性越高。通常认为：若 RPD < 2，表明预测结果是不可接受的；若 RPD > 5，表明模型的预测结果可以接受；若 RPD > 8，表明模型的预测准确性很高。t 检验用来检验光谱方法与参考方法测定值之间是否有显著性差别。如果通过了 t 检验，只能说明光谱方法与参考方法之间不存在系统误差，并不能完全说明其预测结果的准确性。

此外，当参考方法的精密度在整个校正集的分布范围不均匀时，可以通过单个样本验证模型，即考察验证集样本的预测值与实际值之间的绝对偏差是否小于参考方法规定的重现性。如果有 95% 的验证集样本满足这一要求，则通过检验。

③ 重复性评价　从验证集中选取 5 个以上样本，这些样本的浓度必须覆盖校正集浓度范围的 95%，且分布均匀。对每个样本分别进行至少 6 次光谱测量，用建立的校正模型计算结果，通过平均值、极差和标准偏差来评价光谱方法的重复性。通常要求光谱方法测量结果的重复性标准偏差不大于 RMSEP 的 0.33 倍。

④ 稳健性评价　评价模型抵抗外界干扰（如更换仪器配件、温度等环境变化）的性能时，一般通过平均值、极差和标准偏差来评价其稳健性。通常要求光谱方法测量结果的稳健性标准偏差不大于 RMSEP 的 0.5 倍。

⑤ 传递性评价　通常要求同一个样本在不同仪器上测量光谱，用同一个模

型进行预测时，预测结果的标准偏差不大于 RMSEP 的 0.7 倍[3]。

3.9　模型传递方法

在光谱分析应用过程中，常遇到这种情况，在某一光谱仪（称源机，master）上建立的校正模型，用于另一台光谱仪（称目标机，slaves）上使用时，因不同仪器所测的光谱存在一定差异，模型不能给出正确的预测结果。解决这一问题首先是完善仪器硬件加工的标准化，提高加工工艺水平，降低源机和目标机在器件等方面存在的差异，使得同一样品在不同仪器上量测的光谱尽可能一致，即仪器的标准化。尽管如此，光谱仪硬件，尤其是不同品牌仪器之间仍有可能存在差异，这种差异依然会引起模型的不适用性，需要通过数学方法来解决，通常称这种解决方式为模型传递（calibration transfer）。

模型传递是通过数学方法建立源机和目标机所测光谱之间的函数关系，由确定的函数关系对光谱进行转换来实现模型的通用性。光谱的转换有两种模式：一种是将源机的校正集光谱进行转换，再重新建立适合目标机光谱的校正模型；另一种是将目标机的光谱进行转换，直接用源机的模型预测结果。两种模式各有优缺点，需要根据不同的应用场合加以选择。常用的模型传递方法有：光谱差值校正算法（SSC）、Shenk's 算法、直接校正算法（DS）和分段直接校算法（PDS）等[4]。

3.10　化学计量学软件

分子光谱结合化学计量学方法就是将分子光谱仪器硬件与化学计量学软件有机结合，通过化学计量学方法判断、分析分子光谱图，最终达到快速预测未知样品性质或浓度的目的。化学计量学软件是将前述的各种化学计量学方法编制成方便应用的一系列程序，从而为光谱分析工作提供极大便利。

通常，用于分子光谱分析的化学计量学软件主要是用于建立校正模型和预测未知样品。一般的化学计量学软件由样品集编辑、校正模型的建立和未知样品预测三部分组成。其中样品集编辑是将光谱数据和参考数据叠成矩阵，形成样品集文件。该样品集文件用于模型的建立（校正集）或模型验证（验证集）。校正集样品用于建立定量或定性校正模型，验证集样品用于模型预测效果的评价。

样品集编辑的主要功能是将一组样本的光谱与参考数据对应组成矩阵，因此，样品集编辑应能够识别调用常见的光谱文件格式，并可通过多种方式输入参考数据。样品集编辑通常还具有挑选样本的功能，以组成有代表性的校正集和验证集。此外，在该界面可显示样本的光谱图和空间分布图，以判断极其异常的光谱，并可对样本的浓度值进行统计分析等。样品集编辑是一个开放的界面，应能方便地添加和删除样本。

建立校正模型是化学计量学软件的核心功能，包括定性和定量模型两类。这两类都包含谱图预处理、光谱区间选择和模型建立方法，模型建立后还可以通过视图对模型进行初步的评价和筛选。常用的谱图预处理算法有：基线校正、平滑、求导、多元散射校正、标准化、均值化等。光谱区间选择一般是直接在光谱上通过鼠标选择和修改，也可采用相关系数等参数自动选择。定性校正算法有主成分分析、聚类分析、SIMCA 等；定量校正算法有多元线性回归、主成分回归、偏最小二乘法、人工神经网络等。模型建立后的视图分析对判断模型是否成功以及剔除界外点十分重要，常用的方法有 PRESS 图、预测-实际图、光谱残差和性质残差分布图、得分和载荷图等，同时还给出模型的评价参数，如 RMSEC、RMSECV 和 R^2 等，以及校正集中的马氏距离异常点、性质残差异常点和光谱残差异常点等。

模型的外部验证是检验模型是否成功的主要方法之一，有些化学计量学软件提供了方便的模型验证功能，包括 RMSEP、RPD、t 检验等统计参数，实际值与预测值的对比结果，从而方便用户对模型的优劣做出判断和评价。有些软件具有建模参数自动筛选的功能，可以给出较优的参数组合，如光谱预处理方法和参数、PLS 主因子数和光谱区间等。该功能的结果仅供参考使用，最终的模型参数仍需用户根据必要的化学知识确定。

预测分析的主要功能是调用已建模型对未知样本进行预测分析。计算时，首先用保存的预处理参数，对未知样品的光谱数据进行预处理，然后调用模型文件中的校正方法和参数进行计算。如果是定量模型，一般还需要判断未知样品是否在模型覆盖范围之内，如马氏距离、光谱残差和最邻近距离等[2,3]。

目前，几乎所有大型分子光谱仪器厂商都开发了专用的化学计量学光谱分析软件，如 FOSS 公司的 WinISI 软件、Thermo Fisher 公司的 TQ Analyst 软件、Bruker 公司的 OPUS 软件和 Buchi 公司的 NIRCaI 软件等。此外，还出现了一些通用的化学计量学计算软件，如 Camo 公司的 Unscrambler 软件、Eigenvector Research 公司的 PLS_Toolbox 软件、InfoMetrix 公司的 Pirouette 软件、PRS 公司的 Sirius 软件和 Trermo 公司的 GRAMS IQ 软件等。国内也开发出了多套化学计量学软件，如中国农业大学的 Caunir 软件和石油化工科学研究院的 RIPP 软件，中南大学的 ChemoSolv TM 分子光谱化学计量学软件等[7,8]。这些软件采用的核心算法和功能大同小异，但每套软件都有各自的特点，以满足不同用户群的需求。

◆ 参考文献 ◆

[1] 梁逸曾，吴海龙，俞汝勤. 分析化学手册 10 化学计量学. 第 3 版. 北京：化学工业出版社，2016.

［2］　褚小立. 化学计量学方法与分子光谱分析技术. 北京：化学工业出版社，2011.

［3］　褚小立，刘慧颖，燕泽程. 近红外光谱分析技术实用手册. 北京：机械工业出版社，2016.

［4］　陆婉珍. 近红外光谱仪器. 北京：化学工业出版社，2010.

［5］　保罗·戈培林. 化学计量学实用指南. 北京：科学出版社，2012.

［6］　梁逸曾，杜一平. 分析化学计量学. 重庆：重庆大学出版社，2004.

［7］　褚小立，袁洪福. 近红外光谱分析技术发展和应用现状、现代仪器，2011,17(5):1-4.

［8］　褚小立，陆婉珍. 近五年我国近红外光谱分析技术研究与应用进展. 光谱学与光谱分析,2014,34 (10):2595-2605.

应用篇

第4章

近红外光谱分析油料与饼粕

4.1 油料和饼粕的分析检验

　　油料和饼粕的分析检验主要包括物理和化学分析两个方面，通常物理分析简便易行，而化学分析涉及的范围较广，除了粗脂肪、粗蛋白质及氨基酸、碳水化合物、水分、灰分等主要组分之外，还有一些特殊的微量成分与痕量的有害物质等。传统的化学分析方法大多步骤复杂，操作耗时烦琐。因此，分子光谱分析技术的快速、简便、多组分同时测定以及无损测定的优势凸显出来，逐渐替代传统方法。随着分子光谱仪器（包括附件）、计算机技术（包括软件）以及化学计量学算法的快速发展，分子光谱技术在油料和饼粕分析检验方面的应用越来越广泛。

　　总体来看，用于油料和饼粕分析领域的分子光谱主要是近红外光谱技术。实际上，20世纪60年代，Karl Norris提出应用近红外光谱分析谷物之后，世界上第一台商用的近红外光谱仪（美国Diekey-John公司生产）就用于大豆油料中脂肪、蛋白质和水分含量的测定。经过几十年的发展，近红外光谱分析技术已经在粮油检验领域，特别是油料与饼粕的分析领域得到非常普遍的应用。尽管如此，关于油料、饼粕的近红外光谱的应用研究并没有停止，各种研究论文和新型仪器不断涌现。近年来，单个籽粒的近红外光谱分析是国内外植物育种和无损分析的热点。因此，本章在介绍较为成熟的应用方法同时，也引入一些较新的研究实例以飨读者。

　　除近红外光谱之外，其他分子光谱技术在油料和饼粕领域的应用很少。油料或饼粕的中红外与拉曼光谱图干扰严重，无法有效识别利用。紫外-可见和荧光光谱则主要作为传统方法的检测手段，如：在湿法化学分析中，紫外-可见与荧光通过目标物具有的紫外或荧光特征，或者目标物通过呈色反应生成具有紫外或荧光特征的物质进行定量测定；在仪器分析中，紫外-可见和荧光分光光度计是作为检测器与液相色谱柱等分离装置联用，以检测模块的形式用于目标物测定。随着化学计量学方法的广泛应用，近年来也出现了将紫外-可见和荧光谱图与多变量算法相结合，以解决复杂体系的分析问题。但这些方法与解决实际问题相去甚远，在实际的油料和饼粕检验中并不常用。因此，本章摒弃了其他分子光谱的零星内容，重点介绍近红外光谱在油料与饼粕领域的应用研究实例。

4.2　大豆和大豆饼粕的组成分析与判别

大豆是优质的高蛋白植物油料，营养价值很高，富含脂肪、蛋白质、糖类（包括膳食纤维）、矿物质，以及磷脂、维生素 E、甾醇和异黄酮等生理活性物质，联合国粮农组织将大豆划归为油料作物（而非食物来源）。人类除了利用大豆提取食用油之外，还常常用它制作各种豆制品、酿造酱油、生产豆粉和肉制品替代品以及制成婴儿食品等。然而，大豆的吸湿性强，由于大豆种皮脆薄、蛋白质和磷脂含量高，水分容易渗透使大豆吸水体积膨胀，籽粒变软及出现局部发热，从而加速酶和微生物的呼吸作用，不及时处理就会产生结团、霉变、质量变差、含油量减少等问题，影响油脂饼粕质量。因此水分是保证大豆油料质量的重要指标之一。同时，大豆易氧化变质，大豆油中富含亚油酸（20%～60%）、α-亚麻酸等不饱和脂肪酸，稳定性差，易氧化走油，酸败产生哈味，从而使质量发生劣变。因此，脂肪和脂肪酸组成是判断油料品质的重要指标。

大豆饼粕是大豆油料经过压榨、浸出后得到的，分为食用饼粕、饲用饼粕和非食用饼粕等，其中食用饼粕用于加工大豆粉、大豆蛋白、蛋白肽、蛋白胨和豆制品等。大豆饼粕中的蛋白含量高达 45%～50%，是鸡、猪、牛、鱼类的优质蛋白饲料。此外，大豆饼粕还可以加工成大豆蛋白膜、大豆蛋白纤维等材料。饲用大豆饼粕是大豆油脂生产企业最重要的副产品，其蛋白质和氨基酸组成也是评价大豆饼粕营养价值的重要指标。

近红外光谱技术主要用于分析大豆和豆粕中的脂肪、蛋白质、碳水化合物、水分和灰分等常量组分。早在 1974 年，Hymowitz 等提出采用近红外光谱技术测定大豆中的脂肪含量，结果表明光谱数据与传统的气相色谱（GC）测得的数据有高度相关性[1]。随后，该方法得到了其他学者的进一步证实[2]。1989 年，美国农业部（the United States Department of Agriculture，USDA）的联邦谷物检验局（Federal Grain Inspection Service，FGIS）将近红外光谱技术作为脂肪、蛋白质、水分等相关质量参数的无损检测标准方法。1991 年，美国谷物化学家学会（American Association of Cereal Chemists Society，AACC）制定了应用漫反射近红外光谱测定大豆中的脂肪、蛋白质和水分的分析标准（AACC 39-20）[3]和漫反射近红外测定整粒大豆的脂肪、蛋白质和水分的分析标准（AACC 39-21）[4]。在此基础上，越来越多的学者应用近红外光谱技术对大豆原料进行了分析。

我国也从 20 世纪 80 年代末开始了粮油检验的近红外光谱方法研究，制定了粮油检测和油籽、油料中近红外分析定标模型验证、维护通则（GB/T 24895—2010）[5]，大豆中蛋白质、脂肪含量的测定标准（GB/T 24870—2010）[6] 和饲料中水分、粗蛋白质、粗纤维、粗脂肪、赖氨酸、蛋氨酸快速测定近红外光谱法（GB/T 18868—2002）[7] 等一系列标准。

随着近红外光谱分析技术的不断发展，它的应用在大豆与豆粕分析领域不断拓展，不仅普遍用于脂肪、蛋白质、碳水化合物、水分等常规组分的分析，而且能够实现大豆分级和豆粕质量监测，同时还用于脂肪酸和氨基酸组成的分析。脂肪酸分析包括硬脂酸、棕榈酸等饱和脂肪酸，油酸、亚油酸和亚麻酸等不饱和脂肪酸的分析，其中油酸的近红外应用研究最多，其分析结果已经用于大豆品种的选育。

采用近红外光谱分析大豆与豆粕中的氨基酸组成也是国内外应用研究的热点。豆粕作为动物饲料，其氨基酸的组成及含量是评价饲料营养价值的主要指标。我国山东省的新希望六和股份有限公司为了提高检测效率，利用近红外光谱建立了小麦、玉米、豆粕、玉米酒糟和鱼粉 5 种大宗饲料原料的 18 种氨基酸的方法模型，将分析时间从 30h 减少到 5min，有效提高了分析效率，该成果于 2014 年通过鉴定。此外，近红外光谱还可以应用在糖类、膳食纤维的含量分析中。在定性分析方面，近红外光谱的研究主要集中在转基因大豆、病菌感染大豆和是否添加非法添加物的分析判别上。

4.2.1 脂肪、蛋白质、碳水化合物、水分和灰分的含量分析

实例 1 NIR 反射光谱预测大豆中蛋白质和脂肪的含量[1]

背景介绍：传统测定大豆脂肪的方法是索氏抽提法或核磁共振法，测定蛋白质含量则常用经典的凯氏定氮法。这些方法或操作烦琐费时，或仪器昂贵。该实例找到近红外光谱与大豆中脂肪和蛋白质含量的相关性，实现了快速测定大豆两种组分的目的。

样品与参考数据：实例中共 90 个大豆样品，其中 60 个用于建立近红外谱峰强度与蛋白质、脂肪含量的相关性，即校正关系。另外 30 个样品用于检验该相关性的合理性。采用核磁共振法测定样品的脂肪含量，采用凯氏定氮法测定蛋白质含量。测定结果为：脂肪含量 8.2%～27.0%（平均值 21.2%），蛋白质含量 24.3%～53.8%（平均值 40.7%）。

光谱仪器与测量：采用滤光片型 Dickey-John 谷物分析仪，测定时将样品粉碎，装入样品杯，刮平表面以漫反射扫描，样品在 1680nm、1940nm、2100nm、2180nm、2230nm、2310nm 6 个波长处有吸收峰。

　　校正模型的建立：以多元回归分析建立上述 6 个谱峰与实际值的对应关系，即校正方程。脂肪与蛋白质校正方程的通式为：组分含量（%）＝K_1(lg1)＋K_2(lg2)＋K_3(lg3)＋K_4(lg4)＋K_5(lg5)＋K_6(lg6)＋K_7。式中，lg1～lg6 为 6 个波长对应的光谱强度；K_1～K_6 为计算得到的部分回归系数；K_7 为截距。

　　模型预测结果：上述方程独立预测验证集 30 个样品，比较预测结果与实际测定数据（表 4-1），说明近红外谱峰可以用于大豆中脂肪和蛋白质含量的预测。

表 4-1　采用近红外方法预测大豆蛋白质与脂肪含量的相关性及其预测结果

成分	样品集	样品量 n	相关系数 r	回归系数 b	回归系数的标准偏差	预测值偏离度	偏离度的标准偏差
脂肪	校正集	60	0.992	1.009	0.016	0.33	0.06
	验证集	30	0.969	0.928	0.046	−0.18	0.04
蛋白质	校正集	60	0.996	1.009	0.012	−0.26	0.09
	验证集	30	0.943	0.963	0.064	0.23	0.08

　　方法评价：尽管该实例的回归方程和检测方法存在很多缺陷和漏洞，但鉴于这是最早发现近红外光谱与油料蛋白质、脂肪含量具有相关性的实例，具有开创性意义。鉴于当时条件，实例未能详细研究样品谱图采集过程中粒度、平整度以及样品杯对谱图和测定结果的影响。此外，实例还提及 NIR 谱峰强度与玉米和燕麦脂肪、蛋白质的相关关系。

　　实例 2　FT-NIR 预测巴西大豆中水分、灰分、脂肪、蛋白质和碳水化合物的含量[8]

　　背景介绍：为了快速、简便地测定巴西大豆的水分、灰分、脂肪、蛋白质和碳水化合物含量，该实例采用 FT-NIR 结合 PLS 建立了 5 种组分的校正模型，并考察了模型预测结果。

　　样品与参考数据：样品来自巴西南部和中部的 100 种大豆，分别取 250g 粉碎，过 28 目筛（0.6mm）。参考数据按照 AOAC 925.09、AOAC 979.09 和 AOAC 923.03 等方法测得水分、蛋白质和灰分含量；以快速方法测得脂肪含量（即以氯仿和甲醇为溶剂提取已经润湿的样品，样品中的脂肪溶于氯仿层，挥去氯仿得到脂肪）；碳水化合物的含量则是用总量减去其他 4 种组分的含量得到（表 4-2）。

表 4-2　校正集与验证集样品的组成与含量

样品集	成分	含量范围/%	平均值/%	标准偏差（SD）
校正集（$n=70$）	水分	8.16～18.10	13.7	2.14
	灰分	4.32～6.14	5.11	0.36
	脂肪	12.55～26.96	21.91	2.20
	蛋白质	31.52～43.48	38.91	2.34

样品集	成分	含量范围/%	平均值/%	标准偏差(SD)
校正集(n=69)	碳水化合物	13.34~26.96	20.51	3.06
验证集(n=30)	水分	10.40~16.57	13.61	1.60
	灰分	4.44~5.69	5.04	0.32
	脂肪	12.93~24.27	21.61	1.94
	蛋白质	34.12~43.46	39.32	2.29
验证集(n=29)	碳水化合物	14.04~27.50	20.02	3.12

光谱仪器与测量：采用 Spectrum100N 测量谱图，波数范围 10000～4000cm^{-1}，分辨率 4cm^{-1}，扫描 64 次。采集方法是取 1g 粉碎样品以漫反射方式获得近红外光谱图。

校正模型的建立：校正模型的建立采用偏最小二乘法（PLS），校正集由 70 个样品组成，其余 30 个组成验证集。校正集和验证集样品中 5 种组分的含量范围及均值见表 4-2。谱图前处理方法包括选择波数范围、标准正态变量变换（SNV）、取导数和识别界外样品等，不同组分对应的谱图前处理方法略有差异（表 4-3），PLS 因子的确定采用留一法交叉验证。

表 4-3　谱图预处理方法

成分	波数/cm^{-1}	二阶导数处理	散射校正	界外样品
水分	10000~3500	S-G 一阶、二次多项式 11 点	SNV	0
灰分	10000~4900	S-G 二阶、三次多项式 51 点	SNV	0
脂肪	10000~4000	—	SNV	0
蛋白质	7500~4900	S-G 二阶、三次多项式 51 点	SNV	0
碳水化合物	7500~4500	S-G 一阶、二次多项式 15 点	SNV	2

注：S-G 即 Savirzky-Golay 卷积求导法。

模型预测结果与评价：FT-NIR 结合 PLS 建立模型的评价参数见表 4-4，由表可见，蛋白质和水分校正模型的预测结果最好，其中蛋白质的 R^2 为 0.81，RMSEP 为 1.61，水分的 R^2 为 0.80，RMSEP 为 1.55%。其他 3 种组分，即灰分、脂肪和碳水化合物的预测结果稍差。实例还给出了模型的预测值与实际值的

表 4-4　FT-NIR 结合 PLS 建立的大豆中多组分校正模型的评价参数

参数	隐含变量数	R^2	RMSEC/%	RMSECV/%	RMSEP/%	Bias	RPD
水分	5	0.80	0.28	2.30	1.55	−0.049	1.38
灰分	5	0.63	0.07	0.40	0.38	−0.080	0.95
脂肪	6	0.71	1.13	1.51	1.20	−0.023	1.83
蛋白质	6	0.81	0.58	1.14	1.61	−0.020	1.45
碳水化合物	8	0.50	1.11	1.62	3.71	−0.196	0.83

注：R^2 为决定系数；RMSEC 为校正集均方根误差；RMSECV 为交叉验证均方根误差；RMSEP 为验证集均方根误差；Bias 为平均偏差；RPD 为验证集标准偏差与均方根误差的比值。

对应关系图（未显示）。实例根据模型评价参数和预测效果，得出模型能够达到水分、灰分、脂肪、蛋白质 4 种组分的预测目的。

方法评价：从 FT-NIR-PLS 校正模型及其预测情况看，该模型仅对水分和蛋白质的预测结果可靠，对其他组分，特别是灰分和碳水化合物的偏差较大，实际应用还需反复修正。

实例 3 NIR 漫反射光谱结合误差反向传递人工神经网络（BP-ANN）预测豆粕中脂肪、蛋白质和水分[9]

背景介绍：豆粕是大豆油生产企业的重要副产品，是重要的饲料蛋白来源。水分、蛋白质与残留脂肪是衡量豆粕品质的关键指标。该实例采用近红外光谱尝试建立豆粕中水分、蛋白质和脂肪组分的校正模型。

样品与参考数据：豆粕样品共 560 个，分别参照 GB/T 10358—2008、GB/T 6432—1994 和 GB/T 10359 测定样品中的水分、蛋白质和脂肪含量，测定结果见表 4-5。

表 4-5　豆粕中水分、蛋白质和脂肪含量的参考值

成分	数量	含量范围/%	均值/%	标准偏差（SD）
水分	325	10.82～15.19	12.63	0.63
蛋白质	452	41.44～47.55	44.55	1.50
脂肪	295	0.36～1.99	0.85	0.36

光谱仪器与测量：采用 SupNIR-2700 分析仪，波长范围 1000～1800nm，分辨率是 10nm，波长间隔 1nm，波长准确性小于 0.2nm。将每份豆粕样品经粉碎机粉碎后，置于分析仪旋转样品台上进行近红外谱图采集。为保证样品分析结果更好的一致性，将样品的受光表面刮平。

校正模型的建立：随机选取样品的 80% 组成校正集，其余 20% 组成验证集。校正集谱图经均值中心化、SNV、S-G 求导和平滑等谱图处理方法，以 BP-ANN 建立校正模型。

水分的模型参数：输入层节点数为 12，隐含层节点数为 4，隐含层和输出层传递函数为线性函数 purelin。

粗蛋白的模型参数：输入层节点数为 16，隐含层节点数为 4，隐含层传递函数为非线性函数 logsigmod，输出层传递函数为线性函数 purelin。

残留脂肪的模型参数：输入层节点数为 16，隐含层节点数为 4，隐含层和输出层传递函数为线性函数 purelin。

输入层到隐含层及隐含层到输出层的初始权重均为 -0.5～0.5 之间的随机数，动量项为 0.9，学习速率取 0.1，训练最大步数 2500，网络训练 100 步左右即可达到预先设定的学习误差 0.1。

模型预测结果：NIR 结合 BP-ANN 建立的校正模型的评价参数见表 4-6，同

时列出了 NIR 结合 PLS 模型的评价参数。由表可知，非线性校正方法 BP-ANN 的建模效果优于线性的 PLS。此外，实例还给出模型对蛋白质的预测值与实际值的相关图（未显示）。

表 4-6　NIR 分别结合 BP-ANN 与 PLS 建模的评价参数

成分	建模方法	R^2	SEC	SEP	RPD
水分	BP-ANN	0.982	0.123	0.130	4.815
	PLS	0.975	0.139	0.166	3.771
蛋白质	BP-ANN	0.989	0.219	0.246	6.081
	PLS	0.987	0.235	0.274	5.460
脂肪	BP-ANN	0.994	0.037	0.039	9.179
	PLS	0.992	0.044	0.049	7.306

方法评价：该实例采用光栅型 NIR 仪器结合 BP-ANN 建立豆粕的水分、蛋白质和脂肪的定量模型，模型的 RPD 值说明模型对脂肪的预测效果最佳。然而，通常近红外方法对于含量高组分的预测能力较强，对含量低组分的预测效果较差，该实例与常规认识相反，实际应用中需要注意甄别。

实例 4　近红外过程分析豆粕中的蛋白质、水分、粗脂肪和粗纤维组成[10]

背景介绍：过程分析技术（PAT）是通过对原材料和处于加工过程中材料的关键品质进行及时检测来设计、分析和控制生产加工过程，以确保最终产品质量。

传统的豆粕质量控制过程包括：生产现场取样→实验室分析→检测数据反馈→车间调整工艺，这个过程检测周期长，反馈速度慢，耗费人力和检测成本。当发现指标不合格时，已经产生了大量不合格产品。近红外光谱分析和 PAT 技术结合的在线近红外分析仪在豆粕工业中的应用是通过在线近红外分析仪与可编程逻辑控制器（PLC）控制系统对接，实现对过程变异实时预警和自动控制，达到生产监控、减小质量波动的目的。该实例是一条豆粕生产线上的在线近红外分析仪的应用与预测情况。

样品与参考数据：豆粕中的蛋白质、水分、粗脂肪、粗纤维分别采用国家标准方法 GB/T 6432—1994、GB/T 6435—2014、GB/T 6433—2006、GB/T 6434—2006 测定。

光谱仪器与测量：ProFoss 在线近红外快速分析仪（阵列二极管检测器）波长范围 1100～1650nm，扫描频次 20 次/min。当豆粕流过仪器检测窗口时，豆粕中的水分、蛋白质、粗脂肪、粗纤维组分被自动检测，并输出给显示器和 PLC 控制系统。PLC 控制系统设定了产品质量的允许范围，超出范围可发出声光报警信号，检测数据实时传输至服务器，可长期存储。光谱仪的安装位置见图 4-1。其中位置一在原料清选前，用于预处理工段生产参数的监测与调整；位置二在豆粕出蒸脱机、添加豆皮后、入仓前，用于监测和调整豆皮的添加量；位置三在豆皮出仓后、计量打包前，用于控制包装豆粕的产品质量。

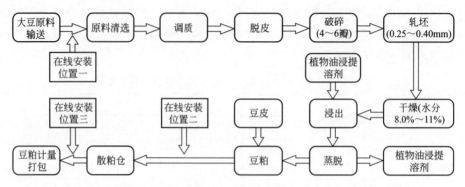

图 4-1　豆粕的生产工艺流程图与在线近红外快速分析仪的安装位置

校正模型的建立：采用化学计量学软件 ISICAL 进行数据处理，以 PLS 方法分别建立水分、蛋白质、粗脂肪和粗纤维的校正模型。

模型预测结果：在线近红外分析仪的测定值与实际值的对应关系图见图 4-2。

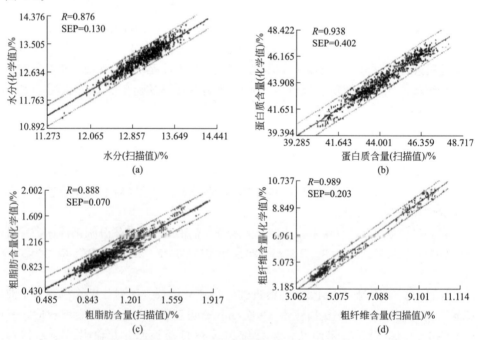

图 4-2　在线近红外分析仪显示的数据与实验室数据的相关性

方法评价：该实例给出的在线仪器的预测结果与实验室分析数据具有一致性。实例中除了上述预测结果与实际值的相关性比较之外，还比较了 30 个样品的预测值与实际值的偏差情况。结果表明：豆粕中水分、粗脂肪、蛋白质和粗纤维的 SEP 值分别为 0.12、0.06、0.30 和 0.29，均低于 GB/T 18868—2002 规定的 0.35、0.30、0.50 和 0.30，说明结果满足分析要求。

4.2.2 脂肪酸组成分析

大豆中的油脂成分为甘油三酯，甘油三酯是由 1 个甘油分子与 3 个脂肪酸组成的（见图 1-6）。3 个脂肪酸分子可以相同也可以不同，甚至缺失。由于脂肪酸的碳链都比较长，其分子量占到整个甘油三酯分子量的 90% 以上，因而脂肪酸的组成对于油脂性质的影响非常大。大豆油脂中的脂肪酸主要有 5 类，即硬脂酸（stearic acid）、软脂酸（也称棕榈酸，palmitic acid）、油酸（oleic acid）、亚油酸（linoleic acid）和亚麻酸（linolenic acid）。其中，硬脂酸和软脂酸为饱和脂肪酸，油酸、亚油酸和亚麻酸为不饱和脂肪酸，分别含有 1 个、2 个和 3 个不饱和双键。大豆油脂的脂肪酸含量见表 1-2。由于油酸分子中只有 1 个不饱和双键，它对于提高油脂的营养价值，特别是氧化稳定性具有重要作用。因此，高油酸大豆成为大豆育种的研究热点。

传统的大豆中脂肪酸组成的分析方法是气相色谱法（GC），其分析步骤包括提取油脂、脂肪酸甲酯化和 GC 分析测定 3 步。提取油脂通常采用索氏抽提法，时间大约为 4~6h，GC 分析测定时间大约为 30min。整个分析过程步骤烦琐、费时，因此，如果能够利用近红外光谱技术实现大豆中脂肪酸的快速测定，将大大提高分析检验的效率。本节选取 4 个实例阐述近红外光谱在脂肪酸组成分析中应用研究的情况。

实例 5 NIR 快速测定大豆中的脂肪酸组成[11]

背景介绍：NIR 快速测定对于替代传统方法非常有吸引力，该实例应用 NIR 测定大豆的脂肪酸组成。

样品与参考数据：该实例总共用到 259 个大豆样品，分别研磨粉碎过筛（1.0mm）。脂肪酸含量的获得通过索氏抽提法提取样品脂肪，然后经过甲酯化后注入 GC 测定（表 4-7）。

表 4-7 校正集与验证集样品的脂肪酸组成与含量（以提取脂肪计）

样品集	脂肪酸	含量范围/%	平均值/%	标准偏差(SD)
校正集(n=194)	棕榈酸	8.85~14.14	11.27	0.88
	硬脂酸	2.24~4.73	3.18	0.48
	油酸	15.08~48.15	26.19	6.77
	亚油酸	30.47~60.22	51.69	5.54
	亚麻酸	4.43~10.72	7.65	1.28
验证集(n=65)	棕榈酸	9.04~13.09	11.46	0.89
	硬脂酸	2.28~4.79	3.43	0.50
	油酸	15.10~40.20	24.86	5.83
	亚油酸	40.71~60.20	52.70	4.57
	亚麻酸	5.46~9.61	7.55	1.06

光谱仪器与测量：NIR system model 6500，波长范围 400～2500nm（间隔 2nm），采用反射方式采集。

校正模型的建立：软件为 WinISI。首先除去界外样本（定义最大马氏距离为 3，超过 3 的即被识别为界外样本）。最终确定 194 个样品组成校正集，65 个组成验证集（见表 4-8）。谱图处理方法采用直接差分法求二阶导数、8 点差分宽度、6 点平滑与 1 点二阶平滑（只有棕榈酸采用直接差分法求一阶导数、4 点差分宽度、4 点平滑与 1 点二阶平滑），同时进行标准正态变量变换-去趋势算法（SNV-D）散点校正。校正模型的建立采用四种线性回归方法，即改进的偏最小二乘法（MPLS）、PLS、多元线性回归（MLR）和主成分回归（PCR）。其中，MLR 方法得到的校正模型的 RMSEC 值最低，R^2 值最大（见表 4-8）。

表 4-8　大豆 NIR 谱图预处理与校正模型的建立

脂肪酸	均值/%	谱图处理	校正方法	相关系数(校正集样品数)	RMSEC/%
油酸	25.74			0.974($n=188$)	0.993
亚油酸	51.76			0.967($n=179$)	0.910
亚麻酸	7.48	直接差分法求导+SNV	MLR	0.884($n=184$)	0.375
棕榈酸	11.59			0.541($n=188$)	0.553
硬脂酸	3.38			0.557($n=182$)	0.290

模型预测结果：校正模型的预测结果见表 4-9。评价校正模型的参数包括 RMSEP、R^2、Bias 等。结果表明：油酸的预测结果最好，其次是亚油酸；尽管棕榈酸含量比亚麻酸高，但模型对棕榈酸的预测结果不及亚麻酸；硬脂酸含量最低，预测效果也最差。

表 4-9　校正模型的预测情况

脂肪酸	均值/%	RMSEP/%	R^2	Bias	RSD/%
油酸	24.80	0.992	0.971	0.056	1.00
亚油酸	52.63	1.025	0.950	0.066	0.91
亚麻酸	7.59	0.408	0.851	−0.034	0.41
棕榈酸	11.60	0.591	0.582	−0.142	0.58
硬脂酸	3.40	0.411	0.339	0.031	0.41

方法评价：该方法采用反射 NIR 结合 MLR 建立了大豆脂肪酸组成的校正模型，模型对油酸等不饱和脂肪酸的预测效果较好，但对饱和脂肪酸预测能力较差。

实例 6　近红外光谱预测大豆粉中的脂肪酸组成[12]

背景介绍：尝试采用近红外光谱替代传统 GC 方法对大豆粉中的脂肪酸组成进行预测。

样品与参考数据：从日本各地收集了 31 个品种的大豆样品，粉碎后过筛（1.0mm），密封冷藏保存。脂肪酸测定方法同实例 5。

光谱仪器与测量：采用 InfraAlyzer500 测量，波长范围 1100～2500nm（间隔 2nm）。测量时放置大约 8mg 的大豆粉于内径为 20mm 的样品杯中（见图 4-3)[13]，采用反射方式采集。

图 4-3　改良的谷物测量样品杯

谱图的标准化处理与预测方法：求二阶导数，并对导数谱图进行标准化处理，即将 1600nm 处的光谱值设为 0.0，1724nm 处的光谱值设为 −1.0，对所有谱图进行标准化处理[14]。从图 4-4 可以看到，随着亚油酸浓度的增大（样品1#、2#、3#的亚油酸分别占总脂肪酸的 56.01％、50.07％、44.51％），1708nm 处的谱峰向下"沉降"，而 1724nm 之后的谱图保持不变。因此，将 1708nm 处的谱峰强度与脂肪酸组成进行关联分析，结果见图 4-5。

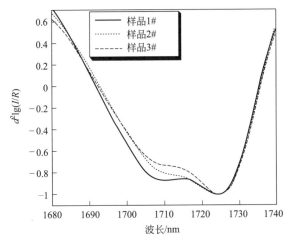

图 4-4　三种脂肪酸组成不同的大豆粉的
NIR 二阶导数谱 （1680～1740nm）

方法评价：与常见方法不同，该方法没有采用化学计量学方法，而是通过 NIR 的二阶导数谱中 1708nm 处的谱峰强度与三种不饱和脂肪酸的浓度建立了对应关系，其相关系数为 0.853～0.947。该方法的两个关键点分别是测量样品杯和二阶导数的标准化处理，这两点将采集方法和谱图本身的干扰消除，从而采用较为简单的方法找到了 NIR 谱图与脂肪酸浓度的关系，具有参考价值。

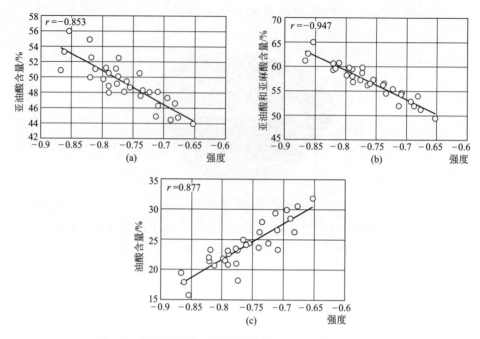

图 4-5　大豆粉 NIR 二阶导数谱中 1708nm 处谱峰强度与

亚油酸（a）、亚油酸和亚麻酸（b）及

油酸（c）含量的相关性

实例 7　NIR 结合线性或非线性校正方法测定大豆中的脂肪酸[15]

背景介绍：大豆育种过程主要考虑脂肪酸组成，特别是油酸含量，因为高油酸含量、低亚油酸含量的大豆保质期较长。因此，需要建立快速方法检测育种大豆中的油酸含量。利用 NIR 建立测定脂肪酸的方法较多，该实例旨在考察和比较 NIR 分别结合线性校正方法 PLS 和非线性校正方法 ANN 以及支持向量机（SVM）建立的校正模型预测脂肪酸含量的可靠性。

样品与参考数据：大约 1400 个大豆样品，分别测定了硬脂酸、棕榈酸、油酸、亚油酸和亚麻酸 5 种脂肪酸的含量。

光谱仪器与测量：采用 Infratec Grain Analyzers 1225、1229 和 1241。按照仪器条件，扫描整个大豆种子的近红外谱图。

校正模型的建立：随机选取 75% 的样品组成校正集，其余 25% 组成验证集。首先去除界外样本，然后取二阶导数谱，考察位于 940nm 和 1020nm 处的峰强，超过（±3）倍标准偏差（SD）的则被认定属于界外样本，应予以去除。校正集的样本情况见表 4-10。谱图经过 S-G 二阶导数（三次多项式 5 点）和归一化处理，校正模型分别以线性校正方法 PLS、非线性校正方法 ANN 和最小二乘支持向量机（LS-SVM）三种方法建立。

表 4-10 校正集样本的组成及其参考数值

脂肪酸	样品数量	浓度范围/%	平均值/%	标准偏差(SD)
饱和脂肪酸总量	721	5.3～37.3	16.4	7.46
棕榈酸	616	2.8～32.3	11.0	6.94
硬脂酸	619	2.0～8.4	4.7	1.34
油酸	771	11.8～51.0	27.7	8.71
亚油酸	758	32.4～6.4	51.4	7.27
亚麻酸	976	1.2～13.3	6.5	3.01

模型预测结果：比较了三个模型的预测效果，计算了 R^2、RMSEP、Bias 和 RPD。图 4-6 是三个模型的 RPD 值，由图可见：饱和脂肪酸、棕榈酸和油酸的 RPD 值大于 2；硬脂酸、亚油酸和亚麻酸的 RPD 值小于 2。

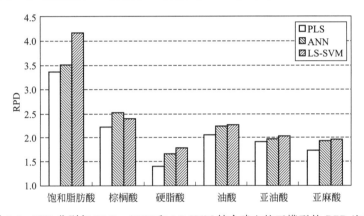

图 4-6　NIR 分别与 PLS、ANN 和 LS-SVM 结合建立校正模型的 RPD 比较

方法评价：通常，校正模型的 RPD 小于 2 时，一般认为不能用于含量预测。因此，该模型可以勉强用于大豆籽粒中饱和脂肪酸、棕榈酸和油酸含量的预测，不能用于硬脂酸、亚油酸和亚麻酸含量的预测。

实例 8　NIR 结合改良 PLS 建立单个大豆籽粒中油酸的测定方法[16]

背景介绍：该实例建立了单个大豆籽粒中油酸含量的 NIR 分析方法。

样品与参考数据：该实例总共 600 个大豆样品，界外样品 45 个。其中，高油酸大豆样品 42 个，界外样品 4 个。单个大豆籽粒中油酸测定采用 GC 分析。600 个大豆中油酸的含量范围是 14.0%～84.1%（均以脂肪计），平均值为 29.4%（SD 12.0%）；42 个高油酸样品中的油酸含量为 50.8%～84.1%，平均值为 73.2%（SD 13.4%）。

光谱仪器与测量：仪器采用 FossXDS-NIR 快速分析仪，波长范围 400～2500nm（间隔 2nm，共 259 个变量），扫描次数是 20 次。测量时将籽粒切片，采用反射方式测量。

校正模型的建立：采用 WinISI 软件建立模型。谱图处理采用均值中心化和

MSC，以改进的偏最小二乘回归方法（MPLS）建立。模型评价参数见表4-11。其中，普通大豆油酸校正模型的RMSEC、R^2、RMSECV分别为3.64、0.91、4.08，高油酸大豆油酸校正模型的RMSEC、R^2、RMSECV分别为1.38、0.99、3.15。

表4-11 校正模型及其预测结果

样品（数量）	界外样品数	油酸含量范围	均值	SD	R^2	RMSEC	RMSECV
全部样品（$n=600$）	45	14.0%～84.1%	29.4%	12.0%	0.91	3.64	4.08
高油酸（>50%）（$n=42$）	4	50.8%～84.1%	73.2%	13.4%	0.99	1.38	3.15

模型预测结果：采用随机样品的GC分析结果与NIR校正模型的预测结果进行比较，结果表明预测结果良好，42个高油酸品种参考值的平均值为79.8%，模型的预测平均值为78.9%。说明该模型可以预测高油酸含量的大豆籽粒。

方法评价：该实例建立了大豆籽粒油酸含量的近红外快速预测方法，可以对高油酸大豆进行无损、快速和简便的测量和品质筛选。

4.2.3 氨基酸组成分析

实例9 NIR结合PLS测定大豆中的18种氨基酸-1[17]

背景介绍：大豆是动物饲料的主要植物蛋白来源，需要有均衡的氨基酸组成。因此，建立大豆中氨基酸的快速检测方法非常有必要。氨基酸组成的测定一般采用氨基酸分析仪，分析仪器的价格昂贵。已有应用NIR快速分析饲料与谷物中氨基酸的先例，并且考察了氨基酸定量模型与样品形态（整粒或粉碎）的关系，但是没有考虑仪器对定量模型的影响。该实例检验不同仪器对氨基酸模型的影响，并考察了氨基酸与蛋白质的相关性。

样品与参考数据：该实例共526个大豆样品，其中147个样品用于建立模型。样品中18种氨基酸和粗蛋白的含量测定分别采用AOAC 982.30 E（a，b，c）Ch.45.3.05和AOCS Ba 4e-93，测定结果见表4-12。

表4-12 大豆样品中18种氨基酸和粗蛋白的含量

氨基酸	浓度范围/%	均值/%	标准偏差/%
丙氨酸（Ala）	1.46～2.13	1.79	0.128
精氨酸（Arg）	2.21～4.44	3.17	0.397
天冬氨酸（Asp）	3.59～6.03	4.79	0.470
半胱氨酸（Cys）	0.52～0.86	0.70	0.063
谷氨酸（Glu）	5.36～10.18	7.66	0.868
甘氨酸（Gly）	1.38～2.15	1.77	0.143
组氨酸（His）	0.91～1.41	1.15	0.096

续表

氨基酸	浓度范围/%	均值/%	标准偏差/%
异亮氨酸(Ile)	1.47～2.36	1.94	0.172
亮氨酸(Leu)	2.47～3.95	3.26	0.274
赖氨酸(Lys)	2.15～3.28	2.69	0.200
甲硫氨酸(Met)	0.48～0.76	0.61	0.048
苯丙氨酸(Phe)	1.54～2.68	2.16	0.207
脯氨酸(Pro)	1.46～2.65	2.04	0.225
丝氨酸(Ser)	1.43～2.58	1.92	0.209
苏氨酸(Thr)	1.29～1.96	1.62	0.117
色氨酸(Trp)	0.32～0.66	0.50	0.064
酪氨酸(Tyr)	1.18～1.83	1.53	0.129
缬氨酸(Val)	1.51～2.54	2.06	0.186
粗蛋白	33.82～54.61	43.16	3.960

光谱仪器与测量：该实例中所用光谱仪器与测量方法见表4-13。

表4-13　实验用5种近红外光谱仪器及其测量参数

仪器参数	Perten(波通)DA7200	FOSS(福斯)1241近红外谷物分析仪	DICKEY-john(帝强)Omeg分析仪	ASDLabSpec Pro	Bruker(布鲁克)Optics/Cognis QTA
光学器件与检测器	铟镓砷光二极光阵列检测器	单色器扫描；硅检测器	单色器扫描；硅检测器	硅和铟镓砷光二极光阵列检测器	FT-NIR、RT-PbS检测器
采集方式	反射	透射	透射	反射	反射
光谱范围	950～1650nm	850～1048nm	730～1100nm	350～2500nm	833～2500nm
光谱分辨率	3.125	7nm	—	3nm,10nm	2～256cm^{-1}
采样间隔	5.0nm	2.0nm	0.5nm	1.4nm、2.0nm	7.7cm^{-1}
数据点	141	100	741	2151	1037

校正模型的建立：谱图预处理方法根据定量模型的评价参数优化确定，包括标准化、导数谱、平滑去噪和多元散射校正等（表4-14）。模型建立方法包括PLS、ANN和SVM。5种仪器建立模型的平均RPD值见图4-7。

表4-14　谱图的预处理方法

近红外光谱仪器	谱图预处理方法
FOSS(福斯)1241近红外谷物分析仪	二阶导数(三次多项式5点)[①]＋标准化
DICKEY-john(帝强)Omeg分析仪	一阶导数(二次多项式17点)＋标准化
Perten(波通)DA7200	二阶导数(三次多项式5点)＋标准化
Bruker(布鲁克)Optics/Cognis QTA	去噪(833～867nm)＋平滑(二次多项式37点;867～1122nm)＋二阶导数(三次多项式25点)＋标准化
ASD LabSpec Pro	去噪(350～440nm)＋MSC＋二阶导数(三次多项式9点)＋标准化

① 括号中的数字为Savitzky-Golay二阶求导的点数和多项式数（如三次多项式5点）。

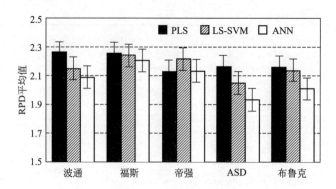

图 4-7　NIR-PLS 预测 18 种氨基酸的分析结果（RPD 平均值）

　　模型预测结果：采用 PLS 和 LS-SVM 建立的定量模型预测 18 种氨基酸的 RPD 平均值大于 2（图 4-7），说明该定量结果基本可以接受，可以用于日常筛查。此外，从图 4-7 的结果来看，采用 PLS 和 LS-SVM 两种方法建立的定量模型的预测准确度都优于 ANN。

　　方法评价：需要注意的是，预测模型对不同氨基酸的预测准确度有差异，如亮氨酸和赖氨酸 R^2 值为 0.91，色氨酸 R^2 值仅为 0.04。根据图 4-7，5 种仪器中福斯仪器的平均 RPD 值较高，预测结果相对较好。但所有结果均未超过 2.3，即意味着 R^2 值小于 0.90，说明模型的预测能力有限，实际应用时需以标准方法检验。

　　实例 10　NIR 结合 PLS 测定大豆中的 18 种氨基酸-2[18]

　　背景介绍：大豆中的氨基酸组成有差异，如赖氨酸、亮氨酸、精氨酸、谷氨酸、天冬氨酸的含量较高，含硫氨基酸的含量较低。氨基酸组成受大豆品种、栽培技术及生态环境的影响较大。考虑到测定氨基酸的方法昂贵且烦琐，应用近红外光谱建立大豆中的氨基酸组成测定方法具有实际意义。

　　样品与参考数据：该实例共 167 个大豆品种，分别粉碎过 60 目筛置于 4℃冰箱备用。氨基酸测定分别采用盐酸、氧化和碱水解试样，采用邻苯二甲醛（OPA）和氯甲酸芴甲酯（FMOC）对氨基酸进行柱前衍生，最后以 HPLC 测定 18 种氨基酸，结果见表 4-15。

表 4-15　大豆样品中 18 种氨基酸的测定结果

氨基酸	浓度范围/（mg/g）	平均值/（mg/g）	标准偏差（SD）
天冬氨酸	31.27～64.34	48.34	0.32
谷氨酸	42.31～95.52	64.97	1.08
丝氨酸	15.67～38.91	25.45	0.39
甘氨酸	3.88～9.62	6.11	0.21
组氨酸	5.11～17.94	9.27	0.16
精氨酸	23.25～89.16	40.91	0.72

续表

氨基酸	浓度范围/(mg/g)	平均值/(mg/g)	标准偏差(SD)
苏氨酸	4.62~22.75	12.93	0.40
丙氨酸	19.88~55.61	29.49	0.34
酪氨酸	17.09~31.54	17.45	0.22
缬氨酸	13.49~43.48	21.57	0.37
苯丙氨酸	10.01~45.74	21.45	0.55
亮氨酸	13.33~41.82	22.62	0.36
异亮氨酸	24.88~74.21	37.15	0.53
赖氨酸	14.77~49.44	28.38	0.51
脯氨酸	19.91~91.70	32.24	0.38
蛋氨酸	31.42~87.44	63.28	0.22
胱氨酸	48.62~96.23	68.92	0.38
色氨酸	4.49~9.38	5.601	0.25

光谱仪器与测量：仪器为 Matrix-Ⅰ 型 FT-NIR。将 30g 大豆粉末盛于直径 50mm 的旋转样品池中，波数范围 12800~4000cm^{-1}，扫描 64 次，分辨率 16cm^{-1}。

校正模型的建立：校正集样品 120 个，验证集样品 47 个。采用谱图预处理方法消除基线干扰，排除界外样品，以 PLS 方法建模，结果见表 4-16。

表 4-16　校正集和验证集的样品情况以及模型的最优预测结果的评价参数

氨基酸	校正集				验证集				
	样品数 (n)	浓度范围 /(mg/g)	R^2	RMSECV	样品数 (n)	浓度范围 /(mg/g)	R^2	RMSEP	RPD
天冬氨酸	129	36.4~57.2	0.85	0.17	32	37.4~57.2	0.91	0.91	0.17
谷氨酸	129	42.3~80.6	0.86	0.26	31	46.2~80.2	0.88	0.88	0.30
丝氨酸	129	15.7~32.2	0.82	0.12	32	17.9~30.8	0.89	0.89	0.12
甘氨酸	201	1.9~9.1	0.89	0.07	40	1.9~9.0	0.90	0.90	0.07
组氨酸	131	7.1~11.2	0.55	0.06	32	7.1~11.2	0.58	0.58	0.07
精氨酸	161	29.2~52.3	0.73	0.26	41	28.2~52.4	0.83	0.83	0.26
苏氨酸	104	7.4~17.1	0.62	0.11	33	7.9~17.0	0.80	0.80	0.11
丙氨酸	131	25.7~34.9	0.71	0.09	32	26.4~34.2	0.72	0.72	0.11
酪氨酸	121	13.7~20.7	0.83	0.06	30	14.4~20.1	0.79	0.79	0.07
缬氨酸	128	17.8~25.1	0.73	0.09	31	18.3~24.9	0.73	0.73	0.10
苯丙氨酸	107	16.6~27.2	0.78	0.11	31	17.3~26.8	0.78	0.78	0.14
亮氨酸	129	19.2~25.4	0.75	0.06	32	19.4~25.3	0.82	0.82	0.07
异亮氨酸	118	31.6~45	0.86	0.11	30	31.6~44.8	0.91	0.91	0.11
赖氨酸	122	18.1~49.4	0.55	0.04	32	27.2~29.5	0.65	0.65	0.04
脯氨酸	157	12.9~46.2	0.35	0.06	32	8.2~20.1	0.50	0.50	1.15
蛋氨酸	120	4.9~8.5	0.56	0.93	40	4.8~8.3	0.60	0.60	0.85
胱氨酸	128	6.1~11.2	0.61	0.26	31	6.6~11.0	0.65	0.65	0.24
色氨酸	131	4.6~9.2	0.81	0.29	33	9.8~19.9	0.85	0.85	0.26
氨基酸总量	128	347.5~508.2	0.82	1.33	31	347.8~488.8	0.86	0.86	1.37

模型预测结果：结果表明，天冬氨酸、谷氨酸、丝氨酸、甘氨酸、酪氨酸、苯丙氨酸、亮氨酸和异亮氨酸8种氨基酸的含量，无论是校正集还是验证集，其校正决定系数都高于0.73。缬氨酸、丙氨酸和苏氨酸的预测模型仅有一定的参考价值。组氨酸、精氨酸、赖氨酸和脯氨酸的预测模型结果并不理想。

方法评价：该方法涉及的样品几乎覆盖了中国所有大豆品种，样品具有代表性，因而模型结果具有一定的可靠性。

4.2.4 膳食纤维与蔗糖分析

实例11 FT-NIR结合重要变量投影（VIP）和PLS测定大豆中的膳食纤维[19]

背景介绍：大豆中含有30%～40%碳水化合物，包括淀粉和膳食纤维，其中膳食纤维涉及纤维素、半纤维素、果胶、β-葡聚糖、树胶和木质素等。膳食纤维的测定方法是湿法化学方法，非常烦琐耗时。为此，该实例建立了巴西大豆中膳食纤维的近红外光谱分析方法。

样品与参考数据：该实例有80个巴西大豆样品，其中60个组成校正集，其余20个组成验证集。取250g样品，粉碎，过28目筛（0.6mm），取1g左右采集NIR谱图。膳食纤维的测定采用AOAC 991.43，样品的膳食纤维含量为10.64%～19.50%（g/100g）。

光谱仪器与测量：FT-NIR（Spectrum 100）配漫反射附件，波数范围10000～4000cm^{-1}，分辨率为4cm^{-1}，扫描64次。大豆中膳食纤维的NIR谱图（图4-8）归属情况见表4-17。

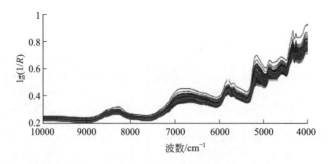

图4-8 大豆的FT-NIR谱图

表4-17 膳食纤维的近红外光谱图的归属情况

波数/cm^{-1}	振动方式(纤维素)	波数/cm^{-1}	振动方式(木质素)
6711(1490nm)	O—H伸缩振动，一级倍频	8547(1170nm)	C—H伸缩振动，二级倍频
5618(1780nm)	C—H伸缩振动，一级倍频	7092(1410nm)	O—H伸缩振动，一级倍频

续表

波数/cm^{-1}	振动方式（纤维素）	波数/cm^{-1}	振动方式（木质素）
5495(1820nm)	O—H 伸缩振动、C—O 伸缩振动，二级倍频	7057(1417nm)	C—H 伸缩振动组合
4283(2335nm)	C—H 伸缩和弯曲振动	7042(1420nm)	O—H 伸缩振动，一级倍频
4261(2347nm)	CH$_2$ 对称振动、=CH$_2$ 弯曲振动	6944(1440nm)	C—H 伸缩振动组合
4252(2352nm)	CH$_2$ 弯曲振动，二级倍频	5935(1685nm)	C—H 伸缩振动，一级倍频
4019(2488nm)	C—H 伸缩振动组合 C—C 伸缩振动		

校正模型建立：谱图预处理采用 S-G 平滑（15 点）、二阶导数。根据谱峰对模型的贡献情况，以重要变量投影（the variable importance for projection，VIP）方法将变量减少到 4500 个，采用 PLS 建立校正模型。

模型预测结果：预测结果与实际参考值的对应关系见图 4-9，潜变量为 4，RMSEC 值为 0.66%，RMSEP 值为 0.86，RMSECV 值为 1.74%，预测偏差（Bias）值为 -1.57，$R^2=0.80$。

方法评价：该模型对大豆中膳食纤维的定量预测结果基本令人满意。

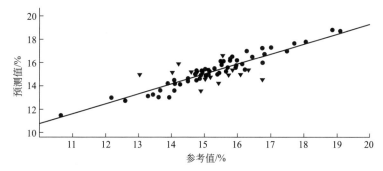

图 4-9　巴西大豆油料中膳食纤维的 NIR-PLS 模型的预测值与参考值对应关系图

（●为校正集；▼为验证集）

实例 12　FT-NIR 结合改进 PLS 定量测定大豆中的蔗糖[20]

背景介绍：大豆中可溶性糖主要有蔗糖（58%）、水苏糖（30%）、棉籽糖（10%）等寡糖，其中蔗糖含量与大豆中可溶性糖高度相关。大豆寡糖具有工业和保健价值，因此，开发快速、简便的蔗糖测定方法具有实际需求。

样品与参考数据：来自基因库的大豆样品共 365 个，磨成粉末后备用。可溶性寡糖，如蔗糖、水苏糖、棉籽糖和葡萄糖的测定采用 HPLC。由于大部分样品（>240 个）的葡萄糖含量低于 0.12%，因而无法以 NIR 分析葡萄糖。

光谱仪器与测量：采用 NIR system model 6500，将 2g 样品粉末放置在圆形样品杯（直径 5cm）中，采用反射方式扫描，波长范围 400～2500nm，间隔 2nm。

校正模型的建立：数据处理软件采用 WinISI，通过软件识别界外样品并去除，随机选择 155 个样品组成校正集，85 个组成验证集，校正集和验证集的样品情况见表 4-18。以 MPLS 建立校正模型。谱图处理方法采用取二阶导数和标准正态变量与去趋势算法（SNV-D）。NIR-MPLS 模型的评价参数见表 4-19。

表 4-18　校正集和验证集的样品情况以及模型的最优预测结果的评价参数

成分	校正集				验证集			
	数量(n)	浓度范围/%	均值/%	SD	数量(n)	浓度范围/%	均值/%	SD
蔗糖	155	2.23～6.96	4.65	0.91	85	2.87～6.95	4.53	0.91
水苏糖	155	1.48～3.16	2.29	0.29	85	1.60～3.01	2.34	0.29
棉子糖	155	0.45～1.22	0.77	0.15	85	0.49～1.19	0.78	0.15

表 4-19　NIR-MPLS 模型的评价参数

成分	校正模型				预测结果		
	负载因子	RMSEC	R^2	RMSECV	Bias	R^2	RMSEP
蔗糖	6	0.220	0.941	0.255	−0.060	0.921	0.257
水苏糖	9	0.134	0.730	0.175	0.002	0.443	0.226
棉子糖	2	0.107	0.367	0.109	0.026	0.311	0.124

　　模型预测结果：模型对蔗糖的预测值与实际值的相关系数为 0.921，说明模型的预测效果较好，可作为筛选方法。然而，模型对水苏糖和棉子糖的预测结果不佳，预测值与实际值的相关系数仅为 0.443 和 0.311，无法预测这两种糖的含量。

　　方法评价：应用 NIR 预测大豆的寡糖含量与寡糖在大豆中的比例密切相关，含量越高，预测结果越好（如蔗糖），含量越低，预测结果越差，甚至根本无法预测（如葡萄糖）。由于蔗糖与水溶性糖具有相关性，可以通过蔗糖预测大豆中可溶性糖的含量。

4.2.5　转基因大豆的判别

　　实例 13　NIR 高光谱成像结合 PLS-DA 快速无损鉴别转基因大豆[21]

　　背景介绍：以近红外高光谱成像技术，结合化学计量学方法，研究了转基因大豆的快速、无损检测方法。

　　样品与参考数据：非转基因亲本大豆（HC6、JACK 和 TL1）及其转基因大豆（HC6：2805、2387。JACK：1322、845、2660。TL1：411、695）共 10 个品种。

　　光谱仪器与测量：采用 N17E-QE 成像光谱仪，配有镜头、线光源、移位平台和处理软件，波长范围 874～1734nm，光谱分辨率为 5nm，图像分辨率为 320×256 像素。采集图像前，通过优化平台移动速度、相机曝光时间和物距等参数得到不变形、不失真的清晰图像。采集图像通过公式 $[R=(I_{raw}-I_{dark})/(I_{white}-I_{dark})$。式中，$R$ 为校正后的图像；I_{raw} 为原始采集的图像；I_{white} 为白板图像；I_{dark} 为黑板图像〕校正。从采集的大豆样本高光谱图像中选取单粒大豆为感兴趣区域，感兴趣区域内每一点都有一条光谱，计算感兴趣区域内的所有像素点光谱的平均值即为该样本的光谱。图像分析软件采用 Matlab，数据分析软件为 Unscrambler。

校正模型的建立：采用 PLS-DA 进行分析。设定判别阈值为 0.5，即当实际值与预测值之差的绝对值小于 0.5 时，则判别正确，大于 0.5 时，则判别错误。光谱预处理方法是选择波长 941～1646nm，7 点移动平滑处理。分别建立两个校正模型：一个是非转基因亲本大豆的判别模型；另一个是非转基因亲本大豆及其转基因大豆品种的判别模型。校正集与验证集的划分采用类别赋值以及 K-S 算法，样本划分按照 2：1，校正集和验证集分别为 80 个和 40 个样本。

模型预测结果：非转基因亲本大豆的 PLS-DA 结果见表 4-20。亲本大豆的判别正确率均较高，校正集和验证集的判别正确率均达到了 90％以上，其中 JACK 亲本大豆的校正集和验证集的判别正确率均为 100％，说明 JACK 与其他两类大豆的光谱特性差异较大。基于全谱的非转基因大豆及其转基因大豆的品种判别结果见表 4-21。HC6 亲本大豆与其转基因品种的判别结果较好，校正集与验证集的判别正确率均达到了 99.17％，TL1 的判别效果居中，最差的是 JACK 的非转基因与其转基因品种的判别。

表 4-20　非转基因亲本大豆的 PLS-DA 判别分析结果

项目	校正集		验证集	
	识别数	判别正确率/%	识别数	判别正确率/%
HC6	78	97.50	40	100.00
JACK	80	100.00	40	100.00
TL1	77	96.25	37	92.50

表 4-21　基于全谱的不同的非转基因亲本大豆及其转基因大豆的 PLS-DA 判别结果

项目	校正集		验证集	
	识别数	判别正确率/%	识别数	判别正确率/%
HC6	238	99.17	119	99.17
JACK	279	87.19	130	81.25
TL1	238	99.17	118	98.33

方法评价：NIR 高光谱成像结合 PLS-DA 鉴别大豆的结果较好，实现了转基因大豆与亲本非转基因大豆的分类判别，为转基因大豆的快速、无损识别提供了方法依据。

实例 14　NIR 判别"抗农达"转基因大豆的可行性[22]

背景介绍：1994 年，第一代"抗农达"转基因大豆（Roundup Ready®）首次进入美国，随后转基因大豆的产量持续增加。目前，"抗农达"大豆的产量已经占到全球大豆产量的 60%。尽管转基因大豆具有许多优良特性，但其对人体健康、环境保护和包括生物多样性等生态平衡问题产生的不良影响引起人们警觉。随着转基因大豆的大量出现，普通大豆不可避免地受到污染。许多国家针对转基因大豆都出台规定，要求限制或明确标识大豆产品的转基因特征。对于普通大豆中的转基因污染，一般认为 0.9%～5% 的外来转基因污染是可接受的，因而美国并没有对食用动物饲料中的转基因污染进行限制。然而，欧盟的一些国家对转基因的容忍度最低，要求各类非转基因食品和动物饲料中的转基因成分不得超过 0.9%。

鉴于近红外光谱技术无损、快速的优势，2001 年 Roussel 等采用 NIR 结合 PLS-DA、ANN 和局部权重回归法（locally weighted regression，LWR）建立了"抗农达"转基因大豆和传统大豆的判别方法，其中 ANN 和 LWR 的识别准确度达到了 88% 和 93%。结果表明：线性方法建立的模型不适用于大批量样品的判别，对于复杂情况下，非线性的 ANN 和 LWR 建立的模型识别效果更好。Roussel 等判别基础可能与大豆的纤维结构相关，因为 PLS-DA 校正模型的回归系数与碳水化合物的 NIR 吸收区域（894～950nm）相关[23]。该实例考察、比较了三种 NIR 技术（即 1 台近红外光谱成像系统，2 台单点扫描仪器）结合不同化学计量学方法判别大豆转基因的可行性。

样品情况：用于 NIR 成像仪的样品分为两批，一批样品是 1984～2008 年间 202 份普通大豆和 216 份"抗农达"转基因大豆（简称为"旧样品"），每份样品随机取 15 颗大豆混合组成两袋大豆样品，其中普通大豆 3240 颗，转基因大豆 3030 颗；另一批样品为 2009 年大豆样品，共 31 份（简称为"新样品"）。用于单点检测器的样品为 1984～2008 年（旧样品）和 2009 年（新样品）（227+16）份普通大豆和（236+6）份"抗农达"转基因大豆，每份样品随机取 15 颗大豆种子分别装袋，总共有 7275 颗大豆。

光谱仪器与测量：1 台 NIR 成像系统，为 Specim N17E 成像光谱仪，配备 InGaAs 检测器进行线扫描成像（320×240 像素），波长范围 880～1720nm，间隔 7nm，扫描速度 30μm/s，获得 350 行×320 列的图像。一个样品图像是 60 颗大豆的总体谱图，这也是成像系统的优势，即同时扫描批量大豆籽粒。第一批样品采集是分别取普通大豆和转基因大豆各 30 颗，然后随机混合组成 92 个样品，对应地采集 92 张近红外光谱图像；第二批样品模拟现实的普通大豆受转基因污染情况，将不同数量转基因大豆混入普通大豆，共采集 31 张图像，其中普通大豆+转基因大豆 =（59+1）、（58+2）、（55+5）、（40+20）的样品 6 份，对应 6 张图像，普通大豆+转基因大豆 =（50+10）的图像 7 张。

2 台普通 NIR 仪器分别为 DA7200 和自制的光管仪器。DA7200 配备 PDA 检测器，波长范围 850～1650nm，间隔 5nm，配有适用于单个大豆籽粒的凹面镜，扫描时用镊子取大豆置于凹面镜下扫描，扫描 2 次，扫描速度为 7 粒大豆/min。另一台光谱仪是自制非商品化仪器（光管仪器），其检测器由 48 个微型钨丝灯（排成 6 列）围绕 1 个 Si 管组成（简称"光管"），光管一端连接的光纤（分叉）的一端，光纤另一端收集样品的近红外反射光。光谱范围为 904～1686nm，间隔 1nm。采集样品时，样品通过一个小漏斗触动光管顶部的光电开关启动仪器测量。与 DA7200 不同，光管仪器能够完成样品不同角度的测量，每粒大豆转动 3 次，其结果对应 3 张谱图的平均值，光管分析速度是 15 粒大豆/min。

图 4-10 是 3 台仪器采集的普通大豆和转基因大豆 NIR 谱图和 S-G 一阶导数谱（三次多项式 5 点），可以看到：转基因大豆吸收强度高于普通大豆，两种大豆的主要差异位于 1150nm 和 1350～1450nm，归属于碳水化合物的一级和二级倍频。然而，导数谱并没有增大两种大豆的差异性，却影响了谱图的分辨精确度。因此，谱图处理并没有采用导数谱。

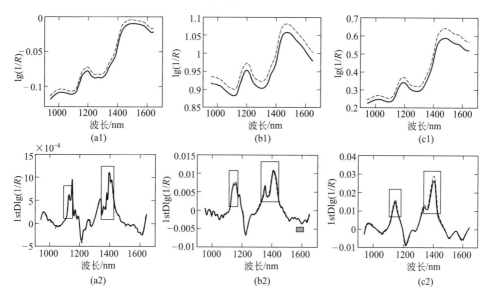

图 4-10　光管仪器（a1、a2）、DA7200（b1、b2）和
光谱成像仪（c1、c2）采集普通大豆和转基因大豆
（实线是普通大豆，虚线是转基因大豆）的原始谱图（a1、b1、c1）
与一阶导数谱（a2、b2、c2）

校正模型的建立：

（1）近红外成像系统建立校正模型

采用软件 Matlab 和 PLS _ toolbox 处理近红外图像，采用 MSC 谱图预处理，波长范围缩减为 943～1643nm。由于主要的光谱噪声出现在 1321nm 处，采用 PCA 方法处理 1300～1405nm 之间的谱图，1321nm 在第三个主成分的得分较

高，得分最高的 5％视为界外样品，予以去除。分类校正模型的建立分别采用非线性方法 LW-PCR 和 PCA-ANN。

在 LW-PCR 算法中，一个样本类别根据其谱图相似度（或接近程度）划分为一类，相似度根据优化的主成分数的马氏距离界定，距离越近，权重越大，对回归系数的贡献就越多。同时，主成分数也用于邻近样本的局部 PCR 模型建立。该实例中主成分数与邻近样本数量通过迭代优化，范围为 20～1000（以 20 为增量），主成分数为 8～20。定义普通大豆的类别为 0，转基因大豆为 1，两类的阈值为 0.5。ANN 算法详见第 3 章，该实例输入的神经元即为主成分数，从 10～20 进行优化迭代，隐含层的神经元数从 2～4 测试优化，输入层和隐藏层之间的神经元传递函数为双曲正切 Sigmoid 函数，隐含层和输出层则由线性传递函数完成。分类编码为普通大豆（1，0），转基因大豆（0，1）。监控和优化学习速率避免过度拟合，每次组合参数的权重重置为零，如此操作十次以避免局部最小值。最佳模型以验证集误判率最低建立。

由于成像仪器检测了新旧两批样品，因此分别针对两批样品进行了 LW-PCR 和 PCA-ANN 建模。第一批样品随机平分，PCA-ANN[1] 模型的校正集为其中的一半，剩余部分的一半（即总量的 1/4）为监控集，用于提前停止，以避免过训练，其余 1/4 用于预测。LW-PCR[1] 模型则将上述 PCA-ANN 的校正集和监控集（即总量的 3/4）组成它的校正集，其余 1/4 用于预测。对于第二批样品而言，PCA-ANN[2] 和 LW-PCR[2] 模型的校正集全部由第一批样品组成，预测集则由第二批样品组成，其中 PCA-ANN 需要从校正集中分出 1/4 组成监控集。

（2）单点光谱仪建立校正模型

谱图预处理方法包括光谱区域选择与界外样品去除，其中 DA7200 仪器的波长范围 955～1645nm，光管仪器的波长范围 940～1640nm。同样采用 PCA 得分识别界外样品，去除了 1 张光管谱图，3.6％的 Perten 谱图。模型建立方法同样采用 LW-PCR 和 PCA-ANN，但按照两种方式分组。第一种方式中，PCA-ANN[1] 校正集是全部样品（包括新旧样品）的一半组成校正集，剩余的一半组成监控集、一半组成验证集；LW-PCR[1] 同上，将上述 PCA-ANN[1] 校正集和监控集合并组成其校正集，其余 1/4 用于验证。第二种方式是随机选择其中的 3/4 组成校正集，剩下的 1/4 组成验证集。校正集样品全部为旧样品，验证集则由新样品组成。与前述的光谱成像不同，单点光谱仪的样品数即为大豆籽粒数，即 1 粒大豆种子对应 1 张谱图。表 4-22 和表 4-23 分别是 DA7200 和光管两台仪器谱图的模型分类情况。

模型预测结果：由表 4-24 可知，单点扫描仪器（DA7200 和光管）与 LW-PCR 的分类准确度可以达到 92％～94％，其中光管的准确度更好，原因可能与从三个角度采集样品谱图相关。与单点扫描仪器不同，化学成像谱图与 PCA-ANN 结合的分类结果较好，这可能由于成像谱图能够包容样品的变化（60 颗大豆同时扫描）。然而，表 4-24 给出的各分类模型的误判率表明，当用新样品籽粒考察模型分类情况时，三种仪器分类模型的正确率大多没有超过 80%。说明无论是何种 NIR 技术，目前均无法替代传统方法，只能作为初步筛选方法。

表 4-22　应用 DA7200 仪器建立分类模型

分类模型	校正集(n)		验证集(n)		监控集(n)	
	普通大豆	转基因大豆	普通大豆	转基因大豆	普通大豆	转基因大豆
PCA-ANN[1]	1748	1756	877	880	876	879
LW-PCR[1]	2624	2635	877	880	—	—
PCA-ANN[2]	1974	1984	870	869	658	658
LW-PCR[2]	2623	2642	870	869		

表 4-23　应用光管仪器建立分类模型

分类模型	校正集(n)		验证集(n)		监控集(n)	
	普通大豆	转基因大豆	普通大豆	转基因大豆	普通大豆	转基因大豆
PCA-ANN[1]	1814	1823	907	911	908	911
LW-PCR[1]	2722	2734	907	911	—	—
PCA-ANN[2]	2069	2100	870	855	690	697
LW-PCR[2]	2759	2797	870	855		

表 4-24　优化的分类结果与模型的预测效果

分类模型	化学成像仪		DA7200 仪器		光管仪器	
	分类结果	正确率/%	分类结果	正确率/%	分类结果	正确率/%
PCA-ANN[1]	1176/1304 (90.2%)	89.3	1443/1757 (82.1%)	75.2	1456/1818 (80.0%)	77.4
LW-PCR[1]	1160/1304 (88.9%)	91.3	1625/1757 (92.5%)	90.9	1713/1818 (94.2%)	92.3
PCA-ANN[2]	1350/1765 (76.5%)	73.4	1386/1739 (79.7%)	72.7	1327/1725 (76.8%)	65.4
LW-PCR[2]	1370/1765 (74.1%)	75.1	1373/1739 (78.9%)	72.3	1253/1725 (72.6%)	53.7

　　方法评价：该实例通过三种不同 NIR 仪器结合两种非线性方法考察 NIR 判别转基因大豆的可能性，结果并不乐观。即使方法模型中不断用新的样品优化，也会出现相当多的误判。因此，NIR 方法目前还只能作为初筛方法，其结果还需用传统方法验证。

4.2.6　病菌感染判别

实例 15　FT-NIR 结合 PLS 判别大豆是否感染真菌[24]

背景介绍：大豆籽粒的种皮较薄，发芽孔也大，因此吸湿性较强。吸湿返潮后的大豆会发生体积膨胀，极易受到细菌、真菌等病菌侵入而发生霉变。其中，真菌感染后的大豆会产生一些毒性很强的真菌毒素，如黄曲霉毒素、T-2 毒素、二乙酰氧基蔗品醇（DAS）、HT_2 毒素、呕吐毒素（DON）、玉米赤霉烯酮（F_2）和伏马菌素（B_1）等。为了鉴别大豆是否感染真菌，传统方法是人为或用仪器观察大豆籽粒种皮颜色变化。如果种皮有变色或出现污点，则判定大豆籽粒感染真菌。然而，这种单纯依靠颜色的手段成功率并不高，平均判别准确率仅为88%。对于拟茎点霉、链格孢属、禾谷镰刀菌和大豆紫斑病菌等真菌感染大豆的判别准确率分别只有 45%、30%、62% 和 83%。为了提高鉴别大豆感染真菌的准确率，该实例应用 NIR 建立大豆感染真菌的判别方法。

样品与参考数据：共 1300 个大豆籽粒样品，其中健康籽粒 500 个，受拟茎点霉菌、大豆紫斑病菌、大豆花叶病毒和霜霉病菌感染大豆各 200 个。健康大豆呈自然淡黄色；拟茎点霉菌感染大豆种皮呈褶皱且有白灰色菌丝体；紫斑病菌感染大豆呈紫色和暗紫色，种皮表面有斑点；花叶病毒感染大豆种皮有黑色斑块，种脐呈褐色；霜霉病菌感染大豆，包裹有菌丝体和孢子形成的乳白色硬壳。

仪器与光谱测定：二极管阵列 NIR 仪（DA7000），波长范围 400～1700nm。硅检测器采集波长 400～950nm（光谱带宽 7nm）；铟镓砷检测器采集波长 950～1700nm（光谱带宽 11nm）。采用反射方式采集大豆籽粒。

校正模型建立：分别应用 NIR-PLS 建立健康大豆与真菌感染大豆的判别模型；应用 NIR-ANN 建立健康大豆和拟茎点霉菌、大豆紫斑病菌、大豆花叶病毒和霜霉病菌感染大豆的判别模型。ANN 的最优参数为学习周期 150000，学习率 0.7，动量 0.5。

模型预测结果：两种分类方法的准确率见表 4-25 和表 4-26。结果表明，波长范围对分类结果有影响，其中全波长 490～1690nm 的分类效果最好。PLS 模型判别健康与染病的准确率较高，达到 99% 以上。采用 ANN 判别健康大豆与拟茎点霉菌、大豆紫斑病菌、大豆花叶病毒和霜霉病菌感染大豆的准确率分别为 100% 与 99%、84%、94% 和 96%。

方法评价：该实例的不足之处是没有对感染程度细分，即没有考察不同感染程度对判别效果的影响。

表 4-25　NIR 结合 PLS 进行大豆籽粒健康与否的分类准确率　　　单位：%

光谱区域	PLS 因子	校正集的准确率(650 个样品)			验证集的准确率(650 个样品)		
		健康样品	霉变样品	平均值	健康样品	霉变样品	平均值
490～750nm	6	99.2	97.0	97.8	99.6	97.8	98.4
750～1690nm	10	99.6	97.3	98.3	99.6	98.0	98.6
490～1690nm	10	100	99.8	99.8	100	98.5	99.1

表 4-26　采用神经网络判别大豆籽粒是否受到四种真菌感染的准确率　单位：%

样品集	分类准确率					
	健康样品	感染拟茎点霉菌	感染大豆紫斑病菌	感染大豆花叶病毒	感染霜霉病菌	平均值
校正集						
490~750nm	99.6	98	80.0	90.0	88.0	91.1
750~1690nm	99.2	100	54.0	95.0	67.0	83.0
490~1690nm	99.6	100	83.0	95.0	90.0	93.5
验证集						
490~750nm	100	96.0	76.0	91.0	91.0	90.8
750~1690nm	100	100	53.0	94.0	71.0	83.6
490~1690nm	100	99.0	84.0	94.0	96.0	94.6

4.2.7　非法添加物的判定

实例 16　FT-NIR 结合 PLS 判别大豆是否掺入尿素聚合物[25]

背景介绍：豆粕作为饲料组分之一，为畜禽、水产和养殖动物提供植物蛋白。因利益驱动，一些商家在豆粕中掺入一些含氮量高的化合物，以提高粗蛋白质含量。调查发现，尿素聚合物是非法添加物之一。常规蛋白质测定方法"凯氏定氮法"无法区别蛋白氮和非蛋白氮，需要采用色谱与串联质谱联用技术才能完成检测，增加分析成本。该实例借鉴已有的近红外鉴别饲料掺假方法，应用 NIR 判别豆粕是否掺入尿素聚合物。

样品与参考数据：30 批次 146 个样品，粉碎后按比例加入尿素聚合物（表 4-27）。

表 4-27　尿素聚合物的添加量以及校正集、验证集的样品组成

尿素聚合物浓度/%	0	1.0	1.5	1.8	2.0	2.5	2.8	3.0	3.5	4.0	4.5	5.0
校正集样品	118	5	5		4	5	2	5		5	5	5
验证集样品	28	1	1		2	1	1	1		1	1	1

光谱仪器与测量：Matrixtm-I 型 FT-NIR，带漫反射积分球附件，三维立体角镜，Rock Solid TM 干涉仪，PbS 检测器，OPUS 光谱采集软件，波数范围 $12500 \sim 3598 cm^{-1}$，分辨率 $8 cm^{-1}$，扫描 64 次。真伪豆粕谱图的氨基（—NH_2）和羟基（—OH）区域 $7567 \sim 3695 cm^{-1}$ 差异较大。其中，伯酰胺和仲酰胺的一级倍频吸收在 $6666 cm^{-1}$ 附近，合频在 $5000 cm^{-1}$ 附近；—OH 的一级倍频在 $6993 cm^{-1}$ 附近，合频在 $5000 cm^{-1}$ 附近。

校正模型的建立：以 Matlab 和 Unscrambler 处理数据。校正集和验证集的样品组成见表 4-27。以 PLS-DA 和 SVM 建立模型，PLS-DA 模型的光谱预处理为平滑、SNV 和求导数，PLS-DA 模型设定纯豆粕样品值为 0，掺假豆粕为 1，阈值为 0.5，即当样品预测值小于 0.5 时判为豆粕，否则判为掺假豆粕。SVM

模型的光谱预处理为 SNV，波数范围 6688～3606cm^{-1}，模型建立选择径向基作为核函数得到 SVM 分类结果，迭代次数 673 次，支持向量 208 个，边界支持向量 16 个。

模型预测结果：两个模型优劣的评价指标为识别率和检测限。PLS-DA 模型对含有 1% 尿素聚合物的预测值为 ＜0.5，误判为豆粕，说明 PLS-DA 的识别限量大于 1%。SVM 模型也将含尿素聚合物量 1% 的豆粕误判为豆粕。因此，两个模型的识别检测限均为 1%，即只有尿素的添加量高于 1%，分类模型才能判别掺假。

方法评价：该实例没有给出具体的谱图预处理方法，该实例样品为理想的实验室自制样品，实际应用中需要根据具体情况优化模型。

4.3 花生的组成分析与判别

花生的营养价值高，一般脂肪含量为 44%～54%，蛋白质含量为 24%～36%。作为我国重要的油料作物，花生可食用、加工食品或作为营养强化剂，其饼粕也是重要的饲料资源。然而，花生的储藏难度很大，容易受到外界高温、潮湿、光和氧气的影响发生霉变。本节主要介绍 NIR 技术用于花生的脂肪、脂肪酸、蛋白质、氨基酸和水分的测定，以及花生是否发生霉变和酸败的判别。

4.3.1 脂肪与脂肪酸组成分析

实例 17 NIR 漫反射结合 PLS 预测带壳花生的脂肪与脂肪酸组成[26]

背景介绍：脂肪含量与脂肪酸组成是花生的重要数据，传统检测方法费力、耗时。NIR 快速、无损，并且同时给出多种信息，根据脂肪的 C—H、蛋白质的 N—H 和水的 O—H 的 NIR 吸收，可以实现花生中脂肪与脂肪酸的测定。该实例应用漫反射 NIR 光谱预测带壳花生的脂肪与脂肪酸含量。

样品与参考数据：于 2007～2008 年采收约 50kg Virginia 型和 Valencia 型花生，其水分含量约 6%。将 Virginia 型花生分为 15 份，Valencia 型花生分为 12 份，统一平衡 Virginia 型花生水分含量为 7%～27%，Valencia 花生为 6%～22%。样品的脂肪和脂肪酸含量按照标准方法测定。

光谱仪器与测量：NIR system model 6500，波长范围 400～2500nm。间隔 0.5nm 扫描 30 次获得花生 NIR 谱图，其中 1400～1440nm 和 1900～1950nm 常用于水分分析。而 1600～2500nm 则用于脂肪及脂肪酸分析。两种花生（带壳）均在 1722nm、1735nm、1757nm、1768nm、1787nm、2127nm 和 2144nm 处出现对应饱和与不饱和脂肪酸（反式）的特征吸收峰，1600nm 和 2145nm 处的吸收峰则归属于顺式不饱和脂肪酸。

校正模型的建立：校正集由 8 份 Virginia 花生和 7 份 Valencia 花生组成，验证集由 7 份 Virginia 花生和 5 份 Valencia 花生组成。以 Unscrambler 处理数据，以二阶导数谱处理谱图，波长范围为 1600～1800nm 和 2100～2400nm，以 PLS 建立模型。表 4-28 为模型的评价参数。模型的准确性以 RPD 进行评价。RPD 值的范围为 1～10，数值越高，模型的准确度越好。当 RPD 值不大于 1 时，说明模型的可靠性不足；当 RPD 为 3.1～4.9 时，说明模型可以用于大量样本的初步筛选，不能作为质量测定；当 RPD 值为 5～6.4 时，说明模型可以用于含量预测和质量控制。

表 4-28　基于 NIR-PLS 建立的花生中脂肪与脂肪酸校正模型的评价参数

项目	Virginia			Valencia			Virginia			Valencia		
	R^2	RMSEC	Bias	R^2	RMSEC	Bias	RPD	RMSEP	Bias	RPD	RMSEP	Bias
总油	0.99	0.005	-3×10^{-5}	0.99	0.01	-1×10^{-3}	6.2	2.77	-2.6	3.01	2.76	-1.42
油酸	0.99	0.015	5×10^{-5}	0.99	0.15	$+1 \times 10^{-2}$	3.62	3.07	$+1.3$	3.41	4.15	-2.94
亚油酸	0.99	1×10^{-4}	1×10^{-7}	0.99	0.17	-1×10^{-2}	3.21	2.06	$+0.05$	2.50	0.18	$+0.03$
亚麻酸	0.99	5×10^{-5}	3.4×10^{-7}	0.99	0.002	-1.4×10^{-5}	3.78	0.05	$+0.01$	3.02	6.19	-0.61
棕榈酸	0.99	0.006	-1×10^{-5}	0.99	0.002	-3.3×10^{-6}	3.74	0.79	-0.16	2.90	1.01	-0.34
硬脂酸	0.99	0.004	3×10^{-6}	0.99	0.01	5.3×10^{-5}	3.36	0.51	-0.15	3.05	0.37	-0.015

模型预测结果：利用 NIR-PLS 建立的校正模型，预测 Virginia 型带壳花生中脂肪含量的 RPD 值为 6.2，说明 NIR 方法可以用于花生的脂肪测定。然而，同样方法建立模型预测 Valencia 型花生的脂肪时，RPD 值仅为 3.01，预测结果只适用于筛选。

方法评价：该实例还应用 NIR 透射光谱结合 PLS 建立了上述两种花生中脂肪和脂肪酸含量的模型，结果表明，模型预测脂肪酸的 RPD 值超过 3，说明模型可用于脂肪酸筛选。

实例 18　FT-NIR 漫反射光谱结合 PLS 预测花生中油酸和亚油酸[27]

背景介绍：油酸与亚油酸的比值（油酸/亚油酸）是花生品质的重要指标，直接决定花生的价格，该比值也是改良花生品种时需要优先考虑的指标。为了简单、便捷地预测花生的油酸/亚油酸，该实例采用积分球漫反射 NIR 法结合 PLS 方法建立脂肪酸的预测模型。

样品与参考数据：花生的地方品种、稳定的突变体和培育品种共 331 份，其中普通型 51 份、龙生型 13 份、多粒型 19 份、珍珠豆型 116 份。选取有代表性的 60 份的饱满种子按照 GB 10219 方法进行脂肪酸测定，并作为校正模型的校正集。

光谱仪器与测量：MPA 型 FT-NIR，配备 PbS 检测器，分辨率 8cm^{-1}，波数范围 4000～12500cm^{-1}，扫描 64 次。以漫反射大体积镀金积分球（直径 10cm）采集光谱，采样窗口直径 2cm。样品杯内径 5cm，放置约 30～50 粒花生，旋转采集光谱，样品面积为 $18.84cm^2$。

校正模型的建立：采用 OPUS 软件的 PLS 法建立校正模型，根据内部交叉验证模型，比较预测值与实际值的 R^2 和 RMSECV，得出各脂肪酸的最佳的波数范围、谱图处理方法以及主成分数。结果表明，油酸、亚油酸、棕榈酸和硬脂酸的定量校正模型的最佳区域范围是 $9997\sim4242cm^{-1}$，谱图预处理方法为一阶导数与 MSC，主成分数分别为 10、9、6、9。表 4-29 列出该校正模型的主要参数。

表 4-29　采用 FT-NIR-PLS 建立的花生中脂肪酸组成的校正模型参数

主要参数	油酸	亚油酸	棕榈酸	硬脂酸
R^2	98.74%	98.97%	96.02%	73.91%
RMSECV	1.87	1.5	0.52	0.37
含量范围	38%～84.4%	2.3%～43.1%	5.3%～13.1%	2.1%～6.5%
RSD	3.06%	6.61%	5.65%	8.67%

模型预测结果：校正模型给出 10 份花生验证样品的脂肪酸预测值，其与实际值的相对误差小于 6%。硬脂酸的含量较低，误差小于 9%；油酸和亚油酸的预测值与实际值较为接近，油酸/亚油酸的相对误差不超过 3%，基本满足育种快速无损分析的要求。

方法评价：花生中油酸与亚油酸总和占脂肪酸的 80% 左右，校正模型预测油酸、亚油酸和油酸/亚油酸比值的相对误差较小，实现了育种花生的无损、快速测定。而棕榈酸和硬脂酸含量较低，模型预测的相对误差较大。说明脂肪酸比例是决定模型预测效果的重要因素。

4.3.2　蛋白质与氨基酸组成分析

实例 19　NIR 漫反射结合 PLS 建立花生中蛋白质与 8 种氨基酸的预测模型[79]

背景介绍：蛋白质和氨基酸含量也是判别花生品质的重要指标，如果能够准确、无损、快速地获得这些数据，将产生巨大经济效益。该实例探索应用漫反射 NIR 快速测定花生中的蛋白质与氨基酸含量。

样品与参考数据：从中国收集了 141 个品种的花生样本，样品经过干燥冷却后备用。测定时称取 2g，以 AOAC950.48 方法测定蛋白质含量，以 AOAC 994.12 方法测定天冬氨酸（Asp）、苏氨酸（Thr）、丝氨酸（Ser）、谷氨酸（Glu）、甘氨酸（Gly）、亮氨酸（Leu）、精氨酸（Arg）和半胱氨酸（Cys）含量。

光谱仪器与测量：采用 DA7200，取 60g 样品放入直径 75mm 的样品杯，旋转扫描，波长范围 950～1650nm，间隔 5nm。

校正模型的建立：选取 99 个品种组成校正集，其余 42 个品种组成验证集（表 4-30）。采用软件 Unscrambler 的 PLS 方法建模。验证方法采用交叉验证和外部验证方法，交叉验证的目的是去除界外样本。

模型预测结果：模型的预测能力基于外部样本验证，采用 RMSEP、Bias、R^2 和 RPD 值进行评价。当模型 RPD 值为 3.1～4.9 时，则认为模型适用于大批量样本的初步筛选；当 RPD 值超过 5 时，为 5～6.4，则认为模型适用于质量预测。表 4-31 给出模型预测的评价参数。模型对粗蛋白的预测效果非常好，RPD 值为 6.53，可用于实际样品质量测定。但除半胱氨酸（Cys）外，其他 7 种氨基酸的预测 RPD 值均低于 3.1，实际应用中只能作为初步筛查数据。同时，实例给出模型对验证样品的预测值与实际值之间的对应关系，结果表明，蛋白质和半胱氨酸的预测效果较好，其他氨基酸的预测结果有不同程度偏离。

表 4-30　采用 NIR-PLS 建立花生中蛋白质与氨基酸定量模型的校正集与验证集组成情况

项目	样品集			校正集			校正集			
	N	范围 /(g/kg)	平均值 /(g/kg)	N	范围 /(g/kg)	平均值 /(g/kg)	N	范围 /(g/kg)	平均值 /(g/kg)	重复性
粗蛋白	141	226.2～342.0	268.1±19.6	99	237.1～342.0	282.5±18.6	42	226.2～330.1	280.2±22.5	5.40
Asp	141	22.6～49.0	33.4±5.3	99	29.2～49.0	35.7±3.7	42	22.6～45.6	29.8±4.6	1.70
Thr	141	5.4～9.6	7.3±0.9	99	5.4～8.4	7.2±0.5	42	5.4～9.6	7.4±1.1	0.09
Ser	141	8.8～20.8	13.8±1.8	99	11.6～20.8	14.9±1.6	42	8.8～18.3	12.0±2.0	0.12
Glu	141	32.1～93.6	56.1±10.6	99	46.4～93.6	63.1±8.7	42	32.1～87.5	50.0±11.9	2.34
Gly	141	10.3～23.6	16.1±2.1	99	14.2～23.6	17.7±1.5	42	10.3～21.6	14.5±2.3	0.27
Leu	141	12.7～25.3	18.7±1.5	99	15.7～25.3	18.9±1.7	42	12.7～20.3	17.0±2.1	0.85
Arg	141	22.8～47.3	33.5±3.9	99	28.3～47.3	35.4±3.6	42	22.8～46.2	30.6±4.5	1.09
Cys	141	0.6～5.5	3.9±0.7	99	2.5～5.5	4.0±0.4	42	0.6～5.1	3.7±1.0	0.13

表 4-31　基于 NIR-PLS 建立的花生中蛋白质与氨基酸校正模型预测效果的评价参数

项目	数学处理	校正集				验证集				
		R_c^2	RMSE	R^2	RMSEV	SEP	R_v^2	Bias	斜率	RPD
粗蛋白		0.99	0.19	0.98	0.29	0.03	0.92	0.00	1.000	6.53
Asp		0.88	0.18	0.6	0.34	0.21	0.84	−0.033	1.106	2.52
Thr		0.83	0.03	0.77	0.04	0.03	0.82	0.006	1.023	3.00
Ser		0.86	0.09	0.54	0.17	0.1	0.82	−0.011	1.11	2.40
Glu	2,4,4,1	0.87	0.45	0.54	0.86	0.49	0.85	0.063	1.085	2.57
Gly		0.88	0.09	0.55	0.18	0.11	0.82	−0.003	1.047	2.36
Leu		0.88	0.09	0.61	0.17	0.05	0.81	−0.033	0.983	3.00
Arg		0.89	0.16	0.66	0.29	0.17	0.86	−0.028	1.059	2.88
Cys		0.96	0.01	0.94	0.02	0.004	0.995	0.000	0.992	7.50

方法评价：该实例较为规范、完整地建立了不同品种花生中蛋白质与 8 种氨基酸含量的校正模型，并评价了模型的预测效果。结果说明，基于 NIR 可以实现花生中蛋白质的测定。但作者对部分氨基酸的预测效果有疑问，半胱氨酸（Cys）是 8 种氨基酸中含量最低的，模型却给出了较好的预测效果，RPD 值为 7.5，其他含量高于 Cys 的氨基酸的 RPD 值却低于 3.01，这种现象值得进一步探讨。

4.3.3 水分含量分析

实例 20 NIR 漫反射结合 PLS 建立带壳花生的水分含量预测模型[29]

背景介绍：花生是美国东南部重要的农作物，美国市场上常见的三个花生品种分别是 Runners、Valencia 和 Virginia。水分含量是花生烘干、储藏和销售过程中的重要检测指标。新鲜花生与干燥花生的水分含量相差很大。过于干燥和潮湿的花生都不利于加工和销售，因此检测花生的水分含量非常关键。该实例采用 NIR 开发了快速预测花生水分的方法。

样品与参考数据：于 2008 年在佐治亚州市场上收集了 Runners 和 Virginia 两个类型的花生样本，Valencia 型花生收集于新墨西哥州。样品经洗净、烘干后储藏于冷库中。制备不同水分含量的样本，将 Runner 型花生的水分含量限定为 9%～27% 的 17 种样本；Virginia 和 Valencia 型花生的水分含量为 6%～26% 的 15 种和 12 种样本。

光谱仪器与测量：NIR 漫反射光谱仪以卤素灯作光源，有光纤探头和样品旋转盘（图 4-11），波长范围是 1000～1800nm，间隔 1nm。样品扫描时卤素灯照射直径 50mm 光斑于样品盘，样品盘转动速度 25r/min。样品杯直径 85mm，高 15mm，可放置两层带壳花生。样品经扫描后，反射光经过光纤探头传入光谱仪检测器。

图 4-11 近红外漫反射光谱仪器

校正模型的建立：以 Unscrambler 软件建立模型，分别尝试反射和吸收光谱建立模型，以标准化和取导数进行谱图前处理，采用 PLS 建立模型，以

RMSEC、R^2、RMSEP 和 Bias 等评价参数进行模型优化，以最优模型进行预测结果评价。结果表明，Runner 型带壳花生的水分模型采用吸收光谱经标准化和取导建立，Valencia 型带壳花生采用反射光谱经取导建立，Virginia 型带壳花生采用反射光谱经标准化处理建立。

模型预测结果：比较三种带壳花生最优 PLS 模型校正集与验证集的预测值与实际值（未显示）。结果表明，校正集的对应关系良好，验证集预测结果与实际相差较大，特别是 Runner 型带壳花生的高水分含量的偏差较大，这可能与样品扫描期间水分的变化有关。

方法评价：该实例建立了带壳花生中水分含量的无损、快速测定方法。该方法准确度高、简便、快速，仅需 100g 样品即可对其中的水分进行测定，具有实际应用价值。

4.3.4　霉变花生的判别

实例 21　FT-NIR 结合 K 最邻近法（KNN）无损检测霉变出芽花生[30]

背景介绍：花生富含蛋白质，容易吸湿发生霉变。传统判断花生发生霉变的方法为肉眼观察，这种方法容易受人为因素影响。由于花生发生霉变和出芽时其内部化学成分也会发生相应的变化，因此，该实例采用 FT-NIR 结合 K 最邻近法（KNN）建立快速、便捷识别霉变和出芽花生的方法。

样品与参考数据：2014 年春收获的 258 个花生样本，单籽重 0.74～1.12g，结合花生的气味和内部色泽变化，将花生分为正常、轻度霉变、重度霉变和出芽四类。其中，正常花生颗粒饱满，表面有光泽，具有花生特有清香味，剖开后胚乳为正常乳白色；轻度霉变花生表面皱缩，颜色暗沉，具有轻微油脂酸败的哈喇味，胚乳泛油；重度霉变花生表面有霉斑，发黑或发白（菌落不同，颜色有所差异），甚至失去花生表面特征，具有明显霉味，内部严重变黄甚至变棕；出芽花生表面颜色纹理类似正常花生，花生芽的长度在 0.2～1.0cm 之间。

光谱仪器与测量：采用 Antaris Ⅱ FT-NIR，波数范围 10000～4000cm^{-1}，扫描 32 次，分辨率 8cm^{-1}，采用积分球漫反射方式扫描花生籽粒，一粒花生为一个样本，扫描得到的谱图见图 4-12。

校正模型的建立：按照 2∶1 的比例随机将样本分为校正集 172 个与验证集 86 个，校正集的正常、轻度霉变、重度霉变和出芽花生个数个别为 48、48、60、16。验证集正常、轻度霉变、重度霉变和出芽花生个数分别为 24、24、30 和 8。通过全光谱 PLS 模型的正确率确定谱图预处理采用二阶导数。通过不同光谱区域的协同间隔-PLS 模型（Si-PLS）的 RMSECV 值确定采用四个光谱区域建立模型，分别是 9760～9521cm^{-1}、9280～9041cm^{-1}、8560～8321cm^{-1}、7840～7601cm^{-1}。四个光谱区域联合后建立的 Si-PLS 模型的校正集的 R^2 值为

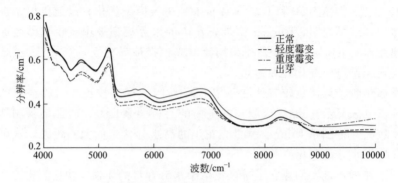

图 4-12 正常花生与霉变、出芽花生的 FT-NIR 谱图

0.9391，RMSECV 值为 0.333，验证集的 R^2 值为 0.9206，RMSEP 值为 0.379。此外，该实例中还提到在上述二阶导数和光谱区域选择基础上，进一步运用主成分分析对数据降维，建立 Si-K 最近邻（KNN）识别模型（Si-ANN），该模型校正集和验证集的识别正确率为 98.84%。

模型预测结果：通过比较两个识别模型 Si-PLS 和 Si-KNN 的预测结果发现，Si-KNN 的预测效果更好（结果见表 4-32）。正常、轻度霉变与重度霉变花生全部正确分类，1 个出芽花生误判为正常花生，预测正确率为 87.50%，平均预测正确率为 98.84%。

表 4-32　Si-KNN 模型对正常、霉变和出芽花生的识别结果

分类	样本数	类别				正确率/%
		1	2	3	4	
正常	24	24	0	0	0	100.00
轻度霉变	24	0	24	0	0	100.00
重度霉变	30	0	0	30	0	100.00
出芽	8	1	0	0	7	87.50

方法评价：该方法应用 FT-NIR 建立了无损判别单粒花生是否发生霉变的方法。该方法建立时所用样本较少，实际应用中还需要扩大样品量进行模型验证。

4.3.5　酸败花生的判别

实例 22　FT-NIR 漫反射光谱结合 PLS 快速、无损预测花生仁的酸败程度[31]

背景介绍：花生含油量高，在储藏过程中容易发生氧化酸败。衡量花生储藏品质的指标是酸值和过氧化值，这两个指标的变化反映了花生储藏过程中的品质变化。酸值和过氧化值的传统测定方法耗时费力，并且消耗大量试剂，需要建立一种快速、无损的方法。

样品与参考数据：花生为华中地区种植的白沙6号，挑选籽仁饱满、均匀、无发芽、无破损、无病斑的完整花生仁。将花生样品分成114份，粉碎后，根据标准方法分别测定样品的酸值和过氧化值。

光谱仪器与测量：采用Antaris 360 FT-NIR光谱仪，扫描范围10000～4000cm^{-1}，扫描次数32次，分辨率8cm^{-1}，采用积分球漫反射方式扫描花生仁，旋转式石英样品池内径为50mm。

校正模型的建立：将试验样品按照2:1分为校正集和验证集（表4-33），采用OPUS软件的PLS方法建立模型，谱图前处理方法包括平滑、取导数、多元散射校正、归一化处理等，以内部交叉验证模型。比较样本预测值和实际测定值，以R^2值和RMSECV值衡量模型的质量。

表4-33　基于FTNIR-PLS建立的花生酸败定量模型的校正集与验证集组成情况

品质参数	样品集			校正集			验证集		
	数量	含量范围	平均值	数量	含量范围	平均值	数量	含量范围	平均值
酸值/(mg/g)	105	0.71～2.24	1.13	71	0.71～2.24	1.16	34	0.72～2.22	1.08
过氧化值/(mmol/kg)	113	7.54～15.50	11.20	75	7.54～15.50	11.46	38	7.84～15.34	10.80

模型预测结果：结果表明，谱图前处理方法采用求一阶导数，建立的酸值最优模型的R^2值为0.955，RMSECV值为0.080，过氧化值的最优模型的R^2值为0.940，RMSECV值为0.459。将基于FT-NIR-PLS建立的花生仁中酸值和过氧化值的定量模型进行验证，结果表明，验证集的预测值与实际值的相关性较好，其中预测酸值的验证集的R^2值为0.928，RMSEP值为0.097，过氧化值的验证集的R^2值为0.940，RMSEP值为0.459。

方法评价：该实例应用FT-NIR结合PLS建立了花生酸值与过氧化值的定量模型，模型预测效果比较理想，但由于缺乏说明模型适用性的RPD值，模型的实用价值还需要进一步考察。

4.4　油菜籽与菜籽饼粕的组成分析与判别

油菜是我国的主要油料作物。通常，油菜籽中含30%～45%的脂肪、15%～20%的蛋白质、6%～10%的粗纤维、17%～24%的糖分。油菜籽含有丰富的脂肪酸，从油菜籽中提取的油脂是我国的主要食用油，其中双低菜籽油中不饱和脂肪酸含量较高，高芥酸菜籽油中含有大量芥酸，降低了营养价值。因此低芥酸油菜籽是主要的食用品种。油菜籽榨油后的饼粕含粗蛋白42%、粗脂肪12%、粗纤维7.5%，以及含多种维生素和矿物质，可以作为优质的饲料资源，但菜籽饼粕中含有硫苷及其降解产物、酚类化合物和植酸等有毒有害物质，需要经过脱毒处理后方可用作饲料。

近红外光谱技术在油菜籽及其饼粕的应用，主要表现在常规组分的准确、快速、无损测定，这些组分包括脂肪、蛋白质和水分含量的测定。这些方法以快速或在线的方式已经应用于油菜籽及其饼粕的收购和生产加工的多个环节中，创造出可观的经济效益。油菜籽中的硫苷和芥酸是影响菜籽油和菜籽饼粕质量的两种有害成分，因而是油菜籽油和菜籽饼粕日常检测的指标。随着 NIR 技术的普及，各国学者和企业界开发出多个硫苷和芥酸的近红外定量预测模型。此外，利用 NIR 快速预测油菜籽及其饼粕中的脂肪酸组成、氨基酸组成等也是各国学者和企业界不断研究的方法，这些方法已经从粉碎油菜籽样品发展到整粒油菜籽，甚至单个油菜籽粒中组分的定量预测模型的研究。

4.4.1 脂肪、蛋白质和水分含量分析

实例 23 NIR 漫反射光谱快速预测油菜籽及其饼粕的水分、蛋白质和脂肪含量[32]

背景介绍：油菜籽是重要的油料来源和生物柴油原料，菜籽饼粕又是优质的蛋白质饲料。因而油菜籽及其饼粕中的脂肪、蛋白质、水分、灰分等指标是生产加工与贸易流通过程中必须检测的品质参数。

样品与参考数据：收集了湖北、湖南、四川、浙江、江苏、新疆、福建以及加拿大的 Canola 油菜籽样品共 742 份以及 558 份菜籽饼粕，清理、密封后于 4℃下保存。样品中的水分测定参照 GB/T 14489.1—2008，脂肪和蛋白质测定参照 GB/T 14488.1—2008 和 GB/T 14489.2—2008，硫苷和芥酸测定参照 GB/T 23890—2009，饼粕的脂肪测定参照 GB/T 10359—2008。

光谱仪器与测量：采用 SupNIR-2700 光谱仪，波长范围 1000～1800nm，分辨率为 10nm，扫描 32 次，扫描得到油菜籽和菜籽饼粕的 NIR 谱图（图 4-13）。

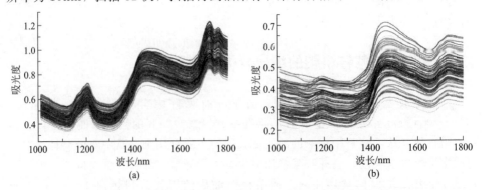

图 4-13　油菜籽（a）和菜籽饼粕（b）的 NIR 漫反射光谱图

校正模型的建立：选取 80%的样品组成校正集，剩余 20%组成验证集。谱图预处理方法采用平滑（7 点 2 次 S-G）、一阶导数和 MSC，以 PLS 方法建立校

正模型。校正模型的评价采用 R^2、RMSEC 和 RPD。评价方法为当 RPD≥3 时，校正模型预测效果良好，可用于定量分析和质量控制；当 2.5＜RPD＜3 时，模型可以用于该指标定量分析；当 RPD＜2.5 时，该模型不适合该指标的预测。从 NIR-PLS 模型预测校正集油菜籽和菜籽饼粕的水分、蛋白质、脂肪、硫苷和芥酸含量的评价参数（表 4-34）可知，油菜籽模型的 RPD 值均＞3，菜籽饼粕水分、蛋白值和脂肪的 RPD 值均＞3。

表 4-34　基于 FT-NIR 建立的油菜籽和菜籽饼粕中水分、蛋白质等指标的校正模型评价参数

项目	组分	含量范围	标准偏差	R^2	RMSEC	RPD
油菜籽	水分/%	4.79～13.27	1.34	0.98	0.25	5.36
	蛋白质/%	19.08～31.61	2.81	0.98	0.35	8.03
	脂肪/%	27.50～52.06	3.95	0.96	0.35	11.29
	硫苷/(μmol/g)	10.82～112.10	18.1	0.95	5.92	3.06
	芥酸/%	0.20～57.00	15.28	0.98	1.88	8.13
菜籽饼粕	水分/%	8.10～16.20	1.56	0.96	0.21	7.43
	蛋白质/%	34.88～40.30	1.33	0.94	0.41	3.24
	脂肪/%	0.82～3.80	0.75	0.93	0.23	3.26

　　模型预测结果：FT-NIR-PLS 模型对验证集油菜籽和菜籽饼粕的水分、蛋白质和脂肪的评价参数（表 4-35）表明，验证集的预测值与实际值的相关性均≥0.9，说明模型的预测能力较好。一般认为 RMSEP/RMSEC 小于 1.2，则表明模型具有良好适用性。油菜籽和菜籽饼粕的 RMSEP 值与校正模型 RMSEC 值相近，RMSEP/RMSEC 均小于 1.2。油菜籽和菜籽饼粕验证集的 RPD 值均＞3，可应用于生产检测和质量控制的筛查。该实例还给出了油菜籽的油脂含量与菜籽饼粕的蛋白质含量的 NIR-PLS 预测值与实际值的相关性曲线（未显示），表明油菜籽脂肪含量的预测结果比较准确可靠，而菜籽饼粕蛋白质的预测准确度较差。

表 4-35　基于 NIR 的油菜籽和菜籽饼粕中水分、蛋白质等校正模型的验证集评价结果

项目	组分	含量范围	标准偏差	R^2	RMSEP	RPD
油菜籽	水分/%	4.79～12.71	1.64	0.95	0.27	6.07
	蛋白质/%	19.79～29.54	2.64	0.96	0.36	7.33
	脂肪/%	33.90～51.00	3.2	0.96	0.36	8.89
	硫苷/(μmol/g)	11.69～84.58	17.77	0.90	5.83	3.05
	芥酸/%	0.30～42.33	12.5	0.94	1.91	6.54
菜籽饼粕	水分/%	8.10～16.20	1.8	0.96	0.27	7.83
	蛋白质/%	34.88～40.30	1.44	0.91	0.43	3.35
	脂肪/%	0.82～3.80	0.77	0.90	0.24	3.21

　　方法评价：FT-NIR 结合 PLS 建立的油菜籽水分、蛋白质、脂肪、硫苷和芥酸定量模型的评价参数（RPD 值）均超过了 3，说明定量模型的预测能力较好。然而，仅仅依靠 RPD 值判断模型的适用性有些片面。此外，实例中没有给

出硫苷和芥酸的验证数据（如验证集的预测值与实际值的对应关系）。总之，模型对脂肪、蛋白质和水分的预测较为准确、可靠，但对于其他含量较低组分的预测还需进一步验证和考察。

实例 24 FT-NIR 漫反射结合 PLS 预测油菜籽的水分、蛋白质和脂肪含量[33]

背景介绍：该实例分别考察了 NIR 对于整粒和粉碎油菜籽的脂肪、蛋白质和水分含量的预测能力。

样品与参考数据：于 2014 年从江苏、安徽、湖南和湖北等地收集了不同品种的油菜籽样品共 203 份，每种样品分为制备成完整籽粒和粉碎样品两个试样备用。分别采用传统的 105℃烘干法、凯氏定氮法和索氏抽提法测定每个试样中的水分、蛋白质和脂肪含量。检测结果见表 4-36。

表 4-36 油菜籽水分、蛋白质和脂肪含量的测定结果

组成	样品集			校正集			验证集		
	数量	含量范围/%	平均值/%	数量	含量范围/%	平均值/%	数量	含量范围/%	平均值/%
水分	203	4.37～12.10	7.73	142	—	—	61	—	—
蛋白质	203	18.47～30.49	24.67	142	20.12～30.49	24.83	61	18.47～28.55	24.29
脂肪	203	34.49～49.29	40.73	142	34.49～49.29	40.74	61	35.49～46.43	40.69

光谱仪器与测量：仪器采用 MB3600-PH 型 FT-NIR，波数范围 4000～12000cm^{-1}，分辨率 16cm^{-1}，扫描 64 次。

校正模型的建立：采用 HorizonMB 软件的 PLS 建模，结果表明，粉碎油菜籽的校正模型的评价参数较好，水分的模型采用 MSC＋一阶导数进行谱图前处理，PLS 的交叉验证 R^2 值为 0.953，RMSECV 为 0.189，RMSEC 为 0.434。蛋白质模型采用一阶导数＋SNV，交叉验证 R^2 值为 0.947，RMSECV 为 0.420，RMSEC 为 0.648。脂肪模型采用去趋势＋一阶导数，交叉验证的 R^2 值为 0.896，RMSECV 为 0.727，RMSEC 为 0.853。然而，整粒油菜籽中蛋白质和脂肪的 NIR-PLS 模型的评价参数不及粉碎油菜籽的，即整粒的建模效果不及粉末。

模型预测结果：将上述建立的粉碎油菜籽中水分、蛋白质和脂肪的定量校正模型对验证集进行预测，图 4-14 给出验证集样品的预测值与实际值之间的对应关系。可以看出，定量模型对三种组分的预测效果良好。该实例还应用统计学对模型的预测效果显著性进行了考察，结果表明，预测结果与真实值之间不存在显著性差异。

方法评价：FT-NIR-PLS 模型对油菜籽粉末的水分、蛋白质和脂肪的预测效果与实际值无显著差异，而整粒油菜籽定量模型的评价参数较差，该实例没有进一步做验证集的预测效果考察。实际应用中，准确、快速检测整粒油菜籽更有实际意义。

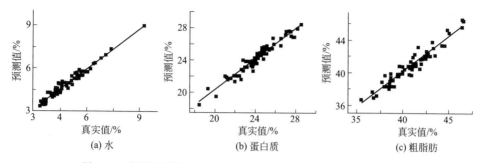

图 4-14　粉碎油菜籽中水分（a）、蛋白质（b）和粗脂肪（c）的
NIR-PLS 定量模型对验证集的预测情况

4.4.2　氨基酸组成分析

实例 25　NIR 漫反射光谱结合 MPLS 建立油菜籽中氨基酸组成的预测模型[34]

背景介绍：开展油菜籽氨基酸品质性状的遗传研究，对于改善其饼粕品质是油菜育种的重要内容。该实例通过建立油菜籽中氨基酸含量的 NIR 预测模型，达到快速测定不同发育时期油菜籽饼粕中氨基酸含量的目的。

样品与参考数据：收集 1998~2006 年间的油菜籽样品 621 份。样品去除脂肪后，以盐酸水解，用氨基酸自动分析仪测定菜籽饼粕中的天冬氨酸、苏氨酸、丝氨酸、谷氨酸、甘氨酸、丙氨酸、半胱氨酸、缬氨酸、蛋氨酸、异亮氨酸、亮氨酸、酪氨酸、苯丙氨酸、赖氨酸、组氨酸、精氨酸和脯氨酸等 17 种氨基酸含量（%）。

光谱仪器与测量：采用 NIR system 5000 型仪器，波长范围 1100~2498nm，间隔 2nm，每个样品取 3g 完整油菜籽，放入内径为 35mm 的样品圆形杯扫描，扫描 32 次，获得样品的 NIR 谱图。样品的 NIR 谱图的相似性很高，分别在 1136~1270nm、1318~1456nm、1458~1562nm、1654~1786nm、1830~1964nm、2034~2194nm 和 2256~2376nm 范围出现 7 个较强的吸收峰。

校正模型的建立：采用 WinISI 软件建立模型。首先选取样本，确定校正集与验证集，以软件中的集中程序（CENTER）计算每个样本谱图与平均谱图的马氏距离，剔除奇异样本 10 个；然后以选择程序（SELECT）计算样本谱图的相似性，将谱图最相似的样本剔除，筛选样本；最终确定具有代表性的 226 份样本组成校正集，55 份样本组成验证集（实际建模中不同氨基酸的校正集和验证集样本有所调整，见表 4-37 和表 4-38）。

光谱预处理对校正模型的结果影响较大。该实例采用标准正态变量变换（SNV）+去趋势算法（D）处理，加上二阶导数和平滑（2，4，4，1）处理谱图的效果较好，以改良的偏最小二乘法（MPLS）建立油菜籽中氨基酸含量校正模型。该模型的 R^2 较高，RMSEC 较低，预测性能较好（结果见表 4-37）。

表 4-37　基于 NIR 建立的油菜籽中氨基酸组成的校正模型及其验证参数

组成	校正集						验证集		
	数量	含量范围/%	平均值/%	SD 值	RMSEC	R^2	RMSECV	R^2	SD/RMSEC
天冬氨酸	216	1.366～3.964	2.665	0.433	0.095	0.952	0.118	0.927	3.682
苏氨酸	214	0.636～2.103	1.558	0.320	0.061	0.964	0.068	0.956	4.785
丝氨酸	210	0.633～2.133	1.557	0.323	0.083	0.932	0.090	0.919	3.514
谷氨酸	214	2.698～10.686	7.551	1.780	0.334	0.963	0.373	0.954	4.684
甘氨酸	221	0.668～2.768	1.848	0.425	0.074	0.970	0.081	0.963	5.221
丙氨酸	218	0.811～2.330	1.738	0.272	0.108	0.839	0.114	0.821	2.365
半胱氨酸	214	0.016～1.700	0.516	0.302	0.122	0.749	0.127	0.728	1.921
缬氨酸	207	1.599～5.578	2.693	1.025	0.512	0.620	0.541	0.579	1.537
蛋氨酸	219	0.154～0.852	0.535	0.145	0.062	0.800	0.064	0.784	2.154
异亮氨酸	217	0.525～1.996	1.425	0.291	0.085	0.914	0.092	0.899	3.133
亮氨酸	220	1.092～3.586	2.556	0.521	0.094	0.966	0.109	0.954	4.690
酪氨酸	222	0.439～1.465	0.986	0.209	0.073	0.877	0.077	0.861	2.687
苯丙氨酸	217	0.778～2.082	1.516	0.275	0.070	0.931	0.074	0.922	3.575
赖氨酸	214	0.448～2.925	2.194	0.595	0.100	0.972	0.116	0.962	5.128
组氨酸	219	0.231～1.368	0.982	0.295	0.046	0.976	0.049	0.971	5.901
精氨酸	217	0.702～3.251	2.339	0.501	0.093	0.965	0.120	0.941	4.105
脯氨酸	216	0.543～3.586	2.098	0.469	0.196	0.812	0.211	0.782	2.141
总量	216	14.696～49.356	34.749	6.764	1.493	0.950	1.651	0.938	4.022

表 4-38　基于 NIR 建立的油菜籽饼粕中氨基酸组成定量模型的外部验证结果

组成	验证集			外部验证结果			
	含量范围/%	平均值/%	SD 值	Bias	RMSEP	R^2	SD/RMSEP
天冬氨酸	1.577～3.595	2.709	0.402	−0.022	0.131	0.894	3.069
苏氨酸	0.752～2.029	1.585	0.279	−0.013	0.063	0.950	4.429
丝氨酸	0.815～2.019	1.591	0.273	−0.024	0.107	0.848	2.551
谷氨酸	3.714～9.730	7.629	1.593	−0.097	0.436	0.929	3.654
甘氨酸	0.759～2.483	1.073	0.337	−0.018	0.082	0.953	4.598
丙氨酸	0.998～2.243	1.744	0.227	−0.013	0.139	0.627	1.633
半胱氨酸	0.028～1.655	0.523	0.289	0.019	0.200	0.524	1.445
缬氨酸	1.608～5.350	2.591	0.940	0.119	0.756	0.358	1.243
蛋氨酸	0.206～0.812	0.539	0.137	−0.014	0.077	0.678	1.779
异亮氨酸	0.664～1.925	1.430	0.254	−0.032	0.102	0.840	2.490
亮氨酸	1.122～3.386	2.574	0.457	−0.022	0.100	0.952	4.570
酪氨酸	0.467～1.259	1.000	0.188	−0.007	0.068	0.870	2.765
苯丙氨酸	0.868～1.988	1.523	0.241	−0.029	0.083	0.882	2.904
赖氨酸	0.495～2.804	2.228	0.521	−0.053	0.154	0.913	3.383
组氨酸	0.316～1.272	1.000	0.260	−0.013	0.047	0.967	5.532
精氨酸	1.062～3.208	2.402	0.465	−0.008	0.106	0.948	4.387
脯氨酸	0.648～2.800	2.091	0.416	−0.033	0.195	0.783	2.133
总量	17.622～46.234	35.031	5.823	−0.408	1.745	0.910	3.337

模型预测结果：表 4-38 是模型的验证结果。结果表明，基于 NIR-MPLS 建立的油菜籽饼粕的氨基酸校正模型对于赖氨酸、亮氨酸、异亮氨酸、苯丙氨酸、苏氨酸、天冬氨酸、丝氨酸、谷氨酸、甘氨酸、酪氨酸、组氨酸和精氨酸 12 种氨基酸的预测效果比较好。然而，该模型对丙氨酸、半胱氨酸、蛋氨酸、缬氨酸和脯氨酸的预测能力较差。

方法评价：该实例通过近红外光谱对整粒油菜籽中的氨基酸组成进行了预测模型的建立，模型的校正集和验证结果较好。值得注意的是，实例是通过整粒油菜籽的近红外谱图对其中所含的多种氨基酸进行的定量预测，从而对遗传育种的油菜籽进行快速测定。

4.4.3　硫苷和芥酸的含量分析

实例 26　FT-NIR 漫反射光谱结合 PLS 建立油菜籽中的硫苷和芥酸的预测模型[35]

背景介绍：硫苷和芥酸是影响油菜籽油及其饼粕质量的两种有害成分，其含量的检测非常重要。传统的方法是采用钯复合物比色法测定硫苷，采用 GC 法测定芥酸，操作烦琐，耗时费力。该实例应用 NIR 建立快速、无损预测油菜籽中硫苷和芥酸的校正模型。

样品与参考数据：从印度各地收集的油菜籽样品总共 92 个，其中芥酸含量为 $0.5\% \sim 57.3\%$，硫苷的含量为 $15 \sim 130 \mu mol/g$。芥酸的含量采用 GC 测定。硫苷的总量采用四氯钯酸钠溶液与硫苷反应呈色，以酶标仪读取 405nm 处波长的吸光度计算得到。

光谱仪器与测量：仪器采用 NIR system，波数范围 $4000 \sim 12500 cm^{-1}$（$800 \sim 2500nm$），间隔 1nm，扫描 32 次。样品经干燥置于圆形样品杯采集 NIR 谱图。芥酸谱带位于 $7502.1 \sim 5444.6 cm^{-1}$，硫苷谱带位于 $7502.1 \sim 5444.6 cm^{-1}$ 和 $4601.6 \sim 4246.7 cm^{-1}$。

校正模型的建立：采用 OPUS 中的 PLS 建立校正模型，剔除界外样品后得到校正方程。芥酸为 $y = 0.976x + 1.0171$，硫苷为 $y = 0.9846x + 1.1344$。校正方程的相关性较好，芥酸校正模型的相关系数 $R^2 = 0.9716$，硫苷的 $R^2 = 0.9834$。它们对应的 RMSEC 分别为 2.7% 和 4.5%。

方法评价：该实例源自简讯报道，并没有给出油菜籽样品的光谱采集状态（整粒或粉碎）以及谱图。此外，模型预测结果也没有详细给出。但是，从该实例中芥酸和硫苷定量模型给出预测值与实际值的相关性，可以看出模型的定量效果较好，值得向实际应用推进。

4.5 棉籽

棉籽（*Gos sypium hirsutum* L.）是棉花的种子，是棉花加工脱去棉绒后的产物，是重要的油料之一。棉籽的主要营养成分集中于棉籽仁，棉籽仁的脂肪与蛋白质含量大约各占其干基的30%。此外，棉籽仁中还有约5%的纤维素和7%左右的水分和灰分，以及毒性成分棉酚等。棉籽仁脱脂后得到棉籽饼粕，棉籽饼粕中含有丰富的蛋白质（21%～28%）以及比例均衡的氨基酸，但是由于有毒成分棉酚的存在，棉籽饼粕需要经过脱毒处理才能用于饲料。

应用近红外光谱技术可以实现整粒棉籽（带壳）中脂肪、蛋白质、水分的快速测定，以及棉籽仁粉中脂肪酸组成、氨基酸组成和棉酚的测定。随着技术不断发展，越来越多的研究集中在针对整粒棉籽的快速检测方法研究。已有一些研究表明，应用近红外光谱技术可实现带壳棉籽的脂肪酸和氨基酸组成的快速、无损分析，但直接分析整粒棉籽的棉酚含量较困难。

4.5.1 脂肪、蛋白质等常规组分分析

实例 27 FT-NIR 漫反射与偏最小二乘法快速预测棉籽中的脂肪含量[36]

背景介绍：快速、无损检测棉籽的脂肪含量，有助于育种材料的鉴定和筛选。近年来建立的棉籽脂肪的 NIR 定量模型，大多存在破坏性、预测精度不高等缺点，该实例直接采用棉花种质资源为材料，建立 NIR 预测棉籽籽粒脂肪含量的模型。

样品与参考数据：样品为 118 份陆地棉，包括常规陆地棉和杂交优质创新材料和高脂肪含量材料等。样品中的脂肪含量按照我国相关标准方法测定。

光谱仪器与测量：用 FT-NIR 仪器（MPA）采集样品谱图，将约 30g 样品置于旋转样品池中，漫反射扫描，波数范围 5446～8848cm^{-1}，分辨率 32cm^{-1}。

校正模型的建立：软件采用 OPUS。随机取 106 份组成校正集，其余 12 份组成验证集。校正集与验证集样品脂肪含量见表 4-39。光谱预处理方法采用一阶导数和 MSC，以 PLS 建立模型，模型的决定系数 R^2 为 0.975，RMSEC 为 0.67。

表 4-39 校正集与验证集样品中的脂肪含量

项目	样品数(n)	含量范围/%	平均值/%	SD
校正集	106	24.65～40.34	31.74	3.89
验证集	12	25.68～39.03	31.78	4.27

模型预测结果：采用外部验证模型的预测能力，结果表明，预测结果误差为 0.1%～1.7%，预测值与实际值的相关系数为 0.978。

方法应用与评价：该实例模型用于784份遗传变异棉花育种材料（561份优良品系Ⅰ、147份审定的棉花品种Ⅱ和76份杂交组合材料Ⅲ）的脂肪含量预测，结果表明，预测值为24.77%～37.94%，变异系数为7.93%（表4-40）。

表 4-40　FT-NIR-PLS 校正模型预测棉籽育种材料的脂肪含量

项目	样品数(n)	含量范围/%	平均值/%	变异系数/%
全部样品	784	24.77～37.94	28.10	7.93
Ⅰ	561	24.78～37.94	28.08	7.83
Ⅱ	147	24.77～36.12	28.49	9.23
Ⅲ	76	25.35～30.58	27.51	4.58

实例 28　NIR 外反射光谱结合非线性方法预测整粒棉籽的脂肪和蛋白质含量[37]

背景介绍：以往有关 NIR 技术无损分析棉籽成分的报道缺乏整粒棉籽材料的校正模型，该实例以 NIR 扫描整粒棉籽，建立无损、快速分析棉籽组分的预测模型，为棉花育种服务。

样品与参考数据：于2008～2009年收集浙江和海南的385份棉花种子材料，经脱绒、洗净、晒干，得到整粒棉籽样本。脂肪和蛋白质测定是在整粒棉籽经过NIR扫描后，剥壳得到整粒棉籽仁，磨成粉末，分别按照国家标准 GB/T 14488.1—2008 和 GB/T 14489.2—2008 测定（单位以质量分数表示）。

光谱仪器与测量：采用 NIR system 5000，波长范围 1100～2498nm，间隔2nm。棉籽经脱绒、晒干后得到光籽进行 NIR 扫描。每个样品一式两份，每份扫描2次，即第一次扫描后旋转90°再扫描一次，这样每份样品就得到4张光谱图，其最终谱图是4张谱图的平均值。

校正模型的建立：光谱采集采用软件 WinISI，光谱预处理软件采用 Unscrambler，模型建立采用 Matlab。模型校正集与验证集的划分采用 K-S 算法，230份组成校正集，155份组成验证集（各样品集中的蛋白质和脂肪的含量数据见表4-41）。谱图预处理方法采用 SNV、二阶导数和 S-G 卷积平滑（平滑点11）。通过反复优化，该实例通过蒙特卡罗的无信息变量消除法（Monte Carlo uninformative variable elimination，MC-UVE）选择光谱变量，建立最小二乘-支持向量机（LS-SVM）定量模型，该模型的评价参数见表4-42。

表 4-41　NIR-LS-SVM 模型校正集和验证集的样品

成分	校正集				验证集			
	数量(n)	浓度范围/%	均值/%	SD	数量(n)	浓度范围/%	均值/%	SD
脂肪	230	22.30～41.98	31.46	3.70	155	22.68～40.14	30.68	3.41
蛋白质	230	33.49～53.42	44.11	4.76	155	34.56～55.13	45.12	4.49

表 4-42　整粒棉籽中脂肪和蛋白质含量模型的评价参数

成分	模型	变量	RMSECV	RMSEP	R^2	RPD
蛋白质	PLS	690	1.277	1.215	0.935	3.918
	MC-UVE-PLS	48	1.118	1.104	0.947	4.310
	LS-SVM	690	1.161	1.024	0.954	4.646
	MC-UVE-LS-SVM	48	1.133	0.977	0.959	4.871
脂肪	PLS	690	1.033	1.090	0.913	3.391
	MC-UVE-PLS	77	0.909	0.919	0.939	4.021
	LS-SVM	690	0.972	0.912	0.940	4.050
	MC-UVE-LS-SVM	77	0.845	0.834	0.950	4.429

　　模型预测结果：应用优化得到的 MC-UVE-LS-SVM 定量模型对验证集中的样品进行预测，模型对脂肪和蛋白质的预测值与实际值之间显示了良好的相关性。

　　方法评价：非线性的 LS-SVM 方法的预测效果优于线性的 PLS 方法，这可能是由于光谱扫描过程中的噪声等系统变量影响了光谱数据，使之增加了一些非线性因素。此外，光谱变量的选择也明显提高了模型的预测能力。说明光谱数据中存在许多无信息变量，采用适当的方法剔除无用信息，可以提高模型的稳定性和可靠性。

4.5.2　脂肪酸组成分析

　　实例 29　NIR 结合非线性方法无损预测带壳棉籽的脂肪酸组成[38]

　　背景介绍：棉籽是一种生物柴油来源，生产生物柴油时非常关注原料的脂肪酸组成。传统脂肪酸分析采用 GC 法，操作烦琐、耗时。因此，人们尝试采用 NIR 建立脂肪酸的快速测定方法。已有文献建立了棉籽仁粉末中脂肪酸含量的 NIR 预测模型，该实例建立了带壳棉籽的脂肪酸分析模型。

　　样品与参考数据：385 份棉籽经脱绒、洗净、晒干，得到整粒棉籽光籽。棉籽中脂肪组成采用 GB/T 17377—2008 测定，结果见表 4-43。

表 4-13　棉籽中的脂肪酸组成情况

脂肪酸	均值/(mg/g)	最小值/(mg/g)	最大值/(mg/g)	标准差(SD)	RSD/%
棕榈酸	7.45	5.07	10.24	0.97	13
硬脂酸	1.01	0.64	1.54	0.20	20
油酸	5.55	3.12	9.07	1.33	24
亚油酸	16.52	12.25	21.41	1.41	9
饱和脂肪酸	8.46	5.79	11.37	1.09	13
不饱和脂肪酸	22.07	16.15	29.81	2.44	11

　　光谱仪器与测量：同实例 28。

　　校正模型的建立：同实例 28。实例分别通过光谱变量处理（MC-UVE）后以 PLS 和 LS-SVM 建立校正模型，两个模型的评价参数见表 4-44，很明显 LS-

SVM 模型更优。

表 4-44　基于近红外光谱建立的带壳棉籽中脂肪酸组成的

两种定量模型的评价参数

脂肪酸	变量	MC-UVE-PLS				MC-UVE-LS-SVM			
		RMSECV	RMSEP	R^2	RPD	RMSECV	RMSEP	R^2	RPD
棕榈酸	66	0.433	0.386	0.856	2.600	0.405	0.376	0.863	2.669
硬脂酸	40	0.094	0.087	0.823	2.332	0.082	0.070	0.881	2.880
油酸	82	0.707	0.611	0.792	2.188	0.621	0.533	0.843	2.508
亚油酸	82	0.685	0.717	0.752	2.005	0.674	0.653	0.806	2.202
饱和脂肪酸	70	0.430	0.386	0.883	2.920	0.401	0.373	0.894	3.023
不饱和脂肪酸	60	0.751	0.778	0.905	3.226	0.715	0.723	0.917	3.473

　　方法评价：该实例应用 NIR 快速、无损分析带壳棉籽中的脂肪酸组成。变量选择方法 MC-UVE 可以消除光谱信息中的噪声等无用信息，提高了模型的预测能力。与粉末样品相比，带壳样品的光谱图更适用于非线性的建模方法。

4.5.3　氨基酸组成分析

　　实例 30　NIR 结合改进偏最小二乘法预测棉籽中的 17 种氨基酸含量[39]

　　背景介绍：棉籽的氨基酸组成均衡，是很好的氨基酸资源。传统的氨基酸测定方法价格昂贵且操作烦琐。NIR 仪器价格低廉、快速简便，该实例建立 NIR 预测模型。

　　样品与参考数据：共 445 份棉籽样品。氨基酸测定是将样品剥壳后磨成粉末，水解后注入氨基酸分析仪测定。结果表明，棉籽中氨基酸总量约为 39.56%，其中谷氨酸、精氨酸、天冬氨酸的含量较高，半胱氨酸、蛋氨酸等的含量较低。7 种必需氨基酸占氨基酸总量的 29.8%，除蛋氨酸之外，其余几种必需氨基酸的含量较为丰富（表 4-45）。

表 4-45　棉籽中的氨基酸组成情况

氨基酸	平均值/%	标准偏差	变化范围	氨基酸	平均值/%	标准偏差	变化范围
天冬氨酸 Asp	3.85	0.394	3.17～4.88	异亮氨酸 Ile	1.3	0.109	1.08～1.53
苏氨酸 Thr	1.29	0.102	1.13～1.77	亮氨酸 Leu	2.42	0.199	2.09～2.84
丝氨酸 Ser	1.64	0.125	1.40～1.95	酪氨酸 Tyr	1.13	0.137	0.86～1.58
谷氨酸 Glu	9.18	0.865	7.62～10.95	苯丙氨酸 Phe	2.5	0.232	2.08～2.99
甘氨酸 Gly	1.75	0.129	1.51～2.02	赖氨酸 Lys	1.91	0.152	1.64～2.23
丙氨酸 Ala	1.62	0.124	1.40～1.94	组氨酸 His	1.22	0.126	1.02～1.59
半胱氨酸 Cys	0.42	0.042	0.34～0.71	精氨酸 Arg	5.44	0.587	4.36～6.82
缬氨酸 Val	1.82	0.146	1.57～2.18	脯氨酸 Pro	1.52	0.203	1.02～4.22
蛋氨酸 Met	0.55	0.047	0.46～0.66	总氨基酸	39.56	3.532	33.50～47.39

光谱仪器与测量：采用 NIR system 5000，波长范围 1100~2498nm，间隔 2nm。棉籽样品置于直径为 35mm 石英窗的圆形样品杯中扫描。

校正模型的建立：采用 WinISI 软件分析数据，建立模型。以 CENTER 程序计算马氏距离，剔除异常样品（GH＞3.0），最终选取 296 个样品组成校正集，148 个样品组成验证集（外部）。光谱预处理方法采用导数处理方法、SNV 与去趋势，结合不同的回归方法，根据 RMSEC 和 RMSECV 最小化与 R^2、（1－VR）和 RPD 最大化建立了最优的氨基酸 MPLS 定量校正模型（表 4-46）。结果表明，天冬氨酸、苏氨酸、谷氨酸、甘氨酸、丙氨酸、缬氨酸、异亮氨酸、亮氨酸、苯丙氨酸、赖氨酸、组氨酸和精氨酸 12 种氨基酸均获得了较好的定标模型，其 RPD 值的变化范围为 3.735~7.132，且具有较高的 R^2 值和（1－VR），较低的 RMSEC、RMSECV，达到了替代化学分析所需的准确度。丝氨酸、蛋氨酸、酪氨酸和脯氨酸 4 种氨基酸的模型一致，其 RPD 值的变化范围为 2.205~2.814，小于 3.0，说明其定标模型的精确度不能完全代替化学方法，但仍然可以用于样品筛选，以了解其大致的变化趋势。半胱氨酸的定标模型的 RPD 值为 1.358，说明近红外光谱方法无法应用于半胱氨酸的定量分析。

模型预测结果：采用 148 份外部验证集的棉籽材料对上述氨基酸定标模型进行外部验证（表 4-46）。天冬氨酸等 12 种氨基酸的 RPD 值大于 3，而丝氨酸等 4 种氨酸的 RPD 值介于 2~3 之间，半胱氨酸的 RPD 值小于 2。说明天冬氨酸等 12 种氨基酸基本可以采用 NIR 测定，而丝氨酸等 4 种氨基酸只能采用 NIR 方法筛选，半胱氨酸的含量不能用 NIR 测定。该结论也可从外部验证集的预测值与实际值的相关性得到证明。

表 4-46　基于近红外光谱建立的带壳棉籽中氨基酸组成的
两种定量模型的评价参数

氨基酸	定标						检验			
	N	R^2	SEC	1－VR	SECV	RPD_c	N	r^2	SEP	RPD_v
天冬氨酸 Asp	296	0.987	0.045	0.978	0.057	6.792	148	0.964	0.072	5.264
苏氨酸 Thr	296	0.947	0.023	0.945	0.024	4.249	148	0.916	0.028	3.500
丝氨酸 Ser	296	0.834	0.052	0.832	0.052	2.427	148	0.800	0.057	2.228
谷氨酸 Glu	296	0.981	0.120	0.975	0.139	6.234	148	0.972	0.148	5.939
甘氨酸 Gly	296	0.966	0.024	0.956	0.027	4.734	148	0.951	0.029	4.448
丙氨酸 Ala	296	0.974	0.020	0.970	0.021	5.765	148	0.962	0.024	5.083
半胱氨酸 Cys	296	0.493	0.026	0.463	0.027	1.358	148	0.438	0.029	1.310
缬氨酸 Val	296	0.962	0.029	0.953	0.032	4.593	148	0.929	0.040	3.675
蛋氨酸 Met	296	0.883	0.017	0.875	0.017	2.814	148	0.826	0.019	2.263
异亮氨酸 Ile	296	0.969	0.019	0.959	0.022	4.933	148	0.942	0.026	4.154
亮氨酸 Leu	296	0.970	0.035	0.967	0.036	5.510	148	0.963	0.038	5.237
酪氨酸 Tyr	296	0.811	0.054	0.795	0.057	2.205	148	0.830	0.060	2.317
苯丙氨酸 Phe	296	0.954	0.050	0.947	0.053	4.330	148	0.926	0.063	3.651

氨基酸	定标						检验			
	N	R^2	SEC	1－VR	SECV	RPD_c	N	r^2	SEP	RPD_v
赖氨酸 Lys	296	0.976	0.024	0.973	0.025	6.000	148	0.961	0.029	5.138
组氨酸 His	296	0.936	0.032	0.929	0.034	3.735	148	0.910	0.037	3.297
精氨酸 Arg	296	0.986	0.070	0.981	0.082	7.132	148	0.979	0.085	6.894
脯氨酸 Pro	296	0.822	0.058	0.817	0.059	2.326	148	0.826	0.061	2.377

方法评价：NIR 模型预测氨基酸的效果优劣的关键之一是参考值获取方法是否科学可靠。实例中氨基酸测定统一采用盐酸水解后注入氨基酸自动分析仪测定，这种方法只能得到 17 种氨基酸的含量，而且其中的丝氨酸和酪氨酸由于含有羟基在水解时容易被破坏，半胱氨酸和蛋氨酸容易被氧化，因此，这几种氨基酸的化学测定结果不够稳定、可靠，从而使得其对应的定量模型的预测效果不佳。此外，模型的预测效果也与氨基酸的含量与变异范围相关。含量越低，预测效果越差，如蛋氨酸和半胱氨酸；变异范围大，氨基酸的预测效果也不好，如脯氨酸。

4.5.4　棉酚含量的测定

实例 31　NIR 结合非线性校正方法预测整粒棉籽和棉籽仁粉的棉酚含量[40]

背景介绍：棉籽中含有对人畜有毒的棉酚及其衍生物，使得棉籽的营养物质无法充分利用。传统检测棉籽及棉籽饼粕中游离棉酚的方法操作烦琐、耗时，并且消耗大量有毒试剂。该实例建立棉籽棉酚含量的 NIR 模型，为棉籽分析和棉花育种提供新的分析方法。

样品与参考数据：于 2010～2012 年收集了 404 份棉花种子，经处理得到整粒棉籽样品。棉籽样品经 NIR 扫描后，剥壳、磨粉、过筛得到棉籽仁粉末。棉酚含量以 HPLC 测定，404 份棉籽中棉酚的平均含量为 0.644%，含量范围为 0.301%～1.193%（SD 0.180）。

光谱仪器与测量：NIR Flex-500 近红外光谱仪，波数范围 4000～10000cm^{-1}，间隔 4cm^{-1}。分别扫描每份样品的整粒棉籽和棉籽仁粉的 NIR 谱图。

校正模型的建立：采用 K-S 算法，选择其中 303 份样品作为校正集，剩下 101 份样品组成验证集。谱图预处理采用 SNV、一阶导数和 S-G 卷积平滑（11 点平滑），确定棉籽仁粉的最优校正模型为非线性的 MC-UVE-WLS-SVM 模型，确定整粒棉籽的最优模型为 MC-UVE-LS-SVM 校正模型。

模型预测结果：棉籽仁粉中棉酚的最优定量模型的 R^2 为 0.9331，RMSECV 为 0.0714，RMSEP 为 0.0422，RPD 为 3.8347。整粒棉籽中棉酚的定量模型的 R^2 为 0.6054，RMSECV 为 0.1057，RMSEP 为 0.0787，RPD 为 2.1692。棉籽仁粉的

模型预测能力明显优于整粒棉籽的。棉籽仁粉的校正模型可以用于棉籽中棉酚的含量测定，但整粒棉籽的模型不能满足准确棉酚含量的要求。

方法评价：整粒棉籽由于带有致密的棉籽壳，以及整粒种子的颗粒状态等带给光谱信息的采集、分析和提取误差。整粒棉籽放置在样品池中的密实程度，也会影响样品的扫描谱图，从而引入大量非目标信息干扰，造成光谱不稳定，导致整粒棉籽棉酚含量校正模型的预测性能不理想。

4.6 玉米种子

玉米的主要成分是淀粉。玉米胚占到玉米总质量的10%，是一种很好的油料。通常，玉米胚中的脂肪含量为17%～45%，大约占玉米脂肪总量的80%以上，玉米油就是从玉米胚中提取出来的油脂。玉米油的稳定性好、营养丰富，含有86%的不饱和脂肪酸，其中56%是亚油酸，此外还含有维生素E、谷固醇和磷脂等。

近红外光谱分析技术在玉米的组分含量分析、品种鉴别（真实性检验）、霉变判定及玉米淀粉掺假等领域均有研究与应用。限于篇幅，本节仅选取几个典型实例说明NIR结合化学计量学方法在玉米定性定量分析中的应用研究。

4.6.1 脂肪、蛋白质、水分等组分测定

实例32 应用近红外光谱预测完整玉米种子中的脂肪含量[41]

背景介绍：在玉米品种选育与基因改造过程中，玉米种子的脂肪含量是评价育种效果的主要参数之一。传统的脂肪测定方法操作烦琐，费力耗时，因此尝试建立快速的NIR方法预测玉米的脂肪含量。

样品与参考数据：收集来自乌拉圭的256个玉米种子样品。样品的脂肪含量按照AOAC（1990）抽提法测定。

光谱仪器与测量：NIR systems 6500光谱仪，波长范围400～2500nm，间隔2nm。将约30g样品置于旋转样品池中，漫反射扫描32次。

校正模型的建立：数据采集采用WinISI软件，数据处理采用Unscrambler。首先对样品进行选择，以CENTER程序设定边界，设定马氏距离（H）大于3.0的为界外样品；然后运用SELECT算法进行有效性选择，设定邻近距离为0.6。经过变量选择的校正集和验证集分别由128个样品组成，其中校正集样品的脂肪含量范围为3.1%～5.3%，平均值为4.31%，标准偏差为0.41。验证集样品的脂肪含量范围为2.9%～5.6%，平均值为4.27%，标准偏差为0.48。谱图预处理采用取二阶导数、S-G平滑（二次多项式，20点平滑）和SNV，谱图经PCA降维后采用PLS建立定量模型，模型经过交叉验证得到的评价参数见

表 4-47。定量模型同时经过验证集样品进行外部验证。

表 4-47　玉米种子中脂肪含量的最优校正模型及其交叉验证的评价参数

样品集	数量(n)	R^2	RMSECV	RMSEP	Bias	RPD
校正集	128	0.92	0.17	—	0.0016	2.41
验证集	128	0.90	—	0.21	0.018	2.3

方法应用与评价：该实例应用 NIR 结合 PCA-PLS 建立了玉米种子的脂肪预测模型，该模型的校正集和验证集的 RPD 值均小于 3.0，脂肪预测值与实际值的相关性也存在偏差，说明该方法只能用于玉米中油脂含量的初步筛选，还不能用于脂肪定量测定。

实例 33　NIR 同时预测玉米中 4 种组分的含量[42]

背景介绍：玉米是食用油、乙醇燃料和饲料的重要来源。测定玉米中的淀粉、水分、脂肪和蛋白质含量对于玉米的生产加工具有重要意义。该实例应用 NIR 建立玉米中多个参数的预测模型。

样品数据和谱图扫描：样品的水分、脂肪、淀粉和蛋白质等实际测试数据与近红外漫反射光谱图（扫描范围是 1100～2498nm，间隔 2nm）均直接从网上 http://www.eigenvector.com/data/Corn 获得。实例选择了 80 个样品的数据。

校正模型的建立：选取其中 60 个样品组成校正集，其余 20 个组成验证集（表 4-48）。校正模型的建立采用 PLS。

表 4-48　组成校正集与验证集的玉米样品情况

样品集	数量(n)	水分/%	脂肪/%	淀粉/%	蛋白质/%
校正集	60	10.18(0.34)	3.52(0.16)	64.67(0.83)	8.71(0.49)
验证集	20	10.39(0.45)	3.42(0.2)	64.77(0.8)	8.54(0.53)

模型预测结果：该实例重点讨论了建模过程中不同的主因子数对预测结果的影响，当主因子数从 1 变到 10 时，主因子数越大，PLS 模型的预测值越接近于真实值。对于水分的定量模型，PLS 的主因子数应选择 5 以上。实例选择 4 种组分的 PLS 因子数为 10。表 4-49 为 4 种组分最优 NIR-PLS 模型的预测结果。

表 4-49　玉米中多组分 NIR-PLS 模型（PLS 主因子数为 10）的预测结果

成分	最大误差	标准偏差	相关系数
水分/%	0.225	0.01	0.999
脂肪/%	−0.369	0.10	0.989
淀粉/%	0.335	0.15	0.984
蛋白质/%	−0.492	0.14	0.967

方法评价：该实例建立的 NIR-PLS 模型对 20 个验证集样品的预测效果良好，从理论上实现了 NIR 快速、同时测定玉米中多组分含量的目的。但实例没有详细说明玉米样品的 NIR 谱图如何采集，也就是说，该模型是针对整粒玉米

还是玉米粉末并没有说明。因此，该模型的实际应用还需进一步验证。

实例 34 NIR 快速预测玉米 DDGS 中多种营养成分的含量[43]

背景介绍：玉米 DDGS（distillers dried grains with solubles）是玉米干酒糟及其可溶物，就是含有可溶固形物的干酒糟。在玉米发酵制取乙醇的过程中，淀粉被转化成乙醇和二氧化碳，其他营养成分，如蛋白质、脂肪和纤维素等均留在酒糟中。同时，由于微生物的作用，酒糟中还含有发酵过程中生成的维生素、氨基酸等营养物质。因此，玉米 DDGS 具有高能、高蛋白的营养特点，对动物肠道健康有一定的积极作用，目前已成为一种备受关注的新型饲料原料。然而，由于原料来源、生产工艺、可溶物与湿酒糟的混合比例等因素的影响，其营养组成变异很大，从而影响了其在动物生产中的有效利用。为了科学有效利用玉米 DDGS，迫切需要建立一种快速方法，以便对每批产品的实际养分含量进行检测。该实例建立了玉米 DDGS 中 8 项重要营养成分，包括水分、粗蛋白、粗脂肪、粗纤维、中性洗涤纤维（NDF）、酸性洗涤纤维（ADF）、粗灰分及总磷的近红外反射光谱预测模型。

样品与参考数据：于 2007～2008 年收集于我国 18 个 DDGS 生产厂家的 93 个玉米 DDGS 样品，粉碎至 0.50mm，密封冷冻保存。样品中的水分、粗蛋白、粗脂肪、粗纤维、NDF、ADF、粗灰分和总磷等参考数据均参照相应的国家和国际标准测定。

光谱仪器与测量：NIR systems 6500 型光谱仪，样品装载于矩形杯（5.7cm×4.6cm）中，扫描范围 400～2498nm，间隔 2nm 获得玉米 DDGS 的 NIR 谱图。

校正模型的建立：样品按照 3∶1 的比例，随机取 70 个样品组成校正集，其余 23 个样品组成验证集用于外部验证（表 4-50）。软件采用 WinISI。谱图预处理方法采用 SNV+D 和加权的 MSC（WMSC）去除散射，同时进行导数与平滑处理。建模方法采用 MPLS。模型以最小的 RMSECV 确定最佳主因子。以全局距离（GH≥10）判断和剔除异常值。以最高交互验证决定系（1−VR）和最低 SECV 值确定最佳定标模型（表 4-51）。

表 4-50 构建定标模型的校正集和验证集的样品情况

成分	校正集				验证集			
	数量(n)	浓度范围/%	均值/%	SD	数量(n)	浓度范围/%	均值/%	SD
水分	70	4.55～12.57	8.87	1.613	23	5.18～11.68	9.05	1.678
粗蛋白	70	22.26～31.12	26.73	1.887	23	23.92～30.88	26.95	1.823
粗脂肪	70	2.69～16.59	9.85	3.069	23	3.58～15.87	10.16	3.308
粗灰分	70	2.10～6.84	4.56	1.017	23	1.87～5.92	4.38	0.951
总磷	70	0.04～0.69	0.40	0.150	23	0.06～0.56	0.39	0.125
NDF	70	34.44～60.63	42.85	5.886	23	35.37～51.46	42.39	4.462
ADF	70	8.96～28.35	13.01	3.810	23	9.12～18.57	12.47	2.815
粗纤维	70	7.02～22.65	9.93	2.625	23	7.72～12.33	9.65	1.518

表 4-51　基于 NIR-MPLS 的定标模型（$n=70$）的谱图预处理方法与性能参数

成分	去散射	导数	主成分数	定标结果				交互验证结果		
				n	平均值	SD	SEC	RSQ$_{cal}$	SECV	$1-$VR	RPD$_{cv}$
水分	WMSC	1,10,10,1	12	69	8.85	1.615	0.194	0.99	0.257	0.98	6.28
粗蛋白	SNVD	2,10,10,1	13	68	26.64	1.845	0.200	0.99	0.474	0.94	3.89
粗脂肪	WMSC	2,10,10,1	10	68	9.76	3.002	0.143	0.99	0.232	0.99	12.92
粗灰分	SNVD	2,10,10,1	10	68	4.60	1.008	0.254	0.94	0.458	0.80	2.20
总磷	SNVD	0,0,1,1	10	68	0.40	0.151	0.044	0.91	0.057	0.86	2.64
NDF	WMSC	2,4,4,1	7	69	42.83	5.928	1.180	0.96	2.029	0.89	2.92
ADF	SNVD	2,10,10,1	10	67	12.77	3.650	0.568	0.98	0.995	0.93	3.67
粗纤维	WMSC	2,10,10,1	10	68	9.75	2.155	0.456	0.96	0.722	0.89	2.99

注：WMSC 为加权的多元散射校正，SNVD 为标准正态变换与去趋势变换；导数的四个数字依次代表导数处理的阶数、导数的数据间隔、平滑点数及二次平滑点数。

模型预测结果：二阶导数处理的模型具有较好的预测效果，不同营养成分之间最佳的去散射方法有所不同。各营养成分的 R^2 大于 0.90，（$1-$VR）为 0.80～0.99。交互验证的 RPD 值均高于 2.5，基本可以用于日常检测。验证集的 23 个样品的外部验证结果（未列出）表明，除粗灰分和总磷外，其他成分的外部验证 RPD 值也都高于 2.5。

方法评价：该实例为了提高定标模型的预测能力，将全部的 93 个样本作为定标样品进行模型的建立与内部验证（未列出），结果表明，虽然样本数仅增加了 23 个，其定标模型的性能参数就有了很大的改善，R^2 值大于 0.94，（$1-$VR）$\geqslant$0.89，RPD 值为 2.98～14.85，表明随着样品量的增加，模型的预测精度和稳定性进一步提高。说明实际应用中，建立模型的样本量对于预测结果具有重要作用。

4.6.2　霉变玉米的判别

实例 35　FT-NIR 结合非线性方法判别玉米是否发生霉变[44]

背景介绍：我国每年因玉米霉变造成的损失很大。霉变不仅影响玉米产量，而且严重降低玉米品质，产生严重危害人畜健康的毒素。因此，对霉变玉米的及时检出非常重要。常规检测霉变玉米的方法有酶联免疫法、液相色谱法等，存在操作烦琐、检测费用高等缺点，该实例尝试应用近红外光谱建立快速检测霉变玉米的方法。

样品与参考数据：用 2012 年收集的 150 粒自然感染霉菌的玉米建立模型。2013 年收集的 90 粒玉米用于方法验证。所有样品根据霉变程度分为没有明显霉菌损害的无症状组（A），霉变面积占玉米颗粒表面的 20％～70％的中度霉变组（B），霉变面积几乎覆盖整个玉米颗粒表面的重度霉变组（C）。

光谱仪器与测量：MPA 型 FT-NIR，波数范围 $4000\sim12000\,\mathrm{cm}^{-1}$，分辨率 $4\,\mathrm{cm}^{-1}$。数据分析采用 OPUS 和 Matlab。样品采集时对每粒玉米颗粒胚芽面进行扫描，扫描 64 次得到样品 NIR 谱图（未显示）。结果表明，在 $4000\sim9000\,\mathrm{cm}^{-1}$ 范围内，三组样品的吸光度有明显区别，其中无症状组颗粒的吸光度最高，中度霉变颗粒的次之。

校正模型的建立：选取三组不同霉变程度的玉米各 30 粒（共 90 粒）组成校正集，其余 60 粒组成验证集。谱图不进行预处理，谱图数据以主成分数为 5 进行 PCA 降维处理后，采用 SVM 建立判别模型。

模型预测结果：基于 FTNIR-SVM 建立的判别模型对校正集和验证集的预测准确率分别为 93.3% 和 91.7%，模型对验证集（60 个）中的 5 个中度霉变玉米产生判别错误。模型对于 2013 年的样品的判别准确率为 87.8%。

方法评价：该模型具有一定的可行性，但应用前景不佳，原因是实例中的霉变玉米的程度较深，在肉眼即可以识别的情况下，应用近红外光谱的意义并不大。另外，该方法并不能替代传统的液相色谱等对中痕量毒素的测定。

4.6.3 玉米种子纯度的鉴别

实例 36 NIR 快速鉴别玉米杂交种的纯度[45]

背景介绍：我国玉米生产主要依靠杂交种，种子纯度的鉴定是保障种子质量的核心，影响玉米杂交种纯度的主要原因是母本在杂交种子中混杂。目前鉴定玉米杂交种纯度的方法主要分为田间鉴定和室内鉴定两大类。田间鉴定是将样品在田间播种，该方法是传统的纯度鉴定方法，但最大的缺陷是时间长、费用高、用地较多。室内鉴定有形态学鉴定技术、电泳谱带鉴定技术、分子标记鉴定法等，也存在操作复杂、成本较高、耗时长、不能实时分析等问题。近红外光谱分析技术快速、廉价、绿色环保，在玉米杂交种纯度鉴定方面的研究也屡见不鲜。但现有研究大多需要将种子粉碎后进行分析，不能实现对种子进行无损、实时检测，也不能分选出杂交种子中混合的母本单粒种子，而且没有研究不同制种地的杂交种和母本是否可分。该实例应用 NIR 对玉米杂交种及其母本做定性识别，并研究鉴别模型对于样品光谱采集的时间、地点、环境以及样品来源变动的稳健性。

样品与参考数据：玉米种子样品为 NH101 杂交种（HCB）和母本（HFP），另外一种为 NH101 杂交种（MCB）和母本（MFP）。实验在 5 个时间段进行（$T_1\sim T_5$），时间跨度长达 10 个月，每个时间段包含 4 天或 7 天，每天从大袋种子中随机抽取实验样品，测量一次光谱。

光谱仪器与测量：MPA 型 FT-NIR 仪器，波数范围 $12000\sim4000\,\mathrm{cm}^{-1}$，分辨率 $32\,\mathrm{cm}^{-1}$，扫描 32 次。样品为单籽粒，采用小样品池测定，测量时将玉米种子胚面朝下放置，多次随机取样采集。

校正模型的建立：光谱采集与数据转换软件采用 OPUS，数据分析采用 Mat lab。波数范围选取 $9000 \sim 4000 cm^{-1}$，光谱数据预处理依次采用移动窗口平均（窗口为 9）、一阶差分导数（差分宽度为 9）和矢量归一化。采用主成分分析将数据维数降至 10 维（累积贡献率大于 98%），再用线性判别分析方法将数据降至 2 维。采用仿生模式识别方法（BPR）对 NH101 的母本和杂交种进行建模和测试。使用二权值神经元作为基本覆盖单元，运用最小生成树的方法连接基本覆盖单元，建立玉米母本和杂交种的仿生模式识别模型。为了能够表示出各类种子样品集差异的大小，定义它们在特征空间的相对距离 R_{ij}（$R_{ij} = D_{ij} / \sqrt{W_i W_j}$）。式中，$R_{ij}$ 为第 i 类和第 j 类的相对距离；D_{ij} 为第 i 类和第 j 类重心的平方欧式距离；W_i 和 W_{ij} 为第 i 类和第 j 类内部的评价离差平方和。R_{ij} 的值越大，表明第 i 类和第 j 类样品集的差异越大。定性分析中两个样品集的相对距离可以评价两类样品的分类能力。模型的性能采用正确识别率、正确拒识率与相对距离等参数进行评价。

图 4-15 是建模的优化过程。图 4-15(a) 为 T_1 时间段的原始谱图，两组光谱混杂在一起，无法区分。图 4-15(b) 是原始谱图经 PCA 降为 2 维，此时样品集

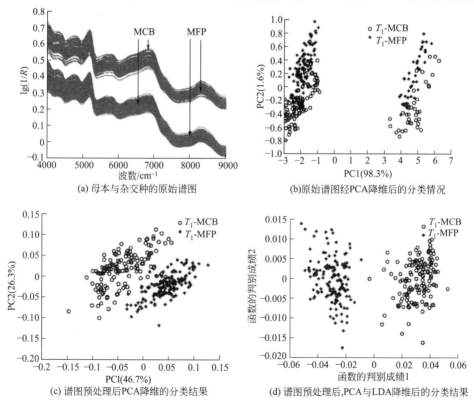

(a) 母本与杂交种的原始谱图

(b) 原始谱图经PCA降维后的分类情况

(c) 谱图预处理后PCA降维的分类结果

(d) 谱图预处理后,PCA与LDA降维后的分类结果

图 4-15 玉米种子的纯度鉴定方法的建模优化过程

分为两部分，但还是不能区分母本和杂交种。图 4-15(c) 是原始谱图经预处理后，再用 PCA 降为 2 维的分类结果，此时母本和杂交种已经分为两类。图 4-15(d) 是原始谱图经预处理后，先用 PCA 降到 10 维，然后用 LDA 降到 2 维后的分类情况，结果表明，相对距离增大到 2.0374，识别率达到 100%，此为最优的建模方法。

模型预测结果：上述玉米种子杂交种的纯度鉴别模型仅仅采用了一个时间段的样品集。其对其他时间段采集样品的预测效果不佳。于是，实例通过上述建模方法以多个时间段样品集建立了识别模型，模型的预测效果非常好，对同一地区采集的母本、杂交种的正确识别率和拒识率均达到了 100%（表 4-52）。同时，实例也考察了模型对不同区域（来源）玉米种子的预测稳健性，结果表明，应用同一产地和年份的样品集建立的模型不能预测不同产地和年份的种子。因此，稳健的模型应当采用不同产地、不同年份和采集时间段的样品集建立模型，实例中给出了该模型的预测结果（表 4-52）。

表 4-52   玉米种子杂交种纯度模型预测不同采集时间
与产地来源样品的稳健性考察

样品集	验证集	相对距离	正确识别率/%	正确拒识率/%
$T_1+T_2+T_4+T_5$（建模集）	MCB	20.3	100	100
	MFP		100	100
$T_1+T_3+T_5$（建模集）	杂交种	—	93.2	83.3
	母本		99.3	89
T_2+T_4（验证集）	杂交种	—	93.7	82.5
	母本		95.8	91.2

方法评价：该实例建立了玉米种子杂交种纯度的最优建模方法，即谱图预处理与 PCA-LDA 降维结合建立模型。模型预测能力与建模所用的样品集密切相关，不同产地来源和采集时间的样品才能对相应的玉米种子杂交种的纯度有较好的预测效果。

4.7   其他油料

4.7.1   芝麻

芝麻属于小宗油料作物，近红外光谱技术应用于芝麻的分析报道较少，其应用和其他油料和饼粕类似，主要用于芝麻水分、灰分、脂肪、蛋白质等常规组分的测定。

实例 37   NIR 无损检测芝麻品质[46]

背景介绍：芝麻的品质通过物理指标和化学指标判定，物理指标主要有色泽、气味、杂质率、千粒重等，这些指标通过肉眼观察或简单的仪器测量即可快速获得。化学指标则包括水分、脂肪、蛋白质等的含量，测量这些指标的操作烦琐、耗时费力。为了在芝麻收购、储藏过程中快速获得这些化学指标，该实例研究了 NIR 快速测定芝麻中水分、灰分、蛋白质、脂肪和芝麻素（芝麻中含量最高的木酚素物质，具有多种生理活性）的方法。

样品与参考数据：于 2010 年 7～10 月收集来自河南、山东、江苏、山西、湖北、浙江等地的白芝麻 66 种和黑芝麻 62 种，过筛，保存。样品的水分、灰分、蛋白质、脂肪酸按照标准方法测定，芝麻素的测定以紫外-可见分光光度法（$\lambda_{\max} = 287\text{nm}$）测定。

光谱仪器与测量：Infratec™1241 近红外谷物分析仪，以单色器扫描的反射模式扫描芝麻整粒样品，波长范围 570～1100nm，光谱带宽 7nm，间隔 2nm。

校正模型的建立：数据分析软件采用 WinISI。分别随机选取 12 种白芝麻样品和 12 种黑芝麻样品作为验证样品，其余 54 种白芝麻样品和 50 种黑芝麻样品作为校正集样品。首先，通过软件剔除校正集中的异常样品，具体方法是先对谱图进行预处理，该实例采用 SNV-D 去散射，数学处理采用（1、4、4、1，即一阶导数、光谱数据的间隔点为 4、一次平滑处理的间隔点为 4、二次平滑处理间隔点为 1）。然后，选取 PCA 方法计算每个样品与平均值的差异，即马氏距离。马氏距离大于 3.0 为异常样品，予以剔除。

表 4-53 是构建芝麻品质的校正模型时选择的校正集与验证集中样品中水分、灰分、蛋白质、脂肪和芝麻素等参考数据的情况。校正模型的建立过程包括光谱数据预处理方法和校正回归方法的选择和优化。通过优化，最终确定白芝麻和黑芝麻两种样品品质的校正模型见表 4-54。从校正模型的评价参数可知：黑芝麻的各指标的模型参数均略逊于白芝麻的，这可能与黑芝麻的色素感染光谱有关。

表 4-53　构建芝麻品质校正模型的校正集和验证集样品情况

样品	成分	校正集				验证集			
		数量（n）	浓度范围/%	均值/%	SD	数量（n）	浓度范围/%	均值/%	SD
白芝麻	水分	54	3.42～6.68	5.37	0.73	12	4.33～6.33	5.28	0.56
	灰分	54	4.05～5.82	4.96	0.46	12	4.14～5.31	4.88	0.32
	蛋白质	54	15.29～22.86	18.98	1.39	12	18.19～20.58	19.29	0.69
	脂肪	54	50.22～55.51	53.49	1.20	12	50.60～54.56	52.78	1.14
	芝麻素	54	0.35～0.83	0.64	0.10	12	0.42～0.77	0.64	0.11
黑芝麻	水分	50	3.91～6.27	5.23	0.58	12	4.96～5.97	5.36	0.32
	灰分	50	4.50～6.58	5.45	0.37	12	5.20～6.58	5.58	0.47
	蛋白质	50	16.18～22.82	18.68	1.12	12	16.19～19.19	18.02	0.95
	脂肪	50	41.95～55.16	49.63	2.96	12	42.14～52.67	48.42	3.67
	芝麻素	50	0.28～0.68	0.51	0.09	12	0.45～0.57	0.51	0.04

表 4-54　构建芝麻品质校正模型的校正集和验证集样品情况

样品	成分	回归方法	散射处理	数学处理	校正模型参数			
					SEC	RSQ	SECV	1－VR
白芝麻	水分	改进 PLS	—	2、4、4、1	0.1160	0.9964	0.1610	0.9381
	灰分	改进 PLS	反向 MSC	3、10、10、1	0.1262	0.9124	0.1714	0.9095
	蛋白质	改进 PLS	—	2、4、4、1	0.1675	0.9786	0.2716	0.9447
	脂肪	改进 PLS	去趋势	4、3、3、1	0.0904	0.9949	0.2918	0.9759
	芝麻素	改进 PLS	标准 MSC	3、4、4、1	0.0108	0.8808	0.0147	0.8788
黑芝麻	水分	改进 PLS	去趋势	2、3、3、1	0.1559	0.9304	0.2552	0.9068
	灰分	改进 PLS	权重 MSC	3、10、10、1	0.2039	0.8935	0.3031	0.8861
	蛋白质	改进 PLS	去趋势	1、3、3、1	0.2136	0.9166	0.3076	0.9043
	脂肪	PLS	SNV＋去趋势	2、3、3、1	0.1164	0.9703	0.2359	0.9221
	芝麻素	改进 PLS	去趋势	3、1、1、1	0.0266	0.8758	0.0215	0.8306

模型预测结果：校正模型的内部验证结果（未显示）表明，黑白芝麻的水分、蛋白质、脂肪和校正模型的相关系数均在 0.90 以上，说明这三种指标的模型预测值与实际值的相关性较好。同时，三种指标的校正模型分析误差 RPD 值均大于 3，说明校正模型对芝麻中水分、蛋白质和脂肪三个指标具有较好的定量效果。然而，样品中灰分校正模型的相对分析误差 $2.5 < RPD < 3$，说明芝麻中灰分含量只能用于粗略的评估。芝麻素的相关系数均小于 0.90，说明线性相关性较差，$RPD < 2.5$ 说明不能用于预测。芝麻品质校正模型的外部验证结果（未显示）与内部结果的结论相似。

方法应用与评价：该实例建立了白芝麻和黑芝麻中水分、灰分、蛋白质、脂肪和芝麻素的定量模型，并对模型进行了预测能力的验证。结果表明，芝麻的水分、蛋白质和脂肪定量模型的预测效果良好，可以用于实际测定，但灰分定量模型的预测能力较差，只能用于粗略估计，芝麻素模型的分析误差最大，不能用于定量检测。也就是说，近红外光谱分析技术可以测定芝麻水分、蛋白质、脂肪含量，可以应用于芝麻品质快速、无损检测。

4.7.2　核桃仁

实例 38　比较 5 种新疆核桃品种的 NIR 谱图[47]

背景介绍：新疆地区独特的气候条件与地理位置适宜核桃的生长，新疆核桃的种植主要聚集在阿克苏、喀什、和田等南疆地区，其中阿克苏地区的核桃品种主要是温 138、新翠丰、温 185、新新 2 号、纸皮核桃 5 个品种。这 5 个品种虽然出自相同地域，但品质却存在差异，主要是核桃仁中的碳水化合物、蛋白质、脂肪、矿物的含量不同。因此，该实例尝试在不破坏核桃壳的前提下，快速、简便地鉴别不同品种核桃中的营养成分的差异。

样品与参考数据：样品来自阿克苏地区的温 138、新翠丰、温 185、新新 2

号、纸皮核桃5个品种各20个（2012年9月采集）。参考数据的收集则利用湿法化学测定了5种核桃中还原糖、总糖、纤维素、蛋白质、单宁、总酚的含量。

光谱仪器与测量：Antaris Ⅱ FT-IR仪器，波数范围10000～4000cm^{-1}，分辨率8cm^{-1}，扫描32次。样品采用漫反射积分球采样附件扫描，数据分析采用TQ Analyst软件。

谱图分析：实例中比较了4个峰区，即5848～5767cm^{-1}、7090～6900cm^{-1}、5210～4760cm^{-1}和4650cm^{-1}的5种核桃的吸光度的差异，并以此差异与测得的相应参考数据还原糖、总糖、纤维素、蛋白质、单宁和总酚的含量进行了相关性讨论，认为通过这些吸收峰的峰强可以对核桃中的营养成分进行比较。

方法评价：该实例全面地收集了新疆地区的5个核桃品种，并且采集了它们的NIR谱图。但遗憾的是，该实例没有以规范的NIR方法对核桃样品中的营养成分进行模型建立和品质比较，仅仅应用简单的朗伯-比尔定律说明和比较了不同样品中的营养成分。实际上，通过实例中展示的谱图，不同品种核桃的NIR谱图已经显示出较大差异，说明通过NIR结合化学计量学有实现核桃成分无损预测的可能。希望后续研究继续跟进，发挥NIR技术优势。

4.7.3 稻谷米糠与米糠饼粕

实例39 NIR快速测定米糠粕中水分、灰分和粗蛋白[48]

背景介绍：米糠含有脂肪、蛋白质、纤维等营养成分，广泛应用于饲料行业，具有极高的营养价值和经济效益。利用NIR实现对饲料企业的原料快速检测有实际意义。

样品与参考数据：来源于油脂厂的261个样品。样品中水分、灰分和粗蛋白的测定分别采用GB/T 10358—2008、GB/T 9824—2008、SN/T 0800.3。米糠粕样品的水分、灰分与粗蛋白含量情况见表4-55。

表4-55 米糠粕样品的水分、灰分与粗蛋白含量情况

成分	含量范围/%	平均值/%	SD/%
水分	9.620～13.48	11.54	3.860
灰分	7.480～11.58	9.621	4.100
粗蛋白	13.31～18.28	15.53	4.970

光谱仪器与测量：采用Sup NIR-2720，将米糠粕样品装入直径100mm的黑色样品盘内，用尺子刮平，保持样品表面均匀，采用漫反射的方法采集样品光谱。为了避免误差，每个样品扫描3次，取平均值作为样品的光谱曲线。光谱测定条件的扫描范围1000～1799nm，扫描间隔1nm，仪器带宽1nm，仪器分辨率10nm。化学计量学软件采用RIMP。

校正模型的建立：采用 K-S 筛选样品，80%组成校正集，20%组成验证集。最优的谱图预处理方法见表 4-56，建模方法分别采用 PLS、PCA-ANN 和 PLS-ANN。不同的建模方法对应的最佳的谱图处理方法略有差异。结果表明，PLS-ANN 的校正模型的效果最好。其中 PLS-ANN 模型的预测精度最高（表 4-56），水分、灰分和粗蛋白的预测效果最好，其定量模型的相关系数分别为 0.9593、0.9168 和 0.9626。ANN 的参数设定中，水分、灰分、粗蛋白的默认主因子数分别设置为 19、17、15，隐含层节点数均设置为 10，输入层到隐含层的初始权重为 −0.5~0.5 的随机数，隐含层到输出层的初始权重为 −0.5~0.5 的随机数，隐含层和输出层的转化函数均为对数函数，初始学习速率为 0.1，动量项为 0.9。

表 4-56　米糠粕中水分、灰分和粗蛋白三种成分校正模型的建模结果

项目		预处理方法	光谱波段范围/nm	SEC	R_c	SEP	R_p
PLS	水分	净分析信号	1000~1799	0.2355	0.9575	0.3129	0.8900
	灰分	多元散射校正、净分析信号	1160~1350、1500~1799	0.3025	0.9433	0.4703	0.8749
	粗蛋白	多元散射校正、净分析信号	1000~1350、1450~1799	0.3382	0.9384	0.4509	0.9221
PCA-ANN	水分	Savitzky-Golay 导数	1160~1350、1500~1799	0.4549	0.8279	0.3599	0.8513
	灰分	Savitzky-Golay 平滑、差分求异、多元散射校正和均值中心化	1160~1350、1500~1799	0.4382	0.8804	0.4347	0.8857
	粗蛋白	Savitzky-Golay 平滑、差分求异、多元散射校正和均值中心化	1000~1799	0.4396	0.9175	0.5374	0.9129
PLS-ANN	水分	多元散射校正、净分析信号	1000~1760	0.2380	0.9593	0.3070	0.8961
	灰分	多元散射校正、基线校正	1000~1799	0.3638	0.9168	0.4184	0.9006
	粗蛋白	Savitzky-Golay 平滑、Savitzky-Golay 导数、去趋势校正、均值中心化	1000~1799	0.2655	0.9626	0.4349	0.9292

模型预测结果：该实例对米糠粕模型进行外部检验，即采集验证集中的光谱数据对水分、灰分和粗蛋白进行计算得到预测值，并对其进行 t 检验（$p \leqslant 0.05$），各模型的预测值与真实值之间均不存在显著性差异。

方法评价：该实例分别用 3 种方法（PLS、PCA-ANN 和 PLS-ANN）建立样品中水分、灰分和粗蛋白的校正模型，结果表明，模型均有较好的预测能力。其中，PLS-ANN 的效果最好。

4.7.4　油茶籽及其饼粕

油茶籽（也称茶籽）是我国特有资源油茶树（*Camellia oleifern* Abel.）的种子。油茶树是世界四大木本食用油源树种（其他三种是油棕、橄榄和椰子）。油茶树主要分布在我国湖南、江西、广西、浙江等地。茶籽脱壳、榨油后得到茶

油，茶油中富含不饱和脂肪酸以及丰富的维生素、胡萝卜素和磷脂等，长期食用茶油有利于人体健康。

茶籽脱壳、榨油脱脂后得到茶籽饼粕，茶籽饼粕约占茶籽的 65%。茶籽饼粕中含有 20% 的蛋白质，6%～8% 的脂肪，3% 的碳水化合物。我国每年可以采摘 65 万吨油茶籽，加工生产 15t 茶籽油，得到约 50 万吨的茶籽饼粕。由于茶籽饼粕中含有具有特殊刺激性气味、溶血和毒性的茶籽皂苷（约占茶籽饼粕的 8%～13%），以及一定量的单宁涩味物质，从而限制了茶籽饼粕的使用价值。通常，油茶籽饼粕被当作燃料或者肥料使用。随着畜牧业和饲料工业的发展，油茶树栽种面积不断扩大。油茶籽油因有益人体健康，价格也不断攀升。茶籽饼粕作为饲料的补充原料越来越受到人们重视，茶籽饼粕脱毒方法和工艺、作为蛋白饲料资源的研究工作也得到快速发展。

实例 40　快速测定油茶籽含油量的 NIR 漫反射光谱法[49]

背景介绍：茶油中富含不饱和脂肪酸，其含量高达 93%，其中油酸占 74%～87%，亚油酸占 7%～14%。因此，油茶籽中的含油量是其品质的重要指标之一。NIR 检测快速简便、不破坏样品。该实例利用 NIR 漫反射光谱建立了快速测定油茶籽含油量的方法。

样品与参考数据：样品来自江西（共 40 个），去壳后粉碎（含水率低于 10%），称取油茶籽粉末，采用索氏抽提法测定含油量，并采用气相色谱法测定脂肪酸含量。

光谱仪器与测量：Antaris FT-IR（带有漫反射积分球附件），波数范围 10000～3800cm^{-1}，分辨率 8cm^{-1}，扫描 64 次。样品经粉碎后，过 0.85mm 筛，称取 1.5g 放入样品瓶中，以漫反射积分球采样附件扫描采集谱图。

校正模型的建立：数据分析采用 TQ Analyst 软件。选取 30 个样品组成校正集（含油量 27.47%～56.02%，平均值 42.80%），其余 10 个样品组成验证集（含油量 33.65%～51.57%，平均值 44.72%）。定量模型的建立采用 PCR 和 PLS 方法。确定以一阶导数或二阶导数、平滑和 MSC 处理校正模型的评价指标最佳（表 4-57）。比较模型的评价数据，PLS 模型的参数优于 PCR 模型，最终确定采用 PLS 模型预测油茶籽中的含油量。

表 4-57　油茶籽含油量的 PCR 和 PLS 模型

建模方法	谱图处理方法	校正相关系数（R^2）	校正标准误差（RMSEC）	交叉验证相关系数（R^2）	交叉检验校准误差（RMSECV）
PCR	一阶导数	0.9475	2.14	0.8877	3.11
PLS		0.9257	2.53	0.9173	2.67
PCR	二阶导数	0.9402	2.28	0.8774	3.23
PLS		0.9363	2.53	0.9085	2.80

模型预测结果：模型的验证采用内部交叉验证（表 4-57）和外部验证考察

（表 4-58）比较验证集的样品预测值与实际值，结果显示，PLS 模型的预测能力较好。

表 4-58　油茶籽含油量的 PCR 和 PLS 模型　　　　单位：%

样品	实际值	预测值	差值
1	46.89	48.33	−1.44
2	51.57	49.77	1.80
3	44.98	45.20	−0.22
4	49.47	51.07	−1.60
5	43.40	41.12	2.28
6	47.60	49.86	−2.26
7	33.65	34.21	−0.56
8	40.49	43.86	−3.37
9	42.77	39.74	3.03
10	46.35	42.94	3.41
平均值	44.72	44.62	0.11

方法评价：该实例应用 NIR 漫反射方法建立了快速测定油茶籽中含油量的方法，40 个样品均来自江西，含油量比较集中，模型的验证结果比较令人满意。然而，作者也同时采用来自云南、广西和江西的 132 个样品建立了定量模型，结果却并不理想。原因可能是不同品种油茶籽的含油率差异较大（含油率低于 30% 的有 26 个品种，含油率 30%～40% 的有 27 个品种，含油率 40%～50% 的有 60 个品种，含油率 50% 以上的有 19 个品种）[50]。

4.7.5　橄榄

实例 41　应用 FT-NIR 的反射和透射模式预测橄榄果品质[51]

背景介绍：橄榄加工企业发现其接收的橄榄果处于不同成熟期，果实硬度、颜色和含油量均不尽相同，不成熟的果实由于其表皮渗透性差而发酵不完全。因此，企业要求筛选、分级不同品质橄榄果。该实例应用 FT-NIR 建立橄榄果的硬度、含油量和颜色的快速检测方法，并比较了反射和透射两种谱图采集模式的预测效果。

样品与参考数据：两个品种（Ayvalik 和 Gemlik）橄榄，每个品种选择一颗橄榄树，于 2006 年的 10 月 12 日至 11 月 16 日（6 周）期间采摘，每周采摘 1 次，共摘得 463 颗橄榄果，其中 Ayvalik 254 颗，Gemlik 209 颗。采摘的果实大小均匀，表皮没有损伤。检测并记录橄榄果的颜色、重量、大小（直径和长度）、硬度和含油量。其中，颜色包括色度和色调两个指标。果实硬度的测定是将 2mm 直径的平口圆柱形探头插入果实（不削皮）3mm 的压力（单位为 N）。含油量通过索氏抽提法测定破碎去核果肉的含油量。所有样品参考数据见表 4-59。

表 4-59　Ayvalik 和 Gemlik 理化特性的参考数据

理化特性	测试数据	橄榄果		
		Ayvalik	Gemlik	所有样品
硬度/(N/mm)	平均值	4.53	4.07	4.33
	标准偏差	3.03	2.40	2.77
色度	平均值	38.86	41.79	40.14
	标准偏差	33.72	35.03	34.34
色调	平均值	0.14	0.24	0.19
	标准偏差	0.25	0.25	0.25
含油量/g	平均值	0.21	0.12	0.16
	标准偏差	0.08	0.05	0.08
质量(去核)/g	平均值	3.42	3.01	3.22
	标准偏差	0.64	0.47	0.60
长度/mm	平均值	22.30	22.37	22.33
	标准偏差	1.58	1.05	1.35
直径/mm	平均值	18.22	16.95	17.60
	标准偏差	1.18	0.99	1.26

注：色度和色调以 CIE 1931 颜色空间的格式表示，色度值以 CIE $L^*a^*b^*$ 计算得到，其中 L^* 为亮度值，a^* 为红/绿色度坐标，b^* 为蓝/黄色度坐标；色调以公式 $\sqrt{a^{*2}+b^{*2}}$ 计算得到。

　　光谱仪器与测量：采摘样品放在 7℃ 冰箱保存，测定时置于室温（25℃）下恒温后扫描谱图。仪器为 MPA 型 FT-NIR，分辨率 8cm^{-1}。反射模式采用光纤探头，直接置于果实中部的表面，感应面积约 11.7mm^2，在 780～2500nm 范围扫描 32 次；透射模式通过光源照射果实表面采集谱图，在 800～1725nm 扫描 128 次。获得两种模式采集的橄榄果 NIR 谱图（图 4-16）。Gemlik 的反射谱图在 975nm、1168nm、1208nm、1443nm、1724nm、1762nm、1926nm、2307nm、2351nm 处有谱峰。其中，975nm、1168nm、1443nm、1926nm 处谱峰强度随成熟度增加而降低。相反，其他谱峰强度随成熟度的增加而增加。同样，Ayvalik 透射谱图中的 975nm、1165～1190nm、1420nm 峰也随着果实成熟度增加而降

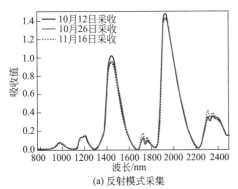

(a) 反射模式采集

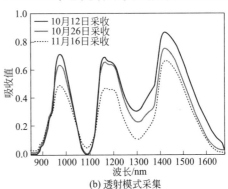

(b) 透射模式采集

图 4-16　橄榄果 Gemlik（a）和 Ayvalik（b）的近红外谱图

低。975nm、1443nm 和 1926nm 谱峰归属于水分，1208nm、1443nm、1724nm、1762nm、2307nm、2351nm 谱峰归属于油脂，而 1190nm 和 1420nm 的谱峰与果实酸度相关。因此，不同成熟期果实的谱图差异与其组成相关。

校正模型的建立：数据分析采用 OPUS 软件。以 PLS 建立模型，留一法验证。尝试多种谱图处理方法发现谱图范围影响较大，原因是不同理化特性对应的谱峰不尽相同，表 4-60 给出建立不同理化特性定量模型的最优波长范围。

表 4-60　建立 Ayvalik 和 Gemlik 理化特性校正模型的最优波长范围

理化特性	样品种类	波长范围	
		反射模式/nm	透射模式/nm
硬度	Ayvalik	800～2355	800～1355、1640～1725
	Gemlik	1640～1837、2173～2355	800～1640
	Ayvalik+Gemlik	1000～1355、1640～1732、2173～2355	800～1355、1640～1725
含油量	Ayvalik+Gemlik	800～1355、1640～1836	800～1725
色度	Ayvalik	800～1355、1640～1836	800～1640
色调	Ayvalik	800～1355、1640～1836	800～1640

模型预测结果：该实例采用 PLS 方法分别建立反射和透射两种采集模式，预测橄榄果硬度、含油量、色度和色调的校正模型，根据模型的评价参数（表 4-61），比较模型预测值与实际值的偏离度（图 4-17）。结果显示，反射采集模式的定量模型的预测效果相对较好。

表 4-61　橄榄果的 PLS 定量模型（透射模式）的评价参数

理化特性	样品种类	因子数	校正集		验证集	
			R^2	RMSEE	R^2	RMSECV
硬度	Ayvalik	9	0.81	1.25	0.77	1.36
	Gemlik	6	0.72	1.24	0.70	1.27
	Ayvalik+Gemlik	9	0.75	1.29	0.73	1.35
含油量	Ayvalik	7	0.61	0.04	0.51	0.05
	Gemlik	1	0.26	0.04	0.22	0.04
	Ayvalik+Gemlik	6	0.71	0.04	0.61	0.05
色度	Ayvalik	10	0.95	5.83	0.92	6.77
	Gemlik	9	0.89	8.96	0.85	10.30
	Ayvalik Gemlik	10	0.90	8.30	0.86	9.67
色调	Ayvalik	8	0.89	0.06	0.86	0.07
	Gemlik	6	0.88	0.09	0.86	0.09
	Ayvalik+Gemlik	9	0.86	0.08	0.84	0.09

方法评价：基于透射模式的 FT-NIR 建立的校正模型的预测能力优于反射模式的。PLS 模型预测橄榄果的硬度、色度和色调的能力较好 [表 4-61、图 4-17(a)、图 4-17(c) 和图 4-17(d)]，但模型预测含油量的能力较弱，相关系数仅为 0.22～0.61。尽管如此，该实例还是提供了利用近红外光谱技术快速、无损

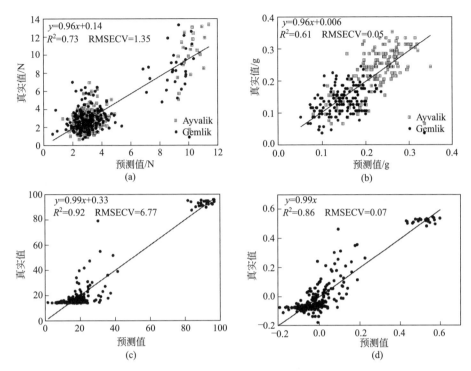

图 4-17　NIR-PLS 校正模型预测橄榄果硬度（a）、含油量（b）、
色度（c）和色调（d）的效果

预测橄榄果理化特性的可能。

实例 42　应用便携式声光可调滤光器型 NIR 现场检测橄榄果的成熟度和品质指标[52]

背景介绍：高质量橄榄油与橄榄果成熟度密切相关。橄榄果的成熟不仅是植物生理过程，也是一个生物化学变化过程，伴随着一系列参数或指标的变化，如颜色、组织质地、风味和营养物质等。颜色方面，随着橄榄的不断成熟，果实中油溶性叶绿素和胡萝卜素的含量降低，水溶性的花色苷含量增高。此外，不同成熟期橄榄果的硬度和黄酮类物质的含量也各有差异。考虑到 NIR 简便经济、无损便携的特点，该实例通过建立橄榄果中叶绿素、花青素、芦丁等活性物质的定量模型，考察便携式声光可调滤光器型（AOTF）近红外光谱仪用于快速检测果实成熟度的可行性。

样品与参考数据：样品取自三个品种的橄榄树，分别是 Buscionetto（位于北纬 42°12′，东经 12°38′）、Leccino 和 Leucocarpa（位于北纬 42°250′，东经 12°080′）。随机采摘这些地区的不同成熟阶段（绿色期、变色期、变色完成期、成熟期）的橄榄果，摘取后立即放入液氮中，−80℃保存备用。参考数据的测定按照国际橄榄协会规定的方法以及相关参考文献，具体包括成熟度指数（ripening index，RI；RI 范围为 0～7，数字越大代表越成熟）、硬度（橄榄果的硬度随着成熟阶段的不断推进越来越软）、叶绿素、胡萝卜素、花色苷、橄榄苦苷（oleu-ropein）、毛蕊花苷（verbascoside）、橄榄苦素-糖苷配基二醛（3,4-dhpea-eda）、芦丁（rutin）和总酚含量。参考数据见表 4-62。

表 4-62　三个品种不同成熟期橄榄果的 RI、色素和酚类物质含量

品种	成熟期①	RI	叶绿素/%	胡萝卜素/%	花色苷/%	橄榄苦苷/%	毛蕊花苷/%	芦丁/%	橄榄苦素/%	总酚/%
Leccino	Ⅰ	0.26	0.100	0.024	0.008	9.20	1.75	1.12	9.38	24.6
	Ⅱ	1.97	0.059	0.015	0.028	4.51	0.29	0.61	8.45	16.3
	Ⅲ	3.28	0.043	0.010	0.200	1.48	0.97	0.70	2.86	8.43
	Ⅳ	3.68	0.039	0.008	0.297	1.58	0.91	0.70	3.20	8.70
Leucocarpa	Ⅰ	—	0.104	0.030	0.010	3.94	0.69	0.0	16.8	22.3
	Ⅱ	—	0.063	0.012	0.012	3.35	0.56	0.0	13.7	18.5
	Ⅲ	—	0.023	0.014	0.005	1.45	0.55	0.0	12.9	15.6
	Ⅳ	—	0.012	0.007	0.008	3.27	1.13	0.0	6.63	12.7
Buscionetto	Ⅰ	0.38	0.069	0.019	0.007	3.84	0.0	0.30	0.60	5.67
	Ⅲ	2.06	0.021	0.011	0.022	1.22	0.0	0.41	0.21	3.39
	Ⅳ	2.45	0.011	0.007	0.091	0.46	0.0	0.38	0.50	1.80

① 成熟期Ⅰ代表绿色期、Ⅱ代表变色期、Ⅲ代表变色完成期、Ⅳ代表成熟期。

光谱仪器与测量：采用便携式声光可调滤光器型近红外光谱仪（Brimrose 5030 型手持式微型 NIR 分析仪），波长 1100～2300nm，分辨率 2nm，扫描 10 次。谱图处理用 SNAP 软件。

校正模型的建立：谱图首先采用 PCA 降维，用 PLS 方法建模，校正集和验证集的样品数据均为 33 个，以留一法交叉验证模型。三个品种橄榄果的硬度和活性物质的 NIR-PLS 校正模型的评价参数见表 4-63。

表 4-63　三个品种橄榄果的硬度和活性物质的 NIR-PLS 校正模型的评价参数

成分或指标	校正集			交叉验证/预测	
	R^2	RMSEC	LVs	R^2	RMSEC/RMSEP
叶绿素	0.868	0.011	5	0.828	0.013
胡萝卜素	0.887	0.002	4	0.853	0.003
花色苷	0.910	0.027	6	0.805	0.042
芦丁	0.925	0.098	6	0.835	0.14
硬度	0.997	0.015	4	0.995	0.019
橄榄苦苷	0.897	0.74	8	0.746	1.2
毛蕊花苷	0.965	0.09	10	0.824	0.23
3,4-dhpea-eda	0.934	1.44	7	0.848	2.28
总酚	0.965	1.35	5	0.858	2.82

模型预测结果：以便携式 NIR（AOTF）结合 PLS 建立的三个品种橄榄果

的多参数校正模型，对果实硬度与其中含有的总酚、毛蕊花苷、橄榄苦素-糖苷配基二醛、芦丁、花色苷的预测效果较好，校正模型的 R^2 值均达到了 0.9 以上，这些参数和组分的交叉验证和预测的 R^2 值达到了 0.8。

　　方法评价：该实例采用便携式声光可调滤光器型 NIR 建立了与橄榄果实成熟程度相关的多个参数和组分的 PLS 校正模型，且模型的验证和预测效果较好，使得应用 NIR 现场检测橄榄果实成熟度成为可能。

◆ 参考文献 ◆

[1] Hymowitz T, Dudley J W, Collins F I, et al. Estimations of protein and oil concentration in corn, soybean, and oat seed by near-infrared light reflectance 1. Crop Sci, 1974, 14: 713-715.

[2] Baranska M, Schulz H, Strehle M, et al. Applications of vibrational spectroscopy to oilseeds analysis. John Wiley & Sons Ltd, 2010: 397-420.

[3] AACC Method 39-20 Near-infrared reflectance method for protein and oil determination in soybeans.

[4] AACC Method 39-21 Near-infrared reflectance method for whole-grain analysis in soybeans.

[5] GB/T 24895—2010 粮油检验 近红外分析定标模型验证和网络管理与维护通用规则.

[6] GB/T 24870—2010 粮油检验 大豆粗蛋白质、粗脂肪含量的测定 近红外法.

[7] GB/T 18868—2002 饲料中水分、粗蛋白质、粗纤维、粗脂肪、赖氨酸、蛋氨酸快速测定近红外光谱法.

[8] Ferreira D S, Pallone J A L, Poppi R J. Fourier transform near-infrared spectroscopy (FT-NIRS) application to estimate Brazilian soybean [*Glycine max* (L.) Merril] composition. Food Res Int, 2013, 51: 53-58.

[9] 周新奇, 杨伟伟, 房兆华, 等. 基于近红外光谱技术与 BP-ANN 算法的豆粕品质快速检测. 粮油食品科技, 2012, 20(2): 27-30.

[10] 王乐, 史永革, 李勇, 等. 在线近红外过程分析技术在豆粕工业生产上的应用. 中国油脂, 2015, 40(1): 91-94.

[11] Choung M G, Kang S T, Han W Y, et al. Determination of fatty acid composition in soybean seed using near infrared reflectance spectroscopy. Korean J Breed, 2005, 37(4): 197-202.

[12] Sato T, Takahashi M, Matsunaga R. Use of NIR Spectroscopy for estimation of fatty acid composition of soy flour. J Am Oil Chem Soc, 2002, 79(6): 535-537.

[13] Sato T, Uezono I, Morishita T, et al. Nondestructive estimation of fatty acid composition in seeds of *Brassica napus* L. by near-infrared spectroscopy. J Am Oil Chem Soc, 1998, 75(12): 1877-1881.

[14] Sato T, Takahata Y, Noda T, et al. Nondestructive determination of fatty acid composition of husked sunflower (*Helianthus annuus* L.) seeds by near infrared spectroscopy. J Am Oil Chem Soc, 1995, 72(10): 1177-1183.

[15] Kovalenko I V, Rippke G R, Hurburgh C R. Measurement of soybean fatty acids by near-infrared spectroscopy: linear and nonlinear calibration methods. J Am Oil Chem Soc, 2006, 83(5): 421-427.

[16] Han S I, Chae J H, Bilyeu K, et al. Non-destructive determination of high oleic acid content in single soybean seeds by near infrared reflectance spectroscopy. J Am Oil Chem Soc, 2014, 91: 229-234.

[17] Kovalenko I V, Rippke G R, Hurburgh C R. Determination of amino acid composition of soybeans (Glycine max) by near-infrared spectroscopy. J Agric Food Chem. 2006, 54: 3485-3491.

[18] 李楠, 许韵华, 宋雯雯, 等. 利用近红外光谱技术快速检测大豆氨基酸含量. 植物遗传资源学报, 2012, 13(6): 1037-1044.

[19] Ferreira D S, Poppi R J, Pallone J A L. Evaluation of dietary fiber of Brazilian soybean (Glycine max) using near-infrared spectroscopy and chemometrics. J Cereal Sci, 2015, 64: 43-47.

[20] Nhoung M G. Determination of sucrose content in soybean using near-infrared reflectance spectroscopy. J Korean Soc Appl Biol Chem, 2010, 53(4): 478-484.

[21] 王海龙, 杨向东, 张初, 等. 近红外高光谱成像技术用于转基因大豆快速无损鉴别研究. 光谱学与光谱分析, 2016, 36(6): 1843-1847.

[22] Agelet L E, Gowen A A, Hurburgh Jr C R, et al. Feasibility of conventional and Roundup Ready® soybeans discrimination by different near infrared reflectance technologies. Food Chem, 2012, 134: 1165-1172.

[23] Roussel S A, Hardy C L, Hurburgh Jr C R, et al. Detection of Roundup Ready soybeans by near-infrared spectroscopy. Applied Spectroscopy. 2001, 55(10): 1425-1430.

[24] Wang D, Dowell F E, Ram M S, et al. Classification of fungal-damaged soybean seeds using near-infrared spectroscopy. Int J Food Properites, 2003, 7(1): 75-82.

[25] 孙丹丹, 李军国, 秦玉昌, 等. 近红外和中红外光谱技术在快速鉴别豆粕中掺入尿素聚合物的研究. 动物营养学报, 2015, 27(4): 1199-1206.

[26] Sundaram J, Kandala C V, Holser R A, et al. Determination of in-shell peanut oil and fatty acid composition using near-infrared reflectance spectroscopy. J Am Oil Chem Soc, 2010, 87: 1103-1114.

[27] 禹山林, 朱雨杰, 闵平, 等. 傅里叶近红外漫反射非破坏性测定花生种子主要脂肪酸含量. 花生学报, 2010, 39(1): 11-14.

[28] Wang L, Wang Q, Liu H Z, et al. Determining the contents of protein and amino acids in peanuts using near-infrared reflectance spectroscopy. J Sci Food Agric, 2013, 93: 118-124.

[29] Kandala C V, Sundaram J. Nondestructive moisture content determination of three different market type in-shell peanuts using near infrared reflectance spectroscopy. Food Measure, 2014, 8: 132-141.

[30] 黄星奕, 丁然, 史嘉辰. 霉变出芽花生的近红外光谱无损检测研究. 中国农业科技导报, 2015, 17(5): 27-32.

[31] 王晶, 陈红, 万鹏. 基于近红外光谱技术的花生酸败特性检测研究. 中国粮油学报, 2013, 28(7): 104-107(113).

[32] 张学锋, 周新奇, 陈智锋, 等. 新型国产近红外分析仪的菜籽菜粕快速检测技术研究. 计算机与应用化学, 2010, 27(12): 1265-1268.

[33] 袁建, 朱贞映, 鞠兴荣, 等. FT-NIR 在油菜籽品质指标快速检测中的应用研究. 中国粮油学报, 2016, 31(6): 158-162.

[34] 陈国林. 油菜籽饼粕氮基玻含量的近红外模型创建及发育遗传研究. 杭州: 浙江大学, 2010.

[35] Kumar S, Chauhan J S, Kumar A. Screening for erucic acid and glucosinolate content in rapeseed-mustard seeds using near infrared reflectance spectroscopy. J Food Sci Technol, 2010, 47

(6): 690-692.

［36］ 商连光, 李军会, 王玉美, 等. 棉籽油分含量近红外无损检测分析模型与应用. 光谱学与光谱分析, 2015, 35(3): 609-612.

［37］ 黄庄荣. 整粒棉籽营养品质的近红外光谱无损分析方法研究. 杭州: 浙江大学, 2011.

［38］ 黄庄荣, 沙莎, 荣正勤, 等. 基于近红外技术快速无损分析整粒棉籽中的脂肪酸含量. 分析化学, 2013, 41(6): 922-926.

［39］ 黄庄荣, 陈进红, 刘海英, 等. 棉籽 17 种氨基酸含量的 NIRS 定标模型构建与测定方法研究. 光谱学与光谱分析, 2011, 31(10): 2692-2696.

［40］ 李诚. 棉籽棉酚含量的近红外测定方法研究. 杭州: 浙江大学, 2014.

［41］ Fassio A S, Restaino E A, Cozzolino D. Determination of oil content in whole corn (Zea mays L) seeds by means of near infrared reflectance spectroscopy. Computers Electronics Agric, 2015, 110: 171-175.

［42］ Samuel P P, Chinnu T, Lakshmanan M K. Multi-parameter analysis of corn using near-infrared reflectance spectroscopy and chemometrics. Materials Today: Proceedings, 2015, 2: 949-953.

［43］ 周良娟, 张丽英, 张恩先, 等. 近红外反射光谱快速测定玉米 DDGS 营养成分的研究. 光谱学与光谱分析, 2011, 31(12): 3241-3244.

［44］ 袁莹, 王伟, 褚璇, 等. 基于傅里叶变换近红外和支持向量机的霉变玉米检测. 中国粮油学报, 2015, 30(5): 143-146.

［45］ 商连光, 黄华军, 严衍禄, 等. 鉴别玉米杂交种纯度的近红外光谱分析技术研究. 光谱学与光谱分析, 2014, 34(5): 1253-1258.

［46］ 郭蕊. 基于近红外光谱的芝麻品质快速检测研究. 郑州: 河南工业大学, 2012.

［47］ 贾昌路, 高山, 张宏, 等. 近红外技术对南疆核桃品种的鉴定及品质比较. 湖北农业科学, 2016, 55(10): 2559-2563(2576).

［48］ 姜红, 赵志行, 李小定, 等. 基于近红外光谱技术的米糠粕主要成分分析. 食品工业科技, 2015, 16: 86-90(172).

［49］ 原姣姣, 王成章, 陈虹霞, 等. 近红外漫反射光谱法测定油茶籽含油量的研究. 林产化学与工业, 2011, 31(3): 28-32.

［50］ 王成章, 原姣姣, 陈虹霞, 等. 一种近红外漫反射光谱（NIRS）快速测定油茶籽含油率的方法. 中国发明专利（申请日期 2011 年 6 月 22 日）.

［51］ Kavdir I, Buyukcan M B, Lu R, et al. Prediction of olive quality using FT-NIR spectroscopy in reflectance and transmittance modes. Biosyst Engineer, 2009, 103: 304-312.

［52］ Cirilli M, Bellincontro A, Urbani S, et al. On-field monitoring of fruit ripening evolution and quality parameters in olive mutants using a portable NIR-AOTF device. Food Chem, 2016, 199: 96-104.

第5章

分子光谱用于食用油脂的定性鉴别与掺伪分析

5.1 食用油脂的真实性检验

5.1.1 食用油脂的定性鉴别与掺伪分析

食用油脂的真伪鉴别/判别（discrimination）是指通过物理或化学的手段鉴定（identification）油脂的品种、产地、组成、品质等与其标示和声称的是否一致，也称真实性检验（authetication）。何谓"真"，实际产品与其标示一致即为"真"，否则就是"伪"或"不真"。例如：如果产品包装标示为特级初榨橄榄油，实际内容物却是掺入纯橄榄油的特级初榨橄榄油，甚至完全由纯橄榄油或橄榄果渣油组成，则为假的特级初榨橄榄油；如果产品包装标示的产地与实际不符，也属于"不真"；如果产品标示是由某几种动植物油脂按照一定比例组成的食用油脂，实际上却由另外一种或几种组成，或者油品比例与标示的不一致，有的甚至勾兑过期油脂和不能食用的油脂等，均属于"伪"。目前，食用油脂鉴别涉及的范围越来越广，已经从最初的油脂真实性检验（如特级初榨橄榄油的真实性检验）发展到鉴定和鉴别油料的品种、产地、新鲜度和成熟度，以及油脂的质量等级、感官评定等级等。

油脂掺伪分析是在真伪鉴别基础上对掺伪情况（adulteration）的具体分析，包括掺入的是何种油脂，掺入的比例怎样等。因此，掺伪分析要难于真伪鉴别，是真伪鉴别的进一步具体分析。油脂掺伪一般分为两种：一种是将低价食用油脂掺入到高价食用油脂中；另一种是将非食用油脂掺入食用油脂中。由于油脂是由95%～98%甘油三酯组成，传统的掺伪分析方法一般是通过比较脂肪酸组成的差异。然而，道高一尺，魔高一丈，近年来，油脂的掺伪越来越倾向于将脂肪酸组成相近的低价油掺入到高价油中，如将榛子油掺入特级初榨橄榄油中，使得传统的油脂掺伪分析方法受到严峻挑战。

　　油脂掺伪是不同油脂的价格差异带来的商业欺诈行为，通常的掺伪形式是将低质、低价的油脂掺入高质、高价的油脂中，甚至一些不法分子用劣变油脂代替合格油脂售卖，或将劣变甚至用过废弃的油脂经过加工后当作合格油脂出售等。特殊地，有储油企业发现，一些过期的大豆毛油中竟然被掺入了大豆精炼油。原因是过期的大豆毛油的过氧化值或酸值达不到储油企业的入库检验标准。为了让这些不合格毛油顺利进入储库，居然被掺入了一定比例的大豆精炼油，以降低整个油品的入库检验指标。然而，掺入精炼油的毛油非常不易储存，造成了储油企业巨大的经济损失。

　　总之，层出不穷的油脂鉴别与掺伪给油脂分析带来了新的挑战。常规分析方法是通过检测酸价、过氧化值等氧化指标，脂肪酸组成等常量组分及多酚等微量组分，或者感官评定等进行油脂掺伪检验。这些方法一般均存在操作步骤烦琐、耗时、试剂消耗量大等缺点。

　　随着人们对分子光谱的快速、无损、环境友好等优点的认可，以及仪器、附件的快速发展，分子光谱用于油脂鉴别和掺伪分析受到关注。近年来，紫外-可见光谱、近红外光谱、中红外光谱、拉曼光谱和荧光光谱等几种分子光谱均有大量的应用研究。其中紫外光谱方法已经成为鉴定初榨橄榄油的国际标准方法。中红外光谱图中含有大量的化学基团基频，指纹特征性较为突出，其作为油脂鉴别和掺伪分析的方法应用最多，特别是随着衰减全反射（ATR）附件的普及，中红外光谱在油脂分析中的应用越来越多。同时，拉曼光谱在油脂领域的应用发展迅速。随着化学计量学的发展，近红外光谱在油脂鉴别和掺伪分析中的应用也在迅速增加，甚至一些分类结果的准确性可以与中红外光谱比拟。荧光光谱的高灵敏性，使其在一些特殊油脂的分析中发挥了不可替代的作用。本章着重以橄榄油为例，介绍橄榄油的定性鉴别与掺伪分析。

5.1.2　初榨橄榄油的真实性检验

　　橄榄油（olive oil）是以油橄榄树（*Olea europaea* L.）的果实为原料制取的油脂。橄榄油分为初榨橄榄油（virgin olive oil，VOO）、精炼橄榄油（refined olive oil，ROO）和橄榄果渣油（pomace olive oil，POO）等。其中初榨橄榄油是采用机械压榨等物理方式直接从油橄榄树果实中制取的油品。初榨橄榄油的榨油过程不能因温度等外界因素改变油脂的成分，因此一般仅采用清洗、倾析、离心或过滤工艺对原料进行处理。

　　我国国家标准根据游离脂肪酸或酸值将初榨橄榄油分为特级初榨橄榄油（extra virgin olive oil，EVOO）和中级初榨橄榄油（medium-grade virgin olive oil，MVOO）。其中，特级初榨橄榄油的游离脂肪酸含量（以油酸计）为每100g 油中不超过 0.8g，即酸值（以氢氧化钾计）≤1.6mg/g，MVOO 的酸值≤

4.0mg/kg。精炼橄榄油是由一种不能食用的初榨橄榄灯油（lampante virgin oilve oil，LVOO）经精炼工艺制取的油品，其酸值≤0.6mg/g。橄榄果渣油是采用溶剂或其他物理方法从油橄榄果渣中获得的油脂[1]。明显地，特级初榨橄榄油是最高等级的橄榄油，其营养价值高，价格昂贵。

特级初榨橄榄油的价格要远远高于精炼（纯）橄榄油和橄榄果渣油，原因是特级初榨橄榄油只是经过机械低温压榨和清洗、冷榨、倾析、过滤等物理过程制备的油脂，没有经过高温处理，因而其营养成分得到了很好的保护。而精炼橄榄油和橄榄果渣油经过了高温精炼，对原本的油橄榄果中固有的抗氧化成分造成破坏，因而营养价值大大降低。也就是说，不同工艺生产的橄榄油价格差异巨大。

此外，橄榄油的产地，即油橄榄果或橄榄树的种植地区也是影响价格的重要因素。例如位于意大利托斯卡纳地区（Tuscany）的佛罗伦萨（Firenze）和锡耶纳（Siena）出产的经典基安蒂（Chianti Classico）橄榄油，就比托斯卡纳的马里马地区（Maremma）出产的橄榄油价格高出许多。原因是佛罗伦萨和锡耶纳日照充足，气候适宜橄榄树生长。而马里马位于地中海沿岸，气候和土壤过于湿润，使得该地区出产的橄榄油品质大大逊于经典基安蒂橄榄油。为了保护橄榄油的产地，欧盟出台了保护橄榄油的相关法规以及"原产地命名保护"（protected designation of origin，PDO）和"产地标识保护"（Protected Geographical Indi-cation，PGI）的标识以保护橄榄油的原产地以及品质。

由于特级初榨橄榄油价格高昂，一些人受利益驱使，将精炼橄榄油，甚至橄榄果渣油掺入到特级初榨橄榄油中，或者直接冒充特级初榨橄榄油。此外，不同产地的特级初榨橄榄油的品质也不一样，为了产品的 PDO 和 PGI，以及消费者的正当权益，特级初榨橄榄油的真实性检验是近几十年来国内外相关领域学者努力研究的问题。20 世纪 90 年代，欧盟出台了初榨橄榄油的鉴定方法［EEC/2568/91（1991）和 EEC/2472/97（1997）][2,3]，即采用紫外光谱法鉴定特级初榨橄榄油、初榨橄榄油和精炼橄榄油，该方法简单、廉价、便捷，是常用的鉴别初榨橄榄油与精炼橄榄油的方法。

同时，红外、近红外和拉曼光谱在特级初榨橄榄油真实性检验方面的应用研究也非常活跃，包括不同产地鉴别、不同品种鉴别等。这些分子光谱方法的应用往往要借助化学计量学的定性判别方法，如主成分分析（PCA）、判别分析（DA）和 SIMCA 等分类方法。越来越多的研究表明：利用分子光谱技术实现特级初榨橄榄油真实性检验具有可行性和实用价值。

5.2 紫外-可见光谱用于食用油脂鉴别与掺伪分析

植物油的甘油三酯中含有长链不饱和脂肪酸，如果不饱和脂肪酸的双键是共轭的，则会产生紫外吸收。通过测定油脂特定波长的紫外吸光度可以初步鉴定油脂的种类。橄榄油中不饱和脂肪酸的比例较高，高温处理前后的橄榄油紫外吸光度会产生比例上的变化，通过这些变化可以鉴别初榨橄榄油与精炼橄榄油（或橄榄果渣油）。此外，植物油一般都有颜色，大多呈不同深浅的黄色。因此，植物油在可见光区亦有吸收，通过紫外-可见全光谱的数据结合化学计量学可以达到鉴定油脂产地的目的。

5.2.1　食用油脂的紫外吸光度测定

由于一些甘油三酯化合物上的不饱和脂肪酸存在共轭双键和三键结构，使得含有共轭结构的油脂具有紫外吸收。通过测定油脂的紫外吸光度可以初步了解油脂的品质，因为油脂的生产加工、储藏等过程的变化会引起油脂吸光度的变化。通常，油脂的紫外吸光度用 $E_{1cm(\lambda)}^{1\%}$ 或消光系数（κ）表示，即以 10mm 比色皿，测定浓度为 1g/100mL 的油脂溶液在 220~320nm 波长范围的吸光度。溶解油脂的溶剂可以是异辛烷（2,2,4-三甲基戊烷）或环己烷和正己烷，吸光度必须在 0.1~0.8 之间，否则应适当加大样品浓度或进行稀释后重新测定。表 5-1 给出了不同植物油在其最大波长处的紫外吸光度[4]。

表 5-1　部分植物油的紫外吸光度

项目	葵花籽油	特级初榨橄榄油	菜籽油	棕榈油	大豆油
吸光度（232nm）	2.515	2.220	3.459	2.221	3.665
吸光度（268nm）	1.872	0.157	0.627	0.675	1.437

通过油脂的紫外吸收（最大吸收波长 λ_{max}）可以分析组成其不饱和脂肪酸的化学结构。根据乙烯的 λ_{max} 为 165nm，不饱和脂肪酸中含有大量的非共轭双键，由于烷基取代和羧基和酯键的影响使得这些双键的 λ_{max} 发生红移，使得油脂在紫外区 190nm（通常紫外-可见光谱仪的最小波长为 190nm）就出现特别强的紫外吸收峰，常常都处于过载状态，无法实际应用。然而，如果不饱和脂肪酸中的双键呈共轭结构，发生 $\pi \rightarrow \pi^*$ 跃迁，吸收峰向长波方向移动，从而具有应用价值。我们知道：共轭双键的 λ_{max} 位于 217nm，根据 Woodward 规则，烷基取代后 λ_{max} 会发生少量红移。油脂中不饱和脂肪酸通常是链状的，两边各有一个烷基与共轭双键连接，则 $\lambda_{max}=217nm+2\times5nm=227nm$。因此，可以利用这个波长附近（232nm）的吸光度判断油脂的共轭双键的多寡。同样，根据 Woodward 规则可知：增加了一个双键的共轭结构，即共轭三键的 λ_{max} 红移 30nm 以上。因此，可以推断出 268nm 处吸光度的大小与不饱和脂肪酸中的共轭三键相关。

油脂的紫外吸光度是一个初步鉴别油脂品种的依据，由于油脂的吸光度不仅与油脂本身的共轭不饱和双键有关，还与油料来源、油脂生产工艺以及储藏等条件相关。同样品种油脂的吸光度并不完全一致，不同品种油脂的紫外吸光度也有类似之处。因此，不能单纯以油脂的紫外吸光度确定油脂的品种和品质。然而，橄榄油却是一个特例，由于初榨橄榄油和精炼橄榄油的工艺不同，橄榄油中的不饱和脂肪酸对不同工艺条件表现出了独有的紫外光谱特征，因此可以通过橄榄油的紫外特性鉴定是否初榨橄榄油。

5.2.2 紫外光谱用于初榨橄榄油的鉴别

橄榄油中含有较高比例的不饱和脂肪酸，其中的共轭双键和三键具有紫外吸收。研究发现，经过高温处理后，橄榄油的紫外光谱图发生了变化（图 5-1）。因此，通过该变化可以对（特级）初榨橄榄油进行真伪鉴别和掺伪分析。由图可见：初榨橄榄油与精炼橄榄油的紫外吸收光谱图的主要区别在 260～270nm 处的吸光度变化。初榨橄榄油在这个波段的吸光度较小，通常小于 0.20；经过高温处理的精炼橄榄油（或纯橄榄油）和橄榄果渣油的吸光度急剧升高，通常大于 0.50，有的达到 1.0 以上。

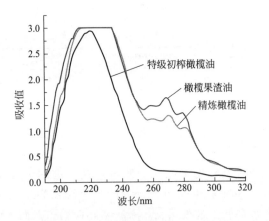

图 5-1　橄榄油的紫外吸收光谱图

基于这个原理，欧盟在 20 世纪 90 年代出台了初榨橄榄油的鉴定方法，即 EEC/2568/91（1991）和 EEC/2472/97（1997）[2,3]。该方法规定初榨橄榄油在波长 232nm 处的吸收值应≤2.50（特级初榨橄榄油应≤2.40），在波长 270nm 处的吸收值应≤0.25（特级初榨橄榄油应≤0.20 或 0.22），并且按照公式(5-1)得到的数值应当小于 0.010。应用这个方法可以对橄榄油是否为（特级）初榨橄榄油进行鉴别（表 5-2 和表 5-3），以及判别初榨橄榄油中是否掺入了精炼橄榄油或果渣油（表 5-4）。

$$\Delta K = K_m - \frac{K_{m-4} + K_{m+4}}{2} \tag{5-1}$$

表5-2　紫外光谱法用于特级初榨橄榄油的鉴定

波长与公式	EVOO-1①	EVOO-2	EVOO-3	OO-1②	OO-2	EC标准（EVOO）
232nm	2.379	1.911	2.085	2.373	2.180	≤2.400
264nm	0.179	0.207	0.130	0.686	0.701	
268nm	0.173	0.214	0.135	0.759	0.772	≤0.220
272nm	0.165	0.209	0.134	0.663	0.675	
ΔK	0.001	0.006	0.003	0.085	0.084	≤0.010

① EVOO是特级初榨橄榄油。

② OO是精炼（纯）橄榄油。

表5-3　紫外光谱法用于（特级）初榨橄榄油的鉴定

波长与公式	EVOO-1	EVOO-2	VOO-3	OO-1	EC标准（VOO）	EC标准（OO）
232nm	1.897	1.717	1.436	3.000	≤2.500	≤3.3
266nm	0.151	0.201	0.240	0.640		
270nm	0.148	0.189	0.248	0.832	≤0.250	≤1.0
274nm	0.135	0.173	0.223	0.458		
ΔK	0.005	0.002	0.016	0.283	≤0.010	≤0.13

注：EVOO是特级初榨橄榄油；VOO是初榨橄榄油；OO是精炼（纯）橄榄油。

表5-4　紫外光谱法用于特级初榨橄榄油的掺伪分析

波长与公式	特级初榨橄榄油	掺入精炼橄榄油	EC标准
232nm	1.084	2.750	＜2.400
266nm	0.130	1.100	—
270nm	0.126	0.925	＜0.200
274nm	0.119	0.880	—
ΔK	0.002	0.065	＜0.010

5.2.3　紫外光谱用于橄榄油的产地鉴别

近年来，特级初榨橄榄油由于其含有不饱和脂肪酸和抗氧化活性物质，使其保健功能凸显，因而具有良好的经济价值。欧盟为认定橄榄油的品质，出台了保护橄榄油的道地性的（PDO）规定（即欧盟的EC No.2081/1992和510/2006法规）。原产地命名保护条例不仅包括橄榄油的产地，而且规定了橄榄油从种植园到产品包装全过程的工艺流程与质量标准。为了保证橄榄油的品质与消费者权益，防止商业造假，相应的真实性检验方法也需要跟进。传统的化学分析方法，如脂肪酸组成、甘油三酯分析、甾醇、生育酚和挥发性化合物等测定方法，可以一定程度上达到真实性检验的目的，但缺点是检测效率低，操作要求高，而且需要破坏样品。分子光谱具有无损、快速的特点，利用简单的紫外-可见光谱的指纹特性（非选择性特征）结合一些化学计量学方法的处理，可以达到橄榄油PDO的鉴定目的。

实例 43 UV 结合 PCA 和 SIMCA 建立意大利经典基安蒂橄榄油的产地鉴别方法[5-7]

Casale 等采用紫外-可见光谱法建立了意大利经典基安蒂（Chianti Classico, CC）橄榄油的鉴别方法[5]。欧盟法规（2446/2000）规定，经典基安蒂是专属意大利托斯卡纳地区（Tuscany）的锡耶纳（Siena）和佛罗伦萨（Firenze）出产的特级初榨橄榄油的名称。这种橄榄油主要（超过 80%）来自 Frantoio、Correggiolo、Moraiolo 和 Leccino 等 4 种油橄榄品种。然而，接近托斯卡纳地区的马里马地区（Maremma）是沿海沼泽地，当地出产的特级初榨橄榄油也是由上述 4 个品种的油橄榄果冷榨而成，但是由于马里马地区的土壤和气候的问题，该地区生产的特级初榨橄榄油的品质远远低于经典基安蒂橄榄油。

该方法收集了 23 个经典基安蒂橄榄油和 34 个马里马橄榄油样品，共 57 个样品（40 个组成校正集，17 个组成验证集），分别采用紫外-可见光谱扫描（图 5-2）。原始的紫外-可见光谱图（去掉没有有效吸收的前后波段，选取 290～1000nm 光谱范围的数据，共 709 个变量）经过求一阶导数和主成分分析（PCA）降维后到 20 个变量，然后采用 SIMCA 进行两个产地橄榄油的分类判别。结果表明：由紫外-可见光谱图建立 SIMCA 模型的识别率为 97.5%，对验证集的正确判别率达到 94.1%（未显示）。该预测结果的正确率高于基于脂肪酸组成分析的结果，也高于基于近红外和中红外光谱图建立的 SIMCA 判别模型的预测结果。

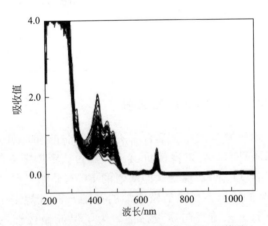

图 5-2 特级初榨橄榄油的紫外-可见光谱图

进一步地，Forina 等利用紫外-可见光谱对意大利不同产地的特级初榨橄榄油进行了分类判别，结果也比较令人满意[6]。作者采集了 48 个位于意大利西北部 Riviera dei Fiori（LA），21 个位于意大利中部地中海沿海地区 Bassa Toscana（BT），以及 18 个托斯卡纳地区的经典基安蒂（CH）特级初榨橄榄油，分别扫描这些样品的紫外-可见光谱图（290～1100nm），并对原始光谱进行了谱图处理，之后采用 PCA 方法研究了不同产地橄榄油的分类情况，结果见图 5-3 和图 5-4。图 5-3 中是紫外-可见光谱图经过二阶求导后的主成分图，其中第一和第二主成分的得分为 80.8%，LA 和 CH 两个产地的橄榄油在两个主成分下即可以达到基本分开的状态。图 5-4 是紫外-可见原始谱图的主成分分析图，由图可知，第一和第二主成分的得分为 98.0%，BT 和 CH 两地的橄榄油在前两个主成分下即可以达到完全分离。经过主成分降维处理的紫外-可见谱图数据可以进一步地利用定性判别方法进行产地的分类鉴别，从而建立定性的产地判别模型。结果表明：利用紫外-可见光谱对意大利多个地区的产地鉴别模型的预测结果良好。

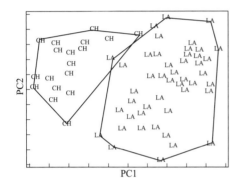 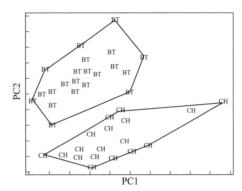

图 5-3 基于紫外-可见光谱图 LA 与
CH 的主成分分析图

图 5-4 基于紫外-可见光谱图的 BT 与
CH 的主成分分析图

5.2.4 紫外-可见光谱用于食用油脂的掺伪分析

食用油脂的掺伪主要是出于利益驱动，将低价或劣质的油脂（大多为食用油脂，少数是非食用油脂）掺入到价高质优的食用油脂中。油脂的掺伪分析一直是油脂分析的难点。原因是食用油脂，尤其是一些植物油脂的化学组成非常接近。传统方法应用气相色谱分析油脂的脂肪酸组成往往无法达到目的，甚至有一些商家会根据价高油脂的脂肪酸组成，用几种廉价油脂调配，从而增加了油脂掺伪分析的难度。针对这种乱象，油脂化学与光谱分析领域的专家学者尝试用多种分子光谱技术对油脂的掺伪现象进行研究。本节论述紫外光谱技术在食用油脂掺伪分析领域的应用。相比其他光谱技术，紫外光谱简单、快速，已经有报道将紫外光谱用于橄榄油、油茶籽油、花生油和芝麻油等的掺伪检测。

实例 44 UV 结合判别分析和回归方程建立油茶籽油的掺伪分析方法[8]

背景介绍：油茶籽油是我国特有的木本油脂，含有丰富的不饱和脂肪酸，营养价值高，有"东方橄榄油"之称。茶籽油价格也远远高于其他植物油，于是市场上常常出现廉价植物油掺入油茶籽油的现象。鉴于此，该实例研究了紫外光谱鉴别油茶籽油掺伪的方法。

　　样品与参考数据：收集油茶籽油、菜籽油、玉米油、大豆油、棕榈油和米糠油，分别配制油茶籽油中掺入 10%～90%前述其他植物油的掺伪油，并用石油醚适当稀释。

　　光谱仪器与测量：采用 UV-3100 采集谱图，波长范围 200～360nm，间隔1nm，扫描得到谱图（图 5-5 和图 5-6）。

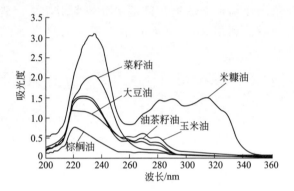

图 5-5　油茶籽油等 6 种植物油的 UV 谱图

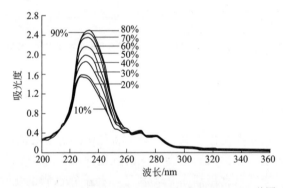

图 5-6　油茶籽油中掺入不同比例大豆油的 UV 谱图

　　定性判别分析：以 UV 谱图位于 220nm、230nm、235nm、258nm、268nm、279nm、290nm、315nm 处的吸光度为判别分析的自变量，掺入植物油的判别函数为因变量，采用 SAS 统计分析软件进行判别分析。结果表明，软件给出的判别分析结果与实际情况一致。

　　定量分析掺伪量的方法：如表 5-5 所示，分别考察 258nm、268nm、270nm波长处掺伪植物油的比例与吸光度的回归方程及其回归系数（R^2），然后测定掺杂油茶籽油各波长的吸光度，根据吸光度计算掺入植物油的比例。结果表明，当廉价植物油的掺伪量大于 15%时，回归方程获得的掺伪比例与实际值误差小于15%（表 5-5），说明油茶籽油掺伪的检出限为 15%。

表 5-5　位于 258nm、268nm、270nm 波长处掺伪油茶籽油的掺伪量
与吸光度的回归方程与相关系数

掺伪种类	270nm		268nm		258nm	
	回归方程	R^2	回归方程	R^2	回归方程	R^2
菜籽油	$A=-0.1221x+0.2812$	0.9921	$A=-0.1266x+0.3480$	0.9910	$A=0.1198x+0.3170$	0.9803
大豆油	$A=0.0068x+0.2879$	0.1523	$A=0.0417x+0.3442$	0.9790	$A=0.1090x+0.3135$	0.9909
米糠油	$A=0.8536x+0.2773$	0.9947	$A=0.4722x+0.3434$	0.9915	$A=0.3947x+0.3085$	0.9906
玉米油	$A=0.1160x+0.2851$	0.9695	$A=0.1263x+0.3495$	0.9763	$A=0.1155x+0.3218$	0.9929
棕榈油	$A=-0.1821x+0.2776$	0.9976	$A=-0.2338x+0.3434$	0.9931	$A=-0.1987x+0.3120$	0.9901

　　方法评价：该实例以各植物油的特征波长为依据进行掺伪植物油的种类判别，并进行了验证，正确地对掺伪油脂的品种作出判别。然而，问题在于方法中每种植物油仅仅取自一个油脂厂家，没有考虑到不同产地、厂家和生产工艺的油脂差异性。因此，判别分析的结果是否具有普遍适用性，需要进一步验证。

5.3　中红外光谱用于食用油脂鉴别与掺伪分析

5.3.1　食用油脂的中红外光谱图

　　食用油脂红外光谱图的指纹特征很强，谱图中的谱峰与油脂的化学组分（基团）几乎一一对应，因而较为广泛地应用于食用油脂的定性鉴别与掺伪分析中。图 5-7 是一张大豆油的 FT-MIR 谱图，也是食用油脂的典型谱图。图中的各谱峰较为明确地代表着油脂组分的主要分子结构与官能团信息。其中高频区 $3100\sim2700cm^{-1}$ 是碳氢键的伸缩振动区域，包括 $3009cm^{-1}$ 处的顺式碳碳双键（C＝CH）的弱强度伸缩振动。$2923cm^{-1}$ 与 $2853cm^{-1}$ 附近的亚甲基（—CH_2）的不对称与对称伸缩振动峰。$3100\sim2700cm^{-1}$ 的谱峰可归属于羟基基团（—OH）的伸缩振动谱峰，该峰的强度与油脂中的水、醇、氢过氧化物及其分解产物相关。此外，醛、酮的羰基基团（C＝O）的倍频区也在这个区域，但强度很小。$2500\sim1600cm^{-1}$ 区域的强吸收峰是酯键羰基基团（C＝O）的振动峰，如果油脂发生氧化水解，会产生醛酮和游离脂肪酸中羰基基团的吸收峰。$1550\sim650cm^{-1}$ 为指纹区，包括 $1464cm^{-1}$ 附近的—CH_2 基团的弯曲振动峰。$1377cm^{-1}$ 是甲基（—CH_3）的剪式振动峰。$1237cm^{-1}$、$1159cm^{-1}$、$1119cm^{-1}$、$1098cm^{-1}$、$1032cm^{-1}$ 等是酯键中碳氧单键（C—O）的伸缩振动峰。$966cm^{-1}$ 处则为反式脂肪酸的特征变角振动峰。$722cm^{-1}$ 附近为长链烷基中—CH_2 的面内摇摆振动吸收峰等[9]（表 5-6）。

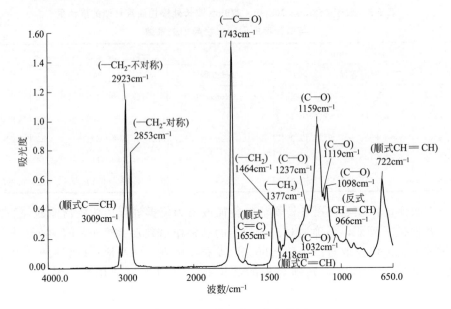

图 5-7　食用油的中红外光谱图

表 5-6　食用油在中红外光谱区的主要谱峰、振动类型与归属情况

波数/cm^{-1}	振动类型	归属情况
3009	C＝C 伸缩振动	不饱和脂肪酸
2923	C—H 不对称伸缩振动	亚甲基
2853	C—H 对称伸缩振动	亚甲基
1743	C＝O 伸缩振动	甘油三酯
1655	C＝C 面内弯曲振动	不饱和脂肪酸
1464	C—H 面内弯曲振动	亚甲基
1418	C＝C 面内弯曲振动	不饱和脂肪酸
1377	C—H 面内对称弯曲振动	甲基
1237		
1159		
1119		
1098	C—O 对称伸缩振动	甘油三酯
1032		
966	反式双键(—HC＝CH—)的面内弯曲振动	反式脂肪酸
722	双键(—HC＝CH—)的面内摇摆振动	不饱和脂肪酸

　　中红外光谱在食用油脂的真伪鉴别和掺伪分析方面的应用较多，特别是鉴别特级初榨橄榄油的来源（产地）、品种、等级、新鲜度和成熟度等，分析特级初榨橄榄油中是否掺入其他油脂，甚至可以用于分析掺入油脂的比例。此外，中红外光谱也在其他油脂的鉴别与掺伪分析方面有较多应用，如判别大豆油是否来源于转基因大豆，核桃油、芝麻油、亚麻籽油和榛子油的真假。餐厨废油和地沟油

事件发生之后，人们也利用中红外光谱考察了合格食用油掺入餐厨废油或煎炸油的谱图变化等。

5.3.2 中红外光谱用于橄榄油鉴别与掺伪分析

实例 45 FT-MIR 结合 LDA 鉴别特级初榨橄榄油的植物来源[10]

方法介绍：FT-MIR 的指纹特性结合化学计量学方法将特级初榨橄榄油与玉米油、大豆油、葵花籽油和榛子油进行分类鉴别。

样品与参考数据：30 个不同植物油样品，其中 18 个是校正集，12 个是验证集。

光谱仪器与测量：Nexus FT-MIR 仪器，波数范围 $4000 \sim 500 \mathrm{cm}^{-1}$，分辨率 $4 \mathrm{cm}^{-1}$，扫描 32 次。采用溴化钾液膜透射采集，即大约 $2 \mu \mathrm{L}$ 样品滴在溴化钾盐片上，然后盖上另外一块盐片，形成均匀的液膜。所有的样品重复测定两次。

分类结果：谱图分析采用 Omnic，数据处理采用 SPSS。以线性判别分析（Linear discrimination analysis，LDA）将上述几种植物油样品进行分类，结果表明，不同植物来源的食用油在三维空间中彼此分开，可以达到分类鉴别目的。

方法评价：该方法通过食用油在溴化钾片之间形成液膜，以透射方式采集 FT-MIR 谱图。这种采集方法不及衰减全反射（ATR）附件操作方便，还可能存在液膜薄厚不一的问题。但透射方式采集的谱图效果优于反射的。实例中的 LDA 分类方法的鉴别效果明显，如果扩大样品量，考虑到样品的产地、采集日期等因素，可以一定范围内用于油品鉴定。

实例 46 FT-MIR 分别结合 CA、PCA 和 PLS-DA 鉴别橄榄油的产地[11]

背景介绍：橄榄油在地中海地区具有非常重要的地位，代表着当地消费习惯与文化生活。橄榄油的鉴别涉及其中含有的多种组分，通常采用传统的色谱和比色法进行分析鉴别，然而，这些方法大多操作复杂，费时耗力。分子光谱分析技术具有快速、简便的特点，特别是中红外光谱的指纹特性，使得其在橄榄油鉴别分析中的应用越来越多。该实例应用 FT-MIR 结合聚类分析、主成分分析、线性回归方法完成橄榄油的产地鉴别。

样品与参考数据：29 个样品来自摩洛哥不同地区（2009 年收割，品种均属于 Picholine Marocaine），包括海拔超过 599m，温度范围为 $-4 \sim 48 ℃$ 的 Meknes（简称 MEK）、Ksiba（KS）、Bradia（BR）和 F.Bensalah（FBS）等 4 个地区。

光谱仪器与测量：Vector 22 FT-MIR 仪器（配有单次反射的钻石 ATR 附件）采集谱图，波数范围 $4000 \sim 600 \mathrm{cm}^{-1}$，分辨率 $4 \mathrm{cm}^{-1}$，扫描 98 次。采用 ATR 反射扫描采集谱图。

分类方法的建立：其中 20 个样品组成校正集，其余 9 个组成预测集。数据分析采用 Minitab Release 和 Unscrambler。根据分类结果显示，橄榄油的 FT-MIR 谱图最佳处理方法是取二阶导数，并做二次多项式的 5 点平滑。之后分别采用聚类分析、主成分分析和偏最小二乘法-线性判别分析三种方法对校正集的样品进行分类判别。从聚类分析的结果（图 5-8）可以看到，MEK 的 6 个样品聚为一类（Ⅰ），其他三个地区的样品也分别聚为一类（Ⅱ～Ⅳ），即同一个产地的橄榄油产品具有相似性，能够聚为一类。同时，由于 4 个产地的橄榄油均为同一个品种，最终聚为一大类。主成分分析的结果（未显示）表明，前两个主成分（2PCs）占了 97% 的数据变量。在此基础上，采用 PLS-DA 方法得出 FT-MIR 谱图波长优化前后（全波长为 7PCs，波长优化后减为 4PCs）的橄榄油产地的分类结果（表 5-7）。结果表明，波长优化后模型的分类能力明显增强，优化后 PLS-DA 分类模型的 R^2 值大于 0.986，RMSEP 值小于 0.049，显示出很好的识别能力。

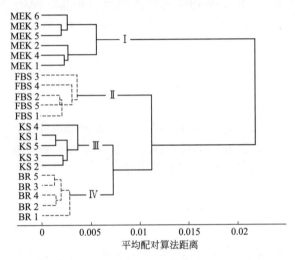

图 5-8　摩洛哥不同产地橄榄油（FT-MIR）的聚类分析结果

表 5-7　摩洛哥不同产地橄榄油的 FT-MIR 谱图结合 PLS-DA 分类模型的评价参数

产地	波数范围 4000～600cm^{-1}		波数范围 3000～600cm^{-1}	
	R^2	RMSEP	R^2	RMSEP
BR	0.7151	0.2442	0.9860	0.0490
FBS	0.9553	0.0961	0.9879	0.0468
KS	0.7348	0.2336	0.9930	0.0335
MEK	0.9235	0.1319	0.9882	0.0489

　　方法评价：该实例通过取二阶导数进一步增强了 FT-MIR 的指纹特征，分别采用聚类分析、PCA 考察了不同产地橄榄油产品的分类特性，结果表明，不同产地油品的 FT-MIR 导数谱的分类特征明显，最后以 PLS-DA 建立的分类模型的评价参数良好，为 FT-MIR 应用于橄榄油的产地鉴别提供了理论依据。

实例 47 FT-MIR 结合 LDA 和 SIMCA 鉴别橄榄油的品种[12]

背景介绍：特级初榨橄榄油的营养价值很高，对人体健康有益，因而成为地中海地区膳食中的珍贵配料。然而，特级初榨橄榄油品质受诸多因素影响，包括橄榄树的品种、产地、生长条件（气候、海拔高度、灌溉条件和种植技术等）、橄榄果的成熟度和橄榄油的榨取技术等。已有大量研究考察了橄榄树品种与生长环境因素对特级初榨橄榄油的氧化稳定性的影响，包括考察了橄榄油的饱和与不饱和脂肪酸的浓度、甘油三酯、甘油二酯、甾醇、酚类化合物、饱和烃、色素和挥发性成分对的组成等。这些考察方法大多采用了气相色谱、高效液相色谱，近几年采用了核磁共振的指纹特性研究橄榄油的遗传特性。考虑到这些分析方法或者操作烦琐，或者价格昂贵，该实例尝试采用快速、无损、廉价的红外光谱法进行意大利地区出产的三个品种的特级初榨橄榄油的品种鉴别。

样品与参考数据：总共收集了 82 个单一品种橄榄果制取的特级初榨橄榄油样品，分别是 "Casaliva"（27 个）、"Leccino"（28 个）和 "Frantoio"（27 个）三个品种。这三个品种代表了意大利种植橄榄树的三个地区，即北部的 Puegnago、中部的 Follonica 和南部的 Mirto 地区。这些橄榄果均在成熟期采摘，然后按照标准工艺压榨、离心分离得到相应样品。

光谱仪器与测量：配有 HATR（11 次反射）的 Vertex 70 FT-MIR 光谱仪，波数范围 4000～700cm^{-1}，数据处理采用 OPUS。由扫描得到的谱图可以看到，谱图中 2924cm^{-1}、2852cm^{-1}、1743cm^{-1}、1463cm^{-1}、1377cm^{-1}、1238cm^{-1}、1163cm^{-1}、1114cm^{-1}、1099cm^{-1}、721cm^{-1}处的吸收峰强度较大。

分类方法与结果：FT-MIR 谱图首先采用 SNV＋二阶导数谱（S-G，7 点）处理。分类识别方法采用 LDA 和 SIMCA 两种，规定 Casaliva 为Ⅰ类、Leccino 为Ⅱ类、Frantoio 为Ⅲ类。从结果可以看到，MIR-LDA 的分类能力为 94.2%，预测能力为 86.6%，均比 MIR-SIMCA 的效果要好。此外，SIMCA 模型准确度虽然仅为 40.8%，但方法的灵敏度达到了 92.7%。从三个品种的正确识别率上看，两种方法建立的模型对Ⅱ类（85.7%）的正确识别率要远远高于Ⅰ类（55.6%）和Ⅲ类（55.6%）。

MIR-LDA 和 MIR-SIMCA 模型对不同品种特级初榨橄榄油交叉验证的结果见表 5-8。

表 5-8 MIR-LDA 和 MIR-SIMCA 模型对不同品种特级初榨橄榄油交叉验证的结果　　　　　　　　单位：%

分类方法	分类能力	预测能力				灵敏度	准确度
		平均	Ⅰ类	Ⅱ类	Ⅲ类		
LDA(5CV)	94.2	86.6	81.5	93	85.2	—	—
SIMCA	76.8	65.8	55.6	85.7	55.6	92.7	40.8

方法评价：该实例对单一品种榨取的特级初榨橄榄油进行了品种鉴别，结果表明，基于 MIR-LDA 分类模型对 Leccino 品种的识别效果较好，达到了 93%，说明红外光谱用于油脂的品种鉴别具有应用前景。

实例 48　FT-MIR 结合 PLS2-DA 鉴别橄榄油的质量等级[13]

背景介绍：2013 年国际橄榄油理事会（International Olive Oil Council，IOOC）依照酸值将橄榄油商品划分为四个等级，即特级初榨橄榄油（extra virgin olive oil，EVOO）、初榨橄榄油（virgin olive oil，VOO）、普通初榨橄榄油（ordinary virgin olive oil，OVOO）以及初榨橄榄灯油（lampante virgin olive oil，LVOO）。影响橄榄油酸值的因素有品种、采摘方法、橄榄油制取工艺和储藏条件等。IOOC 规定的等级分析方法（COI/T. 15/NC No. 3/Rev. 7）包括多种物理化学参数，如酸值、酚类化合物、过氧化值、K_{232} 和 K_{270}（包括 ΔK 值）等。这些指标的分析较为烦琐、耗时。基于红外光谱的无损、快速以及在食用油分析领域的多种应用，该实例尝试采用该方法鉴别市售不同等级的初榨橄榄油的质量等级。

样品与参考数据：于 2012 年 10 月至 2014 年 2 月在摩洛哥的中部城市贝尼梅拉尔收集初榨橄榄油样品 70 个。采用 IOC 中 COI/T. 15/NC No. 3/Rev. 7 规定的分析方法测定了 70 个样品中酸值、过氧化值、碘值、总酚含量、K_{232} 和 K_{270} 等。根据测试数据与 IOC 的相关规定将 70 个初榨橄榄油样品分为四个等级，即 EVOO（14 个）、VOO（20 个）、OVOO（21 个）和 LVOO（15 个）。

光谱仪器与测量：配有单点反射钻石 ATR 附件的 Vector 22 FT-MIR 光谱仪收集谱图，波数范围 4000~600cm⁻¹，分辨率 4cm⁻¹。样品置于 ATR 附件上扫描，扫描 98 次。

分类模型与预测结果：数据采集采用 OPUS 软件，数据处理采用 Unscrambler 软件。采用 K-S 算法随机取 50 个样品组成校正集，其余 20 个组成预测集。样品谱图预处理取一阶导数（二次多项式，3 点平滑），以 PLS2-DA 建立分类模型。PLS-DA 方法是根据目标类别的最大协方差更好地区分样品。根据同时校正的 y 向量数量，分为 PLS1 和 PLS2 两种方法。PLS1 一次只校正一个组分，PLS2 则是同时校正回归多个组分。分类模型的建立是通过交叉验证（留一法）考察最低预测误差和 PRESS 值等，从而找到最优的主成分数（PCA）和潜变量（PLSR），建立最优的分类识别模型。

图 5-9 是基于 50 个校正集样品建立的 PLS2-DA 分类模型，明显地，四个等级的橄榄油得到了很好的分离。通过潜变量 1 加载的红外光谱图分析可知，位于 2964cm⁻¹、2927cm⁻¹、2857cm⁻¹、1961cm⁻¹、1751cm⁻¹ 和 1723cm⁻¹ 的吸收峰分别正负加载了 PLS2-DA 的得分图，从而达到较好的分类效果。从表 5-9 的数据可以看出，基于红外光谱图与 PLS2-DA 的等级分类模型的评价参数远远优于基于理化指标的分类效果。利用上述建立的分类模型对预测集的 20 个样品进

行识别，结果表明，正确识别率达到 100%。

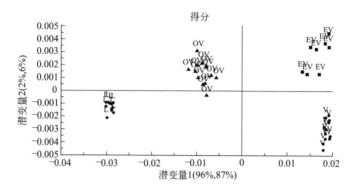

图 5-9　校正集中 50 个橄榄油样品的 PLS2-DA 得分图

表 5-9　基于理化指标和红外光谱的分类效果的比较

类别	基于理化指标的等级分类效果			基于 FT-MIR-PLS2-DA 的等级分类效果		
	R^2	RMSEC	RMSECV	R^2	RMSEC	RMSECV
EVOO	0.54	0.27	0.29	0.96	0.08	0.12
VOO	0.17	0.41	0.43	0.97	0.06	0.10
OVOO	0.51	0.32	0.34	0.96	0.08	0.16
LVOO	0.90	0.14	0.15	0.98	0.04	0.10

　　方法评价：该实例非常完整地呈现了针对摩洛哥地区市售 4 种等级初榨橄榄油的分类模型及其预测结果，并且比较了传统理化指标与红外光谱结合化学计量学的分类效果。结果表明，基于红外光谱的分类模型的分类效果远远优于理化指标的效果，说明红外光谱的指纹特征性对于橄榄油的等级鉴别具有很好的实用价值。

　　实例 49　FT-MIR 分别结合 PLS-DA、LDA 和 SIMCA 鉴别橄榄油的新鲜度[14]

　　背景介绍：由于特级初榨橄榄油中含有抗氧化成分，且不饱和与饱和脂肪酸的比例恰当，因而具有良好的感官特性与营养价值。然而，这些特性会因氧化而减退。油脂氧化是一个非常复杂的过程。通常，空气、光照和金属都会加速氧化进程。工业界关心的是橄榄油产品从出厂到消费者这段时间的氧化程度。欧盟委员会和 IOOC 规定了衡量橄榄油氧化程度的多个指标，包括酸值、游离脂肪酸含量（以油酸计）、过氧化值（PV）、氧化稳定性实验以及 K_{232} 和 K_{270}（包括 ΔK 值）等。例如特级初榨橄榄油的 $PV \leqslant 20 \text{meq/kg}$、$K_{270} \leqslant 0.22$、$K_{232} \leqslant 2.4$ 等。但传统方法的缺点是信息量少，且费时耗力。

　　近年来，新的分析方法也不断涌现，如电子自旋共振光谱（ESR）可以检测氧化自由基，用高效液相色谱检测氢过氧化物，用色谱与质谱联用检测氧化甘油三酯等。这些新方法的问题是耗时、昂贵，同时也只是片面地分析油脂氧化的某一个侧面。考虑到中红外光谱的指纹特性，可以将多个组分的变化同时表现在一张谱图上，并且具有快速、无损、廉价的优势。因此，该实例体现了应用 FT-MIR 鉴别特级初榨橄榄油新鲜度的可能性。

样品与参考数据：新鲜且成熟的橄榄果采自意大利加尔达地区（Garda），24h 内即按照冷榨工序加工处理，得到 91 个特级初榨橄榄油样品。这 91 个油样中 35 个在一个月内测试，即新鲜样品（Ⅰ类）；32 个分为两组，一组在暗处存放 1 年（Ⅱ类），一组在光照条件下存放 1 年（Ⅳ类）；剩下 24 个样品在暗处存放 2 年（Ⅲ类）。所有样品密封于玻璃瓶中（液体上方空间体积占瓶子总体积的10%）室温保存。化学测试数据包括酸值、游离脂肪酸含量（以油酸计）、过氧化值（PV）以及 K_{232} 和 K_{270} 等。结果表明，Ⅰ类新鲜油样的各项指标均满足规定。Ⅱ～Ⅳ类的酸值均小于 0.4，但过氧化值升高，Ⅱ类的过氧化值为 17.5～29meq/kg，Ⅲ类的为 13～53meq/kg，Ⅳ类的为 34.5～66.5meq/kg。

光谱仪器与测量：Tensor 27 FT-MIR 光谱仪，附件为内反射次数为 11 次的锗晶体水平 ATR，波数范围 4000～550cm^{-1}，分辨率 4cm^{-1}。样品置于 ATR 附件上扫描。

分类模型与预测结果：数据处理采用 PCA、PLS-DA 和 SIMCA 软件。首先对样品的 FT-MIR 谱图进行预处理，方法是取二阶导数（S-G，10 点平滑）。然后，用 PCA 分析谱图（未显示），达到降维的目的。结果表明，新鲜油样与光照1 年油样得到很好的分离，但暗处存放 1 年和 2 年的油样彼此分离的情况不是很好。由 2PCs 的载荷图（未显示）可知，位于 1743cm^{-1}、1363cm^{-1}、1218cm^{-1}吸收峰的贡献率最大，它们分别是羰基（—C≡O）的伸缩振动，甲基（—CH$_3$）的剪式振动，过氧化物的碳氧单键（—C—O）的伸缩振动。

在 PCA 分析基础上，在 4 类样品中各取出 1/2 组成校正集，分别采用 PLS-DA、LDA 和 SIMCA 建立分类模型，并用剩余的 1/2 样品进行验证，结果见表 5-10～表 5-12。结果表明，FT MIR 结合 PLS-DA 模型的正确识别率达到了 100%，并且没有出现假阴性和假阳性样品。FT-MIR 结合 LDA 的分类模型可以正确识别Ⅰ类和Ⅳ类。FT-MIR 结合 SIMCA 的分类模型对 4 类的平均正确识别率为 78%。如果将Ⅱ类和Ⅲ类合并为一类，则 SIMCA 模型的识别率为 100%。

表 5-10　FT-MIR 结合 PLS-DA 模型的分类识别结果

类别	校正集		验证集	
	正确分类的样品数	正确率/%	正确分类的样品数	正确率/%
Ⅰ类	17/17		18/18	
Ⅱ类	8/8	100	8/8	100
Ⅲ类	12/12		12/12	
Ⅳ类	8/8		8/8	

表 5-11　FT-MIR 结合 LDA 模型的分类识别结果

项目	类别	Ⅰ类	Ⅱ类	Ⅲ类	Ⅳ类	总计
校正	Ⅰ类	35(100%)	0	0	0	35
	Ⅱ类	0	14(87%)	2	0	16
	Ⅲ类	0	2	22(92%)	0	24
	Ⅳ类	0	0	0	16(100%)	16
交叉验证	Ⅰ类	35(100%)	0	0	0	35
	Ⅱ类	0	12(75%)	4	0	16
	Ⅲ类	0	0	22(92%)	0	24
	Ⅳ类	0	0	0	16(100%)	16

表 5-12　FT-MIR 结合 SIMCA 模型的分类识别结果

类别	主成分数	正确分类样品数	正确率/%	假阴性	假阳性
Ⅰ类	4	18/18(100%)		0	0
Ⅱ类	6	5/8(62%)	78	3	7
Ⅲ类	6	5/12(42%)		7	3
Ⅳ类	6	8/8(100%)		0	0
Ⅰ类	4	18/18(100%)		0	0
Ⅱ+Ⅲ类	6	20/20(100%)	100	0	0
Ⅳ类	6	8/8(100%)		0	0

　　方法评价：该实例分别用 PLS-DA、LDA 和 SIMCA 三种分类识别方法，对不同新鲜度的特级初榨橄榄油的 FT-MIR 二阶导数谱进行建模分析，结果表明，FT-MIR-PLS-DA 模型的分类效果最好，正确率达到 100%，且没有出现假阴性和假阳性样品。其他两种方法的正确识别率也非常高，说明红外光谱具有用于特级初榨橄榄油新鲜度判定的可能性。

　　实例 50　FT-MIR 结合 PCA-DA 鉴别橄榄油的成熟度[15]

　　背景介绍：特级初榨橄榄油是由新鲜、完整的橄榄油经过简单的压榨、混合与离心分离等物理工艺得到的。由于没有经受化学溶剂提取，也没有经过高温精炼程序，EVOO 中保留了对人体健康有益的生育酚、多酚等天然抗氧化成分。同时，EVOO 中含有的丰富油酸（60%～80%）也赋予了它很高的营养价值。因此，EVOO 成为地中海地区最重要的传统饮食产品。然而，EVOO 的质量受到许多因素制约，包括品种、产地和成熟度等。该实例针对葡萄牙地区的三个典型品种 "Cobrancosa"、"Galega" 和 "Picual"，应用 FT-MIR 分析技术快速判断它们处于何种成熟阶段，采用 FT-MIR-PCA 和 FT-MIR-DA 的方法进行区分。

　　样品与参考数据：2012～2013 年，收集了葡萄牙埃尔瓦斯（Elvas）国家植物育种站的 64 个橄榄果，这些样品均为新鲜、完整、健康的橄榄果，未受到任何病虫感染和机械损伤。这些橄榄果生长环境相同，排除了气候、农作物和产地影响。橄榄果的成熟度按照果皮与果肉颜色区分，成熟指数（ripeness index，RI）的范围从 1（100% 的绿色果皮）到 7（100% 的紫色果肉和黑色果皮），见表

5-13。采摘后的橄榄果立即运送到实验室并在 24h 内处理得到相应的橄榄油。处理过程是称取 3kg 橄榄果拍压成浆，25℃下搅拌 30min，离心，过滤，转移到深色玻璃瓶中（油脂完全充满玻璃瓶，瓶子上方不能有空气），4℃暗处储存，备用。

表 5-13 橄榄果样品的采摘时间与成熟度

品种	数量/个	成熟阶段	样品编号	采摘日期	成熟指数
Cobrancosa	8	绿色	Cob G	2012 年 10 月 2 日	0.4
	8	半熟	Cob SR	2012 年 10 月 12 日	2.1
	8	成熟	Cob R	2012 年 11 月 8 日	5.5
Galega	8	绿色	Gal G	2012 年 10 月 2 日	0.4
	8	半熟	Gal SR	2012 年 10 月 12 日	2.1
	8	成熟	Gal R	2012 年 11 月 8 日	5.5
Picual	8	绿色	Pic G	2012 年 10 月 2 日	0.4
	8	半熟	Pic R	2012 年 11 月 8 日	5.5

光谱仪器与测量：Unicam Research Series 系列的 FT-MIR 光谱仪，配备能加热的单点反射 ATR 附件，DLATGS 检测器。吸取约 $1\mu L$ 橄榄油置于 ATR 样品盘上（30℃），波数范围 3000～500cm^{-1}，分辨率 2cm^{-1}，扫描次数 128 次。数据采集采用 WinFirst，数据处理采用 XLSTAT-v2006.06 软件包。应用以上光谱分析条件，扫描得到不同成熟度特级初榨橄榄油的原始谱图（未显示）。结果表明，成熟度不同的特级初榨橄榄油谱图中的谱峰频率并无变化，但谱峰的强度发生了变化。说明不同成熟期特级初榨橄榄油中的化学组分基本相同，并没有随着成熟度变化而产生新的物质。但不同成熟期特级初榨橄榄油中的化学组分的含量发生了改变，因为 FT-MIR 谱峰的吸收强度与化学组分的含量遵循朗伯-比尔定律。

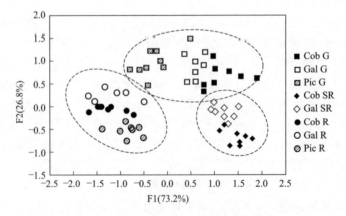

图 5-10 基于 FT-MIR-DA 对不同成熟期 EVOO 的
分类示意图（基于 F1 和 F2 因子）

校正模型的建立：首先对 FT-MIR 谱图进行均值中心化和标准化处理，然后选取两个波段（1800～600cm^{-1} 和 3000～2750cm^{-1}）的数据进行 PCA 处理，结果发现，所有的变量可以降维为 53 个主成分数，其中前 9 个主成分数占整个变量的 91%，前 6 个主成分数占整个变量的 85%。将 PCA 降维后变量进行判别分析（DA），结果见图 5-10。判别因子 F1 和 F2 代表了所有变量的区分结果。由图可见，各品种不同成熟度的样品聚在了一起，说明成熟度是可以通过 FT-MIR-DA 区分的。

模型预测结果：根据上述 FT-MIR-DA 分类方法进行了校正样品的成熟期判别，正确率达到了 100%（表 5-14）。同时，考察了 FT-MIR-DA 方法的交叉验证结果，总体正确率达到了 73.6%，其中对成熟特级初榨橄榄油的判别正确率达到 87.5%（表 5-15）。

表 5-14　基于 FT-MIR-DA 分类方法判别成熟度的正确率

右实际/下预测	绿色	半成熟	成熟	总计	正确率/%
绿色	24	0	0	24	100
半成熟	0	16	0	16	100
成熟	0	0	24	24	100
总计	24	16	24	64	100

表 5-15　基于 FT-MIR-DA 方法判别成熟度的交叉验证结果

右实际/下预测	绿色	半成熟	成熟	总计	正确率/%
绿色	17	6	1	24	70.8
半成熟	6	10	0	16	62.5
成熟	2	1	21	24	87.5
总计	25	17	22	64	73.6

方法应用与评价：该实例首次应用 FT-MIR-ATR 谱图结合 DA 方法对不同成熟阶段的特级初榨橄榄油进行了区分，结果表明，该方法对处于成熟期的特级初榨橄榄油判别正确率达到 87.5%，说明应用 FT-MIR 方法可以判断特级初榨橄榄油是否由成熟橄榄果压榨获得。

实例 51　FT-MIR 结合 PLS-DA 鉴别橄榄油的负面感官特性[16]

背景介绍：初榨橄榄油（VOO）以风味独特与营养健康著称。由于 VOO 的价格昂贵，常有掺假现象发生，加上不当的生产工艺与储藏条件，都会破坏 VOO 的质量与风味。为了保证橄榄油的真实性与质量，欧盟、国际橄榄油理事会（IOOC）和食品法典委员会（FAO-OMS）制定了一系列规定（如 ECC/2568/1991、ECC/796/2002、ECC/1089/2003 和 ECC/640/2008）[17-20]，并将橄榄油的原产地名称保护（PDO 和 PGI）也加到 VOO 质量保证体系当中。西班牙有 5 个橄榄油原产地受到保护（即 Les Garrigues、Siurana、Oli de Terra Alta、Oli del Baix Ebre-Montsià 和 Oli de l'Empordà）。

表 5-16　橄榄油的等级规定（基于 ECC/640/2008）

项目	酸价/%	过氧化值/%	UV 吸光度		感官分析[①]	
			K_{232}	K_{270}	中位数（一）	中位数（＋）
EVVO	≤0.8	≤20	≤2.50	≤0.22	=0	>0
VOO	≤2.0	≤20	≤2.60	≤0.25	≤3.5	>0
LOO	≤2.0	—	—	—	>3.5	=0

① 中位数（一）表示霉潮味、酒酸味、腐臭味、哈喇味和金属味等 5 种差的感官体验得分的中位数；中位数（＋）表示绿色、果香气、苦味和辛辣味等 4 种好的感官体验得分的中位数。

　　国际上将橄榄油按照质量分为 3 个等级（ECC/640/2008），即特级初榨橄榄油（EVOO）、初榨橄榄油（VOO）和橄榄灯油（LOO），并且对 3 个等级橄榄油的质量参数作了规定（表 5-16），包括酸价、过氧化值和 UV 吸光度等化学参数和感官分析特性。其中感官分析一般包括两项内容，即感官评定和挥发物质分析。感官评定通常由受过专业训练的评审员小组利用自身的感觉器官对橄榄油进行检验，并将评审结果描述出来。橄榄油的感官评定主要从颜色、香气、入口风味（味觉和嗅觉）等几个方面进行考察，好的橄榄油呈绿色（green），闻着有果香气（fruit），品尝起来有苦味（bitter）和辛辣味（pungent），不好的橄榄油闻着有霉潮味（musty/humid）、酒酸味（winey/vinegary/acid）、腐臭味（fusty/muddy）、哈喇味（rancid）和金属味（metallic）。以上述 4 种好的和 5 种差的体验来描述和评定橄榄油的感官特性和等级。橄榄油的苦味和辛辣味与其含有的多酚物质相关，而腐臭味与哈喇味则是由于存储不当而导致微生物滋生和氧化酸败。根据 ECC/640/2008 规定：橄榄油的质量、价格与感官评定结果密切相关，即使是 EVOO，如果存储不当，感官分析的负面风味的中位数超过 3.5（表 5-16），则只能以 VOO 或 LOO 出售，从而在价格上大打折扣。

　　此外，橄榄油的感官分析还包括挥发性物质分析。目前，大多采用气相色谱（如顶空气相色谱、电子鼻）和/或质谱定性定量分析挥发性物质的组成，有的还结合液相色谱和/或质谱分析多酚化合物的组成，也有应用核磁共振检测多酚和醛酮化合物，或者采用电子舌分析的方法等。该实例考虑到感官评定方法中评审员存在的主观性、差异性和样品量的限制，以及色谱、质谱等仪器分析方法的复杂性与局限性，尝试利用 FT-MIR 具有的客观、快速、自动、准确等优点，研究 FT-MIR 替代感官评定方法的可能性。

　　样品与参考数据：收集了 2012～2013 年产自西班牙加泰罗尼亚地区（Catalonia'in Reus）的 146 个新鲜样品，充氮后 −20℃ 下储存，并在 3 个月内进行感官评定。感官评定方法采用橄榄油理事会的官方方法 COI/T20/Doc15 和欧盟规定方法 ECC/640/2008，即每个样品取 15mL 置于标准杯子中（杯子有颜色，以掩盖样品的颜色差异），好的感官体验以果香、苦味、辛辣味、绿色、甜味、苹果香等词语描述，差的体验用腐臭味、霉潮味、酒酸味、哈喇味和金属味描述，各种体验依据程度用数值大小（0～10）表示。每个样品由 8～10 名评审员评定，其结果为最突出感官体验的中位数。最终的评定结果是 49 个样品有腐臭味，49 个有酒酸味，46 个有霉潮味，16 个有哈喇味，没有样品有金属味。最终评定 84 个样品为 EVOO，48 个为 VOO 和 14 个为 LOO。

光谱仪器与测量：FT-MIR Nexus，配备 DTGS，ZnSe 晶体水平全反射扫描附件（HATR），反射次数为 12 次，扫描范围为 4000～600cm⁻¹，间隔 4cm⁻¹，扫描次数 36 次。

校正模型的建立：谱图采集软件采用 Omnic。模型建立软件采用 Matlab 和 PLS Toolbox。图 5-11 是橄榄油样品的 FT-MIR 谱图，以及各谱峰的归属情况与波段对应的评定风味。首先将所有样品随机分为校正集和预测集两类，其中校正集占 70%，预测集占 30%，两个样品集中的各等级和负面感官特性的样品比例相同。然后对所有样品的 FT-MIR 数据谱图进行处理，包括标准正态变量（SNV）、取导数、偏移校正（offset）处理或几种方法结合处理，处理后的谱图数据经过 PCA 降维后建立 PLS-DA 模型。运用 PLS-DA 模型对校正集样品进行交叉验证，对预测集样品进行分离判别，根据交叉验证和预测结果对谱图处理方法、PCA 因子数和波段（前述的 10 个波段）进行优化，优化结果见表 5-17。

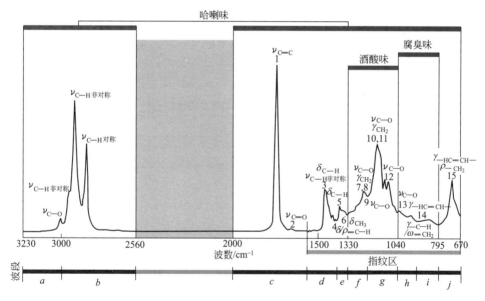

图 5-11　橄榄油的 FT-MIR 谱图以及谱峰与波段的归属情况

ν—伸缩振动；δ—面内剪式弯曲振动；γ—面外弯曲振动；ρ—平面摇摆振动；ω—面外摇摆振动；

1—甘油三酯和游离脂肪酸中的 $\nu_{C=C}$；2—游离脂肪酸和醛酮中的 $\nu_{C=O}$；3—脂肪链中的甲基和亚甲基中的 ν_{C-H} 和 δ_{C-H}；4—顺式烯烃中的 $\delta/\rho_{=C-H}$；5—直链烷烃 δ_{C-H}；6—醚中的 δ_{CH_3}；

7,10,12,13—酯中的 ν_{C-O} 和 γ_{CH_2}；8,11—亚甲基中的 γ_{CH_2}；9—环氧化物中的 ν_{C-O}；

14—反式烯烃中的 $\gamma_{-HC=CH-}$；15—顺式未取代烯烃中的 $\gamma_{=HC-CH-}$ 和 $\rho_{=CH_2}$；$a\sim j$—检验波段

表 5-17　四种橄榄油负面感官特性的 FT-MIR-PLS-DA 判别模型的参数优化

项目		霉潮味	酒酸味	腐臭味	哈喇味
波数范围/cm^{-1}		1040～795	1330～1045	1040～795	3230～2560＋ 2110～670
谱图前处理		SNV＋1st	SNV＋1st	偏移校正＋1st	偏移校正
因子数		3	5	4	5
交叉验证/%	灵敏度[①]	88.2	77.2	75.5	67.4
	特异性[②]	83.0	75.2	72.3	87.5
	错判率	14.4	23.8	26.1	22.6
预测结果/%	灵敏度	86.6	76.4	76.5	76.8
	特异性	81.5	77.1	71.0	80.7
	错判率	15.9	23.2	26.3	21.2

① 灵敏度是指有霉潮味的样品被 PLS-DA 模型准确判别或划分为霉潮味样品。

② 特异性是指没有霉潮味的样品被正确判别或划分为没有霉潮味。

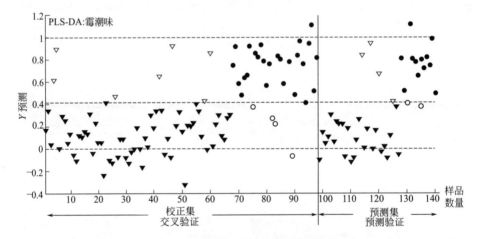

图 5-12　PLS-DA 模型对有霉潮味橄榄油的判别结果

（交叉验证结果与预测结果）

● 有霉潮味的橄榄油；▼ 没有霉潮味的橄榄油；

●/▼ 模型正确分类的样品；○/▽ 模型错误分类的样品

　　模型预测结果：上述 PLS-DA 模型经过优化和验证，结果表明（表 5-17），模型对有霉潮味的橄榄油判别效果较好（图 5-12）。校正集样品经过交叉验证，88％以上的样品得到正确的分类，预测集中 83％的样品得到正确的分类。

　　方法应用与评价：该实例应用 FT-MIR 结合 PLS-DA 方法建立了橄榄油的负面感官特性的判别方法，并对分类模型进行了优化、验证和预测效果的考察。结果表明，MIR-PLS-DA 模型可以对霉潮味、酒酸味、腐臭味和哈喇味 4 种差的橄榄油感官体验进行分类，正确率最高可以达到 85％以上。由于橄榄油的哈喇味与其组分相关，因此，应用 FT-MIR 结合化学计量学方法可以实现人为感官评定的补充和替代。

实例 52　FT-MIR 结合 DA 判别特级初榨橄榄油掺入榛子油[21]

背景介绍：榛子油的脂肪酸、甾醇组成和氧化稳定性与橄榄油类似，因而榛子油掺入橄榄油冒充特级初榨橄榄油的现象时有发生。据报道，欧盟每年由于榛子油掺入橄榄油造成的损失高达 400 万欧元。随着食品掺假利润的不断攀升，掺假方法也越来越复杂、"高明"，传统的掺伪分析方法耗时费力。为此，该实例研究了红外光谱结合化学计量学对橄榄油中掺入榛子油的情况进行分析效果的考察。

样品与参考数据：从当地超市和网络上购买了 11 种榛子油，25 种特级初榨橄榄油样品。随机选取特级初榨橄榄油和榛子油各 10 种掺混。通常榛子油掺入橄榄油的比例为 5%～20%，因此，配制榛子油在橄榄油中的比例为 5%～50%（体积分数）。

光谱仪器与测量：Nexus 670 FT-MIR，配有汞镉碲化物 A 检测器（MCT/A）。采用 ZnSe 单点反射的 ATR 附件，波数范围 4000～650cm^{-1}，分辨率为 4cm^{-1}，样品扫描 128 次。数据处理采用 TQ 软件。榛子油与橄榄油的 FT-MIR 谱图见图 5-13。两种植物油的谱图仅仅在指纹区的 1300～1000cm^{-1} 波段（C—O 的伸缩振动与 O—H 的弯曲振动）有微弱差别。

校正模型的建立：采用 FT-MIR-DA 分别对榛子油和特级初榨橄榄油以及它们的混合油（即模拟特级初榨橄榄油掺入榛子油）进行分类判别，通过马氏距离衡量分类效果。结果表明，榛子油与特级初榨橄榄油可以很好地分开（未显示）。但橄榄油与其掺伪油的分类效果不是很明显（图 5-14），纯橄榄油仅与含有榛子油比例高于 25% 的掺伪橄榄油达到有效分类。

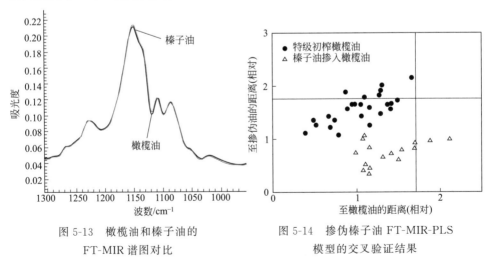

图 5-13　橄榄油和榛子油的　　　　图 5-14　掺伪榛子油 FT-MIR-PLS
　　　　FT-MIR 谱图对比　　　　　　　　模型的交叉验证结果

方法应用与评价：该实例是较早应用 FT-MIR 结合化学计量学方法判别食用油掺伪的实例。该实例的价值在于给出了规范的分析掺伪油的程序和步骤，即先采用模式识别达到真油与其掺伪油的分类识别，然后在此基础上再进行后续的掺伪量的定量分析。如果是没有效果的分类判别，掺伪量的分析便无从谈起。由于早期化学计量学方法的发展局限，该实例并没有对油脂的谱图进行预处理，也没有应用多种模式识别方法比较判别效果。

实例 53　FT-MIR 分别结合 DA 和 PLSR 定性定量分析特级初榨橄榄油中掺入稻米油[22]

背景介绍：橄榄油，特别是特级初榨橄榄油由于质优价高而成为掺假的主要对象。针对这种现象，已有多篇参考文献研究了橄榄油中掺入榛子油[16]、菜籽油、葵花籽油、橄榄果渣油[23]、棕榈油[24]、玉米油、大豆油[25]、芝麻油[26]等的分析方法，但还没有识别和分析橄榄油中掺入稻米油（又称米糠油）的报道。该实例采用判别分析对掺入稻米油的特级初榨橄榄油进行了定性判别，采用PLSR 对掺入稻米油的比例进行了定量分析。

样品与参考数据：特级初榨橄榄油、稻米油、菜籽油、玉米油、葡萄籽油、棕榈油、南瓜籽油、大豆油、花生油、核桃油均购自马来西亚，初榨椰子油购自印度尼西亚。样品的配制包括 20 个纯的稻米油、20 个稻米油含量为 1%～50% 的掺假油、20 个纯的特级初榨橄榄油。需要说明的是，所有油脂的配制均以氯仿作为溶剂。

光谱仪器与测量：Nicolet 6700 中红外光谱仪，DTGS 检测器，KBr/锗分束器，波数范围 4000～650cm^{-1}，样品的谱图采用 ATR 附件扫描。

判别模型的建立：以多元线性回归方法 PLSR 和 PCR 处理谱图。结果表明，特级初榨橄榄油与稻米油的红外谱图非常相似，只是在 3007cm^{-1} 和 1117cm^{-1} 波段有微弱差别。于是基于这点差别对特级初榨橄榄油的稻米油掺伪油脂进行定性判别。具体方法是选取 3020～3000cm^{-1} 和 1200～900cm^{-1} 两个波段，对纯特级初榨橄榄油和稻米油及其混合油进行 DA 分类。结果表明，特级初榨橄榄油可以与其掺伪油进行很好的判别（未显示）。

校正模型的建立：在上述正确判别掺伪油的基础上，该实例应用 FT-MIR-PLSR 对特级初榨橄榄油中掺入的稻米油的含量建立校正模型，该模型经过验证，满足了定量分析的要求。图 5-15 展示了基于 FT-MIR-PLSR 模型对于掺伪油校正集和验证集的预测情况。该模型的建立仍然选取 3020～3000cm^{-1} 和 1200～900cm^{-1} 两个波段的谱图，谱图无须处理，直接用于校正模型的建立（原因是实验证明谱图的一系列导数谱等的定量效果劣于原始谱图），校正集的 R^2 值为 0.993，RMSEC 值为 1.34，验证集的 R^2 值为 0.981，RMSEP 值为 2.15。

方法应用与评价：该实例基于特级初榨橄榄油和稻米油的 FT-MIR 谱图差异，分别采用 FT-MIR-DA 方法建立纯特级初榨橄榄油及其掺伪油的判别模型，以及分析掺入稻米油比例的校正模型。从模型的性能考察参数（校正集的 R^2 值

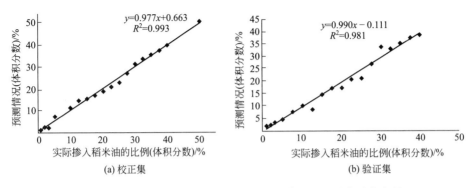

图 5-15　基于 FT-MIR-PLSR 模型预测掺伪油中的稻米油的含量

为 0.993，RMSEC 值 1.34；验证集的 R^2 值为 0.981，RMSEP 值为 2.15）上看，上述定性定量模型均达到了准确判定和定量的效果。然而，作者在掺伪油脂的配制上，全部采用氯仿作溶剂，认为氯仿可以使油脂溶解更均匀。实际情况中，油脂掺假不可能有溶剂的存在，因此，该模型是否与实际情况相符，即适用性问题值得商榷。这个实例提醒我们，建立模型的样品尽可能与实际样品一致，以保证模型适用性。此外，模型验证除了实验室验证集的样品，如果再添加外部验证结果，将更有说服力。

实例 54　FT-MIR 分别结合 CA 和 PCA 区分橄榄油与其他植物油，以及橄榄油调和油中橄榄油的比例是否达到 50%[27]

背景介绍：调和油由多种油脂混合而成，出于成本与健康考虑，目前世界上许多国家允许销售调和油。在各类调和油中，由于橄榄油的健康与风味特性，成为最常见的调和油组成之一。一些商家为了吸引消费者，也常常以调和油中含有橄榄油作为卖点。为了保障消费者权益，欧盟法规（EC/1019/1002）要求只有调和油中的橄榄油组成超过 50%，才可以在包装上以文字或图片形式标示橄榄油。然而，关于如何判断调和油中橄榄油的比例，至今没有相应的官方分析方法。

调和油中的橄榄油涉及不同种类、品种和生产工艺等。前面提到，橄榄油分为特级初榨橄榄油（EVOO）、初榨橄榄油（VOO）、纯橄榄油（ROO）和果渣油（POO）；同时，生产橄榄油的橄榄果可能产自不同品种的橄榄树；再者，EVOO 和 VOO 是压榨橄榄油获得，而 ROO、POO 则需要经过精炼工艺等。也就是说，不同种类、品种和工艺生产的橄榄油添加到调和油中均可以视为橄榄油调和油。即便如此，有些商家以橄榄油为噱头宣传的橄榄油调和油中也仅仅含有非常低比例的橄榄油。为此，该实例就以欧盟的法规为标准，应用 FT-MIR 结合化学计量学建立判别橄榄油调和油中的橄榄油比例是否超过 50%。具体步骤是：首先建立不同来源的橄榄油与其他植物油的判别方法；然后尝试定性和定量判别橄榄油调和油中橄榄油的比例。

样品与参考数据：从西班牙、法国、墨西哥、意大利和美国购买食用植物油41个，橄榄油70个。其中，橄榄油包括不同品种和产地的 EVOO、VOO、ROO 和 POO。调和油由实验室自制，分别将上述购买的植物油与橄榄油以10%～90%的比例混合，共76个调和油样品。所有样品均储存于深色玻璃瓶中，暗处-2℃保存备用。

光谱仪器与测量：Varian 660 中红外光谱仪，配 MCT 检测器和 ATR 附件（钻石表面，3次全反射）。测定样品时滴在 ATR 表面上，扫描次数128次，波数范围3800～600cm^{-1}，分辨率2cm^{-1}，扫描得到不同食用植物油的 FT-MIR 谱图（未显示）。

谱图处理与判别方法：数据分析采用 Matlab 和 PLS toolbox 软件。谱图处理包括基线校正、一阶导数谱、S-G 平滑（二次多项式）、SNV 和均值中心化。判别方法包括聚类分析（CA）、主成分分析（PCA）、偏最小二乘法与判别分析（PLS-DA）。

橄榄油与其他植物油的判别：该实例首先应用无监督判别方法的 CA 和 PCA 对纯橄榄油和其他植物油进行了判别分析。从聚类分析的结果看，所有的橄榄油聚为一类，但有4个植物油（2个花生油、1个红花油和1个高油酸葵花籽油）和橄榄油聚为一类。大多数的非橄榄油聚为一类，但亚麻籽油自成一类。总体的 CA 分析结果表明，橄榄油与其他植物油的 FT-MIR 谱图有差别，可以进行油品种类的判别分类（图5-16）。此外，该实例又对所有纯植物油进行了 PCA 分析，图5-17显示了前三个主成分的得分图，第一和第二主成分的得分图中所有橄榄油紧密地汇聚在一起，并与其他植物油较好地分离，第一和第三主成分的得分图也实现了橄榄油和其他植物油的较好分离。

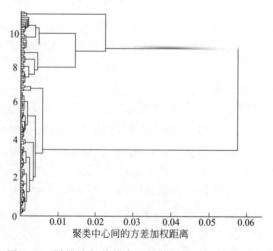

图 5-16　橄榄油与其他食用植物油的聚类分析结果

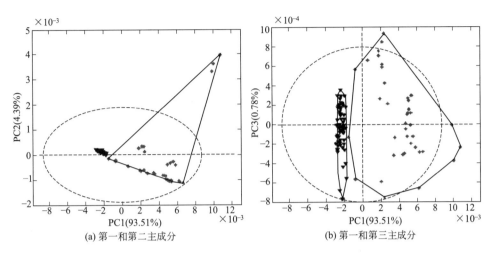

图 5-17　橄榄油与其他食用植物油 PCA 得分图
▼ 橄榄油；◆ 其他食用植物油

　　橄榄调和油中橄榄油比例的判别：进一步地，该实例采用 PCA 对含有不同比例橄榄油的调和油进行了分析。分析前三个主成分的得分图（图 5-18）可以看到，含有 50%～90% 橄榄油的调和油与含有 10%～30% 橄榄油的调和油基本上达到了分离，只有 3～5 个低含量橄榄油的调和油没有达到分离。同时，也有一个含有 50% 橄榄油的样品位于低含量的调和油中。

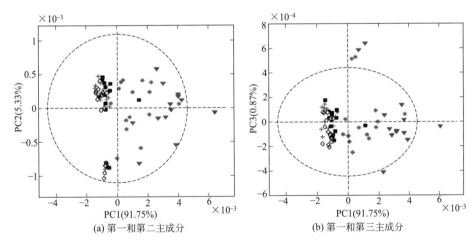

图 5-18　不同比例的橄榄调和油的 PCA 的得分图
▼ 10%；✳ 30%；■ 50%；＋ 70%；◇ 90%

　　方法应用与评价：该实例也采用有监督的 PLS-DA 方法对纯的植物油以及不同比例橄榄调和油进行了判别分析。由于分析结果没有图例显示，本书没有摘录。此外，该实例也采用 PLSR 的方法对橄榄调和油中橄榄油的比例进行了定量模型的建立，最后的结论是 FT-MIR-PLSR 模型仅可以对调和油中橄榄油比例进行半定量，也就是对橄榄油含量 50％以上的调和油进行定量分析。考虑到欧盟法规是以橄榄油比例为 50％为界，因此该方法有一定的应用前景。

此外，值得注意的是，绝大部分应用 FT-MIR 结合化学计量学方法均为解决橄榄油的真伪和掺假问题进行的研究。该实例是首次针对橄榄调和油中的橄榄油进行定性定量分析。该实例中考虑到了各种橄榄油，包括不同品种、产地、生产工艺等，因此该实例对于后续的应用研究具有很强的借鉴意义。

5.3.3 红外光谱用于其他油脂鉴别与掺伪分析

实例 55 FT-MIR 结合 PLS-DA 鉴别转基因大豆油[28]

背景介绍：转基因技术是 20 世纪 60 年代末迅速发展起来的生物技术，该技术旨在通过基因重组赋予物种新的特性，使得植物具备抗病虫害的能力，以及赋予植物果实更好更多的营养组成。具体到大豆，转基因技术不仅提高了大豆作物的产量，而且提升了大豆中的油脂比例。然而，转基因大豆的安全性一直受到公众质疑，人们希望知晓食用的各类食品是否为转基因。传统检测转基因大豆油的方法是聚合酶链式反应（PCR），即通过扩增目标基因片段达到检测的目的，该方法操作相对烦琐、耗时，需要经过专门训练的人员操作。考虑到分子光谱快速、简便、无损的优势，该实例研究采用红外光谱方法识别大豆油是否为转基因，希望借助分子光谱分析技术解决大批量样品的转基因检测。

样品与参考数据：收集了里约热内卢多家超市的不同品牌和批次的 45 个大豆油样品，其中 30 个为转基因，15 个为非转基因。所有样品转基因或非转基因都在标签上明确标识。

光谱仪器与谱图测量：Spectrum 100 红外光谱仪，波数范围 4000～450cm^{-1}，分辨率 4cm^{-1}。样品置于 KBr 液体池中透射扫描，光程 0.059mm，扫描 20 次。采集谱图进行基线校正和标准化预处理。随后转换成 ASCII 格式，输入 Software Solo 建立模型。

比较转基因和非转基因大豆的 FT-MIR 谱图，发现两类样品的谱图差别非常小，两类样品位于 3020cm^{-1}、2930cm^{-1}、2850cm^{-1}处的 C—H 伸缩振动峰具有微弱差别（未显示）。

校正模型的建立与评价：首先对样品进行谱图处理，包括均值中心化、多元散射校正、正交信号校正、平滑、取 1 阶或 2 阶导数等方法。之后对处理后的谱图进行 PCA 降维处理。结果表明，前 2 个主成分的贡献率占到 98.79％（未显示），并且去除了一个界外样品（30 号样品）。采用 K-S 算法建立了校正样品集和预测样品集，其中校正集中有 23 个样品（15 个转基因，8 个非转基因），预测集中有 21 个样品（14 个转基因，7 个非转基因）。分别以 SIMCA、SVM-DA 和 PLS-DA 建立分类模型。分类模型的识别能力采用灵敏度、特异性、准确度和错误判别率等进行评价。结果显示（未列出结果），基于 PLS-DA 模型的分离识别效果最好，校正集和验证集的灵敏度、特异性和准确度均为 100%（表 5-18）。

表 5-18　FT-MIR 结合三种模式识别方法建立的分类模型对转基因大豆油的判别结果

项目		SIMCA	SVM-DA	PLS-DA
校正集/%	灵敏度	100	25	100
	特异性	87	25	100
	准确度	88	25	100
预测集/%	灵敏度	100	71	100
	特异性	86	71	100
	准确度	88	71	100

注：分类模型的谱图均经过二阶导数处理。

方法应用与评价：该实例的研究结果显示，应用红外光谱结合 PLS-DA 建立分类模型，对于转基因大豆油显示出强大的识别能力。实际上，该实例中还给出了不同谱图处理方法得到的分类结果，这些方法包括：均值中心化、多元散射校正、正交信号校正、平滑等，这些处理方法的分类结果均不及二阶导数谱的。表 5-18 只是为了对比三种模型的评价参数而仅列出部分数据。然而，令人困惑的是，该实例并没有对这些谱图处理方法进行组合运用。此外，由于两类样品的原始谱图几乎没有差别，但最终的分类结果却格外理想。遗憾的是，该实例并没有对这种现象进行详细的讨论，也没有与之前的参考文献研究数据进行比对分析。

实例 56　FT-MIR 结合 PCA 和 SIMCA 判别核桃油中是否掺入大豆油[29]

背景介绍：核桃在全球范围都有种植，年产量超过 150 万吨。其中，中国、美国和伊朗的核桃产量分别占世界的 25%、20% 和 11%。核桃具有很高的营养价值，富含脂肪、蛋白质和不饱和脂肪酸（包括 50%～59% 的亚油酸和 12%～25% 的油酸）。此外，还含有多酚、维生素 E 和植物甾醇等对人体健康有益的物质。有报道称，从核桃中提取的核桃油可以降低低密度脂蛋白浓度，提高高密度脂蛋白浓度，从而降低罹患心血管疾病的风险。由于核桃油的售价较高，因此也成为大豆油、葵花籽油等低价油脂掺伪的对象。通常分析核桃油掺假可以通过色谱法，如 GC 和 HPLC 测定脂肪酸、甘油三酯、甾醇等组成，但这些方法操作复杂，耗时费力，该实例尝试应用 FT-MIR 结合化学计量学进行核桃油的掺伪分析。

样品与参考数据：从超市购买核桃油 7 个、大豆油 5 个、花生油 5 个、菜籽油 5 个、葵花籽油 5 个和调和油 5 个。配制核桃油的掺伪油为任意选取 3 个大豆油，以 5%、10%、15%、20%、30%、40% 和 50% 浓度掺入任意选取的 4 个核桃油中，组成总共 84 个样品。其中，选取 63 个组成校正集，其余 21 个组成验证集。

光谱仪器与测量：Nicolet iS5 红外光谱仪，配备 DTGS 检测器和 ATR 附件（多点反射和 ZnSe 表面），波数范围 4000～650cm^{-1}，分辨率 4cm^{-1}。测试时滴入样品于 ZnSe 表面上进行 FT-MIR 扫描，扫描 64 次，用 Omnic 采集谱图。

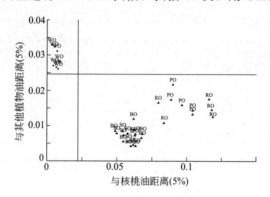

图 5-19　核桃油与其他植物油的 Coomans 图

WO—核桃油；RO—菜籽油；SO—大豆油；PO—花生油；SFO,BO—调和油

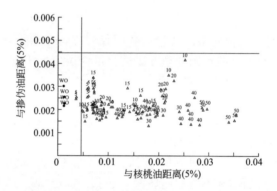

图 5-20　核桃油与其掺伪油（掺入不同比例
大豆油，图中数字即比例）的 Coomans 图

核桃油与其他植物油的判别分析：采用 PCA、SIMCA 和 PLS 处理。首先对样品谱图进行取导数和 SNV 预处理，然后做 PCA 处理。结果表明，前两个主成分的贡献率达到 93%，其中第一主成分占 89%，第二主成分占 4%。在 PCA 分析的基础上，对核桃油的其他植物油进行了 SIMCA 分析，结果见图 5-19。核桃油与其他植物油明显分开。

核桃油与其掺伪油的判别分析：用同样的方法对核桃油及其掺入不同比例大豆油的掺伪油进行了 SIMCA 分析，从结果的 Coomans 图可以看出，核桃油与 5% 以上的掺伪油基本达到了完全分开的效果。但由于含 5% 大豆油的掺伪油与核桃油距离非常小（图 5-20）。因此，确定核桃油与其含 10% 以上大豆油的核桃油掺伪油可以有效判别。

　　方法应用与评价：该实例应用 FT-MIR-SIMCA 方法实现了核桃油与其掺伪油的判别分析，结论是掺入 10% 以上大豆油的掺伪油可以被有效判别出来，低于此比例的掺伪油则判别困难。该实例仅对核桃油中掺入一种廉价油（及大豆油）的二元体系进行了判别分析。实际中，掺伪油的种类通常无从知晓，也不一定是掺入一种低价油。因此，该实例的实际应用尚待继续考察。

　　实例 57　FT-MIR 结合 PLS 建立特级初榨亚麻籽油掺入葵花籽油和大豆油的校正模型[30]

　　背景介绍：亚麻籽油含有丰富的维生素 E、α-亚麻酸和木质素，被视为一种功能性油脂。特级初榨亚麻籽油对人体健康有益，包括降低胆固醇和低密度脂蛋白，抑制癌细胞生长和转移，辅助治疗乳腺癌和卵巢癌等疾病。亚麻籽油的售价较高，是多种廉价油脂的掺假对象，其中以精炼葵花籽油和大豆油最为常见，原因是葵花籽油、大豆油与亚麻籽油的物理化学性质相似。因此，有必要开发鉴别亚麻籽油的真伪和掺伪分析方法。与传统的色谱方法相比，红外光谱具有简便、快速、直接、无损、消耗试剂少等优点。因此，该实例致力于应用 FT-MIR-PLS 建立掺伪亚麻籽油中葵花籽油和大豆油含量（3.5%～30%）的校正模型，并通过多种参数考察模型的预测性能。

　　样品与参考数据：纯亚麻籽油由巴西企业提供，葵花籽油和大豆油购买自巴西当地超市，分别配制 68 个和 59 个掺入葵花籽油和大豆油（3.5%～30%）的掺伪亚麻籽油。

　　光谱仪器与测量：采用 Spectrum Two 红外光谱仪，配水平 ATR 附件（ZnSe 晶体表面），波数范围 4000～650cm^{-1}，分辨率 4cm^{-1}。测试时约 0.5mL 样品滴入到 HATR 附件，覆盖整个晶体后全反射扫描，扫描次数 16 次。

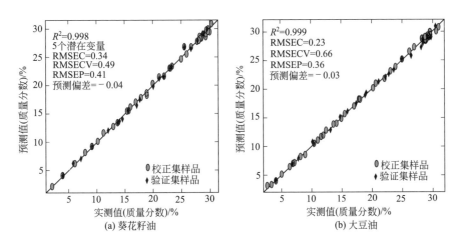

图 5-21　FT-MIR-PLS 模型对校正集和验证集样品的预测值与实测值的比较

校正模型的建立与预测：模型建立采用 Matlab 6.1 和 PLS Toolbox 3.5。首先对样品进行基线校正和均值中心化处理。掺伪亚麻籽油中的葵花籽油和大豆油含量的校正模型采用 PLS 建立，其中葵花籽油的校正集和验证集样品分别由 37 个和 22 个样品组成，大豆油的校正集和验证集分别由 43 个和 25 个样品组成。预测亚麻籽油中葵花籽油和大豆油含量的 PLS 模型的潜在变量分别是 6 个和 5 个，并以留一法进行交叉验证。在此情况下，FT-MIR-PLS 模型对校正集和验证集样品的预测值与实际值的 R^2 值均超过了 0.99（图 5-21）。界外样品的判定采用 Q 残差与杠杆图进行考察，结果表明，没有样品处于界外（未显示），全部样品均可用于模型的建立（校正集）和验证（验证集）。

方法评价：FT-MIR-PLS 定量模型预测掺伪亚麻籽油中葵花籽油和大豆油含量的准确度可以用校正集和验证集的标准偏差等性能参数表征，其中预测掺伪葵花籽油的 RMSEC 为 0.34，RMSECV 为 0.49，RMSEP 为 0.41。预测掺伪葵花籽油大豆油含量的 RMSEC 为 0.23，RMSECV 为 0.66，RMSEP 为 0.36。此外，该实例还给出了模型的检测限、定量限、选择性、灵敏度和系统误差等性能评价的考核指标，全面考察了 FT-MIR-PLS 模型的定量性能。

实例 58 FT-MIR 结合 SIMCA 和 PLS-DA 判别芝麻油真假[31]

背景介绍：芝麻油香味浓郁、营养丰富、稳定性好，深受中国消费者欢迎。然而，近年来频频出现假芝麻油的现象。与前述的掺假现象不同，假芝麻油多采用在廉价食用油中添加人工合成的芝麻油香精的方式。针对这类问题，该实例应用红外光谱技术结合化学计量学判别芝麻油的真假。

样品与参考数据：从超市里购买芝麻油、玉米油、葵花籽油、调和油样品。按照玉米油（葵花籽油）：芝麻香精＝3：1 的比例配制市场上出现的假芝麻油。

光谱仪器与测量：采用 Vertex 70 红外光谱仪，配 DTGS 检测器，波数范围 $4000 \sim 400 \text{cm}^{-1}$。测试样品时，首先压制 KBr 盐片，扫描得到背景后，在盐片上滴 $2\mu\text{L}$ 油样放入样品室，透射扫描谱图。结果显示，真假芝麻油的红外谱图几乎相同，只是在 $1470 \sim 1420 \text{cm}^{-1}$ 和 $1060 \sim 900 \text{cm}^{-1}$ 范围有微弱差别。

判别模型的建立：首先对真假谱图进行 PCA 分析，结果显示，真假芝麻油在 3 个主成分的得分空间图中完全分离，其中第一主成分的贡献率为 93%，第二主成分的贡献率为 5%。然后，在此基础上，对上述所有真假芝麻油分别进行 SIMCA 和 PLS-DA 判别分析（图 5-22）。结果表明，真假芝麻油可以完全分类与正确判别。

方法评价：值得注意的是，与通常应用 ATR 和 HATR 附件采集油脂谱图不同，该实例将油脂直接滴在溴化钾盐片上，以透射的方式扫描红外谱图。作者的目的是将来用聚乙烯膜代替 KBr 盐片作铺垫，以便可以通过一次性制样满足快速检测的要求。然而，作者并没有给出透射方式与 ATR 附件采集方式对谱图

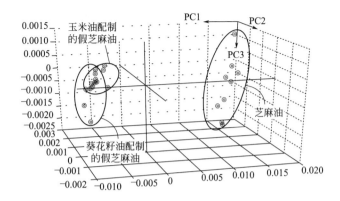

图 5-22　真假芝麻油的 FT-MIR 谱图的 PCA 得分图

以及判别结果的影响。从分析结果看，由于该实例中假芝麻油完全由其他油脂与香精组成，与低含量其他油脂掺入的芝麻油相比，该实例的判别质量不高。

实例 59　FT-MIR 结合 SIMCA 和 PLS-CM 检验芝麻油的真实性[32]

背景介绍：我国是芝麻油生产和消费大国。纯正的芝麻油呈深褐色，具有独特的香味，受到广大消费者喜爱。近年来，芝麻油的掺假现象频发，使得人们对购买的芝麻油的真实性产生怀疑。然而，鉴别芝麻油真假却是一件困难的工作，该实例在广泛收集芝麻油真品的基础上，应用 FT-MIR 结合化学计量学探索鉴别芝麻油真伪的方法。

样品与参考数据：从全国 6 个芝麻油生产大省收集了 95 个纯正芝麻油，包括河南 18 个、河北 16 个、安徽 18 个、湖北 16 个、山东 15 个和江苏 12 个。所有的芝麻油均通过冷榨生产获得。从市场上购买 18 个廉价食用植物油，包括菜籽油 5 个、大豆油 6 个、棕榈油 5 个和花生油 2 个。配制掺伪芝麻油的方法是用 18 个食用油样品以 2%～20% 与芝麻油混合，制备得到 126 个掺伪芝麻油。

光谱仪器与测量：采用 Nicolet Avatar 360 红外光谱仪，配 DTGS 检测器，波数范围 $4000～400cm^{-1}$。测试样品采用 KBr 可拆卸吸收池，$150\mu m$ 光程，透射扫描样品，扫描次数 64 次。

判别模型的建立：谱图处理方法包括 SNV、取导数和平滑等，从最终判别的结果分析，取二阶导数谱的处理效果最好，其 SIMCA 判别分析的灵敏度和特异性分别为 0.905 和 0.944，偏最小二乘-类别模型分析（PLS-CM）的灵敏度和特异性分别为 0.952 和 0.937。

判别模型的建立过程是：首先对 95 个纯正芝麻油样品的 FT-MIR 谱图进行 PCA 分析，去除了 4 个界外样品。取其中 70 个样品建立校正集，21 个样品建立验证集，然后分别采用 SIMCA 和 PLS-CM 对芝麻油的真实性进行判别，结果见图 5-23 和图 5-24(a)。由图可知，在 21 个验证集样品中，FT-MIR-SIMCA 模型可以正确判别其中的 19 个，PLS-CM 模型可以正确判别其中的 20 个。接着，采用同样的模型对 126 个实验室自制的掺伪样品（掺伪量为 0%、2%、3%、4%、5%、8%、10% 和 20%）进行判别，结果见图 5-23 和图 5-24（b），表明掺伪量低于 3% 的芝麻油可以判别为真芝麻油，高于 3% 的判定为掺伪芝麻油。

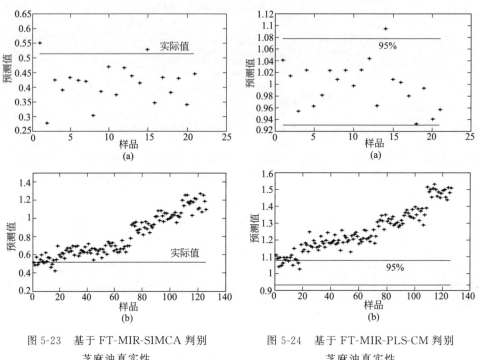

图 5-23　基于 FT-MIR-SIMCA 判别　　　　图 5-24　基于 FT-MIR-PLS-CM 判别
　　　　　芝麻油真实性　　　　　　　　　　　　　　芝麻油真实性

　　方法评价：该实例的判别模型是以广泛且有代表性的真伪芝麻油样品为基础建立的，具有实际应用价值。此外，该实例应用了两种判别分类方法，即 SIMCA 和 PLS-CM，两种方法的判别结果差别较小，最终的判别结果均为可以正确判别掺伪量高于 3% 的芝麻油为非纯正芝麻油，该结果说明红外光谱结合化学计量学可以完成对芝麻油的真实性检验。

　　实例 60　FT-MIR 结合 DA 和 PLS 对榛子油的掺伪分析[21]

　　背景介绍：前面提到榛子油作为掺假油掺入橄榄油冒充特级初榨橄榄油。实际上，榛子油本身也是质量优良的油脂，富含维生素 E、单不饱和脂肪酸，有降低人体低密度脂蛋白的作用。因此，榛子油也常常是菜籽油、大豆油、玉米油等廉价油的掺假对象。榛子油的掺假分析一般是采用气相色谱或气相-质谱联用分析其风味物质，或者采用 NMR 和 GC 分析其甾醇和甘油三酯。这些方法的缺点是操作复杂、耗时费力。鉴于红外光谱方法操作简单、便捷快速，该实例研究其对于榛子油掺假的分析方法。

样品与参考数据：从当地超市和网络上购买了 11 种榛子油和菜籽油、大豆油、玉米油、葵花籽油、核桃油、花生油、芝麻油等 7 种油若干。由于葵花籽油富含不饱和脂肪酸，是榛子油的常用掺假油，于是配制 2%～10%（体积分数）比例的葵花籽油掺入榛子油。

光谱仪器与测量：Nexus 670 仪器，配有汞镉碲化物 A 检测器（MCT/A）。采用 ZnSe 单点反射的 ATR 附件，波数范围 4000～650cm^{-1}，分辨率 4cm^{-1}，样品扫描 128 次。数据处理采用 TQ 软件。结果表明，榛子油与其他植物油的谱图（未显示）的主要差别在于 3100～2800cm^{-1}（C—H 伸缩振动）和 1800～800cm^{-1}（C═O 和 C—O 伸缩振动，C—H 弯曲振动）。

校正模型的建立：采用 DA 分类判别榛子油与其他种类的植物油，以及榛子油与其掺假油；采用 PLS 定量分析榛子油中的掺入葵花籽油的比例。从判别分析的结果（未显示）可知，9 个主成分数即可提取 99% 的有效信息，FT-MIR-DA 对榛子油与其掺伪油的分类效果较好，即使只含 2% 的葵花油的榛子油也与纯榛子油具有一定的马氏距离，可以完全分开。在此基础上，该实例以 FT-MIR-PLS 建立了分析掺伪榛子油中掺入葵花籽油的含量的校正模型（图 5-25），并对校正模型进行了交叉验证，验证结果见图 5-26。其中，相关系数 R^2 为 0.84。PRESS 值和特征分析结果表明，6 个主成分数贡献了 99% 的有效信息。

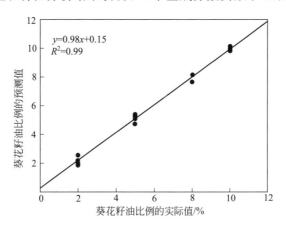

图 5-25　掺伪榛子油中葵花籽油含量的 FT-MIR-PLS 定量模型

方法应用与评价：该实例是先后应用 FT-MIR 结合 DA 和 PLS 方法对榛子油的掺伪情况进行了定性判别和定量分析，它是食用油掺伪分析的经典参考文献。该实例系统介绍了掺伪油的分析步骤，即首先应用模式识别对榛子油与其他种类植物油进行分类，效果明显的情况下再对性质相似（或分类图形中马氏距离较近的油脂）进行掺伪分析。掺伪分析的步骤同样是先对纯榛子油及其掺伪油进行分类判别，判别效果理想的前提下，再对油脂中的掺伪油的含量进行定量模型的建立。

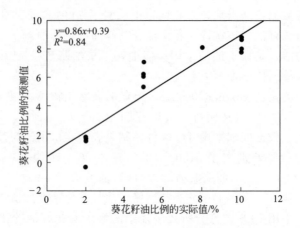

图 5-26　掺伪榛子油 FT-MIR-PLS 模型的交叉验证结果

5.3.4　红外光谱用于餐厨废油或地沟油的鉴别与掺伪分析

实例 61　FT-MIR 结合 SIMCA 鉴别真伪食用油[9]

背景介绍：近年来，国内市场上出现利用餐饮业废弃油脂以及从泔水、动物油脂和内脏中提炼出的油脂冒充食用油的现象。这种伪食用油的来源复杂，一般都经过高温加工、煎炸等过程，这期间油脂发生了极为复杂的氧化、水解、缩合等化学反应，因此这种伪食用油中含有多种过氧化物、醛、酮、醇、脂肪酸及其多聚体等有毒有害物质，有的还受到了砷、铅等重金属的污染，食用这类油脂对人体健康会产生严重危害。针对这种现象，人们开发出了多种快速鉴别食用油真伪的检测方法，包括理化指标测定法、电导率法、核磁共振法、薄层色谱法等。然而，由于这些方法的原理都是基于油脂的某种化学特性，对于来源复杂的伪食用油的实用性受到一定的局限。基于此，该实例提出利用 FT-MIR 普遍适用的宏观指纹特性，结合 SIMCA 建立食用油真伪分析的快速鉴别方法。

样品与参考数据：从北京市的各大超市购买不同品牌和种类的食用植物油 53 种，北京市工商行政管理局提供伪食用油 13 种。

光谱仪器与测量：Spectrum 400 红外光谱仪，配备 DTGS 检测器和 ATR 采样附件（ZnSe 晶体表面），波数范围 4000~650cm^{-1}，分辨率 4cm^{-1}。样品约 5μL 置于 ATR 附件上，全反射扫描，扫描次数 16 次。谱图采集采用 Spectrum，数据处理采用 Quant$^+$。合格食用油与非食用油的原始红外谱图及其二阶导数谱见图 5-27 和图 5-28。由图可见，真伪食用油的 FT-MIR 谱图非常相似，只是部分伪食用油在 1710cm^{-1} 附近有特殊肩峰，其二阶导数谱也进一步证实了这个差异。这可能是由于油脂经过长时间、反复的高温加工与提炼，与氧、水分、金属、微生物等作用发生酸败等复杂反应而产生一系列醛、酮等物质。由于醛、酮

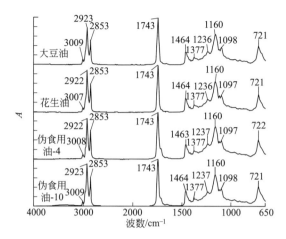

图 5-27　合格食用油与非食用油的原始红外谱图

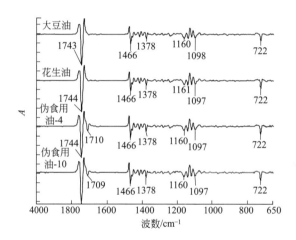

图 5-28　合格食用油与非食用油的二阶导数谱

不受氧原子吸电子诱导效应的影响，羰基峰会向低波数方向位移，因此部分伪食用油会出现 1710cm⁻¹ 处的羰基特征峰。然而，由于伪食用油的来源复杂，特征各异，1710cm⁻¹ 处的羰基峰并不具有普遍性，并不能作为伪食用油与食用油共有的谱图区别。

　　模式识别模型的建立和验证：首先对样品谱图进行二阶导数（13 点平滑）和 SNV 处理，然后通过 PCA 分析，得到真伪食用油的主成分得分图（图 5-29）。由图可以看到，真伪食用油有明显的聚类趋势，其中第一主成分的贡献率为 52.48%，第二主成分的贡献率为 30.65%。在此基础上，任意选取 43 个食用油和 9 个伪食用油样品组成校正集，其余样品组成验证集，应用 SIMCA 方法对真伪食用油的 FT-MIR 谱图进行分类识别，得到了两类样品的 SIMCA 分析结果

（图 5-30）。图 5-30 中真伪食用油之间没有重叠，互不干扰，聚类结果比较理想。最后，应用已建的 SIMCA 模型对验证集的样品进行分类识别，结果也比较理想。两个考察识别的参数识别率（recognition rate，用于考察某类样品有多少落在该类模型的区域内）和拒绝率（rejection rate，用于考察某类样品模型对于其他不属于该类的未知样品的拒绝程度，即是否落在该类模型的区域外）均为 100％，表明真伪食用油两类样品之间没有重叠，可以很好地分类识别。

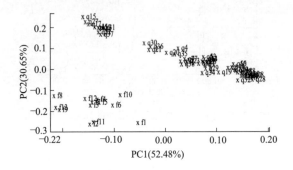

图 5-29　合格食用油与非食用油的主成分得分图

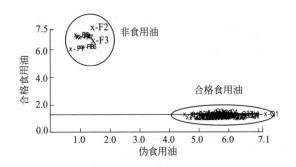

图 5-30　合格食用油与非食用油的 SIMCA 分析结果

方法应用与评价：该实例应用 FT-MIR-SIMCA 建立了真伪食用油的鉴别模型，模型的识别率和拒绝率的准确度均为 100％。模式识别模型的可靠性与建立模型使用的样本代表性和覆盖率息息相关。该实例中的伪食用油均来源于工商行政部门，样本的数量与种类可能受到一定限制。随着伪食用油的不断变化，该模式识别模型的适用性需要根据实际情况进行调整和反复验证，以保证模型的可靠性。

实例 62　FT-MIR 结合多元校正方法定性定量分析煎炸油掺入合格食用油[33]

背景介绍：尽管健康饮食的概念已经深入人心，但美味可口的煎炸食品仍然受到世界各国消费者的喜爱，我们日常饮食中见的各类煎炸食品就是例证。食品煎炸必然带来大量餐厨废弃油脂，尽管已有多个国家将餐厨废弃油脂转变为生物柴油或农业肥料，但是仍有一些不法商家为了降低成本、提高利润，将煎炸后的废油掺入合格食用油，扰乱油脂市场。我们知道，经过高温煎炸后的油脂对人体健康极为不利。因此，分析合格食用油中是否掺入煎炸油具有现实意义。该实例应用 FT-MIR 结合多元校正建立煎炸油掺伪的分析方法。

样品与参考数据：从超市中购买合格的玉米油、花生油、菜籽油和大豆油。煎炸油部分来自早餐点炸过油条后的废弃油脂，部分由实验室模拟油条煎炸过程自制，制备方法是煎炸油条 5 次，每次 2h。以煎炸油含量为 1%、2%、3%、4%、5%、6%、7%、8%、9%、10%、20%、30%、40%、50%、60%、70%、80%、90% 和 100% 的比例掺入前述的合格油脂中配制掺伪油脂。

光谱仪器与测量：Spectrum 100 FT-MIR 红外光谱仪，配备 DTGS 检测器，波数范围 4000～450cm^{-1}，分辨率 4cm^{-1}。测试样品时，首先压制 KBr 盐片，扫描得到背景。然后，取出盐片并在其上均匀涂抹油脂样品，放入样品室，以透射方式扫描谱图。谱图与数据处理采用 Origin 和 SPSS。

数据处理与判别分析：首先对所有样品的红外谱图进行分析，结果表明，合格食用油与煎炸油的 FT-MIR 谱图相似，只能在 1050～850cm^{-1} 范围找到微弱差别（未显示）。于是，数据处理方法是将 4000～450cm^{-1} 全波段谱图按照吸收峰（或基团）分为 22 个区域，应用软件计算并比较 22 个吸收峰面积（有的包括肩峰）。定性判别分析即以 22 个峰面积为参数进行聚类分析，根据聚类分析结果对食用油的掺伪情况进行判别。结果表明，掺伪油按照煎炸油的比例由低到高可以分为 4 类或 5 类（不同种类的食用油添加煎炸油，得到的分类结果不同）。但总体能够识别煎炸油比例高于 10% 的食用油掺伪，对低含量煎炸油鉴别效果较差。

煎炸油掺伪量的分析：掺伪量分析根据不同比例煎炸油在 1060～929cm^{-1} 和 929～885cm^{-1} 两个波段的吸收峰面积变化以及 1060～929cm^{-1} 波段的峰位变化获得。1060～929cm^{-1} 是反式双键（—HC=CH—）的面外弯曲振动；929～885cm^{-1} 归属于顺式双键（—HC=CH—）面外弯曲振动。随着煎炸油比例的增加，反式双键的含量增高，顺式的相应降低，两个峰的峰面积比例（A_{trans}/A_{cis}）增大 [图 5-31(a)]。此外，反式双键的峰位（σ_{trans}）也从 966cm^{-1} 向高波数位移了 1～2 个波数 [图 5-31(b)]。

随着煎炸油比例的增加，A_{trans}/A_{cis} 和 σ_{trans} 位移会发生相应的变化。根据这个变化对应煎炸油的比例，得到计算合格食用油中添加煎炸油的定量方程、相关系数，并外推得到方法的检出限（图 5-31 和表 5-19）。结果表明，通过峰面积的比例与峰位变化可以对掺入食用油的煎炸油进行定量分析。从验证结果看，基于 A_{trans}/A_{cis} 和 σ_{trans} 位移可以对掺伪食用油中的煎炸油进行定量分析，根据 A_{trans}/A_{cis} 的定量效果明显优于根据 σ_{trans} 位移。

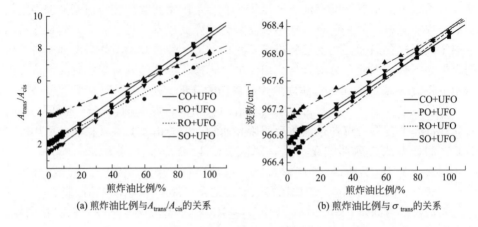

(a) 煎炸油比例与 A_{trans}/A_{cis} 的关系   (b) 煎炸油比例与 σ_{trans} 的关系

图 5-31   合格食用油掺入不同比例煎炸油后其 FT-MIR 谱图的变化

CO—玉米油；PO—花生油；RO—菜籽油；SO—大豆油

表 5-19   依据 A_{trans}/A_{cis} 和 σ_{trans} 位移计算掺伪食用油中

煎炸油比例的回归方程、相关系数和检出限

掺伪油脂	A_{trans}/A_{cis}			σ_{trans} 位移		
	回归方程	R^2	检出限/%	回归方程	R^2	检出限/%
玉米油掺入煎炸油	$y=0.0693x+1.961$	0.9959	6.6	$y=0.0156x+966.7$	0.9938	8.1
花生油掺入煎炸油	$y=0.0525x+2.066$	0.9951	7.2	$y=0.0182x+966.5$	0.9924	9.0
菜籽油掺入煎炸油	$y=0.0405x+3.704$	0.9971	5.5	$y=0.0128x+967.0$	0.9955	6.9
大豆油掺入煎炸油	$y=0.0727x+1.417$	0.9988	3.6	$y=0.0164x+966.7$	0.9971	5.6

方法应用与评价：该实例完全是在分析各类油脂 FT-MIR 谱图的吸收峰基础上提出来的。定性分析是依据真伪油脂的 22 个谱峰（或区域）的微弱差别，定性判别出含有 10% 煎炸油的掺伪油脂。定量分析则是在顺式和反式双键的峰位和峰强基础上，利用峰-峰比例和反式脂肪酸的峰位位移关联煎炸油的含量。定量方法的验证结果表明，通过 A_{trans}/A_{cis} 的定量效果优于根据 σ_{trans} 位移的测定方法，这是由于 FT-MIR 仪器的分辨率为 $4cm^{-1}$，而 σ_{trans} 位移仅为 $1\sim2cm^{-1}$，因此方法的误差较大。

5.4 近红外光谱用于食用油脂鉴别与掺伪分析

图 5-32 是较为典型的食用油脂的近红外光谱图。由图可见：油脂的近红外谱峰分布在 $8600\sim8000cm^{-1}$、$7200\sim7000cm^{-1}$、$6000\sim5500cm^{-1}$、$5300\sim5100cm^{-1}$ 和 $4700\sim4500cm^{-1}$ 五个区段。其中 $8560cm^{-1}$ 和 $8260cm^{-1}$ 是甲基（—CH_3）、亚甲基（—CH_2—）中 C—H 伸缩振动的二级倍频；$7187cm^{-1}$ 和 $7074cm^{-1}$ 是甲基和亚甲基

中C—H伸缩振动和弯曲振动的第2组合频；6010cm^{-1}是顺式双键（—C=H—）的C—H伸缩振动；5791cm^{-1}和5677cm^{-1}是亚甲基中C—H伸缩振动的一级倍频；5260cm^{-1}和5179cm^{-1}是羰基中C=O伸缩振动的二级倍频；4707cm^{-1}是酯基（—COOR）中C—H和C=O伸缩振动的组合频；4662cm^{-1}和4595cm^{-1}是顺式双键C—H伸缩振动的组合频（表5-20），这两个峰的峰强随着不饱和度的增加而增大[34]。

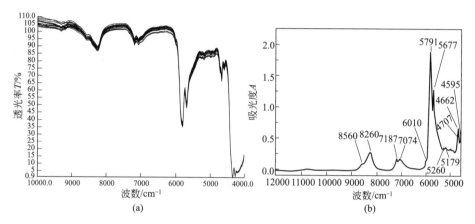

(a)　　　　　　　　　　　　(b)

图5-32　食用油的近红外光谱图

表5-20　食用油在近红外光谱区的主要谱峰及其振动类型归属

波数/cm^{-1}	基团	归属的振动形式
8560	甲基（—CH$_3$）	C—H伸缩振动,二级倍频
8260	亚甲基（—CH$_2$—）	C—H伸缩振动,二级倍频
7187	甲基（—CH$_3$）	C—H伸缩和弯曲振动,组合频
7074	亚甲基（—CH$_2$—）	C—H伸缩和弯曲振动,组合频
6010	连接顺式双键的C—H(顺式 R^{1}CH=CHR^{2}CH$_3$)	=C—H振动
5791〉5677	亚甲基（—CH$_2$—）	C—H振动,一级倍频
5260〉5179	羰基（C=O）	C=O伸缩振动,二级倍频
4707	酯基（—COOR）	C—H+C=O伸缩振动,组合频
4662	双键（—HC=CH—）	=C—H+C=C伸缩振动,组合频
4595	双键（—HC=CH—）	C—H不对称+C=C伸缩振动,组合频

同中红外光谱一样，应用近红外光谱也可以判定油脂的真伪情况。此外，还可以用于判断食用油脂是否过期、感官特性以及是否掺入非食用油。

实例63　NIR结合SPA-DA或PLS-DA判别大豆油是否过期[35]

背景介绍：食用油脂容易受光、热和空气作用氧化，产生颜色、味道和色泽变化。氧化油脂的品质下降，不易食用。评价油脂质量的方法有酸价、过氧化值

（PV）和 Rancimat 等理化方法。但这些方法相对烦琐、费时，近红外分析技术具有快速、无损的优点。因此，该实例尝试采用近红外光谱建立过期大豆油的判别方法。

样品与参考数据：在巴西 Campina Grande 市收集了 30 个不同品牌和批次的大豆油并存放至过了保质期（以产品标注的日期为准），再收集 20 个未过期的大豆油产品，共组成 50 个样品。测定这些样品的过氧化值，结果显示，未过期样品的过氧化值平均值为 7.06meq/kg，过期样品的过氧化值范围较宽，为16.5～348.6meq/kg，平均值为 124.2meq/kg。

光谱仪器与测量：Lambda750 近红外光谱仪，配备光程为 1cm 的样品池，钨灯光源和低温 PbS 检测系统，波长范围 1100～1600nm，分辨率 1nm。图 5-33 显示了 50 个大豆油样品的近红外原始谱图、偏差校正谱图和 S-G 一阶导数谱（二次多项式，17 点）。很明显，不同过氧化值大豆油的近红外谱图非常接近，肉眼无法判断过期与否。

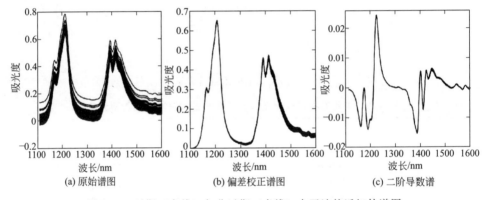

(a) 原始谱图　　　　　(b) 偏差校正谱图　　　　　(c) 二阶导数谱

图 5-33　过期（实线）与非过期（虚线）大豆油的近红外谱图

主成分分析：通常 PCA 是作为预判别方法对样品的分类性质进行考察，图 5-34 显示了样品的近红外谱图经过不同谱图处理方式的 PCA 分析结果。由图可知，不同的谱图处理方法对 PCA 分类影响不大，两种大豆油无法达到完全分离，有较多样品交叉在一起。

判别分析：该实例分别采用连续投影算法-判别分析（SPA-DA）和偏最小二乘法-判别分析（PLS-DA）两种方法对大豆油进行了过期与否的判别分析，结果见图 5-35 和图 5-36。由图可知，两种判别分析法基本上都可以将过期与非过期大豆油分为两类，但界限不够明显，即有少量样品处于两类的分界处。不过与PCA 结果相比，SPA-DA 和 PLS-DA 两种判别方法的分类效果优于 PCA，它们的判别正确率均高于 90%，其中 SPA-DA 方法对过期样品的正确判别率较高。同时，该实例考察了不同谱图处理方式对判别结果的影响。结果表明，谱图处理方式对判别影响不明显。

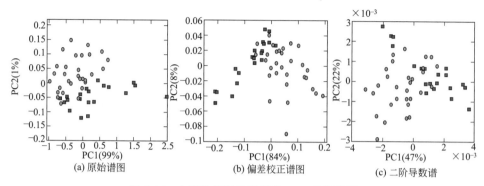

图 5-34　大豆油近红外谱图的 PCA 分析结果

(○ 非过期；■ 过期)

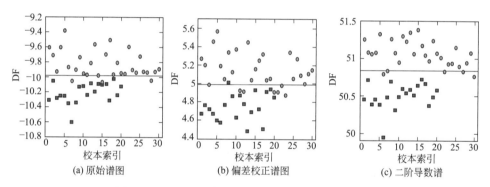

图 5-35　近红外结合 SPA-DA 判别大豆油是否过期

(○ 非过期；■ 过期)

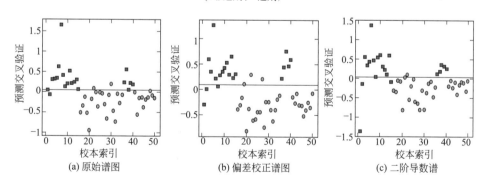

图 5-36　近红外结合 PLS-DA 判别大豆油是否过期

(○ 非过期；■ 过期)

　　方法应用与评价：该实例通过近红外光谱结合 SPA-DA 和 PLS-DA 判别大豆油过期与否的效果，结果表明，两种方法的正确判别率均可以达到 90% 以上，但谱图处理方式对判别结果的影响不大。该实例中还比较了不同的校正集和验证集样品分类对判别结果带来的影响，结果也不太明显，这可能与近红外谱图重叠严重或谱图特征不明显相关。该实例还测定了样品的 PV 值，过期与非过期样品的 PV 值差别较大，可以判别油脂是否过期。因此，如果利用 NIR 的定量优势，以 PV 值为基础进行判别，也许结果并不劣于上述的直接判别结果。

实例 64　FT-NIR 结合 LDA 和 SIMCA 判定初榨橄榄油的感官特性[36]

背景介绍：橄榄油的感官评定方法由国际橄榄委员会于 1987 年提出，之后经过多次修改完善，2007 年提出可以将感官评定结果标示在商品标签上。实际上，橄榄油的感官评定的正面评价可以用果香气（fruit）、苦味（bitter）和辛辣味（pungent）表示。为了避免误导消费者，其中果香气的程度可以依据强弱以轻微（light）、中等（median）和强烈（intense）三个词语描述。如果以数字 1～10 表示香气程度，则数字越大表示香气越强烈。一般规定，轻微为<3，中等为 3～6，强烈为>6。考虑到感官评定方法复杂费时，该实例尝试应用近红外光谱建立橄榄油感官判定方法。

样品与参考数据：收集意大利各地数家企业生产（2007～2008 年）的初榨橄榄油 112 个，涵盖了不同橄榄品种、生长环境、种植条件、压榨工艺和储存条件等的样品。参考数据的获得为 16 位感官评定人员分为两组，耗时 4 天，每天最多评定 14 个样品，最后给出所有橄榄油样品的评定结果。结果首先按照有缺陷（defective）和无缺陷（non-defective）分为两大类，然后再将无缺陷的样品按照香气程度分为轻微、中等和强烈三类。最终有 62 个样品被判别为有缺陷，50 个样品被判别为无缺陷，其中具有轻微、中等和强烈香气的样品分别为 18 个、18 个和 14 个。

光谱仪器与测量：采用 MPA 型 FT-NIR 仪器，配备光程为 8mm 的透射样品池，波数范围 12500～4500cm^{-1}，分辨率 8cm^{-1}，扫描 64 次。谱图处理采用 Opus v6.5。化学计量学方法采用 V-Parvus 软件处理。

数据处理与判别分析：首先对所有样品的 FT-NIR 谱图进行 SNV 和取导数处理（S-G 二阶导数，三次多项式 7 点）。判别方法采用 LDA 和 SIMCA。判别结果用留一法进行交叉验证。基于 LDA 和 SIMCA 的判别结果见表 5-21 和表 5-22，可以看到，LDA 的判别正确率较 SIMCA 的高。

表 5-21　基于 FT-NIR-LDA 判别初榨橄榄油缺陷与果香气特征的结果

单位:%

项目	判别有缺陷和无缺陷特征的正确率			判别有轻微、中等和强烈香气特征的正确率			
	有缺陷	无缺陷	平均值	轻微	中等	强烈	平均值
校正集	100	100	100	100	100	100	100
预测集	98.4	100	99.1	100	100	92.9	98.0

表 5-22　基于 FT-NIR-SIMCA 判别初榨橄榄油的香气特征结果　　单位：%

项目	判别有轻微、中等和强烈香气特征的正确率			平均准确率	平均否定率
	轻微	中等	强烈		
校正集	94.7	94.4	100	98	89.6
预测集	73.7	72.2	64.3		

　　方法应用与评价：该实例结果表明，FT-NIR 结合化学计量学可以准确判别初榨橄榄油的香气程度。该实例中还比较了 NIR 与 MIR 结合同样判别方法的分类结果，结果发现，两种红外方法的分析结果差别并不显著，可能与 NIR 方法采用透射有关，而 MIR 仅用单点反射的 ATR 附件，降低了 MIR 的灵敏度。说明如果 NIR 的采样方法得当，其灵敏度可以与 MIR 媲美。此外，该实例仅对初榨橄榄油感官评定中的香气成分进行了分析，没有对苦味、辛辣味等进行程度上的判别。Inarejos-García 等应用 FT-NIR（透射，8mm 光程）结合偏最小二乘法（PLS）对特定品种和产地的橄榄油的果香气和苦味进行了预测，效果令人满意[37]。读者可以借鉴这些方法根据实际情况灵活应用。

　　实例 65　FT-NIR 结合 PLS/PCR 分析饲料油脂中掺入矿物油和变压器油的比例[38]

　　背景介绍：油脂掺假不仅仅发生在食品领域，也数次发生在饲料行业。2008 年 12 月，供应爱尔兰 45 个牛场和 9 个猪场的饲料油脂遭受污染，污染油脂中含有高达 200pg/g 的多氯联苯和二噁英，最终导致数千头牲畜被屠杀，数万吨饲料被销毁，造成数亿欧元的损失。2010 年，德国的饲料油脂中混进了由餐厨废弃油脂生产的生物柴油，导致超过 5000 家农场的交易暂停。鉴于此，该实例研究饲料油脂遭受矿物油和变压器油污染的分析方法。

　　矿物油和变压器油是石油精炼分馏的产物，其主要成分是链烷烃、环烷烃和芳香烃等。由于矿物油和变压器油通常出现在饲料油脂的生产、运输过程中，如果条件控制不当，容易混入并污染饲料油脂，带来饲料油脂的安全问题。由于近红外光谱具有快速、简便、廉价和无损等优点，因此，该实例以实验室配制的掺伪油脂为研究对象，考察 FT-NIR 结合 PLS 和 PCR 对污染油脂的定量分析效果。

　　样品与参考数据：从北爱尔兰贝尔法斯特的 John Thompson & Son 公司购买不同批次的饲料油脂，分别为 23 个植物调和油样品和 11 个大豆油样品。分别以 0.1%、1%、2.5%、5%、7.5%、10%、12.5%、15%、17.5%、20%、22.5%、25% 的比例掺矿物油和变压器油于饲料油脂中。

　　光谱仪器与测量：Antaris Ⅱ FT-NIR 光谱仪，波数范围 12000 ～ 3800cm^{-1}，分辨率 8cm^{-1}。测试样品时，吸取 600μL 置于密封玻璃小瓶中，光程为 8mm，透射扫描，扫描 16 次。

　　数据处理与定性判别：植物调和油、大豆油、矿物油和变压器油的近红外光谱图比较类似，肉眼几乎无法区分，于是采用化学计量学的模式识别方法对几种油品以及掺伪样品进行定性分类。首先对样品谱图取一阶导数处理，然后采用 PCA 降维，从植物调和油与大豆油的 PCA 得分图上看（未显示），第一主成分的贡献率为 59.8%，第二主成分的贡献率为 24%。近红外结合 PCA 可以明显地区分植物调和油和大豆油。接着，采用 SIMCA 方法对植物调和油、大豆油及其掺入不同比例不可饲用的矿物油和变压器油进行分类，植物调和油和大豆油明显分为两类，对于含有不同比例矿物油的掺伪油，随着矿物油比例增高，掺伪样品逐渐向图形的右上方延伸，说明基于 SIMCA 分类可以完成饲料油脂是否掺伪的判别。

掺伪的定量分析：掺伪量分析分别采用 PLS 和 PCR 进行校正模型的建立，模型经过验证，结果令人满意。不同谱图处理方法（原始谱图、取一阶导数和二阶导数）对于模型参数的影响微弱。对于分别掺入矿物油和变压器油的大豆油和植物调和油而言，基于 PLS 和 PCR 建立的校正模型参数中，相关系数 R^2 均大于 0.996，RMSEC 和 RMSEP 值均小于 0.75，其中大豆掺伪油中非饲料用油的掺伪量的定量效果较好。

方法应用与评价：该实例采用 PCA 定性判别了植物调和油和大豆油这两种饲料油脂且结果较好，但并未对两种饲用油脂与其掺伪油脂的 PCA 分类情况进行考察。有监督的 SIMCA 判别结果表明，饲料油脂与其掺伪油可以进行判别。该实例还在最后建立了两种饲用油脂中的掺伪量的定量校正模型，并列出了模型的评价参数。从模型参数上可以看出，定量效果令人满意。然而，遗憾的是该实例并未对定量模型进行外部验证考察。因此，其实际应用情况还不得而知。

5.5 拉曼光谱用于食用油脂的鉴别与掺伪分析

作为红外光谱的补充，拉曼光谱与被测样品的组分密切相关，不同位移波数的谱峰代表不同的分子基团，谱峰的强度与含量在一定条件下也遵循朗伯-比尔定律。因此，应用拉曼光谱结合模式识别和线性回归方法也可以对油脂样品进行定性判别和掺伪量的分析。由于不同种类油脂的组成略有不同，因此其拉曼谱图也有细微差异。图 5-37 是比较典型的食用油的 FT-拉曼光谱图，谱图中不同位移波数对应的基团归属情况见表 5-23。

应用拉曼光谱结合化学计量学方法可以实现不同油脂的分类鉴定。例如 El-Abassy 等发现，拉曼光谱结合 PCA 可以区分特级初榨橄榄油与葵花籽油、菜籽油、核桃油、芝麻油、玉米油、大豆油、亚麻籽油等 13 种植物油[39]。在掺伪分析方面，拉曼结合经典的 PLS 法可以定量分析特级初榨橄榄油中掺入 5% 以上的橄榄果渣油[40]。此外，拉曼光谱除了能够实现红外光谱的油脂鉴别和掺伪分析，还能对红外光谱不能实现的植物原油分析鉴别发挥其独有的特殊作用。本节进行拉曼光谱在油脂鉴别与掺伪分析领域的典型应用实例分析。

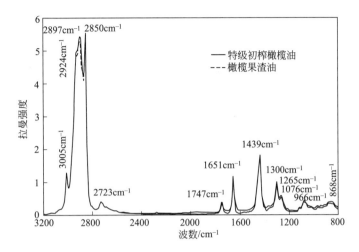

图 5-37　食用油（橄榄油）的 FT-拉曼光谱图

表 5-23　食用油拉曼光谱图的主要谱峰与其振动类型

波数/cm^{-1}	基团	振动类型
3005	连接顺式双键的 C—H(顺式 R^{1}CH =CHR^{2}CH$_3$)	=C—H 伸缩振动(对称)
2924	亚甲基(—CH$_2$)	C—H 伸缩振动(不对称)
2897	甲基(—CH$_3$)	C—H 伸缩振动(对称)
2850	亚甲基(—CH$_2$)	C—H 伸缩振动(对称)
2723	亚甲基[—(CH$_2$)$_n$—]	C—H 伸缩振动
1747	羰基(RC=OOR)	C=O 伸缩振动
1651	顺式双键(顺式 RHC=CHR)	C=C 伸缩振动
1439	亚甲基(—CH$_2$)	C—H 弯曲振动(剪式)
1300	亚甲基(—CH$_2$)	C—H 弯曲振动(扭曲)
1265	连接顺式双键的 C—H(顺式 RHC=CHR)	=C—H 弯曲振动
1076	亚甲基[—(CH$_2$)$_n$—]	C—C 伸缩振动
966	反式双键(RHC=CHR)	C=C 弯曲振动
868	亚甲基[—(CH$_2$)$_n$—]	C—C 伸缩振动

实例 66　FT-Raman 结合 PLS 建立特级初榨橄榄油中橄榄果渣油含量的校正模型[40]

背景介绍：橄榄油的等级分几种，其中等级最高的是特级初榨橄榄油，最低的为橄榄果渣油。特级初榨橄榄油具有独特的香气、口感且有益健康，颇受消费者青睐，但售价也相对较高。受利益驱使，果渣油掺入特级初榨橄榄油中冒充纯正特级初榨橄榄油的现象时有发生。为此，国际橄榄油协会规定特级初榨橄榄油的游离脂肪酸含量不得高于 1‰。同时，一些色谱、核磁共振等方法也常用于特级初榨橄榄油的掺伪研究，这些方法的缺点是昂贵、费时、消耗试剂等。为了找到更为简便、快捷、廉价的掺伪分析方法，红外、近红外、拉曼等方法成为近年来研究的热点，该实例采用拉曼光谱建立特级初榨橄榄油中掺入果渣油的定量校正模型，分析特级初榨橄榄油-果渣油二元系统中果渣油的含量。

样品与参考数据：橄榄果渣油由北美橄榄油学会提供，特级初榨橄榄油在当地超市购买。一般特级初榨橄榄油中的果渣油含量不超过 15%，但该实例配制了果渣油含量为 0%～100%（以 5% 间隔）的掺伪油脂进行实验方法的建立。

光谱仪器与测量：Nexus FT-Raman 光谱仪，激发波长为 1064nm，配备 In-GaAs 检测器，功率为 0.5W。测试样品时，将油脂倾倒于 6mm 内径玻璃管中，并置于样品支架上测定，扫描 256 次，分辨率为 8cm^{-1}。扫描谱图见图 5-37。

校正模型的建立：首先将样品按照 3∶1 的比例随机组合为校正集和验证集，即 75% 的样品组成校正集，余下 25% 组成验证集。然后选择不同的光谱区域，以 MSC 处理谱图以去除光散射，然后以 PLS 建立特级初榨橄榄油中果渣油含量的校正模型。以最小的预测残差（PRESS）、最大的相关系数（R^2）以及最小的校正集和验证集的 RMSECV 和 RMSEP 为最优模型。经过反复尝试，最后以全谱段建立了果渣油的 Raman-PLS 模型，模型对校正集和预测集的果渣油的预测情况为 PRESS=0.031，校正集的 R^2 和 RMSECV 分别为 0.995 和 2.23%，验证集的 R^2 和 RMSEP 分别为 0.997 和 1.72%。

方法评价：从预测情况看，Raman-PLS 模型对果渣油的定量效果很好。由于实际情况中果渣油的含量在 15% 以下，若在此基础上研究特级初榨橄榄油中低含量果渣油的定量效果，将更有实际参考价值。

实例 67　FT-Raman 分别结合 PCA 和 PLS 定性判别和定量分析掺入葵花籽油的特级初榨橄榄油[39]

背景介绍：特级初榨橄榄油由于高价成为最常见的掺伪对象，鉴别和分析特级初榨橄榄油掺假一直是油脂安全分析的热点和难点。葵花籽油和榛子油的组成与特级初榨橄榄油极为相似且价格低廉，因而常常被掺入特级初榨橄榄油中充当正品。在油脂分析领域，经典的掺伪分析方式是测定游离脂肪酸、过氧化值、甘油三酯组成等，这些方法昂贵、耗时，无法实现快速的现场检测或在线检测。该实例尝试利用拉曼光谱建立特级初榨橄榄油中掺入葵花籽油的鉴别分析方法，旨在为后续的在线方法提供方法基础。

此外，通常测定油脂的拉曼光谱仪采用激发波长在 1064nm 发射的 Nd：YAG（钇铝石榴石）固体激光器作为光源，该实例则采用可见区 514.5nm 发射的激发光源的色散型拉曼光谱仪，这种仪器的优点是简单、容易便携化，便于将来用于现场检测和在线检测。

样品与参考数据：特级初榨橄榄油共 18 个样品（17 个购于超市，1 个来自农场），所有特级初榨橄榄油的游离脂肪酸均低于 1%。3 个葵花籽油购于当地超市，以葵花籽油含量为 0%～100%（以 5% 递增）的比例配制掺假的特级初榨橄榄油。

　　光谱仪器与测量：Raman 光谱仪为实验室自行搭建，其中激发光源为 Ar^+ 气体激光器（功率为 10mW），激发波长为 514.5nm。光源发射的激光通过倒置显微镜投射在 $1800\mu L$ 石英样品池上，样品的拉曼散射信号通过 1200 凹槽/mm、入口狭缝宽度为 $200\mu m$ 的光栅单色器散射后，由配有液氮冷却的 CCD 检测器检测。扫描范围 $700 \sim 3100cm^{-1}$，每个样品扫描 5 次。特级初榨橄榄油与葵花籽油的拉曼谱图相似，主要谱峰在 $800 \sim 1800cm^{-1}$ 和 $2850 \sim 3020cm^{-1}$ 之间。其中，位于 $1008cm^{-1}$、$1150cm^{-1}$ 和 $1525cm^{-1}$ 的胡萝卜素特征谱峰的强度随葵花籽油的比例降低而升高，说明胡萝卜素是特级初榨橄榄油与葵花籽油的主要差别。

　　判别分析与定量模型的建立：首先对所有样品的拉曼谱图进行基线校正，然后应用 PCA 判别特级初榨橄榄油及其掺入葵花籽油的掺伪油，结果见图 5-38。从 PCA 得分图可以看到，通过拉曼光谱结合 PCA 可以明显地将含 5％葵花籽油的掺伪油与纯特级初榨橄榄油分开，前 2 个主成分的贡献率为 98％。在此基础上，再应用 PLS 对掺入特级初榨橄榄油的葵花籽油比例建立校正的模型，模型采用留一法交叉验证。三种掺伪葵花籽油的校正模型的评价参数见表 5-24。此外，模型对所有参与建模和验证样品的预测值与实际值的对应关系较好。

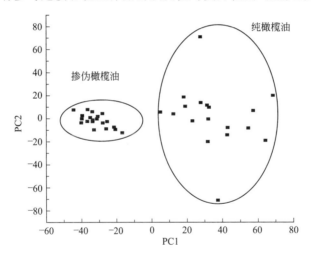

图 5-38　纯橄榄油与其掺入不同比例葵花籽油的 PCA 得分图

表 5-24　以三种葵花籽油掺入 18 种橄榄油配制的掺伪油建立 Raman-PLS 校正模型的评价参数

项目	评价参数	1＃葵花籽油	2＃葵花籽油	3＃葵花籽油
校正	RMSEC	2.56	0.92	2.32
	R^2	0.992	0.993	0.988
验证	RMSECV	3.59	1.33	3.05
	R^2	0.981	0.988	0.971

方法应用与评价：在一定条件下，拉曼光谱较红外光谱具有优势。在特级初榨橄榄油与葵花籽油的拉曼光谱图中，胡萝卜素成为区分两种油的主要特征峰，不仅可以完成其他光谱图不易实现的定性分类，而且可以对特级初榨橄榄油中的掺伪量进行定量分析。该实例的 Raman-PLS 模型的准确度可以低至 5%，即葵花籽油比例高于 5% 即可检出，但该方法对于不同葵花籽油的评价效果有一定差异，目前主要作为筛选方法为实际检测提供备选方案。

实例 68 Raman 结合 PCA-SVM 快速判别大豆毛油是否掺假[41]

背景介绍：大豆毛油（或大豆原油）是大豆经过压榨或浸提得到的粗油脂，富含维生素 E、多酚等抗氧化物质，便于长期储存，因此被作为我国的战略储备物资。然而，近年来我国储油市场发现一些不良商家为了让过期的大豆毛油顺利通过入库检验，在原油中掺入棕榈油、大豆精炼油等食用精炼油。这些掺入精炼油的大豆原油虽然能通过油库的入库检验，但不易储存，入库后很快就出现酸价和过氧化值急剧升高，品质劣变现象，严重扰乱了储油市场秩序，危害了油脂储备安全。此外，掺入大豆毛油的精炼油也会因重复精炼产生有害物质，不利于人体健康。因此，为了做好大豆毛油的入库检验，亟须开发相应的掺伪判别方法。

大豆毛油的掺伪方式比较特殊，是将组分相对简单的精炼油掺入组成复杂的毛油当中，特别是大豆精炼油掺入大豆毛油，鉴别的难度更大。该实例根据大豆毛油与精炼油的拉曼谱图差异，结合主成分分析和支持向量机（PCA-SVM）建立了大豆毛油掺伪的快速判别方法，旨在为大豆毛油的入库质量把关提供技术支持。

样品与参考数据：分别从天津九三油脂厂和北京市天维康油脂调销中心收集大豆毛油 28 个，从北京当地超市购买合格的 26 个大豆油、4 个花生油和 5 个葵花籽油，菜籽油（7 个）和棕榈油（4 个）由北京市粮油食品检验所提供，以上样品均收集自 2012 年 10 月至 2013 年 7 月。掺伪油的制备方法是随机选取上述 10 个大豆毛油、6 个大豆油、4 个棕榈油，将大豆毛油与大豆油、棕榈油以 2.5%、5%、7.5%、10%、12.5%、15%、20%、25%、30%、40%、50% 比例混合，共得到 110 个掺伪样品。所有食用油样品均储存于塑料瓶中，充入氮气后密封，置于 4℃ 冰箱避光保存。

光谱仪器与测量：Enwave Optronics Raman-Ⅰ 拉曼光谱仪，配备 CCD 检测器，激发波长 785nm，功率 400mW，扫描范围 250～2350cm^{-1}，分辨率 6cm^{-1}。测试样品时，将油样放入不含荧光背景的 2mL 样品瓶中，以空气光谱作为空白，扫描 5 次，获得拉曼光谱图（图 5-39）。

谱图分析：首先对上述几种毛油和精炼油进行 PCA 分析，分类结果见图 5-40。可以看到，大豆毛油、大豆油、棕榈油、菜籽油、花生油、葵花籽油的聚类效果明显，分为相互无交叉的 6 类。然后，该实例对所有样品的拉曼谱图进行 Y 轴强度校正、基线校正和归一化处理。其中归一化处理是在 780～1800cm^{-1}

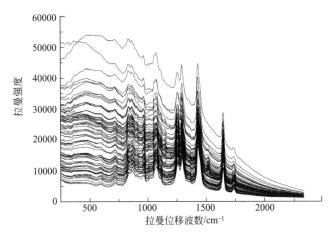

图 5-39　所有油脂样品的拉曼光谱图

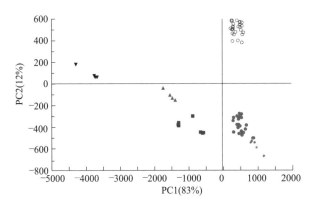

图 5-40　油脂拉曼光谱图的 PCA 得分图

■菜籽油;　●大豆油;　▲花生油;
○大豆毛油;　▼棕榈油;　∗葵花籽油

范围, 以 $1438cm^{-1}$ 峰的强度为标准对谱图进行归一化处理。通过处理后的谱图可以较为明显地比较出毛油与精炼油的差别, 即不同油脂样品位于 $1655cm^{-1}$、$1265cm^{-1}$ 和 $970cm^{-1}$ 的谱峰相对强度有差异。这 3 个谱峰均与 C ═C 双键有关, 表示不同油脂的不饱和脂肪酸的含量不同。也说明拉曼光谱可以区分不同脂肪酸含量的油脂。接着, 对比了掺入不同比例大豆油的毛油与纯毛油的拉曼谱图 (图 5-41)。与精炼油不同, 毛油在 $1525cm^{-1}$ 和 $1155cm^{-1}$ 处有两个独特谱峰, 它们应当归属于类胡萝卜素, 而精炼油的则没有这两个峰。随着精炼油比例的增大, 这两个峰的强度也随之降低 (图 5-41)。其中, 关注两种常见掺假油, 大豆油和棕榈油与毛油的距离较大。进一步, 通过 PCA 分析了毛油及其掺伪油, 结果见图 5-42。

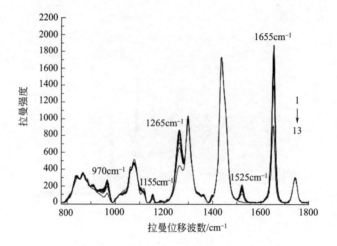

图 5-41　归一化处理后的油脂拉曼光谱图

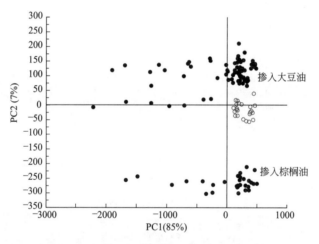

图 5-42　纯正毛油与掺伪毛油的 PCA 得分图
● 掺伪油；○ 大豆原油

　　判别分析：在 PCA 分析的基础上，采用 SVM 建立大豆原油与其掺伪油样的分类模型。SVM 将样本点"升维"，将数据向高维空间转化，通过解决样品点在高维空间的非线性问题，实现分离判别。方法是将经过 PCA 降维后的大豆毛油作为一类样本，掺伪大豆毛油作为另一类样本。由 PCA 分析的前 7 个主成分（贡献率大于 97%）为变量建立 SVM 分类模型。模型的建立过程还需要选取合适的核函数（kernal function），核函数的算法有线性（linear）、多项式（polynomial）、径向基核（fadical basis function）和神经网络（sigmoid）等四种。通过比较四种核函数的 SVM 模型，确定以线性核函数为最佳，误判率为 0（表 5-25）。

表 5-25 不同核函数的 Raman-SVM 模型对于判别掺伪

大豆毛油的评价参数   单位：%

核函数	校正准确率	验证准确率	识别率	误判率
线性核函数	100	100	100	0
多项式核函数	100	96.92	76.74	23.26
径向基核函数	82.31	82.31	81.40	18.60
神经网络核函数	82.31	82.31	81.40	18.60

方法应用与评价：该实例采用拉曼光谱结合 PCA-SVM 模式识别方法建立了掺伪大豆毛油的判别方法（掺伪大豆毛油是以常见的大豆油和棕榈油为掺伪油配制的二元掺伪体系）。结果表明，以线性核函数建立的 SVM 模型的判别能力最佳，最低检出限为 2.5%，误判率为 0，能够准确、快速地筛选出掺伪的大豆毛油，为储油企业的入库检验提供了一种快速、简便的判别方法。

5.6 荧光光谱用于食用油脂的鉴别与掺伪分析

分子荧光光谱的灵敏度高，一些学者尝试将其应用于食用油脂的定性鉴别和掺伪分析，如 Kyriakidis 等研究了几种植物油的荧光谱图。结果发现，当激发波长为 360nm 时，除了特级初榨橄榄油之外，纯橄榄油、橄榄果渣油、玉米油、大豆油、葵花籽油和棉籽油的荧光谱图均在 430～450nm 范围出现一个较强的荧光峰。而特级初榨橄榄油的荧光谱图则在 440～455nm 范围有一弱峰，在 525nm 处有一强峰，在 681nm 处呈一中等强度的荧光峰。从峰的归属上看，681nm 处的荧光峰属于叶绿素的典型特征，525nm 的荧光峰与维生素 E 相关。此外，440～455nm 的荧光峰强度与 232～270nm 峰带的强度有相关性[42]。

然而，常规的荧光光谱分析存在谱峰重叠严重，复杂体系分析困难的缺点。于是，同步荧光光谱解决多组分分析问题的优势凸显。同步荧光（total synchro-nus fluorescence，TSyF）因同时扫描激发和发射单色器，荧光强度是激发和发射波长的共同函数，可以获得更多的光谱信息，因而在食用油脂分析中应用较多。葛峰等发现，当激发波长小于 275nm 时，核桃油同步荧光光谱与大豆油的有显著差异，于是利用偏最小二乘法分别对波长间隔为 20nm、40nm、80nm 的同步荧光光谱图数据进行回归处理，实现了对核桃油掺入 0.6% 以上大豆油的快速检测[43]。Dupuy 等利用同步荧光辨别了来自法国五个原产地的橄榄油。Dupuy 等发现，橄榄油同步荧光谱中几个特征峰是橄榄油独有的，包括 600～700nm 处叶绿素和脱镁叶绿素 a 和叶绿素 b 的谱峰，275～400nm 范围是 α-生育酚、β-生育酚和 γ-生育酚和酚类物质的谱峰，利用这些谱峰可以将橄榄油和其他油品分开。此外，同步荧光光谱结合 PLS1 可以鉴别橄榄油的产地[44]。

实例 69 荧光光谱结合 PCA-SIMCA 和 PCA-PLS 判别和分析核桃油的掺伪[29]

　　背景介绍：核桃在全球范围都有种植，年产量超过 150 万吨。其中，中国、美国和伊朗的核桃产量分别占世界的 25％、20％和 11％。核桃具有很高的营养价值，富含脂肪、蛋白质和不饱和脂肪酸（包括 50％～59％的亚油酸和 12％～25％的油酸）。此外，还含有多酚、维生素 E 和植物甾醇等对人体健康有益的物质。有报道称，从核桃中提取的核桃油可以降低低密度脂蛋白浓度，提高高密度脂蛋白浓度，从而降低罹患心血管疾病的风险。由于核桃油的售价较高，因此也成为大豆油、葵花籽油等低价油脂掺伪的对象。通常分析核桃油掺假可以通过色谱法，如 GC 和 HPLC 测定脂肪酸、甘油三酯、甾醇等组成，但这些方法操作复杂，耗时费力，该实例尝试应用荧光光谱结合化学计量学进行核桃油的掺伪分析。

　　样品与参考数据：从北京的超市购买核桃油 7 个、大豆油 5 个、花生油 5 个、菜籽油 5 个、葵花籽油 5 个和调和油 5 个。配制核桃油的掺伪油为任意选取 3 个大豆油，以 5％、10％、15％、20％、30％、40％和 50％浓度掺入任意选取的 4 个核桃油中，组成总共 84 个样品。其中，选取 63 个组成校正集，其余 21 个组成验证集。

　　光谱仪器与测量：F97Pro 荧光分光光度计，参数设置为激发波长 360nm，激发狭缝 5nm，发射狭缝 5nm，光谱带宽 1nm，发射光谱采集范围 370～800nm。扫描样品时，直接注入 10mm×10mm×45mm 的石英样品池中以 90°扫描。图 5-43 是在此条件下扫描得到的不同食用油脂的荧光光谱图。明显地，不同油脂荧光谱图的差异较大，其中 400～500nm 波段的强峰是脂肪氧化物与生育酚，而 600～700nm 波段的弱峰则归属于类胡萝卜素和叶绿素等色素。为了更为直观地判别和分析核桃油的掺伪情况，该实例采用 Unscrambler 进行 PCA、SIMCA 和 PLS 处理。

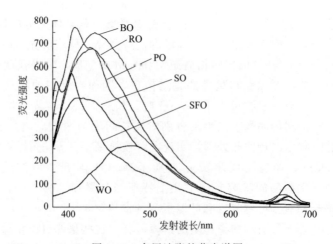

图 5-43　食用油脂的荧光谱图

WO—核桃油；RO—菜籽油；SO—大豆油；PO—棕榈油；SFO—葵花籽油；BO—调和油

掺伪油脂的判别：首先对核桃油及其掺入不同比例大豆油的掺伪油进行 PCA 降维处理，然后以 SIMCA 进行分类，分类的结果见图 5-44 的 Coomas 分类图。可以看到，核桃油和它的掺伪油之间有明显的距离，完全分开，其中掺入 5％大豆油的掺伪油与纯核桃油的距离最近。这说明基于荧光光谱-SIMCA 可以实现掺伪油脂的分离。

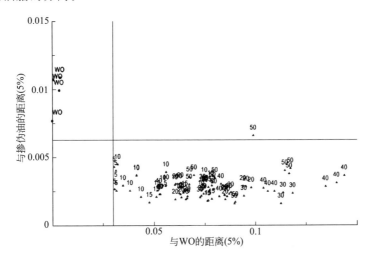

图 5-44 核桃油与其掺伪油的 Coomas 分类图

（WO 为核桃油，5～50 代表掺入大豆油比例）

掺伪油脂的定量 PLS 模型：核桃油与其掺伪油脂的荧光谱图经过标准正态变量变换（SNV）处理后，采用 PLS 建模。模型的相关系数 R^2 达到了 0.9909，校正和验证的 RMSEC 和 RMSEP 分别为 1.4388 和 1.6449。表 5-26 给出了模型对三种大豆油掺伪油预测值与实际值的比较情况。

表 5-26 基于荧光光谱-PLS 模型的预测值与实际值的比较 单位：％

实际值	预测值/平均偏差		
	大豆油-1	大豆油-2	大豆油-3
5.00	4.82/1.16	4.99/1.40	5.36/1.24
10.00	10.01/1.28	10.52/1.35	10.74/1.43
15.00	15.98/1.23	15.43/1.17	15.68/1.54
20.00	18.97/1.25	19.20/1.29	19.62/1.20
30.00	29.47/1.34	29.77/1.30	29.75/1.28
40.00	40.23/1.28	40.12/1.26	40.06/1.32
50.00	50.28/1.48	49.20/1.38	49.50/1.44

方法应用与评价：该实例依据不同种类油脂的荧光光谱差异，分别结合 PCA-SIMCA 和 PCA-PLS 方法建立了核桃油掺伪的判别和掺伪量的预测模型，

结果令人满意。说明在一定条件下，可以应用荧光光谱快速、简便、廉价地完成油脂的真伪与掺伪分析。

实例 70 同步荧光光谱结合偏最小二乘回归（PLSR）分析橄榄油掺伪[45]

背景介绍：橄榄油的高价格使其成为常见的掺假目标，常见的掺假油脂有橄榄果渣油、玉米油、葵花籽油、大豆油、菜籽油、核桃油等。同步荧光光谱具有分析复杂体系的优势，该实例应用同步荧光光谱考察初榨橄榄油与掺伪油脂的鉴别方法，并结合化学计量学方法考察定量分析掺伪油脂比例的可能性。

样品与参考数据：收集市售的橄榄果渣油、玉米油、葵花籽油、大豆油、菜籽油和核桃油，分别将这些油脂以 0.5%～95%的比例掺入初榨橄榄油。

光谱仪器与测量：荧光分光光度计（fluorolog-3 型），设置激发和发射狭缝宽度为 2nm，间隔 1nm，积分时间 0.3s；配备 950W 氙灯，1mm×10mm×45mm 石英皿，以 90°角度采集谱图。测量时将样品以正己烷（1%，质量体积浓度）稀释，以不同波长间隔（20nm、40nm、60nm、80nm）对初榨橄榄油进行扫描，结果发现，以 20nm 为间隔的同步荧光光谱较为理想，结果见图 5-45。不同植物油在此条件下的荧光谱图特征见表 5-27。由图 5-45 可见，初榨橄榄油在 275～297nm 范围内出现两个峰，之后一直到 660nm 处才出现一个峰，该峰是叶绿素的特征吸收峰。而其他植物油均在约 300nm 处出现一个强峰，在 325nm 处则为一个强度较弱的荧光峰，该峰是亚油酸的特征吸收峰。表 5-27 中以核桃油的强峰为标准对几种植物油的荧光峰做了总结。

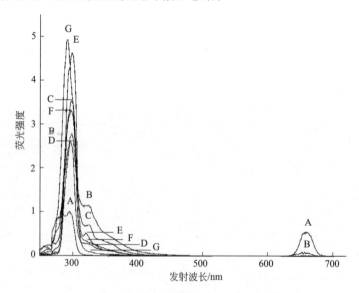

图 5-45 不同植物油的同步荧光谱图

A—初榨橄榄油；B—橄榄果渣油；C—玉米油；D—葵花籽油；

E—大豆油；F—菜籽油；G—核桃油

表 5-27　不同植物油的同步荧光谱图特征（$\Delta\lambda = 20\text{nm}$）

植物油种类	波长/nm
核桃油	292(100)①
大豆油	300(94)、325(11)
玉米油	300(72)、325(15)
菜籽油	298(67)、325(7)
橄榄果渣油	298(57)、325(23)、660(3)
葵花籽油	297(53)、325(5)
初榨橄榄油	276(18)、297(21)、660(12)

① 括号中的数值是谱峰的相对强度。

数据处理与掺伪分析：从图 5-45 和表 5-27 可以看到，初榨橄榄油与其他植物油（均为常见的掺伪油）的同步荧光谱图明显不同，以此来实现初榨橄榄油与掺伪油的鉴别。该实例分别以 400nm、392nm、375nm、365nm、375nm 和 332nm 激发波长下的同步荧光峰（20nm 间隔）为判据鉴别初榨橄榄油中的果渣油、玉米油、葵花籽油、大豆油、菜籽油和核桃油的比例。进一步地，分别以果渣油、玉米油、葵花籽油、大豆油、菜籽油和核桃油在激发波段 315～400nm、315～392nm、315～375nm、315～365nm、315～375nm 和 315～360nm 的荧光谱图，结合偏最小二乘回归建立掺伪油比例的定量校正模型。其中，校正集样品为 21 个（掺伪油比例为 0.5%～95%），验证集样品为 10 个（掺伪油比例低于30%）。回归模型的评价参数见表 5-28。该实例同时给出的预测值与实际值的对比情况良好。

表 5-28　不同掺伪植物油的同步荧光谱图-PLSR 模型评价参数

项目		果渣油	玉米油	葵花籽油	大豆油	菜籽油	核桃油
激发波长范围/nm		315～400	315～392	315～375	315～365	315～375	315～360
PLS 因子数		8	14	9	5	9	11
校正集	R^2	0.999	1.0	0.999	0.999	0.999	0.999
	RMSEC	0.2	0.02	0.2	1.1	0.3	0.6
验证集	R^2	0.98	0.96	0.97	0.96	0.97	0.8
	RMSEP	1.2	1.9	2.2	1.7	2.3	4.5

方法应用与评价：该实例展示了同步荧光用于食用油脂真伪鉴别和掺伪分析的潜力。同步荧光较好地避免了简单荧光谱图的谱峰重叠，凸显出不同种类油脂的特征荧光峰，从而较好地完成了油脂的真伪鉴别和掺伪分析。根据实例中同步荧光-PLSR 模型的预测情况，可以推测出该方法测定初榨橄榄油中各掺伪植物油的检出限，即果渣油 2.6%、玉米油 3.8%、葵花籽油 4.3%、大豆油 4.2%、菜籽油 3.6% 和核桃油 13.8%（均为质量分数）。

实例 71　应用荧光光谱中的峰-峰比例直接判别大豆毛油是否掺假[46,47]

背景介绍：近年来，储油企业反映入库环节出现大豆毛油掺入成品精炼油的现象，即大豆毛油中掺入成品大豆油或棕榈油等廉价油脂的情况时有发生。掺假的目的是降低过期毛油的过氧化值和酸值，从而使过期毛油顺利通过储存油企的入库检验。北京对入库大豆毛油过氧化值的要求是低于 2.0mmol/kg。将成品精炼油兑入毛油，可以显著降低过氧化值与酸值。然而，掺入精炼油的毛油不利于储存。正常情况下，大豆毛油至少可以存放 3 年，出库时过氧化值可以控制在4.0～4.5mmol/kg，但掺入精炼油的毛油存放近 1 年，过氧化值和酸值就急剧升高，品质迅速劣变。储油企业不得不仓促轮换倒灌，从而扰乱了储油市场秩序，危害油脂储备安全。此外，掺入毛油的成品油要经过二次精炼，重复的精炼工序会造成有害物质的累积，影响食用油的品质。因此，为了建立快速鉴别毛油掺入成品油的方法，该实例应用荧光分光光度计建立了判别掺混大豆毛油的简易判别方法，该方法经过储油企业的长期应用，证明简单、快捷、有效，且仪器廉价，适用性广。

样品与掺伪油配制：分别从天津九三油脂厂和北京市天维康油脂调销中心收集大豆毛油 28 个，从北京当地超市购买合格的 26 个大豆油，4 个棕榈油由北京市粮油食品检验所提供，以上样品均收集自 2012 年 10 月至 2013 年 7 月，并在半年内检测。掺伪油的制备方法是随机选取上述 10 个大豆毛油、6 个大豆油、4 个棕榈油，将毛油与大豆油、棕榈油以 2.5%、5%、7.5%、10%、12.5%、15%、20%、25%、30%、40%、50%比例混合，共得到 110 个掺伪样品。所有食用油样品均储存于塑料瓶中，充入氮气后密封，置于 4℃冰箱避光保存。

荧光光谱测量：采用 F97Pro 荧光分光光度计（上海棱光），直接将样品注入 10mm×10mm×45mm 的石英比色池，直角放置扫描，每个样品平行采集 3 次。所得谱图采用 Origin pro 8.0 软件分析处理。实验条件是激发波长 360nm，激发狭缝 5nm，发射狭缝 5nm，光谱带宽 1nm，发射光谱采集范围 370～800nm。图 5-46 为大豆毛油和精炼油的荧光谱图。

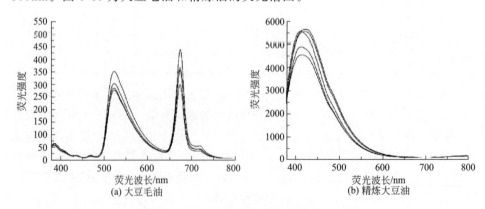

图 5-46　大豆毛油与精炼油的发射荧光光谱

谱图分析：由图 5-46 可知，大豆毛油的荧光强度远远低于成品油的，这可能是毛油中的成分多，荧光物质之间会发生自吸作用，同时干扰荧光物质的成分也会引发荧光物质淬灭，从而使得毛油的荧光强度整体低于成品油的 1 个数量级以上。而成品油的荧光物质（如抗氧化剂维生素 E）受基体的干扰较小，表现出较强的荧光谱峰。从谱峰的波长位置分析，大豆毛油在 388nm 处有一个弱荧光峰，在 525nm 和 676nm 处有较强的荧光特征峰。成品油则在 417nm 处出现强的宽峰。其中，525nm 处的强峰可归为生育酚和其他酚类物质，676nm 处的强峰可归为色素类物质。据此推断，525nm 和 676nm 处谱峰与类胡萝卜素和叶绿素等色素类物质相关。为了验证色素对油脂荧光强度和谱图的影响，该实例还扫描了含不同浓度的叶绿素和类胡萝卜素的大豆毛油和成品油的荧光谱图（未显示）。结果表明，随着色素含量的增加，毛油和成品油的荧光强度降低，其中成品油的荧光强度下降更快，说明油脂中色素成分有荧光自吸作用，使得油脂中的荧光物质的淬灭效果明显。

　　判别分析方法的建立：由于大豆毛油及其成品油的荧光谱图差别显著，因此，该实例试验了几组不同来源的大豆毛油与大豆成品油的混合油的荧光谱图变化，来判定原油是否掺伪。图 5-47 为大豆毛油中掺入不同比例的大豆精炼油后的发射荧光谱图。从谱图中各谱峰位置和强度的逐步变化趋势，可以明显看出，随着掺伪油中成品油比例增大，位于 388nm 处的荧光峰的强度明显增强，其峰位也向长波段移动（红移）。同时，位于 525nm 处的荧光峰强度也随成品油比例的增大而增强，峰位则向短波段移动（蓝移）。这可能与成品油中色素含量较低，而脂肪酸及其氧化产物含量较高有关。值得注意的是，大豆毛油中 388nm 处峰的强度明显弱于 525nm 处的荧光峰的强度。但是随着掺伪油中成品油的比例逐步增加，388nm 处的荧光峰后来居上，谱峰强度逐渐超过 525nm 处的峰强。因此，通过这两个谱峰的强度比值可以直接确定毛油中是否掺入成品油，并对掺伪

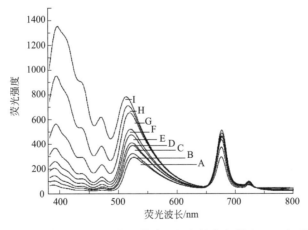

图 5-47　大豆毛油中掺入不同成品大豆精炼油的发射荧光谱图（A 到 I 掺入精炼油的比例分别为 0％、10％、20％、30％、40％、50％、60％、70％、80％，质量分数）

油的比例进行半定量分析。此外，没有选取 676nm 处的强峰作峰强比的原因是，不同来源的大豆中叶绿素的含量差异较大，因而由此得到的大豆毛油的荧光谱图中的 676nm 处的叶绿素的峰强差别较大。

该实例定义了掺伪指数（I_a）。首先为了消除不同仪器条件下荧光谱峰强度的变化，掺伪指数规定采集谱图的荧光分光光度计的激发狭缝和发射狭缝均固定为 5nm，同时固定激发波长为 360nm。样品采集采用直接放入 10mm×10mm×45mm 的石英比色池，直角放置扫描方式，扫描 370～800nm 范围的发射荧光谱图。读取谱图中 388nm 和 525nm 处的谱峰强度 I_{388} 和 I_{525}。掺伪指数（I_a）的计算采用归一化方法处理，即假设 525nm 处的荧光峰强度为 1，将 388nm 处谱峰强度与 525nm 处的峰强做归一化处理，得出相对荧光强度的比值（I_{388}/I_{525}）。为方便比较，将比值乘以 100，即得到如下公式：

$$I_a = I_{388}/I_{525} \times 100$$

式中，I_a 为掺伪指数；I_{388} 为样品在 388nm 处荧光谱峰的强度；I_{525} 为样品在 525nm 处荧光谱峰的强度。

此外，该实例还采用不同厂家的仪器对不同来源的大豆毛油、大豆成品油以及不同比例的混合油的 I_a 值进行测定。结果表明，在上述实验条件下，不同厂家和型号的荧光分光光度计测得 I_a 值具有相对稳定的取值范围，其中大豆成品油的 I_a 值在 120～250 之间，其取值的变化范围较大，可能与成品油的不同精炼工艺有关，纯大豆原油的 I_a 值在 16～20 之间。这些大豆原油的过氧化值范围在 2.42～6.33，说明不同氧化程度原油的荧光谱图具有较好的稳定性。综上，I_a 值的设定对大豆原油的掺伪具有普适性。比较 I_a 的数值，发现大豆成品油比例大于 10% 的混合油的 I_a 值均大于 20，而不同来源和氧化程度的纯大豆原油的 I_a 值均低于 20，说明 20 可以作为一个判别原油是否掺伪的指标（图 5-48）。

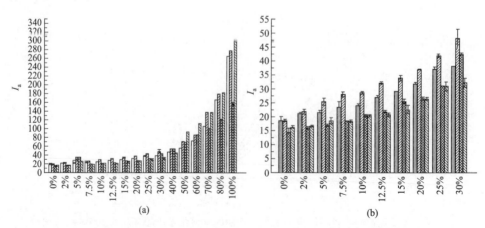

图 5-48 大豆原油中掺入不同比例的大豆精炼油的掺伪指数（I_a）

　　方法评价：在一定的荧光测定条件下，大豆毛油和成品油的发射荧光谱图差异十分明显，其中毛油在 388nm、525nm、676nm 处有不同强度的特征峰。成品油则在 417nm 处出现强的宽峰。此外，成品油的荧光强度要远远高于毛油，一般要大一个数量级。因此，根据毛油位于 388nm 和 525nm 处的峰强比例定义了掺伪指数（I_a）来判定毛油中是否掺入了成品油，判别方法是当 I_a 大于 20 时，判定毛油掺伪。该方法最低能够判定毛油中掺入 10% 的成品油。该方法无损、简便、快速、成本低廉，只需一台普通的荧光分光光度计即可完成。此外，由于无须化学计量学方法，普通的基层工作人员也可以很好地理解和掌握该判定方法。数据处理直接采用原始谱图的峰位峰强读取，方法简单、易于操作，有利于推广到储油企业用于大豆原油储备的入库把关检验。

◆ 参考文献 ◆

[1]　GB/T 23347—2009 橄榄油、油橄榄果渣油.

[2]　Commission Regulation (EC) No 2568/91 On the Characteristics of Olive Oils and Olive-Residue Oils and on the Relevant Methods of Analysis, Off J Eur Communities, 1991, L248: 15-22.

[3]　Commission Regulation (EC) No 2472/97 Off J Eur Communities, 1997, L341: 25-39.

[4]　GB/T 22500—2008/ISO 3656:2002 动植物油脂 紫外吸光度的测定.

[5]　Casale M, Oliveri P, Casolino C, et al. Characterisation of PDO olive oil Chianti Classico by non-selective (UV-visible, NIR and MIR spectroscopy) and selective (fatty acid composition) analytical techniques. Anal Chim Acta, 2012, 712: 56-63.

[6]　Forina M, Oliveri P, Bagnasco L, et al. Artificial nose, NIR and UV-visible spectroscopy for the characterisation of the PDO Chianti Classico olive oil. Talanta, 2015, 144: 1070-1078.

[7]　Torrecilla J S, Rogo E, Domínguez J C, et al. A novel method To quantify the adulteration of extra virgin olive oil with low-grade olive oils by UV-vis. J Agric Food Chem, 2010, 58: 1679-1684.

[8]　郑艳艳, 吴学辉, 侯真真. 紫外光谱法对油茶籽油掺伪的检测. 中国油脂, 2014, 39(1): 46-49.

[9]　刘玲玲, 武彦文, 张旭, 等. 傅里叶变换红外光谱结合模式识别法快速鉴别食用油的真伪. 化学学报, 2012, 70(8): 995-1000.

[10]　Lerma-Garcia M J, Ramis-Ramos G, Herrero-Martinez J M, et al. Authentication of extra virgin olive oils by Fourier-transform infrared spectroscopy. Food Chem, 2010, 118: 78-83.

[11]　Luca M, Terouzi W, Ioele G, et al. Derivative FT-MIR spectroscopy for cluster analysis and classification of morocco olive oils. Food Chem, 2011, 124: 1113-1118.

[12]　Sinelli N, Casale M, Egidio V, et al. Varietal discrimination of extra virgin olive oils by near and mid infrared spectroscopy. Food Res Int, 2010, 43: 2126-2131.

[13]　Hirri A, Bassbasi M, Platikanov S, et al. FT-MIR Spectroscopy and PLS-DA Classification and Prediction of Four Commercial Grade Virgin Olive Oils from Morocco. Food Anal. Methods, 2016, 9: 974-981.

[14]　Sinelli N, Cosio M S, Gigliotti C, et al. Preliminary study on application of mid infrared spec-

troscopy for the evaluation of the virgin olive oil "freshness". Anal Chim Acta, 2007, 598: 128-134.

[15] Gouvinhas I, Almeida J M M M, Carvalho T, et al. Discrimination and characterization of extra virgin olive oils from three cultivars in different maturation stages using Fourier transform infrared spectroscopy in tandem with chemometrics. Food Chem, 2015, 174: 226-232.

[16] Borràs E, Mestres M, Aceña L, et al. Identification of olive oil sensory defects by multivariate analysis of mid infrared spectra. Food Chem, 2015, 187: 197-203.

[17] Commission Regulation (EC) No 2568/91 On the characteristics of olive oil and olive-residue oil and on the relevant methods of analysis. Off J Eur Communities, 1991, L248: 1-83.

[18] Commission Regulation (EC) No 796/2002 amending regulation (No 2568/91) On the characteristics of olive oil and olive-pomace oil and on relevant methods of analysis. Off J Eur Communities, 2002, L128: 8-28.

[19] Commission Regulation (EC) No 1089/2003 amending Regulation (No 2568/91) On the characteristics of olive oil and olive-pomace oil and relevant methods of analysis. Off J Eur Communities, 2003, L295: 57.

[20] Commission Regulation (EC) No 640/08 amending regulation (EEC) 2568/91 On the characteristics of olive and olive-pomace oils and on their analytical methods. Off J Eur Communities, 2008, L178: 11.

[21] Ozen B F, Mauer L J. Detection of Hazelnut oil adulteration using FT-IR spectroscopy. J Agric Food Chem, 2002, 50: 3898-3901.

[22] Rohman A, Che Man Y B. The chemometrics approach applied to FT-MIR spectral data for the analysis of rice bran oil in extra virgin olive oil. Chemometrics Intelligent Lab Sys, 2012, 110: 129-134.

[23] Maggio R M, Cerretani L, Chiavaro E, et al. A novel chemometric strategy for the estimation of extra virgin olive oil adulteration with edible oils. Food Control, 2010, 21(6): 890-895.

[24] Rohman A, Che Man Y B. Fourier transform infrared (FT-MIR) spectroscopy for analysis of extra virgin olive oil adulterated with palm oil. Food Res Int, 2010, 43: 886-892.

[25] Lerma-García M J, Ramis-Ramos G, Herrero-Martínez JM, et al. Authentication of extra virgin olive oils by Fourier transform infrared spectroscopy. Food Chem, 2010, 118: 78-83.

[26] Vlachos N, Skopelitis Y, Psaroudaki M, et al. Application of Fourier transform-infrared spectroscopy to edible oils. Anal Chim Acta, 2006, 573/574: 459-465.

[27] Mata P, Dominguez-Vidal A, Bosque-Sendra J M, et al. Olive oil assessment in edible oil blends by means of ATR-FT-MIR and chemometrics. Food Contr, 2012, 23: 449-455.

[28] Luna A S, Silva A P, Pinho J S A, et al. A novel approach to discriminate transgenic from non-transgenic soybean oil using FT-MIR and chemometrics. Food Res Int, 2015, 67: 206-211.

[29] Li B N, Wang H X, Zhao Q J, et al. Rapid detection of authenticity and adulteration of walnut oil by FT-MIR and fluorescence spectroscopy: A comparative study. Food Chem, 2015, 181: 25-30.

[30] Souza L M, Santana F B, Gontijo L C. Quantification of adulterations in extra virgin flaxseed oil using MIR and PLS. Food Chem, 2015,182: 35-40.

[31] Zhao X D, Dong D M, Zheng W G. Discrimination of adulterated sesame oil using mid-infrared spectroscopy and chemometrics. Food Anal Methods, 2015, 8: 2308-2314.

[32] Deng D H, Xu L, Ye Z H. FT-MIR Spectroscopy and Chemometric Class Modeling Techniques

for Authentication of Chinese Sesame Oil. J Am Oil Chem Soc, 2012, 89: 1003-1009.

[33] Zhang Q, Liu C, Sun Z J. Authentication of edible vegetable oils adulterated with used frying oil by Fourier Transform Infrared Spectroscopy. Food Chem, 2012, 132: 1607-1613.

[34] 杨佳, 武彦文, 李冰宁, 等. 近红外光谱结合化学计量学研究芝麻油的真伪与掺伪. 中国粮油学报, 2014, 29(3): 114-119.

[35] Costa G B, Fernandes D D S, Gomes A A, et al. Using near infrared spectroscopy to classify soybean oil according to expiration date. Food Chem, 2016, 196: 539-543.

[36] Sinelli N, Cerretani L, Egidio V. Application of near (NIR) infrared and mid (MIR) infrared spectroscopy as a rapid tool to classify extra virgin olive oil on the basis of fruity attribute intensity. Food Res Int, 2010, 43: 369-375.

[37] Inarejos-García A M, Gómez-Alonso S, Fregapane G, et al. Evaluation of minor components, sensory characteristics and quality of virgin olive oil by near infrared (NIR) spectroscopy. Food Res Int, 2013, 50: 250-258.

[38] Graham S F, Haughey S A, Ervin R M, et al. The application of near-infrared (NIR) and Raman spectroscopy to detect adulteration of oil used in animal feed production. Food Chem, 2012, 132: 1614-1619.

[39] El-Abassy R M, Donfack P, Materny A. Visible Raman spectroscopy for the discrimination of olive oils from different vegetable oils and the detection of adulteration. J Raman Spectrosc, 2009, 40: 1284-1289.

[40] Yang H, Irudayaraj J. Comparison of Near-Infrared, Fourier Transform-Infrared, and Fourier Transform-Raman methods for determining olive pomace oil adulteration in extra virgin olive oil. J Am Oil Chem Soc, 2001, 78(9): 889-895.

[41] 李冰宁, 武彦文, 汪雨, 等. 拉曼光谱结合模式识别方法用于大豆原油掺伪的快速判别. 光谱学与光谱分析, 2014, 34(10): 2696-2700.

[42] Kyriakidis N B, Skarkalis P. Fluorescence spectra measurement of olive oil and other vegetable oils. J AOAC Int, 2000, 83(6): 1435-1439.

[43] 葛锋, 武阳阳, 刘迪秋, 等. 核桃油中掺大豆油的同步荧光光谱快速鉴别. 昆明理工大学学报(自然科学版), 2012, 37(4): 72-77.

[44] Dupuy N, Dréau Y L, Ollivier D, et al. Origin of French virgin olive oil registered designation of origins predicted by chemometric analysis of synchronous excitation-emission fluorescence spectra. J Agric Food Chem, 2005, 53 (24): 9361-9368.

[45] Poulli K I, Mousdis G A, Georgiou C A. Rapid synchronous fluorescence method for virgin olive oil adulteration assessment. Food Chem, 2007, 105: 369-375.

[46] 武彦文, 李冰宁, 尚艳娥, 等. 鉴别大豆原油中掺有大豆成品油的方法. ZL 2014 1 0081639. 7.

[47] 李冰宁, 武彦文, 曹阳, 等. 分子荧光光谱结合归一化法快速判定大豆原油掺伪. 中国粮油学报, 2015, 30 (12): 131-135.

第6章

分子光谱用于食用油脂的组成分析

6.1 概述

6.1.1 油脂中的脂肪酸组成

关于食用油脂的化学组成，第 1 章中已经有较为详细的阐述。食用油脂的主要成分是甘油三酯，占油脂的 95% 以上，而脂肪酸又占甘油三酯的 90% 以上（图 1-6）。因此，脂肪酸是食用油脂的主要成分。考虑到目前直接分析油脂中的甘油三酯含量还存在一定的难度和问题，因而脂肪酸是油脂分析领域最重要的研究对象。

食用油脂中的脂肪酸主要是棕榈酸（$C_{16:0}$）、硬脂酸（$C_{18:0}$）、油酸（$C_{18:1}$）、亚油酸（$C_{18:2}$）和亚麻酸（$C_{18:3}$）等（表 1-2～表 1-4）。其中，棕榈酸和硬脂酸为饱和脂肪酸，油酸、亚油酸和亚麻酸等则为不饱和脂肪酸。亚油酸和亚麻酸的分子结构中存在两个及两个以上的双键，称为多不饱和脂肪酸。

油脂中的脂肪酸组成对于鉴别油脂真伪，预测油脂的氧化稳定性等具有重要意义。经典的脂肪酸分析方法是甲酯化-气相色谱法，该方法操作烦琐、耗时费力。而分子光谱技术具有无损、简便、快速、可同时测定多个组分的优点。因此，应用中红外、近红外和拉曼光谱等分子光谱技术定量分析各类脂肪酸组成的研究实例非常普遍。

除了脂肪酸之外，油脂中还有游离脂肪酸、甾醇、色素、维生素 E（即生育酚）等微量成分。考虑到分子光谱灵敏度的局限性，其在微量成分分析领域的应用较少。但也有特例，即橄榄油，特别是初榨橄榄油，由于仅仅经过简单机械压榨过程，最大限度地保留了橄榄中的微量成分，因而其营养价值极高，得到国内外消费者的青睐。

6.1.2 橄榄油中的微量成分

橄榄油的微量成分种类很多，包括生育酚、甾醇、色素（即叶绿素和类胡萝卜素）、酚类化合物和角鲨烯等，均为橄榄油的功能活性成分，赋予橄榄油独特的风味和营养价值。实际生产中，这些微量成分的含量随橄榄果的产地、种类、制取和加工工艺的不同而有很大差异。

（1）生育酚

橄榄油中的生育酚含量达到 $7.0\sim15.0$mg/kg，主要是 α-生育酚，占85.5%。此外，还有少量 β-生育酚和 γ-生育酚（占 9% 左右），δ-生育酚只占1.6%。初榨橄榄油中的生育酚含量受品种、种植条件、橄榄果成熟度和储存过程等因素的影响。一般来自干旱地区的橄榄油中生育酚含量较高，总体上，生育酚随着橄榄果的成熟而减少。

（2）甾醇

甾醇是橄榄油中的油脂不皂化物的主要成分之一，主要包括谷甾醇、豆甾醇和菜油甾醇。其中，β-谷甾醇占甾醇总量的 75.9% 左右，菜油甾醇和豆甾醇约占甾醇总量的 4% 和 2%。欧盟规定，初榨橄榄油的甾醇含量不应低于 1000mg/kg，橄榄油中的甾醇以游离甾醇和甾醇酯两种形式存在，其中甾醇酯约占 40%。橄榄油中的甾醇含量受橄榄油品种、作物年限、果实成熟程度、橄榄油预处理前的存储时间和工艺等因素影响。

（3）酚类化合物

酚类化合物是橄榄油中的抗氧化活性成分，主要包括羟基醇类化合物（羟基酪醇与酪醇）、酚酸类化合物（香草酸、咖啡酸等）、黄酮类化合物（芹菜素及其糖苷、木犀草素及其糖苷）和橄榄苦苷及其衍生物等（表 6-1）。

表 6-1 橄榄油中的酚类化合物

化合物类别	典型化合物及其结构	
羟基醇类化合物	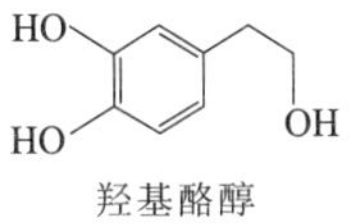 羟基酪醇	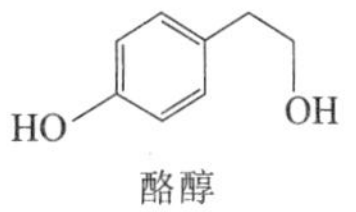 酪醇
酚酸类化合物	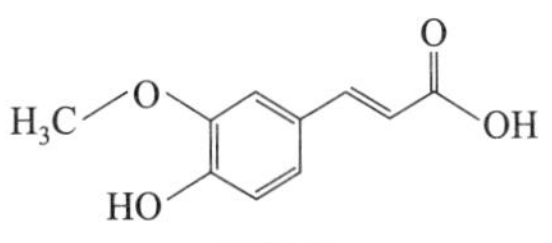 香草酸	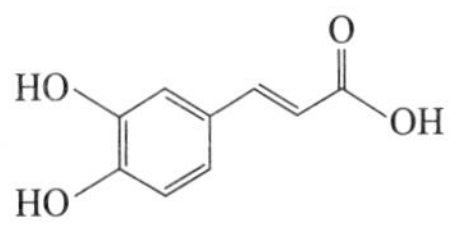 咖啡酸

化合物类别	典型化合物及其结构	
黄酮类化合物	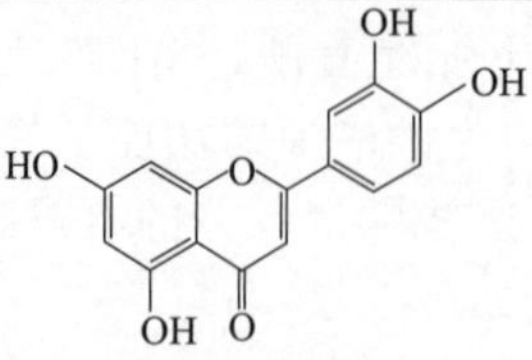 木犀草素	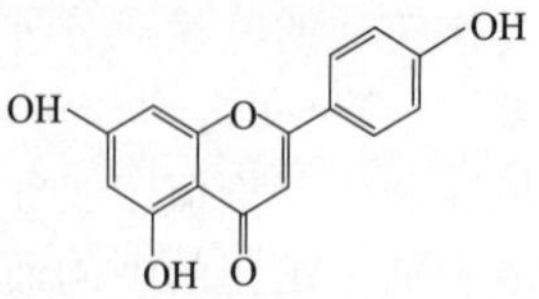 芹菜素
橄榄苦苷及其衍生物（裂环烯醚萜）	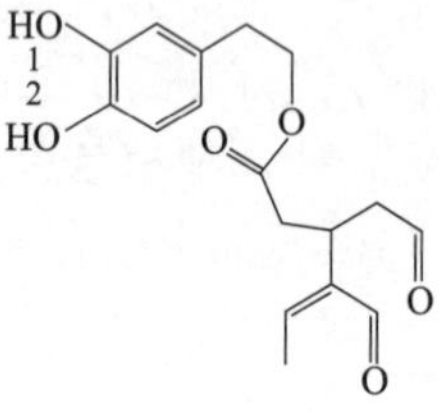 3,4-DHPEA-EDA	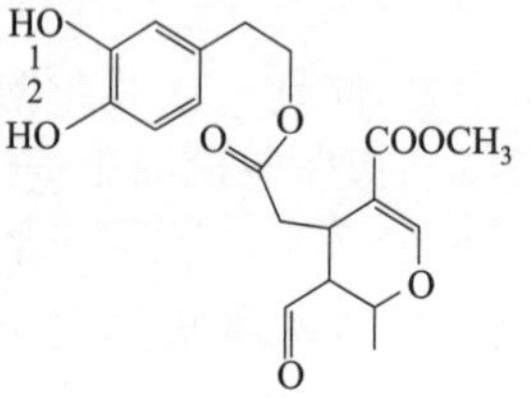 3,4-DHPEA-EA

（4）角鲨烯

橄榄油中富含角鲨烯，其含量范围为 $200 \sim 7500 mg/kg$，部分橄榄油高达 $10000 mg/kg$ 以上。角鲨烯是橄榄油的主要烃类成分（其他烃类成分还有 C_{21} 以上的奇数碳正构烷烃和 β-胡萝卜素）。角鲨烯含量受到橄榄油的品种、橄榄果的生长环境、成熟度、加工工艺条件的影响。

（5）挥发性成分

橄榄油具有独特的香气，其主要原因是其含有挥发性成分。目前，从橄榄油中发现的挥发性成分超过 180 多种，它们大多数属于醛类、醇类、酯类、烃类、酮类和呋喃类，其中以 C_6 和 C_5 化合物为主要挥发成分，特别是 C_6 线型不饱和醛类物质（己烯醛）为最重要的挥发性成分。C_5 和 C_6 化合物的主要来源是脂肪氧合酶途径（LOX）。脂肪氧合酶途径中催化酶的水平和活性差异，引起挥发性化合物含量的差异，从而使得橄榄油的风味发生细微差别[1]。

橄榄油最重要的风味特性是独有的水果香型，高品质橄榄油的香味除了水果香型之外，还有明显"绿色"特性的花香型，这些香型与酯类化合物的组成有关。通常，橄榄油的风味中还伴随着或多或少的苦味和辛辣味，这主要归因于裂环烯醚萜类化合物。然而，如果感受到霉味、湿木味等异味，则是由油中的 $C_7 \sim C_{11}$ 单不饱和醛类、$C_6 \sim C_{10}$ 烷类、C_5 醛醇类以及 C_8 酮类等含量增加引起。

6.2 中红外光谱用于食用油脂的组成分析

实例 72 FT-MIR 结合 PLSR 预测色素、脂肪酸和酚类物质的含量[2]

背景介绍：橄榄油，特别是初榨橄榄油，是通过简单的机械过程（压榨、搅拌和离心等）从橄榄果中提取出来的。由于没有经历精炼过程，即不接触任何化学试剂，也没有经历高温工艺过程，因而橄榄油中的营养成分得以最大程度的保留。这些组分包括叶绿素、胡萝卜素等色素，油酸、亚油酸等不饱和脂肪酸，以及羟基酪醇等酚类化合物等，从而赋予橄榄油极高的营养价值。该实例根据红外光谱图的吸收峰强度与油脂组分浓度的正比关系，结合化学计量学方法，考察傅里叶变换红外光谱技术（FT-MIR）快速、可靠地预测橄榄油中色素、脂肪酸和酚类化合物的可能性。

样品与参考数据：橄榄果均来自土耳其伊兹密尔卡拉布伦半岛，采集后运送到工厂，在工业规模的生产条件下提取橄榄油（每小时出产 1.66t 橄榄油）。总共收集了 64 份橄榄油样品，装入玻璃瓶，充入氮气，放置在冰箱（8℃）中避光保存。橄榄油的组分采用标准或参考文献方法测定，包括色素（叶绿素和胡萝卜素）含量、脂肪酸组成和总酚（TPC，以没食子酸计）与羟基酪醇等多种酚酸化合物的含量等（表 6-2）。

光谱仪器与测量：采用 FT-MIR（Spectrum 100）红外光谱仪，配 HATR 附件（ZnSe 晶体表面），波数范围 $4000\sim650cm^{-1}$，分辨率 $4cm^{-1}$，扫描速度 1cm/s，扫描次数 64 次。

校正模型的建立与预测：模型建立采用 SIMCA（Umetrics），以偏最小二乘回归法（PLSR）建立校正模型，该模型采用留一法交叉验证，模型的评价参数见表 6-2。

表 6-2　基于 FT-MIR-PLSR 建立橄榄油不同组分的校正模型及其评价参数

组分	含量范围	平均值	主成分数	R^2（校正）	R^2（验证）	RMSEC	RMSECV
色素							
CHL	$0.51\sim8.84mg/kg$	1.97mg/kg	5	0.98	0.69	0.18	0.95
CRT	$0.11\sim25.63mg/kg$	4.11mg/kg	3	0.95	0.46	0.93	3.01
脂肪酸							
$C_{16:0}$	$10.35\%\sim15.22\%$	13.41%	4	0.87	0.70	0.35	0.55
$C_{16:1}$	$0.13\%\sim1.42\%$	0.80%	4	0.68	0.52	0.12	0.18
$C_{17:0}$	$0.09\%\sim0.24\%$	0.14%	4	0.74	0.05	0.02	0.03
$C_{18:0}$	$2.42\%\sim3.94\%$	2.98%	4	0.61	0.35	0.24	0.31
$C_{18:1}n9c$	$65.66\%\sim76.59\%$	68.88%	4	0.94	0.81	0.44	0.97
$C_{18:2}n6c$	$4.90\%\sim15.13\%$	11.99%	4	0.97	0.91	0.36	0.76
$C_{18:3}n3$	$0.24\%\sim0.83\%$	0.32%	4	0.09	0.00	0.08	0.08
$C_{20:0}$	$0.34\%\sim0.63\%$	0.46%	4	0.65	0.19	0.05	0.05
$C_{20:1}$	$0.57\%\sim1.44\%$	0.76%	4	0.39	0.23	0.11	0.12
$C_{22:0}$	$0.09\%\sim0.23\%$	0.12%	4	0.61	0.06	0.02	0.03
SFA	$13.51\%\sim19.93\%$	17.32%	4	0.91	0.79	0.35	0.61
MUFA	$66.91\%\sim78.61\%$	70.66%	4	0.94	0.82	0.45	0.93
PUFA	$4.90\%\sim15.82\%$	12.02%	4	0.97	0.91	0.36	0.77

续表

组分	含量范围	平均值	主成分数	R^2（校正）	R^2（验证）	RMSEC	RMSECV
酚类							
TPC	188.46～491.95mg/kg	279.32%	5	0.99	0.74	6.06	45.26
Hxty	0.09～30.72mg/kg	5.00%	6	0.97	0.68	1.02	4.66
Tyrs	0.73～44.19mg/kg	11.07%	6	0.96	0.52	1.94	7.97
4-hypa	0.14～5.99mg/kg	0.74%	5	0.50	0.05	0.58	0.80
3-hypa	0.08～2.27mg/kg	0.60%	5	0.59	0.08	0.24	0.40
Vna	0.14～2.87mg/kg	0.81%	5	0.77	0.26	0.23	0.41
Sya	0.01～0.38mg/kg	0.08%	5	0.63	0.19	0.03	0.06
Cina	001～0.41mg/kg	0.06%	5	0.69	0.19	0.04	0.07
Cfa	0.01～0.60mg/kg	0.10%	5	0.74	0.24	0.05	0.09
Vnl	0.01～1.14mg/kg	0.15%	8	0.97	0.31	0.03	0.16
P-cou	0.02～8.13mg/kg	1.08%	5	0.82	0.36	0.54	1.06
Apig	0.04～5.29mg/kg	1.14%	8	0.92	0.39	0.31	0.92
Lut	0.02～2.55mg/kg	0.32%	8	0.96	0.08	0.10	0.52

注：CHL 为叶绿素；CRT 为胡萝卜素；$C_{16:0}$ 为棕榈酸；$C_{16:1}$ 为棕榈油酸；$C_{17:0}$ 为没食子酸；$C_{18:0}$ 为硬脂酸；$C_{18:1}n9c$ 为油酸；$C_{18:2}n6c$ 为亚油酸；$C_{18:3}n3$ 为亚麻酸；$C_{20:0}$ 为花生酸；$C_{20:1}$ 为二十碳单烯酸；$C_{22:0}$ 为山嵛酸；SFA 为饱和脂肪酸；MUFA 为单不饱和脂肪酸；PUFA 为多不饱和脂肪酸；TPC 为总酚含量；Hxty 为羟基酪醇；Tyrs 为酪醇；4-hypa 为 4-羟基苯基乙酸；3-hypa 为 3-羟基苯基乙酸；Vna 为香草醛酸；Sya 为丁香酸；Cina 为肉桂酸；Cfa 为咖啡酸；Vnl 为香草醛；P-cou 为香豆酸；Apig 为芹菜素；Lut 为木犀草素。

　　模型的预测情况：综合考察基于 FT-MIR-PLS 建立的橄榄油中各组分的模型（表 6-2）及其预测效果（图 6-1～图 6-3）表明，橄榄油中的叶绿素和胡萝卜素的含量分别为 0.51～8.84mg/kg 和 0.11～25.63mg/kg，它们的主成分数分别为 5 和 3，两种色素的 FT-MIR-PLSR 模型的校正相关系数（R^2）值较高，但对应的交叉验证的相关系数较小。从图 6-1 的预测效果看，FT-MIR-PLSR 模型预测叶绿素含量的效果要优于胡萝卜素的。

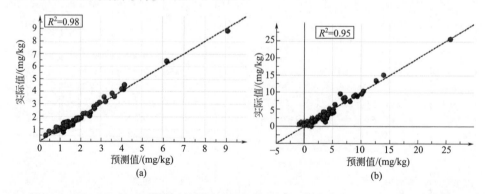

图 6-1　FT-MIR-PLSR 模型对橄榄油中叶绿素（a）和胡萝卜素（b）含量的预测效果

用同样的方法考察橄榄油的脂肪酸组成，可以看到，橄榄油中含量最高的是油酸，占整个脂肪酸的 65.7%～76.6%。其次是亚油酸，其平均含量为 12.0%。因此，这两种脂肪酸的模型评价数据较好（表 6-2），其预测效果也远远优于低含量的脂肪酸（图 6-2，图中给出了单不饱和脂肪酸的预测值与实际值的对比图，但没有给出亚油酸的）。

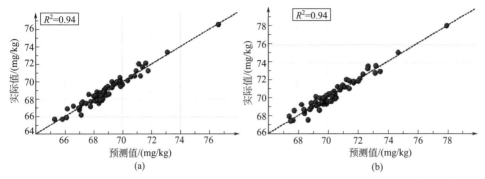

图 6-2　FT-MIR-PLSR 模型对橄榄油中油酸（a）和单不饱和脂肪酸（b）含量的预测效果

橄榄油中的酚类化合物包括酚醇、酚酸和黄酮类化合物，具体包括羟基酪醇、酪醇、4-羟基苯基乙酸、3-羟基苯基乙酸、香草醛酸、丁香酸、肉桂酸、咖啡酸、香草醛、香豆酸、芹菜素和木犀草素。其中，羟基酪酸的 FT-MIR-PLSR 模型的预测能力最优（图 6-2、图 6-3）。

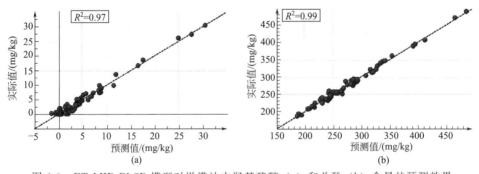

图 6-3　FT-MIR-PLSR 模型对橄榄油中羟基酪醇（a）和总酚（b）含量的预测效果

方法评价：该实例应用 FT-MIR-PLSR 建立了橄榄油中多种色素、脂肪酸和酚类物质含量的定量模型，并考察了模型的预测效果。结果表明，红外光谱技术能够快速、可靠地预测橄榄油中叶绿素、胡萝卜素、油酸、亚油酸、单不饱和脂肪酸以及羟基酪醇和总酚含量。遗憾的是，该实例并没有给出详细的建模过程，如具体的谱图处理方法。

实例 73　单点 ATR-FT-MIR 结合 PLS 快速预测植物油中的脂肪酸组成[3]

背景介绍：了解油脂中的脂肪酸组成非常重要。均衡的脂肪酸组成有利于人们的健康饮食。因此，快速、简便地获取各类油脂中的脂肪酸组成将有助于消费者搭配健康膳食，也有助于食品企业生产出更为营养健康的产品。该实例利用带有单点衰减全反射附件（SB-ATR）的 FT-MIR 结合偏最小二乘法建立快速预测多种植物油中的饱和脂肪酸、反式脂肪酸、单不饱和脂肪酸和多不饱和脂肪酸的定量模型，探讨应用 FT-MIR 检测油脂脂肪酸组成的可行性。

　　样品与参考数据：从巴基斯坦卡拉奇的油脂企业中收集了 21 个植物油样品，包括棕榈油、葵花籽油、大豆油、菜籽油、棉籽油、稻米油和部分氢化植物油。采用气相色谱测定这些植物油中的脂肪酸含量，其中：饱和脂肪酸（SFA）是豆蔻酸（$C_{14:0}$）、棕榈酸（$C_{16:0}$）、硬脂酸（$C_{18:0}$）、花生酸（$C_{20:0}$）、山嵛酸（$C_{22:0}$）含量的总和；单不饱和脂肪酸（MUFA）是棕榈油酸（$C_{16:1}$）、十七碳单烯酸（$C_{17:1}$）、油酸（$C_{18:1}$）、二十碳单烯酸（$C_{20:1}$）含量的总和；反式脂肪酸是反-十八碳单烯酸（$C_{18:1}$）的含量；多不饱和脂肪酸（PUFA）是亚油酸（$C_{18:2}$）和亚麻酸（$C_{18:3}$）含量的总和。其中，饱和脂肪酸中以棕榈酸和硬脂酸为主，单不饱和脂肪酸中以油酸和反油酸为主（图 6-4）。此外，绝大部分不饱和脂肪酸是顺式的，也包含极少的反式脂肪酸（TFA）。

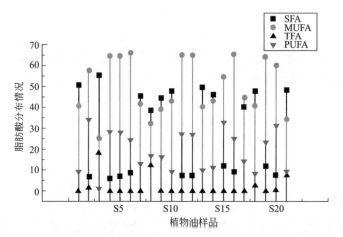

图 6-4　不同种类植物油中饱和、单不饱和、反式和
多不饱和脂肪酸的组成比例

　　光谱仪器与测量：植物油的红外谱图采用 Nicolet Avatar 330 FT-MIR 收集，配备可拆卸的 ATR 附件（ZnSe 晶体表面），SB-ATR 附件配备了可拆卸加热池和温度控制器，可用于保证恒温，波数范围 $4000 \sim 650 \mathrm{cm}^{-1}$，分辨率 $4 \mathrm{cm}^{-1}$，扫描次数 32 次。图 6-5 是不同比例脂肪酸植物油的典型 FT-MIR 谱图，其中含反式脂肪酸较高的植物油的谱图在 $964 \sim 700 \mathrm{cm}^{-1}$ 有一个明显尖峰，高饱和脂肪酸类的谱图在 $2900 \mathrm{cm}^{-1}$ 处的谱峰较强，这一点可以通过与位于 $1743 \mathrm{cm}^{-1}$ 的羰基峰进行比较辨别。

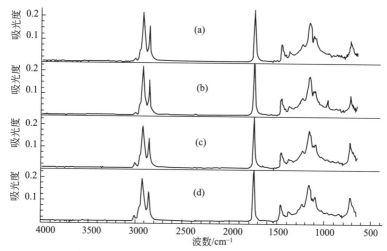

图 6-5　不同脂肪酸组成的植物油的 FT-MIR 谱图

（a）高饱和脂肪酸类；（b）高反式脂肪酸类；（c）高单不饱和脂肪酸类；（d）高多不饱和脂肪酸类

校正模型的建立与预测：校正模型的建立采用 PLS 方法，以交叉验证模型。由于不同脂肪酸的谱峰范围有差异，分别选择 $1051 \sim 883\text{cm}^{-1}$、$4000 \sim 650\text{cm}^{-1}$、$1000 \sim 900\text{cm}^{-1}$、$4000 \sim 650\text{cm}^{-1}$ 建立饱和脂肪酸、单不饱和脂肪酸、反式脂肪酸、多不饱和脂肪酸的 FT-MIR-PLS 定量模型，模型的评价参数见表 6-3。从总样品中选出 12 个样品进行预测，预测结果见表 6-4。

表 6-3　基于 FT-MIR-PLS 建立的不同种类植物油中脂肪酸组成的
定量模型及其评价参数

脂肪酸	含量范围 /%	光谱范围 /cm^{-1}	校正集（$n=21$）		验证集（$n=13$）			
			R^2	RMSEC	R^2	RMSEC	RMSEP	Bias
SFA	6.32~55.49	1051~883	0.9975	1.38	0.9989	0.663	2.430	0.9989
MUFA	24.94~69.69	4000~650	0.9982	0.582	0.9991	0.584	1.85	0.00344
TFA	0.28~18.31	1000~900	0.9999	0.0270	0.9990	0.252	0.625	−0.00122
PUFA	1.21~64.27	4000~650	0.9981	0.810	0.9998	0.334	1.17	0.00278

表 6-4　FT-MIR-PLS 模型对植物油中脂肪酸组成的预测情况　　单位：%

样品	SFA		MUFA		TFA		PUFA	
	真实值	预测值	真实值	预测值	真实值	预测值	真实值	预测值
S1	8.80	8.93	66.10	66.02	0.50	0.52	24.6	24.53
S2	55.50	55.16	25.00	25.29	19.30	18.16	1.2	1.36
S3	20.50	19.89	55.80	56.34	5.00	4.77	18.7	19.01
S5	26.30	26.02	50.70	50.97	7.20	7.07	15.8	15.94
S6	23.40	24.43	53.30	52.40	6.10	6.50	17.3	16.78
S7	16.10	15.19	60.10	60.86	2.90	2.60	20.9	21.36
S8	12.50	10.11	63.40	65.07	1.40	0.93	22.8	23.93

续表

样品	SFA		MUFA		TFA		PUFA	
	真实值	预测值	真实值	预测值	真实值	预测值	真实值	预测值
S9	10.60	8.16	65.00	66.75	0.70	0.20	23.7	24.9
S10	40.90	41.31	38.00	37.62	12.60	12.77	8.5	8.29
S11	13.50	12.99	24.20	24.66	0.20	—	62.1	62.35
S12	11.70	12.73	44.80	43.87	0.60	1.00	43	42.49
S13	48.20	45.75	31.50	33.61	15.40	14.56	4.9	6.08

方法评价：该实例采用 SB-ATR 附件采集植物油的 FT-MIR 谱图，结合 PLS 分别建立了饱和脂肪酸、单不饱和脂肪酸、反式脂肪酸和多不饱和脂肪酸含量的校正模型。从模型的评价参数和预测结果看，模型的准确度非常高，可以用于实际样品中脂肪酸组成的快速检测。值得注意的是，反式脂肪酸的含量远远低于其他几种脂肪酸，但预测准确度同样高，原因是反式脂肪酸在 $966cm^{-1}$ 处有特征吸收峰，从而使其低至 0.5% 也可以准确检出。

实例 74 FT-MIR 结合 PLS 预测不同成熟期特级初榨橄榄油中的多酚、邻苯二酚、黄酮类化合物含量[4]

背景介绍：特级初榨橄榄油中富含天然的抗氧化成分——多酚类化合物。特级初榨橄榄油中多酚物质的含量不仅与橄榄树的品种、产地、灌溉等农作技术相关，也受到油脂压榨工艺和存储条件的影响。该实例探讨了特级初榨橄榄油的多酚含量与橄榄果成熟期的关系，即采集葡萄牙地区"Cobrancosa"、"Galega"和"Picual"三个品种、不同成熟阶段的橄榄果，并制得相应的特级初榨橄榄油，继而应用 FT-MIR 结合 PLSR 方法快速预测这些橄榄油中多酚、邻苯二酚和黄酮类化合物的含量，考察 FT-MIR 快速预测油脂中低含量化合物的能力。

样品与参考数据：收集了 2012～2013 年种植于葡萄牙埃尔瓦斯（Elvas）国家植物育种站的 64 个橄榄果，这些果实均新鲜、完好，未受到任何病虫感染和机械损伤。此外，由于这些橄榄果生长在同样的环境下，排除了气候、农作条件和产地因素的影响。采摘后的橄榄果立即运送到实验室并在 24h 内处理得到相应的橄榄油。处理过程是称取 3kg 橄榄果拍压成浆，25℃下搅拌 30min，离心，过滤，转移到深色玻璃瓶中（油脂完全充满玻璃瓶，瓶子上方不能有空气），4℃暗处存储，备用。

成熟指数（ripeness index，RI）的范围从 1（100% 的绿色果皮）到 7（100% 的紫色果肉和黑色果皮），表 6-5 根据颜色将成熟情况分为绿色、半成熟和成熟三个阶段。多酚含量的测定采用福林-酚比色法，以没食子酸为标准物质计算；邻苯二酚含量的测定采用钼酸钠比色法，亦以没食子酸为标准计算；黄酮类化合物的含量测定采用硝酸铝比色法，以儿茶素为标准物质计算。三类物质的含量单位均为 mg/g。上述参考数据的测定结果见表 6-5。

表6-5 不同成熟期特级初榨橄榄油中多酚、邻苯二酚、黄酮类的含量

样品编号	成熟期	多酚含量/(mg/g)	邻苯二酚含量/(mg/g)	黄酮类含量/(mg/g)
Cob G	绿色	0.408±0.090	0.213±0.040	0.443±0.110
Cob SR	半成熟	0.928±0.030	0.465±0.020	1.107±0.030
Cob R	成熟	0.619±0.030	0.315±0.020	0.722±0.040
Gal G	绿色	0.448±0.010	0.245±0.000	0.528±0.000
Gal SR	半成熟	0.468±0.010	0.253±0.010	0.573±0.010
Gal R	成熟	0.348±0.030	0.187±0.010	0.373±0.020
Pic G	绿色	0.960±0.060	0.413±0.020	0.952±0.040
Pic R	成熟	0.739±0.010	0.339±0.010	0.758±0.020

光谱仪器与测量：采用"Unicam Research Series"系列的FT-MIR光谱仪，配备能加热的单点反射ATR附件（golden gate），DTGS检测器。吸取约$1\mu L$橄榄油置于ATR样品盘上（30℃），波数范围$500\sim3000cm^{-1}$，分辨率$2cm^{-1}$，扫描次数128次。数据采集采用Win First，数据处理采用XLSTAT软件包。应用以上光谱分析条件，扫描得到不同成熟度特级初榨橄榄油的原始谱图（图6-6）。由图可知，不同成熟期特级初榨橄榄油谱图中的谱峰频率并无变化，但谱峰强度发生了变化。说明不同成熟期特级初榨橄榄油的化学组分基本相同，但含量不同。

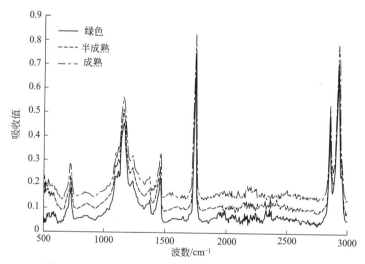

图6-6 不同成熟期的Cobrançosa橄榄油的红外光谱图

校正模型的建立：首先采用均值中心化和标准化对FT-MIR谱图进行处理，然后采用PCA法对谱图进行降维处理，最后以PLSR建立校正模型。模型的定量效果分别采用RMSEC、R^2进行检查。模型的验证采用留一法交叉验证方法。从图6-7显示的校正集和交叉验证集的误差均方根与多酚类化合物、邻苯二酚的潜变量之间的关系图可以看到，当潜变量为$3\sim5$时，误差的均方根最小。因此，模型的潜变量的因子数选为3（表6-6）。

表 6-6　基于 FT-MIR-PLSR 方法建立的 EVVO 中抗氧化物质的定量

校正模型及其预测结果

项目	因子数	R^2（校正）	R^2（验证）	RMSEC	RMSECV
多酚含量/(mg/g)	3	0.94	0.91	0.02(3.25%)	0.02(3.25%)
邻苯二酚含量/(mg/g)	3	0.99	0.99	0.01(3.29%)	0.02(6.58%)
黄酮类含量/(mg/g)	3	0.99	0.98	0.02(2.93%)	0.03(4.40%)
抗氧化活性/(mmol/kg)	4	0.93	0.88	0.04(1.46%)	0.05(1.82%)

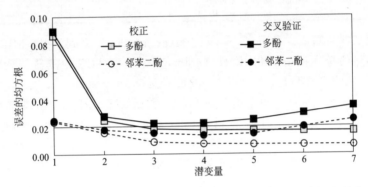

图 6-7　FT-MIR-PLSR 定量模型的 RMSEC 和 RMSECV 与多酚含量及

邻苯二酚潜变量的关系

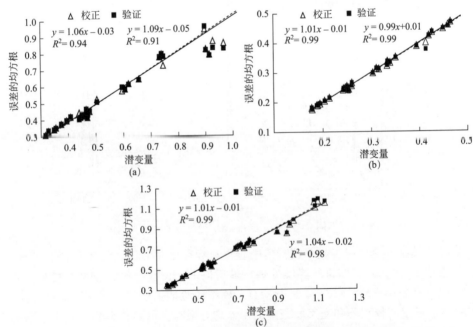

图 6-8　FT-MIR-PLSR 校正模型对特级初榨橄榄油中多酚（a）、

邻苯二酚（b）和黄酮类（c）含量的预测效果

模型预测结果：基于 FT-MIR-PLSR 建立的定量模型，对特级初榨橄榄油的抗氧化活性成分，即多酚、邻苯二酚和黄酮类化合物含量的预测值与实测值进行了对比，结果见图 6-8。其中邻苯二酚和黄酮类化合物的校正和验证的相关系数 R^2 均高于 0.98，误差的均方根 RMSEC 和 RMSECV 均小于 0.03；多酚含量的校正相关系数 R^2 为 0.94，交叉验证的相关系数 R^2 为 0.91，误差的均方根均为 0.02。

方法应用与评价：该实例应用 FT-MIR-PLSR 建立了三个品种、不同成熟期特级初榨橄榄油中多酚、邻苯二酚和黄酮类化合物的定量模型，并对模型的质量进行了交叉验证考察，结果表明，校正模型的相关系数为 0.93～0.99，RMSEC 为 0.01～0.04，RMSECV 为 0.02～0.05。说明应用 FT-MIR 可以对特级初榨橄榄油中的多酚等化学组分进行定量预测。

6.3 近红外光谱用于食用油脂的组成分析

实例 75 NIR 结合 CARS-PLS 建立食用油中脂肪酸的定量模型[5]

背景介绍：植物油的营养价值与其中的脂肪酸组成比例密切相关，因此，快速检测食用植物油中的脂肪酸组成很有必要。近红外光谱技术的简便、快速和无污染，使得该技术在油脂分析领域的应用越来越多。然而，提高模型的预测能力始终是近红外分析的研究热点和难点问题。该实例主要从波长变量选择方法角度提高模型的预测能力。目前，在近红外分析中，常用的波长变量选择方法有相关系数法、方差分析法、无信息变量消除法、遗传算法、移动窗口偏最小二乘回归法。该实例主要探讨新的变量选择方法，即 CARS 法（competitive adaptive re-weighted sampling）。该方法在一定程度上克服了变量选择中的组合爆炸问题，能够筛选出优化的变量子集，提高模型的预测能力和降低预测方差。该实例以食用油中的 4 种主要脂肪酸，即棕榈酸、硬脂酸、油酸和亚油酸为研究对象，通过 CARS 选择特征波长变量优化模型，提升近红外模型对食用油中脂肪酸的预测能力。

样品与参考数据：在北京的超市中购买了 60 个植物油样品，包括花生油、大豆油、橄榄油、芝麻油、葵花籽油、玉米胚芽油和芥花油等。这些油脂中的棕榈酸、硬脂酸、油酸和亚油酸均采用气相色谱法测定。样品中棕榈酸的含量为 5.6%～16.8%（SD 值为 2.478），硬脂酸含量为 1.8%～5.0%（SD 值为 0.747），油酸含量为 22.7%～77.9%（SD 值为 14.461），棕榈酸的含量为 8.6%～65.9%（SD 值为 14.848）。

光谱仪器与测量：Vertex 70 型近红外光谱仪。采样方式为液体光纤探头，光程 2mm。采集波数范围 4000～12500cm^{-1}，分辨率 16cm^{-1}，扫描 32 次，采样点为 1102。

校正模型的建立与预测：建立 NIR-PLS 模型，应用 Matlab 中的 CARS 程序建立 NIR-CARS-PLS 模型，同时考察不同波长变量对校正模型的影响。首先根据预测浓度残差法剔除 3 个异常样品（共 57 个样品）。校正集和验证集的样品数比例约为 3：1，即校正集样品 43 个，验证集样品 14 个。校正模型的效果以主成分数（n）、决定系数（R^2）、交叉校验标准差（RMSECV）和预测均方根误差（RMSEP）评价。表 6-7 对比了 NIR-PLS 和 NIR-CARS-PLS 方法建立的校正模型的评价参数。

表 6-7 比较 NIR-PLS 与 NIR-CARS-PLS 模型的评价参数

脂肪酸	NIR-PLS					NIR-CARS-PLS				
	n	R^2	RMSECV	RMSEP	保留波长/nm	n	R^2	RMSECV	RMSEP	保留波长/nm
棕榈酸	10	0.977	0.383	0.319	844	12	0.986	0.304	0.248	23
硬脂酸	13	0.961	0.150	0.143	378	12	0.975	0.121	0.110	23
油酸	12	0.991	1.270	0.966	268	13	0.997	0.740	0.868	23
亚油酸	11	0.992	1.370	1.46	268	12	0.997	0.859	0.833	20

CARS 方法采用"适者生存"原则，将每个变量看成一个个体，通过自适应加权采样技术筛选出 PLS 模型中相关系数绝对值较大的波长，去掉权重较小的波长，并通过交叉验证，筛选出模型交叉验证的均方根误差最小时所对应的波长组合。此算法中引入了指数衰减函数来控制变量的保留率，具有很高的计算效率，适用于高维数据的变量选择。该实例中 CARS 针对 4 种脂肪酸筛选出来的特征波长为 $5000 \sim 6000 cm^{-1}$，该区域有亚甲基（$-CH_2$）和羧酸（$-COOH$）的特征吸收峰。从表 6-6 可知，CARS 方法挑选的波长个数大幅度降低。

方法评价：与常规的 PLS 方法相比，CARS-PLS 方法显著降低了校正模型建立所需的波长数，同时提高了模型的相关系数，降低了交叉验证的均方根误差，获得更为优化的模型评价参数。遗憾的是，该实例没有给出模型对实际样品预测值与实测值的对比结果。

实例 76 透射 FT-NIR 结合 PLS 预测油茶籽油的脂肪酸组成[6]

背景介绍：油茶树是木本植物，主要分布在我国南方地区，如广西、湖南、江西等。油茶树结的油茶籽经过提取得到油茶籽油，油茶籽油的组成与橄榄油类似，其油酸含量高达 $75\% \sim 80\%$，且含有许多对人体健康有益的微量成分，如生育酚、角鲨烯、多酚等。随着油茶籽油的价格上涨，油茶籽掺假问题开始凸显。于是，人们想到通过快速检测油脂的脂肪酸组成以鉴别油茶籽油的真假。因此，该实例采用近红外透射光谱结合 PLS 方法建立快速预测油茶籽油中脂肪酸（包括油酸、亚油酸、棕榈酸和硬脂酸）含量的方法，并考察了校正模型的预测效果。

样品与参考数据：2009 年 12 月从多个地区收集了 132 个不同品种的油茶籽样品，每种样品至少 50g。在实验室粉碎后，以索氏抽提法提取油茶籽油。所有油茶籽样品的油脂含量为 0.60% ~ 57.96%（平均 38.39%）。其中 26 个、27 个、60 个、19 个样品的油脂含量分别为 <30%、30% ~ 40%、40% ~ 50%、>50%。油脂的脂肪酸组成测定采用国标方法（GB/T 22223—2008），甲酯化后以气相色谱测定。结果显示，油酸含量为 70.33% ~ 86.21%（平均 78.24%），亚油酸含量为 3.25% ~ 17.18%（平均 9.50%），棕榈酸含量为 7.03% ~ 13.85%（平均 9.63%），硬脂酸含量为 1.35% ~ 5.49%（平均 2.61%）。

光谱仪器与测量：采用 Nicolet Antaris II FT-NIR 光谱仪，以透射方式采集，波长范围 780 ~ 2526nm，分辨率 16cm^{-1}，扫描 64 次。

校正模型的建立与预测：采用 TQ Analyst 8 软件分析数据及建立模型。首先以 110 个油茶籽油样品的 NIR 谱图及其脂肪酸数据建立校正模型；然后通过谱图处理（如取导、平滑去噪等）、波长区域选择、回归分析数据等优化模型；最后以验证集样品考察模型的预测能力。考察模型的参数有校正集的相关系数（R_c）、校正集的均方根误差（RMSEC）、交叉验证的相关系数（R_{cv}）、交叉验证的均方根误差（RMSECV）和外部验证的相关系数（R^2）。经过优化，油酸和棕榈酸的 FT-NIR-PLS 校正模型以一阶导数与 S-G 平滑处理后建立，该模型预测油酸的 R_{cv} 和 RMSEC 分别为 0.9199 和 1.21，预测棕榈酸的 R_{cv} 和 RMSEC 分别为 0.8445 和 0.582。亚油酸和硬脂酸的 FT-NIR-PLS 校正模型则以二阶导数与平滑处理后建立，该模型预测亚油酸的 R_{cv} 和 RMSEC 分别为 0.9576 和 0.701，预测硬脂酸的 R_{cv} 和 RMSEC 分别为 0.6911 和 0.405。

方法评价：通常透射方式采样时，近红外光的穿透性比反射方式的更强，理论上可以增加模型的预测能力，但该实例与其他研究结果对比，并没有显示出明显的优势。此外，该实例中也没有给出透射采集的穿透深度，即比色皿的厚度。然而，考虑到该实例针对我国不同地区、不同品种和不同含油量的 100 多个油茶籽样品，以 FT-NIR-PLS 对提取的油茶籽油中脂肪酸组成建立校正模型，且模型对油酸和亚油酸的预测效果较好，说明基于透射方式的 FTNIR-PLS 模型具有较为稳健的预测分析能力。

实例 77 FT-NIR 结合 PLS 预测初榨橄榄油中的生育酚等微量成分[7]

背景介绍：初榨橄榄油在地中海地区有着古老的食用传统，其特有的香气、味道和营养价值源于其中的微量成分，特别是酚类与挥发性物质，这些物质赋予了初榨橄榄油的果香气、苦味和辛辣味等感官特性。常规采用 HPLC 测定初榨橄榄油中的酚类物质，采用 GC 测定挥发成分，而感官评定方法则需要有经验的感官评定小组。考虑到分子光谱的简便、快速、无损且不需化学试剂的特性，该实例探索应用近红外光谱方法定量分析初榨橄榄油中微量物质的可能性。

样品与参考数据：2007 年 12 月至 2008 年 1 月期间，在西班牙的 Castilla-la-Mancha 自治区的 Toledo 和 Ciudad Real 省（PDO "Montes de Toledo"）收集了 97 个单一品种（Cornicabra）的初榨橄榄油样品，放置在黄色玻璃瓶中于 4℃暗处保

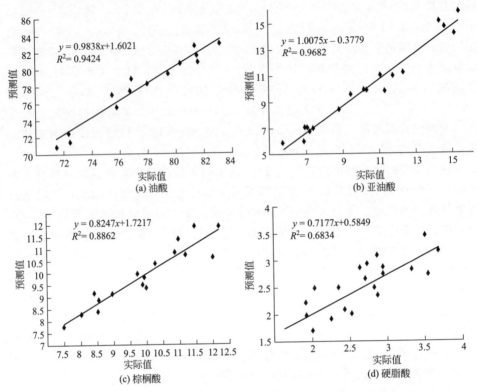

图 6-9　FT-NIR-PLS 模型对外部验证集样品的预测值与实际值比较

存不超过 6 个月。所有初榨橄榄油样品中的生育酚、酚类和挥发性物质均采用欧盟 (EC)、AOCS 或参考文献报道的相关方法进行测定，测定的结果见表 6-8。结果表明，尽管所有的样品均出自一个品种、一个地区，但其微量成分的含量还是存在一定差异。FT-NIR-PLS 模型对外部验证集样品的预测值与实际值比较见图 6-9。

表 6-8　初榨橄榄油中微量成分的参考数值

微量成分	化合物	含量范围	平均值
生育酚/(mg/kg)	α-生育酚	90.96～249.33	173.06±26.82
	β-生育酚	9.11～17.20	12.51±1.56
	γ-生育酚	10.73～36.56	17.41±4.58
	总含量	110.80～278.80	202.99±30.18
酚类/(mg/kg)	羟基酪醇	1.07～36.12	5.94±4.53
	酪醇	1.57～64.39	7.84±6.70
	羟基酪醇衍生物	21.41～380.37	144.36±57.02
	3,4-DHPEA-EDA	7.72～182.94	62.82±36.38
	3,4-DHPEA-EA	13.69～247.16	81.54±28.33
	邻苯二酚	22.49～384.33	150.58±57.64
	酪醇衍生物	68.33～315.92	151.21±37.69

续表

微量成分	化合物	含量范围	平均值
酚类/(mg/kg)	p-HPEA-EDA	33.33~203.46	87.12±27.64
	p-HPEA-EA	30.19~114.94	64.09±15.74
	总酚含量	110.73~593.95	309.94±86.52
与脂肪氧化酶（LOX）相关的挥发性物质	1-戊烯-3-醇	0.03~0.52	0.22±0.10
	1-戊烯-3-酮	0.02~1.00	0.37±0.23
	C₅挥发物总量	0.05~1.49	0.59±0.31
	己醛	0.17~0.99	0.42±0.16
	E-2-己醛	0.22~5.52	2.25±1.11
	C₆醛类总量	0.39~6.45	2.67±1.22
	己醇	0.17~1.42	0.51±0.18
	Z-3-己烯醇	0.25~4.19	1.37±0.23
	E-2-己烯醇	0.01~1.25	0.23±0.22
	C₆醇类总量	0.75~5.46	2.11±0.94
	LOX总量	1.16~14.88	4.99±2.09
异味挥发物	2-甲基丁醛	0.05~0.28	0.13±0.05
	3-甲基丁醛	0.03~0.27	0.11±0.05
	总量	0.10~0.98	0.36±0.17

光谱仪器与测量：采用 MPA 近红外光谱仪，波数范围 12500~4000cm⁻¹，分辨率 8cm⁻¹。样品采用光程为 8mm 的比色皿透射扫描，扫描 32 次，所有谱图均采用 OPUS 软件处理，图 6-10 是典型初榨橄榄油的近红外光谱图，其中 8560~8260cm⁻¹ 范围的谱峰是 C—H 伸缩振动的二级倍频，7187~7074cm⁻¹ 范围的是 C—H 的组合频，5791~5677cm⁻¹ 之间的谱带则是甲基、亚甲基和乙烯基中 C—H 的一级倍频，4662~4595cm⁻¹ 范围的吸收峰是 C—H 和 C—O 的组合频。

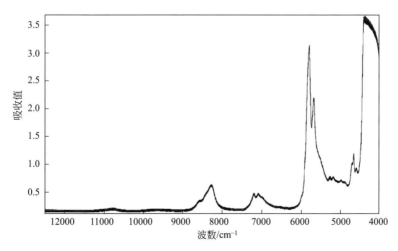

图 6-10　初榨橄榄油（Cornicabra 品种）的近红外光谱图

　　建立校正模型：将97个样品随机分为校正集（62%）和验证集（38%）。采用 OPUS 软件中的 PLS 建立校正模型，模型的验证采用留一法进行完全交叉验证。模型的评价参数见表6-9。为了避免数据过度拟合，表格给出了获得最小预测残差平方对应的 PLS 因子（n）。模型的验证参数和预测效果分别有决定系数（R）、模型预测值与真实值的平均系统偏差（Bias）、交叉验证的均方根偏差（RMSECV）、验证集的均方根偏差（RMSEP）以及验证集与测试集标准偏差的比值（RPD）。

表 6-9　预测初榨橄榄油中微量成分的 NIR-PLS 模型评价参数

组分	校正集交叉验证					验证集验证结果				
	n	R	RMSECV	RPD	Bias	n	R	RMSEP	RPD	Bias
α-生育酚	8	0.71	18.80	1.42	0.55	4	0.60	15.20	1.30	−4.05
β-生育酚	2	0.42	1.40	1.11	0.01	3	0.14	1.53	1.04	−0.47
γ-生育酚	10	0.63	3.56	1.28	0.05	3	0.40	2.23	1.17	−0.78
总含量	8	0.61	37.35	1.27	−0.06	3	0.44	19.30	1.17	−5.87
羟基酪醇	1	0.07	4.49	1.00	−0.01	1	0.20	4.06	1.03	0.58
酪醇	1	0.15	6.60	1.05	−0.01	1	0.34	3.20	1.06	0.01
羟基酪醇衍生物	6	0.81	32.90	1.73	0.94	6	0.85	25.50	1.99	−7.52
3,4-DHPEA-EDA	10	0.74	24.20	1.50	0.63	9	0.83	19.10	2.01	−8.31
3,4-DHPEA-EA	8	0.78	17.60	1.60	0.33	7	0.68	13.10	1.40	−2.59
邻苯二酚	5	0.81	33.30	1.53	0.53	7	0.85	26.30	2.03	−9.33
酪醇衍生物	8	0.76	24.50	1.53	0.53	10	0.57	23.80	1.23	−2.92
p-HPEA-EDA	8	0.71	19.50	1.41	0.66	1	0.41	20.40	1.09	0.08
p-HPEA-EA	9	0.61	0.07	1.27	0.00	10	0.62	0.06	1.30	−0.01
总酚含量	9	0.85	45.1	1.91	1.65	10	0.79	44.5	1.71	−10.40
1-戊烯-3-醇	4	0.52	0.09	1.17	0.00	1	0.24	0.08	1.00	−0.02
1-戊烯-3-酮	9	0.57	0.19	1.12	0.00	9	0.27	0.20	1.18	−0.09
C_5 挥发物总量	8	0.58	0.25	1.23	−0.00	1	0.24	0.25	1.09	−0.09
己醛	5	0.57	0.13	1.22	−0.00	3	0.52	0.11	1.18	−0.01
E-2-己醛	6	0.42	0.99	1.10	0.02	1	0.25	1.06	1.06	0.23
C_6 醛类总量	6	0.43	1.10	1.11	0.03	6	0.34	1.14	1.07	0.17
己醇	6	0.62	0.14	1.28	0.00	6	0.57	0.11	1.26	0.03
Z-3-己烯醇	3	0.59	0.58	1.24	0.02	2	0.58	0.67	1.23	0.05
E-2-己烯醇	10	0.51	0.19	1.16	0.00	9	0.47	0.16	1.15	0.02
C_6 醇类总量	6	0.56	0.78	1.20	−0.00	6	0.50	0.83	1.18	0.17
LOX 总量	2	0.50	1.80	1.15	−0.01	3	0.45	1.64	1.12	0.08
2-甲基丁醛	7	0.71	0.04	1.42	−0.00	6	0.60	0.05	1.40	0.02
3-甲基丁醛	7	0.67	0.04	1.34	−0.00	4	0.44	0.05	1.37	0.03
总量	8	0.58	0.14	1.23	−0.00	5	0.53	0.18	1.39	0.09

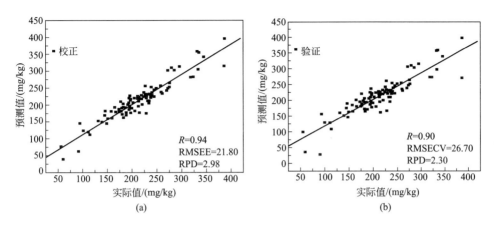

图 6-11 FT-NIR-PLS 模型对初榨橄榄油中总酚含量的预测效果

模型的验证与预测效果：分析 FT-NIR-PLS 模型的评价参数可知，生育酚类的 α-生育酚的含量最高（表 6-9），对应的 NIR 谱图 7502.3～6098.2cm^{-1}范围的 O—H 振动峰。谱图经过一阶导数和 SNV 可以获得最优的 NIR-PLS 模型，该模型对 α-生育酚的预测能力也相对准确（$R=0.71$，RPD$=1.42$）。FT-NIR-PLS 对初榨橄榄油中总酚含量的预测效果见图 6-11。

橄榄油的苦涩味道源自其含有的酚类物质，包括酪醇和羟基酪醇及其衍生物。由表 6-9 可知，除了酪醇和羟基酪醇之外，其他酚类物质（邻苯二酚）的 FT-NIR-PLS 模型评价参数较好。其中，羟基酪醇衍生物的特征 NIR 谱带位于 7502.3～6800.2cm^{-1}区间，对应 O—H 的一级倍频，其 NIR 谱图经过一阶导数和 SNV 处理建立 NIR-PLS 模型，该模型预测酪醇等衍生物的最优值可以达到 $R=0.81$，RPD$=1.73$。酪醇的特征谱峰位于 12493.5～7498.4cm^{-1}和6102.1～4597.8cm^{-1}，对应羟基的 O—H 一级倍频和组合频，谱图处理需要在一阶导数、SNV 的基础上加上 MSC 才能得到最佳的校正模型。

与脂肪酶相关的挥发性物质构成了橄榄油的特征风味，其特征 NIR 区域位于 7502.3～6098.2cm^{-1}和 5450.2～4597.8cm^{-1}两个区间。NIR-PLS 模型对于己醇的预测效果最好（表 6-9）。然而，橄榄油中也含有一些异味物质，赋予了油品腐败气味，这些成分对应的特征谱图区域为 7502.3～6098.2cm^{-1}，表 6-9 也列出了其 NIR-PLS 模型的评价数据。

方法评价：该实例非常全面、详细地考察了 FT-NIR 预测橄榄油中的生育酚、酚类和风味成分等微量组分的可能性。此外，该实例中还考察了 FT-NIR-PLS 预测油样中脂肪酸含量的效果（表 6-10 和表 6-11）。其中，多不饱和脂肪酸的 FT-NIR-PLS 模型预测效果最好（交互验证的 $R=0.95$，RMSECV$=0.18$，RPD>3）。相应地，单不饱和脂肪酸/多不饱和脂肪酸的 FT-NIR-PLS 也显示出很好的预测效果。

表 6-10　初榨橄榄油中微量成分的参考数值　　　　单位：mg/kg

脂肪酸	含量范围	平均值
饱和脂肪酸	12.05～15.55	12.93±0.58
单不饱和脂肪酸	79.44～83.92	82.30±0.72
多不饱和脂肪酸	3.18～6.56	4.78±0.56
单不饱和脂肪酸/多不饱和脂肪酸	12.17～26.04	17.46±2.24
不饱和脂肪酸	84.49～87.96	87.08±0.58
饱和脂肪酸/不饱和脂肪酸	0.14～0.18	0.15±0.01

表 6-11　FT-NIR-PLS 预测初榨橄榄油中的脂肪酸组成

脂肪酸	交互验证结果				模型预测结果				
	n	R	RMSECV	RPD	Bias	n	R	RMSEP	RPD	Bias
饱和脂肪酸	9	0.72	0.40	1.45	0.01	1	0.42	0.34	1.13	−0.08
单不饱和脂肪酸	9	0.86	0.36	1.97	0.00	9	0.77	0.30	1.61	0.06
多不饱和脂肪酸	8	0.95	0.18	3.13	−0.00	9	0.96	0.14	3.86	0.06
单不饱和脂肪酸/多不饱和脂肪酸	8	0.92	0.85	2.61	0.02	9	0.95	0.63	3.27	−0.20
不饱和脂肪酸	9	0.53	0.49	1.18	0.01	3	0.60	0.31	1.26	0.05
饱和脂肪酸/不饱和脂肪酸	9	0.71	0.01	1.44	0.00	9	0.48	0.01	1.14	−0.00

6.4　拉曼光谱用于食用油脂的组成分析

实例 78　Raman 结合 MLS-SVR 预测食用油中的脂肪酸含量[8]

背景介绍：食用植物油中主要脂肪酸有硬脂酸和棕榈酸等饱和脂肪酸，油酸和亚油酸等不饱和脂肪酸。该实例研究拉曼光谱（Raman）和多输出最小二乘支持向量回归机（multi-output least squares support vector regression，MLS-SVR）相结合的方法，开展食用油中饱和脂肪酸、油酸和亚油酸含量的预测，探索一种快速简便、可靠且无损的食用油脂肪酸含量分析方法。

样品与参考数据：收集了不同品牌的 4 种橄榄油（O1、O2、O3、O4）、3 种玉米油（C1、C2、C3）、3 种大豆油（S1、S2、S3）、1 种葵花籽油（F1）。同时，为了扩大样本的脂肪酸含量的分布范围，采用两两混合的方法。以橄榄油为基底油，另外几种油作为配比油，每种配比油随机选取一种基底油进行组合，将配比油按总体积分数 0%～100% 间隔 10%、2%、5% 配制 13 个浓度梯度的样品，共 13×7＝91 个混合油样品。参考数据的获取是先采用标准方法（GC 法）测定收集的 11 种纯油的脂肪酸组成，然后根据植物油的组成比例计算配比油中各脂肪酸的含量。市售 11 种植物油中脂肪酸的含量见表 6-12。

表 6-12　市售 11 种植物油中脂肪酸的含量　　　　　　单位：%

植物油	饱和脂肪酸	油酸	亚油酸
橄榄油(O1)	14.84	77.25	5.36
橄榄油(O2)	16.25	73.58	7.04
橄榄油(O3)	13.82	76.86	6.91
橄榄油(O4)	16.01	74.84	6.12
玉米油(C1)	15.08	28.97	53.07
玉米油(C2)	15.64	30.80	52.35
玉米油(C3)	15.92	30.31	51.35
大豆油(S1)	17.45	21.92	50.82
大豆油(S2)	16.21	22.56	52.52
大豆油(S3)	16.40	24.28	50.88
葵花籽油(F1)	12.66	26.53	57.10

　　光谱仪器与测量：采用 QE 65000 拉曼光谱仪（激光光源波长 785nm，功率 375mW），扫描范围 $150 \sim 2100 \mathrm{cm}^{-1}$，分辨率 $6 \mathrm{cm}^{-1}$。扫描样品获得拉曼光谱图（图 6-12），对获得的拉曼光谱图首先进行谱图处理，包括荧光背景消除与归一化处理（图 6-13）。消除荧光背景的方法是先找到光谱特征峰 ［图 6-14(a)］，寻找两个峰之间的最低点作为支点 ［图 6-14(b)］，线性连接各个支点得到一条基线 ［图 6-14(c)］，将该基线定义为荧光背景，然后用原始光谱扣除荧光背景。归一化处理方法是以 $1442 \mathrm{cm}^{-1}$ 特征峰的强度为基准进行归一化。所有样品的拉曼谱图经过荧光背景消除和归一化处理后得到图 6-13。实际上，一些光谱仪器本身安装有荧光背景消除和归一化处理等软件，可以很方便地进行谱图处理。

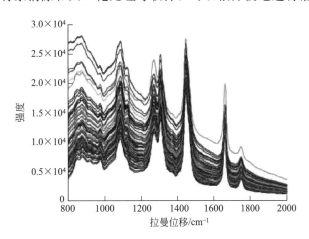

图 6-12　所有 91 个样品的拉曼光谱图

　　校正模型的建立与预测：将样品的 8 个特征峰强度作为输入，对应的脂肪酸含量作为输出，建立 MLS-SVR 回归拟合模型和 PLS 模型。将 91 个样本随机选取 2/3 组成校正集，其余 1/3 组成验证集，用预测均方根误差（RMSEP）和相

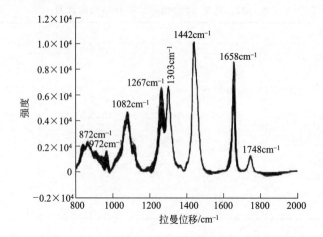

图 6-13　荧光背景消除和归一化处理后的拉曼光谱图

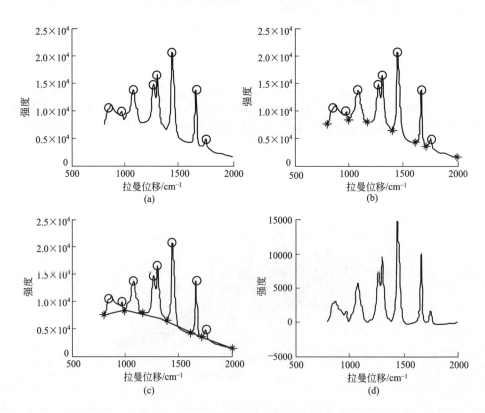

图 6-14　拉曼光谱图的荧光背景消除方法

关系数（R）作为模型的评价参数。模型的预测结果见表 6-13。结果显示，基于拉曼光谱图建立的 MLS-SVR 和 PLS 模型对油酸和亚油酸的预测效果令人满意，

R 值均达到了 0.998 以上。进一步地，再次购买了一些植物油，并配制了混合样品（未知样品），通过 MLS-SVR 模型预测了这些食用油中脂肪酸的含量，结果发现，模型的预测值与实际值之间的差值不超过 5%（图 6-15），说明拉曼光谱结合 MLS-SVR 模型对植物油中的脂肪酸含量的预测效果较好。

表 6-13   Raman-MLS-SVR 与 Raman-PLS 模型的预测评价参数比较

脂肪酸	MLS-SVR 模型		PLS 模型	
	RMSEP	R	RMSEP	R
饱和脂肪酸	0.497	0.813	0.539	0.912
油酸	0.841	0.999	0.880	0.998
亚油酸	1.020	0.998	1.310	0.998

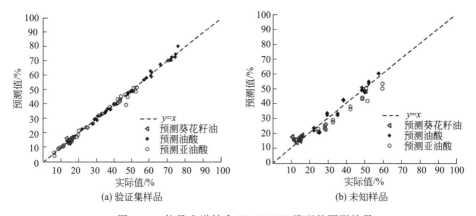

图 6-15   拉曼光谱结合 MLS-SVR 模型的预测效果

方法评价：该实例采用拉曼光谱分别结合常规的 PLS 和新型的 MLS-SVR 方法建模，用于预测不同植物油中的脂肪酸含量。从结果上看，模型的评价参数和预测结果令人满意，说明拉曼光谱可以较为敏锐地捕捉到油脂组成的变化，从而达到准确预测的目的。该实例仅对油脂中主要脂肪酸（饱和脂肪酸、油酸和亚油酸）进行了模型建立与预测考察，后续可以考虑预测油脂中的其他组分。

实例 79 Raman-PLSR 预测猪油中的饱和、单不饱和及多不饱和脂肪酸的含量[9]

背景介绍：尽管与植物油相比，猪油或猪脂的饱和脂肪酸含量相对较高，但也容易发生酸败。猪油的酸败与其中的不饱和脂肪酸的含量密切相关。该实例探讨了应用拉曼光谱快速检测猪油中脂肪酸的组成。

样品与参考数据：从屠宰场收集 77 份猪肉，取皮下脂肪部分，搅碎均质后，于 75℃ 下加热 30min，之后在 40℃ 下离心 10min，取上清液分装在两个玻璃瓶中，-20℃ 冷冻保存，备用。脂肪酸含量的测定采用常规的甲酯化-气相色谱法。结果显示，饱和脂肪酸含量为 29.1%～46.6%（平均值 37.0%），单不饱和脂肪酸为 7.8%～31.7%（平均值 17.7%），多不饱和脂肪酸为 35.2%～51.5%（平均值 45.2%）。

光谱仪器与测量：Raman RXN1 拉曼光谱，激光光源波长 785nm，检测器为 $-40℃$ 的空气制冷 CCD，分辨率 $4cm^{-1}$。样品的谱图应用一个带有蓝宝石球形透镜的探头采集，探头的直径约 13mm，透镜直径为 6mm，测试时直接将探头插入 47～50℃ 熔化猪油中采集拉曼谱图。

校正模型的建立：采用 PLSR 建立校正模型，谱图前处理方法有多项式曲线拟合、SNV，谱图范围选择 775～1800cm^{-1} 和 2600～3100cm^{-1}。模型验证采用交互验证，评价参数采用 PLS 因子数（n）、交互验证相关系数（R）和交互验证校正标准偏差（RMSECV）。校正模型的验证数据见表 6-14，模型预测的三种脂肪酸与实际值的比较见图 6-16。

表 6-14　Raman-PLSR 模型的验证结果

脂肪酸	n	R	RMSECV
多不饱和脂肪酸	5	0.98	1.0
单不饱和脂肪酸	9	0.96	1.0
饱和脂肪酸	8	0.99	1.6

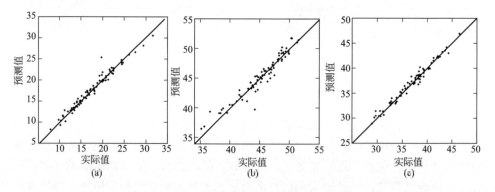

图 6-16　拉曼光谱结合 PLSR 预测猪油中的多不饱和脂肪酸（a）、单不饱和脂肪酸（b）和饱和脂肪酸（c）的效果

模型的预测效果：对比 Raman-PLSR 模型对猪油中多不饱和脂肪酸、单不饱和脂肪酸和饱和脂肪酸的预测值和 GC 的实际测定值（图 6-16），可以看出，拉曼光谱对油脂中脂肪酸的预测效果很好。其中，多不饱和脂肪酸和饱和脂肪酸的预测效果尤佳，单不饱和脂肪酸的预测效果相对差一些，这与猪油中单不饱和脂肪酸的含量较低密切相关。

方法评价：由于拉曼散射的信号比较弱，食用油脂容易产生荧光干扰拉曼信号。因此，检测食用油需要选择 785～850nm 的光源激发拉曼散射，以降低或避免样品发射的荧光，并辅以灵敏的 CCD 检测器，从而获得了比较理想的信噪比。

该实例应用拉曼光谱结合 PLSR 方法建立了预测三类脂肪酸的校正模型，结果显示，拉曼光谱对三类脂肪酸的预测效果很好，可以满足快速检测需要。此外，该实例中还将同样的方法应用于猪肉脂肪中脂肪酸组成的预测分析，结果表明，对猪肉脂肪的预测效果不及猪油，这可能与样品的均匀性相关。油脂经提取后，采集时熔化为液体，消除了样品的不均匀性。

◆ 参考文献 ◆

[1] 孙淑敏, 谢岩黎, 赵文红, 等. 橄榄油特征化学成分及风味物质研究进展. 河南工业大学学报(自然科学版), 2015, 36(5): 113-119.

[2] Uncu O, Ozen B. Prediction of various chemical parameters of olive oils with Fourier transform infrared spectroscopy. LWT-Food Sci Techn, 2015, 63: 978-984.

[3] Sherazi S T H, Younis Talpur M, Mahesar S A, et al. Main fatty acid classes in vegetable oils by SB-ATR-Fourier transform infrared (FT-MIR) spectroscopy. Talanta, 2009, 80: 600-606.

[4] Gouvinhas I, de Almeida J M M M, Carvalho T, et al. Discrimination and characterization of extra virgin olive oils from three cultivars in different maturation stages using Fourier transform infrared spectroscopy in tandem with chemometrics. Food Chem, 2015, 174: 226-232.

[5] 吴静珠, 徐云. 基于 CARS-PLS 的食用油脂肪酸近红外定量分析模型优化. 农业机械学报, 2011, 42(10): 162-166.

[6] Yuan J J, Wang C Z, Chen H X, et al. Prediction of fatty acid composition in *Camellia oleifera* oil by near infrared transmittance spectroscopy (NITS). Food Chem, 2013, 138: 1657-1662.

[7] Inarejos-García A M, Gómez-Alonso S, Fregapane G, et al. Evaluation of minor components, sensory characteristics and quality of virgin olive oil by near infrared (NIR) spectroscopy. Food Res Int, 2013, 50: 250-258.

[8] 邓之银, 张冰, 董伟, 等. 拉曼光谱和 MLS-SVR 的食用油脂肪酸含量预测研究. 光谱学与光谱分析, 2013, 33(11): 2997-3001.

[9] Olsen E F, Rukke E O, Flåtten A. Quantitative determination of saturated-, monounsaturated and polyunsaturated fatty acids in pork adipose tissue with non-destructive Raman spectroscopy. Meat Sci, 2007, 76: 628-634.

第7章

分子光谱用于食用油脂的质量参数分析

7.1 概述

食用油脂分析检验涉及的参数很多，如碘值（iodine value，IV）、酸值（acid value，AV）、过氧化值（peroxide value，PV）、皂化值（saponification value，SV）、乙酰值、羟基值、羰基值（carbonyl value，CV）、极性组分（total polar compounds，TPC）、固体脂肪含量（solid fat content，SFC）等，这些参数从不同的侧面反映油脂的性质，如：固体脂肪含量反映油脂脂肪的塑性，属于油脂的物理性质；油脂的碘值、酸值、过氧化值、皂化值、乙酰值、羟基值等反映油脂的化学特性；油脂的酸值、过氧化值、羰基值、极性组分等参数则反映油脂的氧化程度。此外，油脂中的水分、灰分等含量反映油脂中的杂质情况[1]。

通常，人们把碘值、过氧化值、酸值统称为食用油脂的化学特性常数或质量参数/指标。其中，橄榄油较为特殊，还涉及 K_{232} 和 K_{270} 两个质量参数。这些参数的测定大都采用化学滴定法，如碘值和过氧化值的测定均采用氧化还原滴定法，酸值的测定则是酸碱中和滴定法。通常，化学滴定实验需要消耗大量的有机试剂，且操作烦琐、耗时。而分子光谱具有方法简便、快速、无损且很少消耗化学试剂的优点，因而广泛用于油脂分析。目前，近红外光谱测定碘值的方法已经非常成熟，生产企业将碘值测定方法（校正模型）嵌入光谱仪制成专用分析仪器，在许多油脂相关企业得到普及应用。近红外、中红外和拉曼光谱等技术也在测定酸值、过氧化值、K_{232}、K_{270} 方面不断改进与完善。

7.1.1 碘值

碘值是评价食用油脂不饱和程度的重要指标。碘值测定主要采用碘量分析法，即在一定条件下，测定每 100g 油脂所能吸收碘的质量（g），碘值的单位为 g/100g。然而，碘量分析法需要使用大量有机溶剂，因而快速、简便的分子光谱法成为碘值测定的替代方法。碘值与油脂中不饱和双键密切相关，通过双键的特征谱峰或谱带可对碘值进行测定。目前美国油脂化学家学会（AOCS）已经将近红外光谱测定碘值列为标准方法（AOCS Cd 1e-01）[2]。相应地，也有仪器公司将油脂碘值的标准曲线和校正模型等整合在仪器设备中，制成专用油脂分析仪。

7.1.2 过氧化值

过氧化值是食用油脂中活性氧的含量。食用油脂氧化时会产生氢过氧化合物，随着氧化程度加深，氢过氧化合物的含量也相应增加。测定过氧化值的标准方法是碘量法，因此，人们不断地探索应用分子光谱技术替代测定过氧化值的化学方法，其中以近红外和中红外光谱的应用研究最为普遍。

近红外和中红外光谱技术测定过氧化值的方法主要是基于氢过氧化物中的 O—H 基团的特征吸收而建立校正模型，实现定量测定。相比之下，中红外等的谱峰主要由分子中官能团的基频振动峰组成，谱峰强度大，波长范围窄。而近红外谱图是 O—H 的倍频与合频峰，谱峰弱（通常强度仅为中红外谱峰强度的 1/100～1/10）且范围宽。因此，近红外光谱比中红外光谱在基团特异性和灵敏度方面要差一些。

此外，应用中红外光谱测定过氧化值时，还可以通过化学反应来增强特征峰响应，从而间接测定食用油脂的过氧化值。如利用氢过氧化物与三苯磷（TPP）反应生成三苯基氧膦（TPPO），TPPO 在红外光谱 542cm^{-1} 处有特征吸收，在此建模可消除样品的基质干扰，实现过氧化值的准确测定[3]。

7.1.3 酸值

酸值也是衡量食用油脂的一个重要指标，用于指示油脂中游离脂肪酸（free fatty acid，FFA）的含量。游离脂肪酸是甘油三酯的水解产物，氧化稳定性差，易造成酸败。因此，酸值是衡量油脂质量和精炼情况的重要指标。酸值越低，油脂的质量、新鲜度和精炼程度越高。反之，如果油脂的酸值过高，则会导致人体胃肠不适，造成腹泻和肝脏损伤。我国《食用植物油卫生标准》（GB 2716—2010）中规定，植物原油的酸值不应超过 4mg/g，精炼植物油的酸值要低于 3mg/g。

传统酸值的测定方法是化学滴定法，方法虽然简单，但需要耗费大量化学试剂，当油脂的颜色较深时，测定结果极易受到干扰。分子光谱技术可以解决上述问题，因而广泛应用于油脂的酸值测定。同过氧化值的测定方法类似，应用分子光谱测定酸值是根据羧酸中 C＝O 和 O—H 等基团的特征谱峰建立定量模型，实现快速测定。此外，也有学者通过化学反应，将游离脂肪酸转化成羧酸盐（COO—），利用其特征谱峰去除干扰，间接测定酸值[3]。

7.2 紫外光谱用于食用油脂的质量参数分析

实例 80 UV-Vis 结合 PLS 快速测定食用油脂的酸值[4]

背景介绍：酸值是衡量食用油脂质量的重要指标。传统的方法操作烦琐、耗时费力，并且要消耗大量的有机溶剂。分子光谱分析技术具有简便、快速且不需化学试剂或用量极少的优势。紫外-可见光谱除了上述优点之外，还有仪器成本低廉的特点。因此，该实例通过检测油脂加热过程的紫外-可见光谱变化，尝试应用紫外-可见光谱定量测定食用油的酸值。

样品与参考数据：从成都的超市中购买玉米油、葵花籽油、菜籽油、花生油、大豆油和芝麻油，共 6 种食用植物油，分别将这些油脂在 180℃ 下加热 0min、20min、40min、1h、3h、5h、7h、10h，分别取样，每种油样得到 8 个不同加热时间的样品。然后按比例（如 5%～70%）混合这些不同加热时间的植物油，每种油样制备得到 64 个样品，这样 6 种油共制备了 384 个样品。首先以 GB 2716—2010 推荐的方法测定了未混合油样的酸值，如加热时间分别为 0min、20min、40min、1h、3h、5h、7h、10h 的玉米油，以此类推，获得不同种类植物油在不同加热时间的酸值（图 7-1）。混合油样的酸值则以组成油的酸值与其

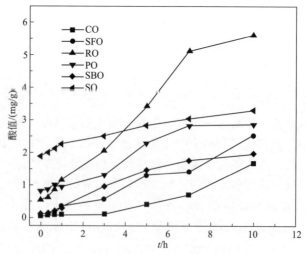

图 7-1 不同种类植物油在不同加热时间下的酸值

CO—玉米油；SFO—葵花籽油；RO—菜籽油；PO—花生油；SBO—大豆油；SO—芝麻油

比例计算而得。从图 7-1 可以看到，植物油的酸值随着加热时间的延长增加，其中芝麻油的基础酸值较高。此外，菜籽油的酸值上升最快，加热 4h，酸值就超过了标准值（3mg/kg，以 KOH 计），而大部分植物油经过了长达 10h 的加热，酸值也没有达到 3mg/kg（以 KOH 计）。

光谱仪器与测量：采用 UV-2100 紫外-可见分光光度计，波长范围 320～800nm。采集谱图时将样品置于 1cm 石英比色皿中扫描谱图。实验扫描了上述 6 种植物油不同加热时间的紫外-可见光谱图，结果表明，不同种类植物油的紫外-可见光谱图不尽相同。但是，随着加热时间的增加，所有植物油的紫外-可见光谱图均发生了红移，即谱图的最大吸收峰向长波方向移动[图 7-2(a)]，并且产生了新的吸收峰。将 6 种油脂的原始谱图取一阶导数，从导数谱图可看出，所有油样加热后在 370nm 处出现谱峰，该峰的强度总体的趋势是与加热时间呈正相关［图 7-2(b)］。

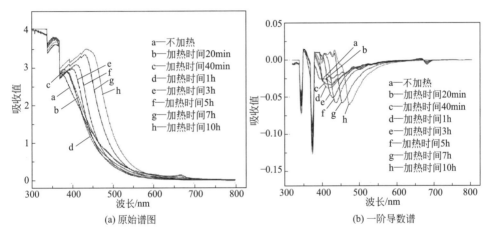

图 7-2　不同种类植物油加热不同时间下的 UV-Vis 谱图
（以芝麻油为例）

校正模型的建立与验证：该实例尝试了分别建立 6 种植物油的酸值模型和建立所有样品的酸值模型两种方式。对于单个品种的植物油，该实例采用 PCR 和 PLS 两种方法分别建模。首先按照酸值的分布将样品（64 个）分为校正集（48 个）和验证集（16 个）；然后进行最优波长选择，方法采用 Matlab 7.0 的间隔偏最小二乘法（iPLS），不同植物油的最优波长范围见表 7-1；谱图处理方法尝试了许多种，包括标准化、SNV 和多元散射校正、取导和平滑等，最终确定取导数（first derivative，FD）和 S-G 平滑处理的模型效果最佳。此外，该实例还尝试用 F-检验、PCA 结合马氏距离去除界外样品以优化模型。模型建立后以留一法交叉验证。模型的评价参数包括校正、验证和预测的标准偏差，即 RMSEC、RMSECV 和 RMSEP 及其相关系数。结果发现，PLS 的定量模型优于

PCR（表 7-1）。

表 7-1 应用紫外-可见光谱结合 PLS 和 PCR 分别建立的
6 种植物油酸值的定量模型

植物油	波长范围/mm	谱图处理	方法	RMSEC	R_{c}^{2}	RMSECV	R_{cv}^{2}	RMSEP	R_{p}^{2}
玉米油	420~480	一阶导数	PLS	0.0168	0.9969	0.0221	0.9949	0.0249	0.9934
			PCR	0.0214	0.9950	0.0271	0.9923	0.0267	0.9924
葵花籽油	418~461	一阶导数	PLS	0.0282	0.9937	0.0332	0.9917	0.0272	0.9946
			PCR	0.0325	0.9917	0.0438	0.9856	0.0276	0.9945
菜籽油	505~575	一阶导数+S-G平滑	PLS	0.0631	0.9904	0.1009	0.9925	0.0794	0.9907
			PCR	0.0843	0.9896	0.1302	0.9876	0.0982	0.9858
芝麻油	580~645	S-G平滑	PLS	0.0242	0.9943	0.0272	0.9931	0.0333	0.9887
			PCR	0.0250	0.9939	0.0280	0.9927	0.0332	0.9885
大豆油	430~470	二阶导数+S-G平滑	PLS	0.0243	0.9977	0.0271	0.9972	0.0230	0.9970
			PCR	0.0233	0.9977	0.0520	0.9891	0.0308	0.9969
花生油	420~489	S-G平滑	PLS	0.0352	0.9935	0.0398	0.9921	0.0341	0.9946
			PCR	0.0351	0.9935	0.0397	0.9919	0.0344	0.9943

对于所有植物油样品的 UV-Vis 谱图与酸值的定量模型，该实例发现采用 PCR 建立的定量模型不能满足要求，于是改用支持向量回归（SVR）。建模方法同样是首先进行样品分类，其中校正集样品 288 个、验证集 96 个（其中 16 个样品混合了所有种类的植物油）；然后采用无信息变量消除法（UVE）进行波长选择（该实例仅仅指出有 225 个波段被选出用于建模）。谱图处理方法采用 MSC，考察并剔除了界外样品之后建立模型，模型的评价参数见表 7-2。

表 7-2 应用紫外-可见光谱结合 PLS 和 SVR 分别建立植物油酸值的定量模型

建模方法	RMSEC	R_{c}^{2}	RMSECV	R_{cv}^{2}	RMSEP	R_{p}^{2}
PLS	0.1657	0.9594	0.2203	0.9285	0.1893	0.9470
SVR	0.0400	0.9981	0.0458	0.9976	0.0656	0.9932

方法评价：该实例采用紫外-可见光谱结合化学计量学建立不同种类植物油酸值的定量模型。从模型的评价数据上看，尽管不同植物油的紫外谱图不尽相同，但经过加热发生了一些共同的变化，如最大吸收波长均发生了红移，都在 370nm 处产生了新的吸收峰等。这些谱图特征为酸值定量模型的建立提供了可能。该实例应用紫外-可见光谱结合 PLS、PCR 和 SVR 建立的酸值定量模型的评价参数较好，为后续应用提供了可能。但该实例也有不足之处，一方面，油样的来源单一，作者仅以一个植物油样本，与其不同加热时间的样品混合，没有考虑到不同厂家生产的同一种植物油的差异性；另一方面，混合植物油的参数数据酸值是通过其组成植物油的酸值计算得来，这个数据的可靠性值得商榷。

实例 81 基于三苯基氧膦的 UV 吸收光谱测定食用油脂的过氧化值[5]

背景介绍：食用油在加工和储藏过程中易受到氧、热等作用产生氢过氧化物，氢过氧化物极易裂解成小分子醇、醛、酮等，这些物质不仅影响油脂风味，而且降低其营养价值，甚至对人体健康产生危害。作为食用油的重要质量指标，过氧化值反映了油脂氧化酸败的程度。目前，国际通用测定的方法是碘量法，虽然简单易行，但灵敏度低，重复性差。为了提高检测灵敏度，该实例利用三苯基膦（triphenylphosphine，TPP）与氢过氧化物反应生成三苯基氧膦（TPPO），应用紫外光谱开发一种常用的过氧化值检测方法。

样品与参考数据：购买市售的菜籽油、花生油、芝麻油、橄榄油、苦杏仁油、调和油、玉米油、葵花仁油、山茶油、鱼油、羊油等食用油，参考数据用碘量法测定油脂的过氧化值。将一部分菜籽油通过活化硅胶柱除去活性氧等物质，制备得到不含氢过氧化物的菜籽油，并用碘量法确认过氧化值为 0。配制两个系列不同过氧化值的油样用于验证和预测，一个样品集用山茶油（过氧化值约 7.5mmol/kg）与处理过的菜籽油按比例混合配制而成，过氧化值为 0～6mmol/kg；另一个样品集用花生油（过氧化值约 14mmol/kg）与处理过的菜籽油按比例混合配制而成，过氧化值为 6～14mmol/kg。过氧化物与 TPP 反应式见图 7-3。

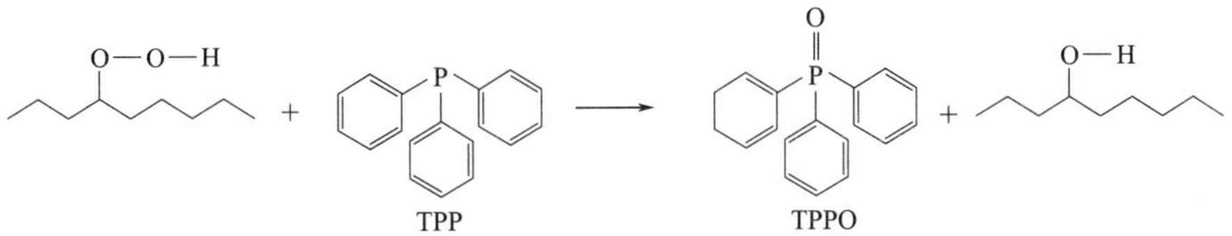

图 7-3　食用油脂中的过氧化物与 TPP 反应生成 TPPO 和脂肪醇的化学反应式

实验原理：1mol TPP（TPP 分子量为 262.28）能使 1mol 氢过氧化物（ROOH）转化成醇（ROH），同时产生 1mol TPPO（TPPO 分子量为 278.28），因此油样中 TPP、TPPO 的含量可以按公式（7-1）折算成相应的过氧化值。

$$过氧化值/(mmol/kg) = \frac{1000m_1}{M_1 m_油} \qquad (7-1)$$

式中，m_1 为 TPP 或 TPPO 的质量，g；M_1 为 TPP 或 TPPO 的摩尔质量，kg/mol；$m_油$ 为油脂质量，kg。

仪器与测量过程：光谱仪器采用 UV-2550 型双光束紫外分光光度计，波长范围 230～290nm，光谱带宽 2.0nm。称取油样 4.000g，加入 TPP 充分反应，以氯仿稀释配制成样品试液，同时制备空白作为参比，全部采集紫外光谱。TPP 与 TPPO 在紫外光谱中有不同的特征吸收峰，TPPO 在 238nm 和 266nm 处有最大吸收峰，TPP 在 264nm 处有特征吸收峰。根据化学定量反应，消耗 TPP 物质的量与生成 TPPO 物质的量相等。考虑到反应体系是 TPP 和 TPPO 的混合体系，可以选择以 TPP 与 TPPO 在某一波长下的吸光度之和来衡量 TPP 与氢过氧化物反应生成 TPPO 的情况，从而推算出氢过氧化物的含量。

模型的建立与验证：分别将 TPP 和 TPPO 以不同浓度溶于不含氢过氧化物的菜籽油中，采集紫外谱图，分别建立 TPP 和 TPPO 的物质的量浓度（y）与其在 264nm 和 266nm 处吸光度（x）的线性关系，结果如下：

TPP 的浓度与 264nm 处吸光度的线性方程：$y=0.141+24.038x$，$R=0.9987$；

TPP 的浓度与 266nm 处吸光度的线性方程：$y=0.124+24.356x$，$R=0.9986$；

TPPO 的浓度与 264nm 处吸光度的线性方程：$y=5.629+247.414x$，$R=0.9992$；

TPPO 的浓度与 266nm 处吸光度的线性方程：$y=3.931+186.452x$，$R=0.9994$。

由于 TPPO 的浓度与吸光度值的线性关系良好（$R>0.9990$），因此，建立反应体系中 TPPO 物质的量浓度（y）分别与 264nm 和 266nm 处吸光度（x）的定量关系，结果如下：$y_1=26.928-26.625x$（264nm），$y_2=28.024-28.016x$（266nm）。根据公式(7-1)的化学计量关系，待测样品的 POV 即为生成的 TPPO 的浓度。采用建立模型的样品集验证上述两个方程，结果表明：TPPO 浓度高于 6mmol/kg 时，试液的特征吸收峰位于 266nm 波长处；低于 6mmol/kg 时，最大吸收峰位于 264nm 处，紫外吸收峰的分析结果与参考数据基本一致。

模型的预测：应用 TPPO 的浓度与吸光度方程对不同种类油脂的过氧化值进行定量预测，并且比较预测值与实测值（图 7-4）。结果显示：两种结果的线性相关系数 R 值为 0.9993，截距为 0，说明预测效果良好。

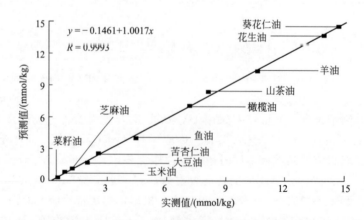

图 7-4 基于 TPPO 紫外光谱法测定食用油脂过氧化值的预测效果

方法评价：该实例应用油脂过氧化物与 TPP 反应定量产生 1∶1 的 TPPO，

而 TPPO 具有特征紫外吸收峰，根据 TPPO 的物质的量浓度与其在 264nm 和 266nm 的吸光度的线性方程可以换算得出油脂过氧化值，从而建立了 TPPO 预测油脂过氧化值的定量模型。该模型的预测效果良好，为后续紫外方法的开发提供了可能。然而，该实例没有涉及油脂中其他成分对于 TPPO 反应的干扰问题，也没有探讨油脂的紫外吸收对 TPPO 谱图的干扰问题，而这些问题对于该方法的实际应用非常关键。

7.3　中红外光谱用于食用油脂的质量参数分析

实例 82　FT-MIR 结合 PLS 预测橄榄油的氧化稳定性[6]

背景介绍：橄榄油，特别是初榨橄榄油的营养价值非常高，原因是初榨橄榄油的提取过程没有经历高温，也未接触任何化学物质。初榨橄榄油中的营养成分被最大限度地保留下来，如叶绿素、胡萝卜素等色素，油酸、亚油酸等不饱和脂肪酸，以及羟基酪醇等酚类物质。这些物质不仅对人体健康有益，还赋予了油脂氧化稳定性，即这些组分是初榨橄榄油的天然抗氧化物质。该实例应用 FT-MIR 结合化学计量学方法建立快速测定橄榄油氧化稳定性参数（oxidative stability，OS），探索红外光谱技术在油脂参数分析中的应用。

样品与参考数据：橄榄果均来自土耳其伊兹密尔卡拉布伦半岛，采集后运送到工厂，在工业规模的生产条件下提取橄榄油（每小时出产 1.66t 橄榄油）。总共收集了 64 份橄榄油样品，装入玻璃瓶，充入氮气，放置在冰箱（8℃）中避光保存。橄榄油的 OS 指标采用 Rancimat 氧化稳定性测定仪，温度设置为 20～220℃，空气流量为 20L/h。最终测得样品的 OS 值为 0.10～4.41（平均值为 1.72）。

光谱仪器与测量：采用 FT-MIR Spectrum 100 红外光谱仪，配水平衰减全反射（HATR）附件（ZnSe 晶体表面），波数范围 4000～650cm^{-1}，分辨率 4cm^{-1}，扫描速度 1cm/s，扫描次数 64 次。

校正模型的建立与预测：模型建立采用 SIMCA，以偏最小二乘法（PLS）建立校正模型，该模型采用留一法交叉验证。综合考察基于 FT-MIR-PLS 建立的橄榄油的 OS 值的定量模型。橄榄油的 OS 值的 FT-MIR-PLS 的主成分数为 5，模型的校正集和验证集的相关系数（R^2）分别为 0.99 和 0.81，校正和验证的标准偏差分别为 0.11 和 0.68。图 7-5 中给出 FT-MIR-PLS 模型对橄榄油 OS 值的预测值与实测值的对比。

方法评价：该实例应用 FT-MIR-PLS 建立了橄榄油的 OS 值的定量模型，并考察了模型的预测效果。结果表明：红外光谱技术能够快速、可靠地预测橄榄

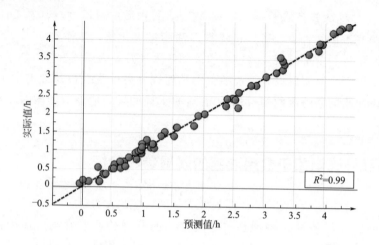

图 7-5 FT-MIR-PLS 模型对橄榄油的 OS 值的预测效果

油的 OS 值。遗憾的是，该实例并没有给出详细的建模过程，如具体的谱图处理方法等。

实例 83 基于 FT-MIR 结合预测因子逐步正交与多元校正预测特级初榨橄榄油的过氧化值[7]

背景介绍：过氧化值是衡量橄榄油质量的重要指标之一，反映油样初级氧化程度。过氧化值表示初级氧化产物——氢过氧化物的含量。氢过氧化物不稳定，容易分解为二级氧化产物，如酮、醛，导致橄榄油产生不良风味。氢过氧化物在油脂加工和储藏过程中，通过自动氧化或光氧化产生。过氧化值越高，说明油脂的氧化稳定性越差，质量越差。因此，过氧化值是油脂的重要指标。然而，欧盟推荐的过氧化值测定方法烦琐、耗时，需要使用有机溶剂，并且方法的准确度受实验条件影响很大。因此，开发准确可靠、快速简便、无损、自动化程度高、近似实时且适用于日常过氧化值检测的方法具有实际意义。该实例在考察了多种分子光谱技术的基础上，提出基于红外光谱建立的初榨橄榄油过氧化值测定方法，该方法的创新之处在于采用预测因子的逐步正交（SELECT）方法提取最少的重要预测因子。

样品与参考数据：特级初榨橄榄油全部来自西班牙的 15 个 PDO 地区，共 126 个真实可靠的样品。为了降低氧化和水解程度，所有样品储存在玻璃瓶中，4℃暗处保存，并且所有的样品采集后两个月内完成过氧化值数据测定和红外光谱采集。过氧化值测定采用欧盟推荐方法（EEC 2568/91），方法经考察后用于样品测试。结果表明，样品的过氧化值范围为 3.4～18.2mmolO$_2$/kg。

光谱仪器与测量：采用 Alpha FT-MIR 红外光谱仪，配液体流通池，以透射方式扫描，以 ZnSe 为透射窗，光程为 $50\mu m$，波数范围 $4000 \sim 375 cm^{-1}$，分辨率 $8 cm^{-1}$，扫描次数为 64 次。样品取出后先放置至室温，然后离心除去水分再采集谱图。

校正模型的建立与预测：该实例中建立的过氧化值模型分以下几步。首先提取并分析 FT-MIR 谱图中与结构相关的波段。有 4 个波段与不饱和键相关，它们分别是 $3737.8 \sim 3316.1 cm^{-1}$、$2745.3 \sim 2501.4 cm^{-1}$、$1422.8 \sim 1293.7 cm^{-1}$ 和 $1044.2 \sim 547.9 cm^{-1}$。其余波段则不予考虑，原因是与考察过氧化值无关，包括反映饱和结构的 $3098.1 \sim 2748.1 cm^{-1}$、$1861.7 \sim 1425.7 cm^{-1}$、$1290.9 \sim 1047 cm^{-1}$ 和 $545 \sim 372.9 cm^{-1}$ 波段的谱峰；几乎无吸收峰的平坦区域 $3996 \sim 3740.7 cm^{-1}$、$3313.2 \sim 3101 cm^{-1}$ 和 $2217.4 \sim 1864.6 cm^{-1}$。此外，$2498.6 \sim 2220.3 cm^{-1}$ 范围的波段与样品组分无关，也不予选择。

第一步比较选出的 4 个波段的回归残差的标准偏差，考察噪声对信号的影响，结果发现 $1422.8 \sim 1293.7 cm^{-1}$ 波段的标准偏差最大（图 7-6）。因此，最终选取的建模波段为 $3737.8 \sim 3316.1 cm^{-1}$、$2745.3 \sim 2501.4 cm^{-1}$ 和 $1044.2 \sim 547.9 cm^{-1}$。第二步是剔除界外样本，该实例最初有 126 个橄榄油样本，采用光

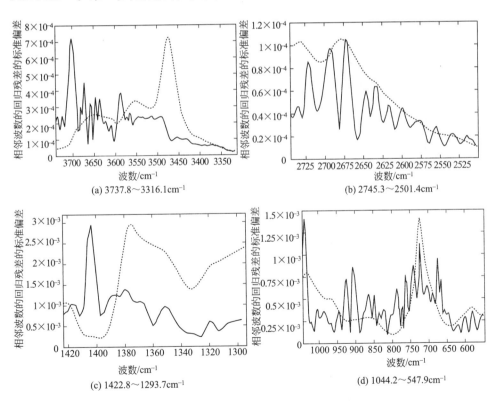

(a) $3737.8 \sim 3316.1 cm^{-1}$

(b) $2745.3 \sim 2501.4 cm^{-1}$

(c) $1422.8 \sim 1293.7 cm^{-1}$

(d) $1044.2 \sim 547.9 cm^{-1}$

图 7-6　不饱和结构相关的 4 个波段的每个波数回归残差的标准偏差

谱残差界外样本识别方法剔除了 9 个样本。第三步则是划分样品集，依据 Kennard-Stone 选择 98 个样本组成校正集，选择 19 个样本组成验证集。第四步即为建立回归模型，采用普通最小二乘法（OLS）与 SELECT 结合建立模型，通过校正、交互验证和预测标准偏差等评价参数考察模型的定量效果。结果表明，基于 FT-MIR-OLS-SELECT 的 RMSEC、RMSECV 和 RMSEP 分别为 0.7、0.8 和 0.8。

方法评价：该实例着重考察基于化学计量学建立定量模型的特征波段的选择。该实例认为，有效的波段选择是准确建模的前提。同时，为了提高模型的分析效率，该实例采用最少波段策略，应用非常规的计量学方法考察模型的实用性。

7.4 近红外光谱用于食用油脂的质量参数分析

实例 84 FT-NIR 结合 PLS 快速测定废弃油脂的碘值与游离脂肪酸[8]

背景介绍：生产生物柴油的原料是各种废弃的动植物油脂。这些油脂的碘值（IV）和游离脂肪酸（FFA）的指标需要实时监测，以便判定其可否用于生产生物柴油，应当采取何种酯交换类型等。一般要求，油脂原料的游离脂肪酸含量不能超过 0.5%，否则无法实现酯交换（碱液环境）工艺。碘值则与油脂的氧化稳定性相关，碘值越高，油脂的不饱和度越高，越容易氧化变质。由于碘值和游离脂肪酸的常规测定方法烦琐、费时，并且涉及大量有毒化学试剂的使用。因此，该实例探讨应用 FT-NIR 建立快速、无损测定废弃动物油脂碘值与游离脂肪酸的方法，并且考察不同谱图前处理方法对模型预测效果的影响。

样品与参考数据：从加拿大蒙特利尔的市场上购买了牛油、猪油、白色动物油脂和废弃油脂。将上述油脂两两混合，制成不同碘值与游离脂肪酸含量的样品，连同购买的油脂单品共 40 个样品，用于建立校正模型。然后，随机选取样品的 70%（即 28 个）划为校正集，其余的 30%划为验证集。样品的碘值与游离脂肪酸含量分别以 AOAC 993.20 和 AOCS Ca 5a-40 推荐的方法测定。其中，碘值为 37.56～80.70gI_2/100g，游离脂肪酸的含量为 0.20%～19.09%。

光谱仪器与测量：MPA 傅里叶变换近红外光谱仪，波数范围 12500～4000cm^{-1}（800～2500nm），分辨率 8cm^{-1}，扫描 16 次。样品池为厚度 8mm 的玻璃瓶，采集谱图前先将样品于 50℃熔化，然后迅速（30s 内）测定，以免样品凝固。谱图处理与模型建立采用 OPUS 软件，采集的样品谱图见图 7-7。图 7-7 中几种油脂的吸收峰一致，只是由于样品基质差异导致基线不同。因此，需要进行适当的谱图处理后再建立模型。

校正模型的建立：采用 PLS 方法分别建立油脂样品中碘值与游离脂肪酸的

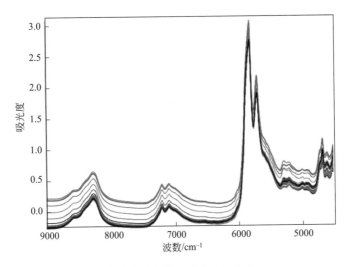

图 7-7　废弃动物油脂及其混合物的 FT-NIR 谱图

校正模型。首先根据特征峰的归属情况选择波长范围，其中碘值选择 $9000\sim$ $7502cm^{-1}$ 范围用于建立定量模型，游离脂肪酸选择 $7502\sim6098cm^{-1}$ 区域建模。谱图处理方法选择取一阶导数（FD）、取二阶导数（SD）、向量归一化（vector normalization，VN）和多元散射校正（MSC）等。界外样本的剔除采用主成分分析结合马氏距离（PCA-MD）。结果发现，没有样本被划分在界外，因此，全部样本参与建模。模型的校正集和验证集按照 70% 和 30% 分配。模型建立后的相关评价参数见表 7-3，包括校正模型的相关系数（R^2）、校正标准偏差（RM-SEC）和校正集标准偏差与预测标准偏差的比值（RPD，注意：该实例中的 RPD 仅限于校正样品集）。由表 7-3 的数据很明显看出，碘值模型受谱图处理的影响较小，当不对谱图做任何处理时，RPD 的值达到 10.00。游离脂肪酸模型受谱图处理影响较大，谱图处理后模型 RPD 有大幅度提升。

表 7-3　基于 FT-NIR-PLS 建立的废弃油脂的 IV 和 FFA 的校正模型

IV($9000\sim7502cm^{-1}$)				FFA($7502\sim6098cm^{-1}$)			
谱图处理	R^2	RMSEC	RPD	谱图处理	R^2	RMSEC	RPD
无处理	0.9900	1.23	10.00	无处理	0.9967	0.376	17.4
SD	0.9870	1.40	8.76	SD	0.9991	0.195	34.0
FD	0.9892	1.28	9.64	FD	0.9993	0.182	36.8
VN	0.9758	1.89	6.43	VN	0.9994	0.169	40.1
MSC	0.9788	1.75	6.86	MSC	0.9900	0.644	9.99

　　模型的预测能力考察：该实例用验证集的 30% 样本考察预测效果，结果见表 7-4 和图 7-8。与校正模型的评价参数略有不同，一阶导数处理对模型的预测效果较好。比较模型的预测值与实测值（图 7-8 和表 7-4），FT-NIR-PLS 模型对

两个质量参数的预测效果良好。

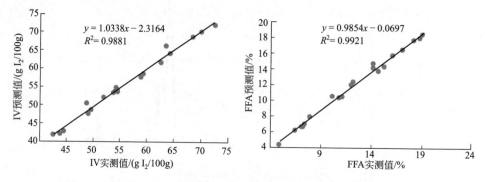

图 7-8　基于 FT-NIR-PLS 模型对废弃油脂碘值和游离脂肪酸的预测效果
（谱图处理方法均为取一阶导数）

表 7-4　基于 **FT-NIR-PLS** 模型对废弃油脂碘值和游离脂肪酸
预测效果的评价参数

IV(9000～7502cm^{-1})				FFA(7502～6098cm^{-1})				
谱图处理	R^2	RMSEP	Bias	Slope	谱图处理	R^2	RMSEP	Bias	Slope
无处理	0.9747	1.36	0.43	1.03	无处理	0.9875	0.489	0.18	0.97
SD	0.9824	1.13	0.42	1.03	SD	0.9881	0.477	0.26	0.99
FD	0.9782	1.26	0.51	1.04	FD	0.9880	0.478	0.15	0.98
VN	0.9670	1.55	0.34	1.01	VN	0.9736	0.709	0.59	0.97
MSC	0.9707	1.46	0.43	1.02	MSC	0.9811	0.601	0.31	0.96

　　方法评价：该实例的目的是建立用于生产生物柴油的废弃油脂碘值和游离脂肪酸的快速预测。由于实例以透射法（8mm 玻璃瓶）且统一为 50℃ 条件下采集谱图，因而获得了一系列高质量的样品谱图。尽管样本是各种废弃油脂，但却不存在界外样本，全部参与了模型建立。结果表明，以经典 PLS 方法建立的废弃油脂的碘值和游离脂肪酸定量模型预测良好。

　　实例 85　FT-NIR 结合 PLS 自动检测食用油的酸值和过氧化值[0]

　　背景介绍：食用油中不饱和脂肪酸，在储藏过程中易受光、氧、微生物和酶作用发生水解和氧化反应，产生游离脂肪酸和氢过氧化物。氢过氧化物极易分解成小分子的醛、酮、酸等化合物。这些氧化物质对人体细胞膜、酶、蛋白质造成破坏，危害人体健康。因此，酸值（AV）和过氧化值（PV）是食用油脂的重要安全指标。考虑测定酸值和过氧化值的标准方法需要消耗大量有机溶剂，如乙醚、三氯甲烷、冰醋酸等，操作过程烦琐且人为误差也比较大。近红外光谱分析技术具有分析快速、高效、安全、成本低廉等优点，并且在食用油酸值和过氧化值检测方面取得一定进展，但尚存在通用性低、自动化程度不高等问题。该实例旨在采用近红外光谱仪结合连续进样流通池，通过建立酸值和过氧化值的定量模型，实现食用油质量指标的自动、快速检测。

样品与参考数据：收集我国常见的食用油种类，包括菜籽油、大豆油、花生油、葵花仁油、玉米油、棕榈油、亚麻籽油、初榨特级橄榄油、芝麻油、苏籽油、油茶籽油、苦杏仁油等。将收集油样按质量比为 1∶1 和 1∶1∶1 随机调配，加上各类食用油共 50 个样本。将 50 个样本的一部分置于 105℃ 干燥箱中进行加速氧化，一定时间后取出，取氧化程度较轻和较重的 100 个油样，共制备得到 150 个样本。所有样本的酸值和过氧化值依据标准方法检测，根据检测数据分为校正集 100 个和验证集 40 个（表 7-5）。

表 7-5　食用油脂的酸值和过氧化值实际检测结果

样本类型	质量指标	含量范围	平均值
校正集	AV	0.14～3.22mg/g	0.554mg/g
	PV	0.40～33.16mmol/kg	9.437mmol/kg
验证集	AV	0.19～1.71mg/g	0.534mg/g
	PV	0.61～32.15mmol/kg	9.487mmol/kg

光谱仪器与测量：采用 ABB 近红外光谱仪，配备 233 型 Gilson 自动进样盘、微型蠕动泵，流通池采用连续进样流通池。连续进样流通池包括可变光程长度的液体流通池、进样瓶、废液缸和真空系统。其工作原理是在真空条件或者在蠕动泵作用下，把液体样品吸入预先设定光程长度的流通池中进行检测，检测完毕后，将测定的样品吸入废液缸中，下一个样品检测时，通过压力直接用待测样品对流通池进行润洗后采集待测样品光谱。光谱采集的波数范围为 12000～4000cm^{-1}，温度设为 40℃，分辨率为 4cm^{-1}，扫描次数为 32 次，光谱扫描时间约为 15s，以空气为背景，流通池光程设为 5mm。

近红外光谱仪、微型蠕动泵和自动进样盘均由多功能红外分析平台（universal method platform for infrared evaluation，UMPIRE Pro）软件控制。该软件具有光谱自动采集、命名、数据分析、模型调用、结果输出和保存等功能，可以驱动进样器、机械臂和蠕动泵等。定量分析时，预先设定好光谱预处理信息及建模分析方法，采集光谱后可调用模型，进行自动分析和保存，包括分析结果、进样参数、模型预处理参数、分析方法等信息。该软件可自行判断谱图异常而自动终止运行。

该实例在软件中设置酸值和过氧化值的参数，将 35mL 待测油样置于 40mL 的进样瓶中，放置在自动进样盘中，进样前先扫描背景光谱，机械臂通过进样针借助蠕动泵把待测样吸入流通池采集光谱。样品光谱扫描时间约为 15s，机械臂移动时间约为 10s，进样和润洗流通池时间约为 20s，因而一个样品的检测时间约为 45s，每小时可检测 90 个样品。

校正模型的建立：采用 PLS 法建立酸值和过氧化值定量模型。谱图预处理方法选择基线校正、多元散射校正（MSC）、标准正交变换（SNV）、Norris 导数平滑（NF）、Savitzky-Golay 平滑（SF）、一阶导数（MD）、二阶导数（SD）等。模型的评价指标选择相关系数（R）、校正标准偏差（RMSEC）和预测标准偏差（RMSEP）。

由表 7-6 可知，酸值的波数范围选择 5500～4600cm^{-1} 的建模效果较为理想，在此范围内谱图采用（6524，4823）两点基线校正和 SNV 处理，R 值达到 0.9897，RMSEC 值为 0.082mg/g，RMSEP 值为 0.114mg/g。同样，过氧化值模型的波数范围选择 8000～4450cm^{-1}，谱图处理采用 Norris 导数平滑结合一阶导数，R 值达到 0.9953，RMSEC 和 RMSEP 分别为 0.84mmol/kg 和 0.90mmol/kg。

表 7-6　谱图处理对食用油酸值和过氧化值建模效果的影响

AV 的 NIR-PLS 模型				PV 的 NIR-PLS 模型			
波数范围/cm^{-1}	谱图处理	R	RMSEC/(mg/g)	波数范围/cm^{-1}	谱图处理	R	RMSEC/(mmol/kg)
4941～4613	原始谱图	0.9701	0.145	8000～4450	原始谱图	0.9949	0.88
4941～4613	MD	0.9781	0.125	8000～4450	NF(15,6)+MD	0.9960	0.78
9000～4500	原始谱图	0.9783	0.124	8000～4450	SF(13,3)	0.9654	2.27
9000～4500	MSC+MD	0.9608	0.166	6050～4450	原始谱图	0.9847	1.02
5500～4600	原始谱图	0.9876	0.094	6050～4450	SF(13,3)+MD	0.9829	1.10
5500～4600	SNV	0.9897	0.082	6050～4450	NF(15,6)+MD	0.9953	0.84

模型的验证与预测：从市场上收集了不同种类和等级的食用油脂样品 40 个，采集光谱后，又用标准方法测定了酸值和过氧化值。比较酸值和过氧化值的预测值和实测值（图 7-9），结果显示，酸值和过氧化值的预测值与实测值的相关方程斜率接近于 1，截距接近于 0，R 值均大于 0.98，表明模型预测值与实测值比较接近，相对标准偏差值均小于 10%，符合检测标准要求。此外，t 检验表明该方法的重现性良好。

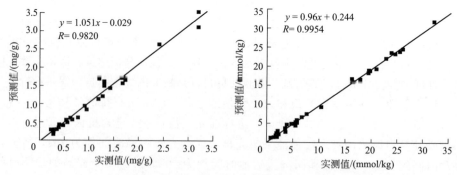

图 7-9　NIR-PLS 模型对食用油脂酸值和过氧化值预测效果
（谱图处理方法均为取一阶导数）

方法评价：该实例将近红外仪器结合连续进样流通池，通过软件实现了食用油酸值和过氧化值的快速检测。基于 FT-NIR-PLS 的酸值和过氧化值校正模型的预测效果良好，预测结果与标准方法接近，相对标准偏差均小于 10%，准确度和重复性符合检测要求。此外，在方法可靠的基础上，该实例提出的方法实现了自动、快速分析，检测速度可达到每小时 90 个样品。

7.5　拉曼光谱用于食用油脂的质量参数分析

实例 86　Raman-PLS 预测橄榄油的过氧化值、K_{232} 和 K_{270}[10]

背景介绍：影响橄榄油品质的有内因和外因两个方面，内因是橄榄的品种和生长条件，包括成熟度等，外因是指橄榄油的加工与储存技术和条件。其中，氧化是影响橄榄油品质的重要因素。通常，橄榄油的氧化程度用过氧化值、K_{232} 和 K_{270} 等参数表示。过氧化值表示含有 O—O 基团过氧化物的多少。过氧化物很不稳定，容易氧化生成醇、醛、酮、共轭二烯和三烯，以及饱和与不饱和的环氧化物。这些氧化产物极大地降低了橄榄油的营养价值。K_{232} 和 K_{270} 是共轭二烯和共轭三烯的紫外特征吸收，因此，K_{232} 和 K_{270} 的强度可以表示次级氧化产物。欧盟规定，特级初榨橄榄油的过氧化值不应超过 20mmol/kg，紫外吸收光度值 K_{232} 和 K_{270} 分别不得高于 2.50 和 0.22。

测定过氧化值的标准方法是碘量法，测定 K_{232} 和 K_{270} 参数需要将油样溶解于环己烷中。这些方法的准确度受多种干扰因素影响，要求操作人员具备丰富经验，同时实验步骤烦琐、费时。分子光谱具有简单、快速、无损的优点。近年来，拉曼光谱发展迅速，已经在油脂掺伪和组成分析方面开展研究应用。该实例尝试应用便携式低分辨拉曼光谱建立橄榄油过氧化值、K_{232} 和 K_{270} 等质量参数的定量模型，并且考察模型的预测能力。

样品与参考数据：收集 4 个新鲜的初榨橄榄油样品，样品来自两个品种，即 Picual（P）和 Arbequina（A），分别配制 P：A＝100：0、60：40、40：60、20：80 的两两混合样品共 32 个。将样品置于 100℃烘箱中加热 189h，每 4h 取出部分留样备用。过氧化值、K_{232} 和 K_{270} 等参数的测定依据欧盟 EEC/2568/91 和 EEC/1429/92 推荐方法测定，结果见表 7-7。

表 7-7　所有橄榄油样品质量参数（过氧化值、K_{232} 和 K_{270}）**的测定结果**

质量指标	含量范围	平均值	标准偏差(SD)
PV/(mmolO$_2$/kg)	3.68～74.59	22.22	10.57
K_{232}	1.30～6.52	3.18	0.74
K_{270}	0.09～1.02	0.48	0.20

光谱仪器与测量：便携式低分辨拉曼光谱仪 RH-3000 带光纤探头，激光光源波长 785nm，波数范围 2700～200cm^{-1}，分辨率 10cm^{-1}。采集样本时设定激光光源功率为 190mW，得到一张典型的橄榄油拉曼光谱谱图。谱图中可用的信息位于 1800～800cm^{-1} 区域，包括位于 1265cm^{-1}、1300cm^{-1}、1439cm^{-1}、

$1651cm^{-1}$ 和 $1747cm^{-1}$ 的谱峰（谱峰归属情况参见表 5-23）。

校正模型的建立与预测：采用 PLS 建立校正模型，首先随机将样本分为校正集（100 个）和验证集（26 个）。然后是剔除界外样本，选择不同的谱图处理方法，以不同 PCA 和 PLS 因子考察，图 7-10 是谱图经过均值中心化后，潜在变量 1 与潜在变量 3 的关系图（即 LV1 和 LV3），很明显，少量样本超出了 95％范围，被判定为界外样本，予以剔除，最终确定校正集样本 95 个、验证集样本 22 个。接着，以 PLS 方法分别建立过氧化值、K_{232} 和 K_{270} 三个参数的校正模型，模型的验证采用留一法交叉验证，模型的评价参数相关系数（R）、交叉验证校正标准偏差（RMSECV）、预测标准偏差（RMSEP）和验证与预测标准偏差的比值（RPD）结果见表 7-8。图 7-11 是校正模型对橄榄油三个参数的预测值与实际值的对比图，由图可见：基于 Raman-PLS 模型对 PV、K_{232} 和 K_{270} 的预测效果较好，结合它们的 RPD 值，其中过氧化值模型的 RPD 值为 3＜RPD＜5，可以根据实际情况应用便携式低分辨的 Raman-PLS 完成过氧化值的预测和筛查。

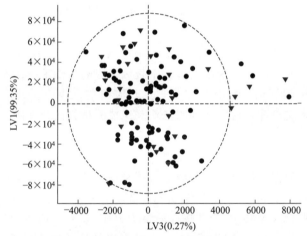

图 7-10　以 LV1 和 LV3 判断界外样本

（●是校正集样本；▼是验证集样本）

表 7-8　预测橄榄油过氧化值、K_{232} 和 K_{270} 的 Raman-PLS 模型评价参数

质量指标	R^2	RMSEC	RMSECV	RMSEP	RPD	预测偏差
PV/(mmolO$_2$/kg)	0.911	1.9903	2.3633	2.5743	4.11	−0.15463
K_{232}	0.874	0.13861	0.35827	0.3693	2.00	−0.064425
K_{270}	0.901	0.054476	0.069165	0.07851	2.50	−0.0088974

方法评价：本实例应用建立了 Raman-PLS 预测橄榄油过氧化值、K_{232} 和 K_{270} 三个参数的校正模型。模型的预测效果较好，其中模型预测过氧化值的 RPD 值达到了 4.50，对实际应用有很好的参考价值。此外，由于本实例采用的是便携式低分辨拉曼光谱仪，携带方便、成本低廉，均为现场分析

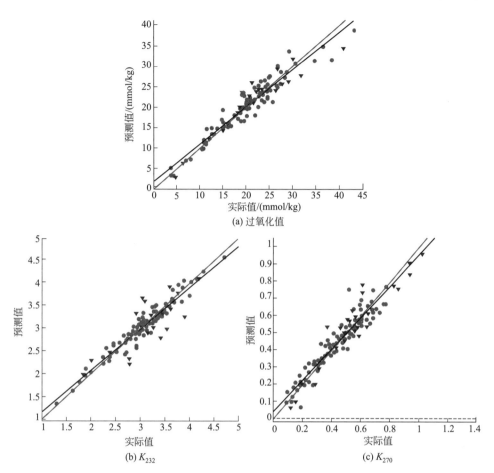

图 7-11　Raman-PLS 定量模型橄榄油样品质量参数的预测值与实测值比较
（●是校正集样本；▼是验证集样本）

提供了条件。

7.6　荧光光谱用于食用油脂的质量参数分析

实例 87　荧光光谱结合 PLS 预测橄榄油的过氧化值、酸值、K_{232} 和 K_{270} [11]

背景介绍：橄榄油的质量控制涉及的检测内容非常多，除了过氧化值、酸值、K_{232} 和 K_{270} 等安全指标，还有色素、甾醇和酚类物质等。检测项目众多，使得检测橄榄油的成本很高且耗费时间。分子光谱具有简便快速的特点，其中分子荧光还有灵敏度高且成本低廉的优势。因此，本实例尝试通过荧光光谱结合化学计量学建立预测橄榄油的过氧化值、酸值、K_{232} 和 K_{270} 等质量参数的定量模型，内容涉及橄榄油在不同氧化状态下产生的氧化物及其呈现出的分子荧光特征。

样品与参考数据：从西班牙收集 90 个橄榄油样品，其中 70 个是初榨油、20 个是经过高温精炼的果渣油。同时，为了获得不同氧化程度的油脂，取其中 10 个油样进行快速氧化实验，即放置在 110℃烘箱中加热 96h，并且每 5h 取出一部分油，冷却至室温后备用。此外，为了获得高酸值的油样，收集 30kg 橄榄果，室温放置在密闭的塑料袋中，每周取出一份橄榄果加工成橄榄油。所有样品的参考数据均按照标准方法（EEC/2568/91 和 EEC/1429/92）获得，表 7-9 列出样本的过氧化值、酸值、K_{232} 和 K_{270} 的数值范围和平均值。

表 7-9　所有橄榄油样品质量参数（过氧化值、酸值、K_{232} 和 K_{270}）的测定结果

质量指标	含量范围	平均值	R_{cv}^2	RMSECV	R_p^2	RMSEP
PV/(mmolO$_2$/kg)	1.5～105.5	22.3	0.892	2.32	0.679	0.88
AV/(mg/kgKOH)	0.1～16.5	2.4	0.965	8.17	0.902	5.81
K_{232}	1.4～3.18	2.4	0.881	0.32	0.907	0.28
K_{270}	0.1～0.84	0.3	0.939	0.06	0.924	0.08

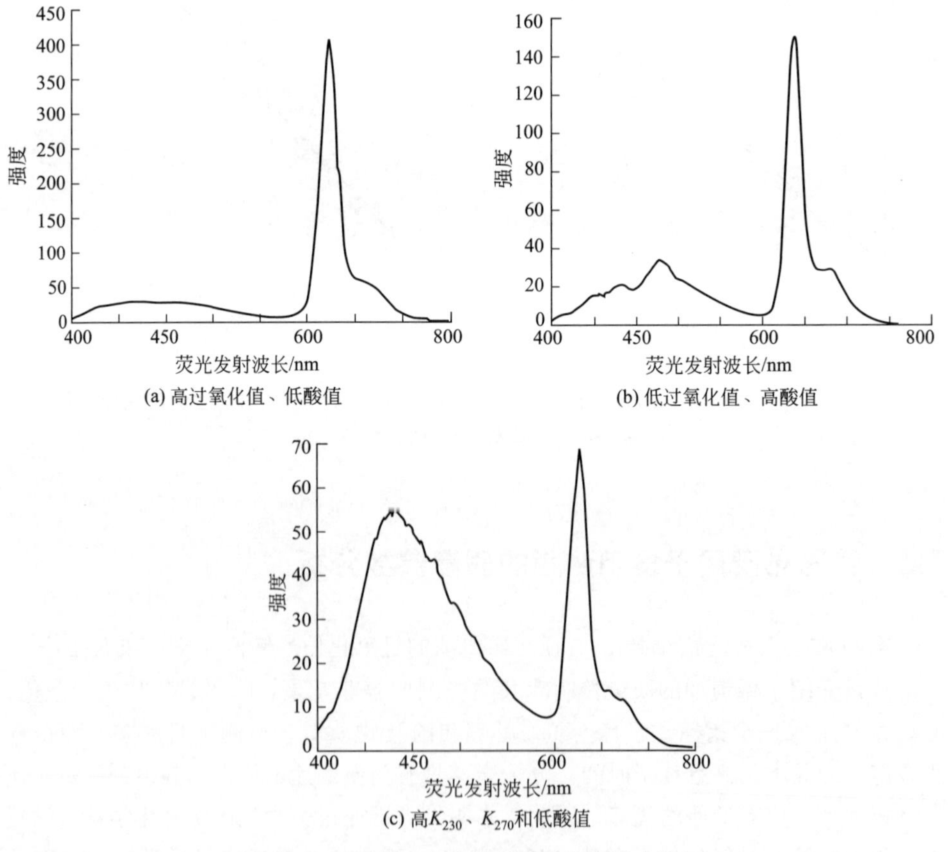

(a) 高过氧化值、低酸值

(b) 低过氧化值、高酸值

(c) 高K_{230}、K_{270}和低酸值

图 7-12　不同氧化程度橄榄油的分子荧光谱图

（激发波长为 300～400nm，以 10nm 步进，发射波长为 400～800nm）

　　光谱仪器与测量：Cary Eclipse 荧光分光光度计，配备连续氙灯光源，激发和发射单色器及 800V 光电倍增管。首先收集了几种典型样本的三维荧光谱图；然后，所有样本谱图收集采用聚甲基丙烯酸甲酯样品池（10mm×10mm，4.5mL），以直角方式测量；设置激发和发射狭缝宽度为 5nm。在 300～400nm 的激发波长（10nm 步进）下收集 400～800nm 的发射谱图。值得注意的是，本实例中的样本没有经过前处理，只是剧烈混合后直接置入样品池采集谱图。这样做的目的是提高分析效率。

　　比较不同氧化程度橄榄油的三维荧光谱图（没有显示），油脂无论是新鲜还是氧化在 660nm 左右都有一个强峰；氧化油脂在 415～600nm 范围出现荧光谱峰。实例最后给出不同质量参数对应的荧光谱图（图 7-12）。由图可见：高过氧化值谱图的 660nm 处的谱峰强度很高；随着氧化程度的加深，即进入次级氧化阶段，660nm 处的谱峰强度逐步降低，415～600nm 范围开始出现谱峰，其中高酸值谱图的特征谱峰位于 470nm 左右，高 K_{230}、K_{270} 值的谱图则在 415～600nm 出现强的宽峰，而 660nm 处的谱峰强度进一步降低。

　　校正模型的建立与预测：采用 Matlab 建立荧光-PLS 校正模型。首先将样品随机分为校正集（60 个样本）和验证集（30 个样本），没有作任何谱图处理，直

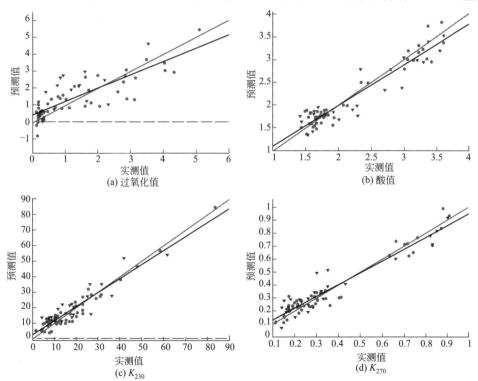

图 7-13　荧光光谱-PLS 模型对校正集（•）和验证集（▾）样本的预测效果

接建模；然后以校正模型预测校正集和验证集样本，并将预测值与实测值进行比较。结果见图 7-13。

方法评价：本实例通过制备不同氧化状态的橄榄油，分析这些油脂的分子荧光谱图的差异，结合 PLS 方法建立过氧化值、酸值和 K_{230}、K_{270} 值四个参数的定量模型，模型的预测能力的评价参数与实际值存在差异。说明荧光法定量测定质量参数的可靠性还需要进一步考察。由于食用油脂是一个非常复杂的体系，分子荧光非常灵敏，且干扰因素较多，但荧光光谱仪器成本价廉，因此，探索基于荧光光谱的检测方法具有实际意义。

◆ 参考文献 ◆

[1]　AOCS Cd 1e-01 Iodine value by pre-calibrated FT-NIR.

[2]　于修烛, 杜双奎, 王青林, 等. 傅里叶红外光谱法油脂定量分析研究进展. 中国粮油学报, 2009, 24 (1): 129-136.

[3]　陈佳, 于修烛, 刘晓丽, 等. 基于傅里叶变换红外光谱的食用油质量安全检测技术研究进展. 食品科学, 2018, 39(7): 270-277.

[4]　Zhang W L, Li N, Feng Y Y, et al. A unique quantitative method of acid value of edible oils and studying the impact of heating on edible oils by UV-Vis spectrometry. Food Chem, 2015, 185: 326-332.

[5]　秦小园, 张建新, 于修烛, 等. 紫外光谱法检测食用油过氧化值. 食品科学, 2013, 34(12): 199-202.

[6]　Uncu O, Ozen B. Prediction of various chemical parameters of olive oils with Fourier transform infrared spectroscopy. LWT-Food Sci Techn, 2015, 63: 978-984.

[7]　Pizarro C, Esteban-Díez I, Rodríguez-Tecedor S, et al. Determination of the peroxide value in extra virgin olive oils through the application of the stepwise orthogonalisation of predictors to mid-infrared spectra. Food Control, 2013, 34: 158-167.

[8]　Adewale P, Mba O, Dumont M J. Determination of the iodine value and the free fatty acid content of waste animal fat blends using FT-NIR. Vib Spectrosc, 2014, 72: 72-78.

[9]　于修烛, 张静亚, 李清华, 等. 基于近红外光谱的食用油酸价和过氧化值自动化检测. 农业机械学报, 2012, 43(9): 150-159.

[10]　Guzmán E, Baeten V, Pierna J A F, et al. Application of low-resolution Raman spectroscopy for the analysis of oxidized olive oil. Food Control, 2011, 22: 2036-2040.

[11]　Guzmán E, Baeten V, Pierna J A F, et al. Evaluation of the overall quality of olive oil using fluorescence spectroscopy. Food Chem, 2015, 173: 927-934.

第8章

分子光谱用于食用油脂的氧化分析

8.1 概述

食用油脂中含有不饱和双键，加工和储存过程中很容易发生氧化。如果受到光、氧、热、金属等外来因素影响，则氧化进程加速，导致油脂劣变，最常见的劣变方式是高温煎炸。油脂氧化过程非常复杂，目前还没有方法能够全面、准确地反映整个过程。通常，人们将油脂氧化分为初级氧化（或一级氧化）和次级氧化（或二级氧化）两个阶段，初级氧化产物为氢过氧化物（hydroperoxide）。氢过氧化物极不稳定，迅速氧化生成醛、酮、醇、酸和聚合甘油酯等次级氧化产物。油脂的氧化产物不仅影响油脂的风味、色泽，而且对生物膜、酶、蛋白质和核酸造成破坏，容易诱发多种疾病，严重危害人体健康[1]。因此，及时、准确、便捷地监测（或检测）油脂的氧化进程和氧化产物十分重要。一方面人们可以采取有效措施减缓或防止油脂氧化；另一方面，也对评价油脂的质量与安全具有现实意义。

传统检测油脂氧化的方法很多，包括过氧化值（peroxide value，PV）、p-茴香胺值（p-anisidine value，p-AV）、酸值（acid value，AV）、羰基值（carbonyl value，CV）、2-硫代巴比妥酸值（2-thiobarituric acid，TBA）、极性组分（total polar compounds，TPC）等。此外，也可以通过测定油脂在 232nm 和 270nm 波长处的紫外吸光度来判断油脂氧化程度。由于反式脂肪酸（trans-fatty acids，TFA）对人体心血管等多种疾病存在风险，油脂氧化过程往往发生顺反异构反应，使顺式脂肪酸转化为反式脂肪酸。因此，反式脂肪酸的含量也是油脂氧化的一个重要指标。

8.1.1 食用油脂的氧化

油脂氧化是一个非常复杂的过程，涉及许多物理变化和化学反应，这些变化和反应往往同时进行，相互作用，并且受到多种因素影响。目前，还没有一个简单、有效的检测方法适用于油脂氧化经历的所有过程或阶段，也没有一种方法能够同时测定所有的氧化产物。

油脂氧化主要分为自动氧化、光敏氧化和酶促氧化。其中，自动氧化是油脂和含油食品变质的主要原因。自动氧化是油脂中活化的含烯基底物（不饱和脂肪酸）与基态氧在室温下，经光照和催化剂发生的链式反应。它与所有的链反应一样，包含链引发期、链增长期和链终止期三个阶段。油脂氧化过程的实质是油脂氧化降解，包括氧和油脂底物的消耗，以及初级、次级氧化产物的产生，因此油脂氧化检测就是对上述四类物质含量变化的检测。在油脂氧化的初始阶段，人们可以通过测量氧气的含量变化来评估油脂氧化。然而，随着氧化程度的加深，复杂的介质对氧消耗产生了干扰反应，不利于检测。因此，目前氧消耗检测主要用于抗氧化剂的活性研究。对于油脂氧化的底物，理论上可以通过对容易氧化的底物进行检测，达到了解油脂氧化程度的目的。然而，事实上油脂中的底物多样，还有各种干扰物质，并且不同来源的油脂组成成分也存在较大的差异性。因此，准确检测油脂的氧化底物非常复杂且烦琐。目前，测定油脂氧化的初级和次级氧化产物是研究油脂氧化的最常用方法[1]。

8.1.2 检测油脂氧化的方法或指标

油脂初级氧化产物主要是氢过氧化物，几乎所有的油脂氧化均会产生氢过氧化物。然而，氢过氧化物极不稳定，其含量在油脂氧化初期（链增长期）不断上升，后期（链终止期）又逐渐下降（图 1-9）。因此，氢过氧化物的测定仅仅限于氧化作用的初始阶段，具体实验操作时，温度不宜太高，否则氢过氧化物就会分解。

分析油脂初级氧化过程的方法主要是根据氢过氧化物的氧化性质设计的，包括碘值、过氧化值、Fe^{2+} 氧化法、荧光探针和高效液相色谱法（HPLC）。此外，根据氢过氧化物的双键重排形成稳定的共轭二烯结构设计出共轭二烯酸法等[1]。油脂氧化初期的产物很不稳定，会继续氧化生成次级氧化产物。次级氧化又分解生成一系列小分子化合物，如醛、酮、酸和烃类等小分子物质，这些氧化产物也用于评价油脂的氧化程度。譬如酸价用于检测油脂氧化产生的游离脂肪酸；2-硫代巴比妥酸值用于分析油脂氧化产生的丙二醛；p-茴香胺值用于测定油脂氧化产生的 α-不饱和醛和 β-不饱和醛；羰基值用于测量油脂氧化产生的大量羰基化合物，而油脂氧化产生的所有极性物质的总量可以通过极性组分来测定，目前我国规定，煎炸油脂中的极性组分不应超过 27%。同时，根据氧化油脂中挥发性次级氧化产物，人们也逐渐发展出气相色谱法（GC）、气相色谱-质谱联用法（GC-MS），通过检测油脂氧化后的黏度、颜色、重量、折射率等物理指标可以辅助评价油脂的氧化程度。

综上，油脂氧化非常复杂，氧化产物多样且不稳定，因而涉及多种油脂氧化检测方法。这些方法的灵敏度、精确度各有优劣，常常需要相互佐证。上述油脂氧化测定方法大多为湿法化学分析方法，样品处理较为复杂，操作步骤中需要使用和消耗大量的有机溶剂和化学试剂，对实验人员和环境的影响较大，并且多为实验室分析方法。因此，不断开发、改进和完善油脂氧化的检测方法，提高油脂氧化评价方法的准确度和简便性，实现无试剂或减少化学试剂用量，发展快速甚至在线检测方法的油脂氧化分析是总体趋势。

8.1.3 分子光谱法检测油脂氧化

分子光谱在监测（或检测）油脂氧化方面具有独特的优势。其中，以中红外光谱技术最为典型。中红外光谱的吸收峰由分子基团的基频振动产生，谱峰灵敏且尖锐。食用油脂本身是一个复杂的混合物体系，其氧化过程涉及多种化合物的结构与比例变化。应用中红外光谱，特别是加热型衰减全反射等实时监测附件研究油脂氧化过程，具有简单、直观的特点。将收集的油脂（加热）氧化过程谱图结合化学计量学方法，如取导、去卷积或多变量曲线分辨-替代最小二乘法（MCR-ALS）等，可以有效提高吸收峰的分辨率，丰富谱图信息。实例92即采用FT-MIR结合MCR-ALS发现：油脂氧化过程中羰基（C＝O）拓宽至$1728cm^{-1}$处，原因是氧化产生了不饱和醛酮化合物。此外，利用谱峰之间的比例变化可以推测或比较油脂的氧化稳定性。实例89利用自定义的氧化光谱指数，通过指数与加热时间的关系，直观地观察到油脂的氧化诱导时间，为油脂氧化稳定性的测定提供了新的思路。

同样，紫外-可见光谱、拉曼光谱和荧光光谱也可以直接、实时监测油脂氧化谱图，根据特征谱峰的变化，获得油脂氧化的有用信息。实例88通过紫外-可见光谱结合MCR-ALS解析油脂热氧化过程的谱图，分析出维生素E和氧化产物随氧化程度的浓度变化。荧光光谱监测油脂氧化的优势突出，分别应用常规荧光光谱、时间分辨荧光和同步荧光方法等，可以解析出油脂氧化发生的一系列化学变化。拉曼光谱和近红外光谱在油脂氧化分析中主要用于氧化组分或指标的定量分析。然而，拉曼和近红外的快速、便携优势将为这些技术将来实现在线监测油脂生产过程提供基础。总之，分子光谱分析油脂氧化所具有的直观、简单、快速等优势，将对研究油脂稳定性和氧化过程的化学变化提供基础和条件。

8.2 紫外光谱用于食用油脂的氧化分析

实例88 UV-Vis结合化学计量法监测食用油的加热过程[2]

背景介绍：食用油脂容易氧化，但不同种类油脂的氧化稳定性不同，即抵抗氧化的能力不同。通常人们认为，特级初榨橄榄油抵御氧化的能力强于其他食用油，原因是其脂肪酸组成为高比例的单不饱和脂肪酸（55%～88%），且多不饱和脂肪酸含量低，并含有维生素 E 和酚类化合物等抗氧化成分。其中维生素 E 是 α、β、γ、δ-生育酚和生育三烯酚的统称，是油脂中的主要抗氧化物质。该实例的目的是通过紫外光谱监测不同种类食用油的加热过程，并且结合多变量曲线分辨-替代最小二乘法（multivariate curve resolution-alternating least squares，MCR-ALS）考察维生素 E 和油脂氧化物质与加热温度的关系。

样品收集与谱图扫描：收集巴西市售大豆油、菜籽油、玉米油、葵花籽油和橄榄油，购买维生素 E 标准品。每种油分别从 30℃升温至 170℃，每间隔 10℃收集室温和每个温度段的油脂样品，并且扫描样品的 UV-Vis 光谱图。UV-Vis 仪器的扫描范围是 300～540nm，样品池光程为 1mm 石英池。化学计量学方法采用 Matlab 中的 MCR-ALS 方法。

谱图分析与结果讨论：MCR-ALS 是一种双线性方法，它假设观测到的谱图是由纯物质谱图的线性组合而成。因此，应用 MCR-ALS 可将食用油 UV-Vis 谱图分解为两种不同组分，观察这两种组分的谱图及其浓度变化。也就是说，通过 MCR-ALS 分析不同种类食用油的 UV-Vis 谱图，可以监测油脂加热过程中维生素 E 和油脂氧化产物等组分的浓度变化。

由图 8-1 可知：无论是何种植物油，油脂中的维生素 E 和油脂氧化产物浓度均随加热温度的升高发生变化，并且温度越高，变化越剧烈。其中，抗氧化剂维生素 E 的浓度随温度的升高而降低，而氧化产物的浓度则随温度的升高而升高，这两类物质的变化几乎同步（两条组分变化曲线几乎是上下对称的）。比较分析发现：不同种类植物油的维生素 E 和氧化产物发生变化的初始温度不同，大豆油、菜籽油、玉米油、葵花籽油和橄榄油中维生素 E 和氧化产物发生变化的初始温度分别是 50℃、85℃、50℃、110℃ 和 70℃。该结果反映出的各油脂的氧化特性为：大豆油和玉米油的抗氧化能力最弱，葵花籽油的抗氧化能力最强，菜籽油和橄榄油的抗氧化能力居中。

方法评价：该实例通过简单的 UV-Vis 谱图监测不同植物油的加热氧化过程，结合化学计量的 MCR-ALS 方法观测到维生素 E 和油脂氧化产物的相对浓度变化，获得不同油脂的抗氧化能力。但遗憾的是，该实例缺乏与氧化稳定性的酸败实验的对比数据。酸败实验除了考虑到温度对油脂的影响，还兼顾了氧气的因素，更接近于实际情况，只是操作步骤相对复杂。同时，该实例在方法介绍时没有明确每个加热温度的持续时间，使得数据和结论缺乏严谨性。不过，该实例介绍的新方法为后续开发分子光谱分析方法提供了思路。

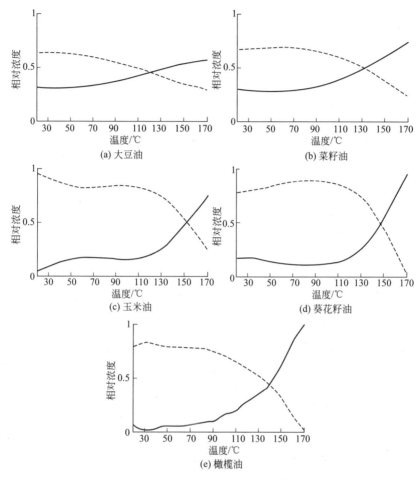

图 8-1　不同植物油中维生素 E（虚线）和氧化产物（实线）随加热温度的
相对浓度变化

8.3　中红外光谱用于食用油脂的氧化分析

实例 89　FT-MIR 氧化监测数据结合光谱指数研究油脂氧化动力学[3]

背景介绍：油脂氧化一直是油脂分析领域的难点。目前分析油脂氧化的方法有化学滴定法测定氢过氧化物（或过氧化值），气相色谱法（或气相色谱-质谱联用法）测定饱和、不饱和醛等挥发性化合物，液相色谱法测定难挥发的氧化产物，以及其他检测氧气和底物消耗量的方法等。尽管这些方法能够给出油脂氧化过程的具体信息，但无法预测油脂的氧化稳定性。此外，这些方法费力耗时。应用 FT-MIR 监测油脂氧化过程，具有简单、连续、快速的优点。该实例采用自制的加热池实时监测 7 种食用油加热氧化过程，并通过解读谱图中各特征峰的强度变化，最终定义了氧化光谱指数，获得了油脂氧化的动力学参数，包括不同油脂的氧化诱导时间（T_1）、半衰期（$T_{1/2}$）和终止时间（T_f），从而预测出不同油脂的氧化稳定性。

　　样品与参考数据：收集了法国马赛地区的市售食用油样品，包括花生油、初榨与精炼菜籽油、核桃油、葡萄籽油、大豆油和葵花籽油。以欧盟标准方法分析这些油脂中的脂肪酸含量（表 8-1）。结果表明，核桃油的不饱和脂肪酸的比例最高，花生油的最低。通常，油脂的氧化稳定性与不饱和脂肪酸的含量密切相关，不饱和脂肪酸的含量越高，油脂的稳定性越差。

表 8-1　不同食用油的脂肪酸含量（占总脂肪酸的比例）　　　　单位：%

食用油	饱和脂肪酸	单不饱和脂肪酸	双不饱和脂肪酸	三不饱和脂肪酸	多不饱和脂肪酸（双不饱和脂肪酸＋三不饱和脂肪酸）
核桃油	9.5	18.6	57.9	14	71.9
精炼菜籽油	5.7	69.7	15.8	8.8	24.6
葵花籽油	11.3	25.3	63.3	0.1	63.4
葡萄籽油	10.5	15.4	73.6	0.5	74.1
初榨菜籽油	7.2	63.7	20.2	8.9	29.1
大豆油	15.2	23.3	53.4	8.1	61.5
花生油	18.4	61.4	20.1	0.1	20.2

　　光谱仪器与测量方法：采用 Protégé 460 傅里叶变换红外光谱仪，波数范围 $4000 \sim 650 cm^{-1}$，分辨率 $8 cm^{-1}$。油脂氧化过程采用实验室自制的"氧化池"（图 8-2）。氧化池由两个金属加热槽构成，池中心安装有温度探头，并连接温度调节器以调节和控制池内温度。氧化池有气体入口和出口，可以根据需要通入空气（80%氮气＋20%氧气）和氩气两种气体，目的是模拟真实的油脂氧化过程。氧化池底部安装一块 NaCl 窗片（13mm×1mm），氧化池上面放置一块可拆卸的 NaCl 窗片（32mm×2mm）。采集样品谱图时，将 0.5mg 油样滴在氧化池的 NaCl 窗片上，约 10μm 厚。先通入氩气，气流速度设为 50mL/min，目的是除去油脂氧化过程产生的挥发性物质。然后设置氧化池升温程序，以 11℃/min 的速率从 25℃升温至 130℃，之后一直保持 130℃。此时，需要将通入氧化池的气体更换为空气（实验表明，如果通入氩气，即使加热 5h 也不产生氧化现象，说明氧气是油脂氧化的关键），然后启动 FT-MIR 光谱仪，在整个氧化过程中每 15min 收集一次谱图。

　　谱图解析：应用装有自制氧化池的 FT-MIR 仪器，分别采集前述 7 种油脂样品的红外谱图。结果表明，FT-MIR 谱图随油脂氧化发生变化。从图 8-3 可以看到，位于 $3008 cm^{-1}$ 处的脂肪酸双键的谱峰强度降低；位于 $3473 cm^{-1}$ 处的酯羰基的倍频峰的强度降低，并逐渐被 $3464 cm^{-1}$ 处的初级氧化产物——氢过氧化物谱峰所覆盖。同时，位于 $3535 cm^{-1}$ 处出现谱峰并迅速增强，该峰是二级氧化

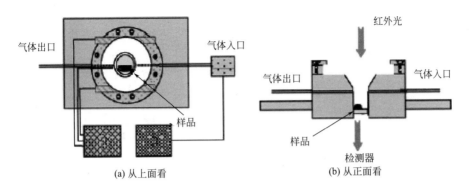

(a) 从上面看　　　　　　　　　　(b) 从正面看

图 8-2　油脂氧化池的示意图

1—老化池温度调节器；2—气体温度调节器

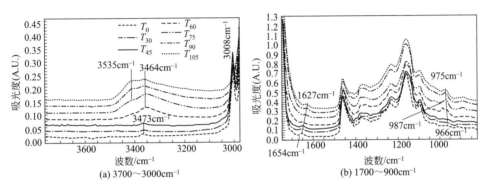

(a) 3700～3000cm⁻¹　　　　　　(b) 1700～900cm⁻¹

图 8-3　葵花籽油在不同氧化时间的红外光谱图

产物脂肪醇的特征峰。在低波数和指纹区，未氧化的油脂在 1654cm⁻¹ 处有顺式烯烃 C═C 的伸缩振动峰，该峰随着油脂氧化程度的加深逐渐减弱、消失；而在 1627cm⁻¹ 处出现了 α,β-不饱和醛、酮的特征峰。966cm⁻¹ 处是反式脂肪酸孤立双键的面外弯曲振动峰，该峰随油脂氧化被 987cm⁻¹ 和 975cm⁻¹ 处的两个弱峰替代，其中 987cm⁻¹ 处谱峰是反-反或顺-反共轭烯烃的弯曲振动峰，975cm⁻¹ 处谱峰则是带有孤立反式双键的醛酮特征峰。仔细观察图 8-3 可以看到，诱导时间一过，位于 987cm⁻¹ 处谱峰迅速消失，而位于 975cm⁻¹ 处谱峰迅速出现并增强，说明共轭化合物是油脂氧化的中间产物。

此外，位于 1746cm⁻¹ 处酯羰基（C═O）的谱峰随油脂氧化出现展宽现象。该实例采用傅里叶自解卷积方法对谱图进行了分析。结果发现，氧化油脂的 1746cm⁻¹ 两边出现了 1786cm⁻¹、1721cm⁻¹ 和 1706cm⁻¹ 三个肩峰（图 8-4），它们分别归属于羟基乙酸或乙酸的羰基（C═O）、脂肪醛的羰基和脂肪酸的羰基。

氧化光谱指数：该实例通过氧化光谱指数研究油脂氧化动力学。氧化光谱指数是以位于 3008cm⁻¹ 顺式 C—H 伸缩振动峰的强度计算得到，即首先将每个未氧化油脂的初始谱图的 3008cm^{-1} 谱峰强度归一化为 1,然后计算出不同氧化时间谱图中 3008cm^{-1} 谱峰的相对强度,结果可绘制得到图 8-5。由图可知,油脂的氧化阶段可以明显分为诱导期、氧化期和终止期三段。其中诱导期是指从实验开始到油脂开始氧化的时间,这个过程中油脂的 3008cm^{-1} 处谱峰强度稳定,吸光度不随加热时间发生明显变化;氧化期是指油脂发生氧化的过程,3008cm^{-1}处谱峰强度在此过程随加热时间延长出现急剧下降,直到完全谱峰消失;氧化期之后是终止期,在终止期油脂的红外谱图不再出现 3008cm^{-1} 谱峰。

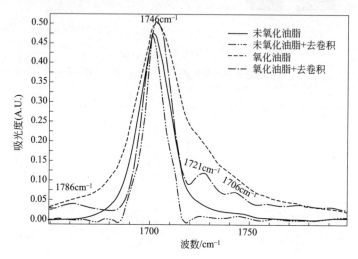

图 8-4　位于 1746cm^{-1} 处谱峰随油脂氧化的变化情况（FSD 是傅里叶自解卷积）

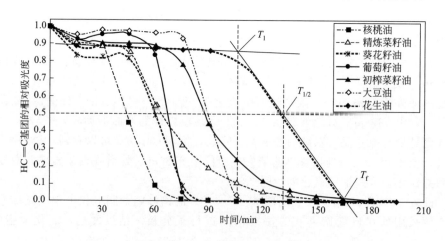

图 8-5　不同植物油的氧化光谱指数与加热时间的关系

通过 3008cm^{-1} 谱峰强度绘制的氧化动力学谱图,可以很快得出不同油脂氧化的诱导时间（T_1）、半衰期（$T_{1/2}$）和终止时间（T_f）,其中诱导时间是指

$3008cm^{-1}$ 谱峰出现拐点的时间，不同油脂的诱导时间不同，通过诱导时间可以评价油脂的氧化稳定性（表 8-2）。明显地，核桃油的诱导时间最短，花生油的最长，说明核桃油的氧化稳定性最差，这与其不饱和脂肪酸含量高密切相关。$3008cm^{-1}$ 谱峰强度变为 0 的时间为终止时间，诱导时间与终止时间的中点为半衰期。

表 8-2　应用氧化光谱指数得到的油脂氧化时间　　　　　单位：min

食用油	诱导时间（T_1）	半衰期（$T_{1/2}$）	终止时间（T_f）
核桃油	29	44	63
精炼菜籽油	43	64	92
葵花籽油	45	58	79
葡萄籽油	57	66	76
初榨菜籽油	68	89	117
大豆油	73	89	106
花生油	102	129	165

方法评价：该实例通过自制模拟油脂氧化的样品池来研究油脂的氧化稳定性，详细解读了油脂氧化过程的 FT-MIR 谱图，并且定义位于 $3008cm^{-1}$ 顺式 C—H 伸缩振动峰为氧化光谱指数，绘制出不同油脂的氧化动力学谱图，成功获得各植物油的诱导时间，为研究油脂氧化稳定性提供了新的思路和方法。

实例 90　透射 FT-MIR 结合 PLS 监测菜籽油煎炸薯条过程中的极性组分、羰基值、酸值、共轭二烯和共轭三烯[4]

背景介绍：油脂煎炸过程中涉及氧化、聚合和热降解等多种化学反应。油脂氧化可以通过检测反应过程产生的初级与次级氧化产物实现，包括极性组分（TPC）、共轭二烯（conjugated diene，CD）、共轭三烯（conjugated triene，CT）和羰基值（CV）。这些组分的常规检测方法大多涉及样品前处理和有毒试剂的使用，实验过程耗时费力。红外光谱具有简便、快速且环境友好的优点。该实例尝试应用透射 FT-MIR 技术建立快速监测油脂氧化产物极性组分、共轭二烯、共轭三烯和羰基值的方法。

样品与参考数据：购买巴基斯坦信德省当地市售的精炼菜籽油（新油），将洗净、切好并沥干的薯条放入 180℃ 油中持续煎炸 14h，得到煎炸油。将新油和煎炸油以不同比例混合［新油：煎炸油＝（9.5～1）：（0.5～9）］得到一系列氧化程度不同的油脂样品。采用常规方法检测油样中的极性组分、共轭二烯、共轭三烯和羰基值（表 8-3）。

表 8-3　基于 MIR-PLS 建立油脂氧化指标（TPC、CD、CT 和 CV 值）的校正模型

氧化组分	数值范围	谱图范围/cm^{-1}	n	R^2	RMSEC	RMSECV	RMSEP
TPC	2.10%～26.80%	1060～550	5	0.999	0.193	1.828	0.809
CV	8.04～40.27μmol/g	1060～550	3	0.992	1.320	3.771	0.690
CD	3.19～36.29mmol/L	1060～550	4	0.998	0.642	1.683	1.260
CT	0.05～8.76mmol/L	1060～550	5	0.999	0.072	0.271	0.735

光谱仪器与测量：Nicolet 5700 红外光谱仪，配备透射厚度为 $100\mu m$ 的 KCl 样品池，波数范围 $4000\sim400cm^{-1}$，分辨率 $4cm^{-1}$，扫描次数 32 次。以四氯化碳清洗样品池，谱图采用 TQ analyst 软件处理。

校正模型的建立与验证：采用 PLS 方法分别建立油脂样品中极性组分、共轭二烯、共轭三烯和羰基值的校正模型，谱图范围选择 $1060\sim550cm^{-1}$，模型的评价参数见表 8-3，这些数据包括最小预测残差平方对应的 PLS 因子（n）、校正模型的相关系数（R^2）、校正标准偏差（RMSEC）、交互验证标准偏差（RMSECV）和预测标准偏差（RMSEP）。

模型的预测能力考察：由表 8-3 的评价参数可知，FT-MIR-PLS 模型的相关系数较大，4 个氧化组分/指标的校正集相关系数均达到 0.990 以上。该实例中还对模型的预测能力进行了考察，表 8-4 列出了校正模型预测不同加热时间煎炸油的预测值与实际测定值的比较。从数据可以看出，基于透射 FT-MIR-PLS 的模型对极性组分等 4 种氧化组分/指标具有较好的预测能力。

表 8-4　透射 FT-MIR-PLS 模型对油脂氧化指标（TPC、CD、CT 和 CV 值）的预测效果

煎炸油加热时间 /h	TPC/%		CV/(μmol/g)		CD/(mmol/L)		CT/(mmol/L)	
	实测值	预测值	实测值	预测值	实测值	预测值	实测值	预测值
0	2.19	2.17	8.06	8.53	3.21	3.29	0.89	0.86
2	2.89	2.74	10.59	10.06	5.73	5.45	2.21	2.24
4	5.04	5.16	16.58	16.19	9.01	9.86	2.36	2.31
6	8.49	8.41	21.48	21.53	14.21	14.26	2.08	2.14
8	10.61	10.60	26.64	26.09	17.73	17.84	2.74	2.73
10	15.23	15.26	30.79	30.64	22.44	22.56	4.04	4.05
12	20.53	20.51	35.59	35.03	28.92	28.65	6.29	6.31
14	26.34	26.36	39.97	39.41	35.91	35.88	8.59	8.65

方法评价：该实例通过透射方式采集 FT-MIR 谱图建立极性组分等 4 种氧化组分/指标定量模型，其谱图范围选择 $1060\sim550cm^{-1}$，显示出较好的预测效果。然而，相对全反射附件的样品采集方式，KCl 样品池的使用和清洗相对复杂，特别是实例中用到毒性较大的四氯化碳清洗样品池。因此，可以考虑通过带有衰减全反射附件（ATR）的 FT-MIR 建立极性组分等 4 种油脂氧化组分的定量模型。尽管 ATR 谱图采集范围为 $4000\sim650cm^{-1}$，比透射样品池的谱图范围（$4000\sim400cm^{-1}$）相对窄一些。但从谱图分析，氧化油脂在 $650\sim550cm^{-1}$ 范围的谱峰可能对定量模型的影响不明显。因此，建议采用更为简便的全反射采集方式。

实例 91　应用 MIR 分光光度计研究特级初榨橄榄油的加热氧化过程[5]

背景介绍：特级初榨橄榄油具有很高的营养价值和健康保健作用，原因是其中含有大量单不饱和脂肪酸和多种抗氧化活性物质，如角鲨烯、维生素 E、甾醇和酚类物质等，这些微量的抗氧化物质对初榨橄榄油的氧化稳定性起到了重要作用。油脂氧化是一个非常复杂的过程，氧化后的油脂风味下降，并且产生有毒有害物质，不利于人体健康。该实例尝试应用中红外光谱技术监测橄榄油的加热氧化过程，考察特级初榨橄榄油的抗氧化能力，同时了解油脂氧化机理。

样品与参考数据：人工采摘了意大利西西里地区的三个品种的橄榄果，送至工厂加工（27℃下冷榨）制得特级初榨橄榄油。然后两两混合，制备得到具有当地特色的 3 个橄榄油样品（橄榄油Ⅰ、Ⅱ、Ⅲ）。橄榄油样品放置在密闭的玻璃瓶中，置于 23℃、暗处储存备用。氧化实验是为每个油样准备 7 个玻璃瓶，并注入 10mL 油样，分别放置在 30℃、60℃、90℃ 的烘箱中氧化，定期取出测定中红外光谱图，最长的氧化时间为 35d。

光谱仪器与测量：采用 Vertex 70 红外分光光度计，波数范围 4000～400cm^{-1}，分辨率 2cm^{-1}，扫描次数 100 次。测定时，将不同氧化程度下的油样滴入两个宝石窗口之间，使用 0.025mm Teflon 垫片。

谱图分析与氧化过程考察：结果表明，3 个橄榄油初始样品的红外谱图完全重合，随着加热氧化程度的加深，油脂的谱图发生变化，即位于 3468cm^{-1} 的谱峰（归属于酯羰基的倍频吸收）变宽且强度降低，位于 3530cm^{-1} 的谱峰（归属于次级氧化产物醇、醛或酮的羰基的吸收峰）强度升高。此外，位于 3435cm^{-1} 的谱峰（归属于初级氧化产物——氢过氧化物的特征吸收）强度降低（图 8-6）。

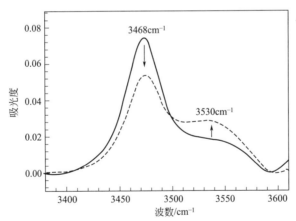

图 8-6　特级初榨橄榄油氧化前后的红外谱图变化
（实线为新鲜的特级初榨橄榄油；虚线为 90℃ 加热 35d 的氧化橄榄油）

为了了解油脂的氧化过程，实例绘制了前述 3 个橄榄油样品在加热温度为 90℃ 时，谱峰强度比（$A_{3468cm^{-1}}/A_{3530cm^{-1}}$）随时间的变化情况，从而了解油脂的加热氧化过程（图 8-7）。由图可知，加热时间为 0～3d 时，谱峰强度比例的变化最快，第 4d 之后开始下降，其中 4～14d 的下降速率较快，14d 后逐渐下降趋缓，到 21d 之后逐渐达到平稳。

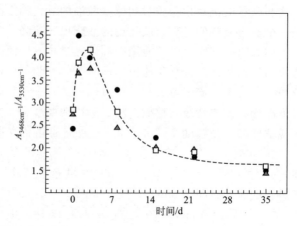

图 8-7　加热温度为 90℃时谱峰强度比（$A_{3468cm^{-1}}/A_{3530cm^{-1}}$）随时间的变化图
（□为橄榄油Ⅰ；●为橄榄油Ⅱ；▲为橄榄油Ⅲ）

　　方法评价：该实例通过中红外分光光度计监测了特级初榨橄榄油在不同氧化时间的 MIR 谱图，分析了位于 3648cm^{-1} 和 3530cm^{-1} 两个波数的谱峰强度变化，并绘制了这两个谱峰强度比例的变化图，并且从图中解读出油脂的氧化过程，具有较强的科学价值和参考意义。考虑到实例的目的是考察特级初榨橄榄油的抗氧化能力，但由于只考虑意大利当地的 3 种橄榄油样品，没有其他油脂样品的对比数据，因此，难以通过比较得出橄榄油抗氧化能力的强弱。建议扩大样品量，考察该方法的可行性。

　　实例 92　FT-MIR-ATR 结合多元曲线分辨-交替最小二乘法（MCR-ALS）监测橄榄油、葵花籽油和菜籽油的氧化过程[6]

　　背景介绍：油脂容易在其生产、运输和储藏过程中发生氧化，导致油脂质量下降，甚至危害人体健康。油脂的氧化过程属于自由基链式反应，涉及链的引发、增长和终止，光照、加热、自由基、光敏色素、金属离子等均有可能引发油脂氧化。油脂的氧化产物分为初级和次级氧化产物。通过过氧化值、紫外吸收值（K_{232}、K_{270}）、p-茴香胺值和硫代巴比妥酸值等测定氧化产物，判断氧化程度。然而，这些指标的传统检测方法有操作费时、烦琐的缺点。许多学者尝试应用分子光谱技术，如中红外、近红外、拉曼光谱等分析油脂的氧化指标，却很少用于监测油脂的氧化过程。该实例应用中红外光谱-水平衰减全反射技术（FT-MIR-HATR）监测橄榄油、葵花籽油和菜籽油的加热氧化过程，并结合主成分分析（PCA）、多元曲线分辨-交替最小二乘法（MCR-ALS）方法解读谱图，研究氧化过程中油脂组分的分子结构变化。

　　样品与参考数据：共收集了 11 个食用油样品，包括 3 个特级初榨橄榄油、1 个橄榄果渣油、2 个精炼橄榄油、3 个冷榨菜籽油和 2 个精炼菜籽油。油脂氧化实验是将 40mL 的油样放在直径为 70mm 的无盖盘子中，盘子的表面积与体积

的比例为 $0.96 cm^2/mL$，放置在对流型的烤箱中，温度设为 $60℃$。每 3d 取一次样品，并收集谱图、分析数据，总共的氧化时间为 15d。

　　样品过氧化值（PV）的测定采用欧盟的标准方法 EU 61/2011 和 EEC 2568/91，PV 的单位以每千克脂肪中活性氧的毫物质的量表示（$mmolO_2/kg$），见图 8-8。由图可见：橄榄油的 PV 随时间的变化最不明显；菜籽油和葵花籽油的 PV 随氧化时间的延长而快速增加，特别是 6～9d 后，PV 的增速加剧。其中，葵花籽油的 PV 增加速率要大于菜籽油。图 8-8 的数据表明：葵花籽油的氧化稳定性最差，橄榄油的最好，菜籽油的居中。对于葵花籽油和菜籽油来说，精炼油脂的氧化稳定性降低。

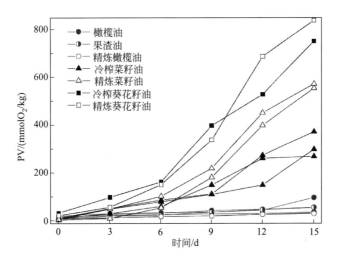

图 8-8　不同种类食用油的 PV 值在 $60℃$ 下随氧化时间的变化

　　光谱仪器与氧化过程监测：红外光谱仪（Spectrum 100）配 ATR 附件，波数范围 4000～$650 cm^{-1}$，分辨率 $4 cm^{-1}$，扫描次数 16 次。依照上述条件监测不同氧化时间的油脂红外谱图，结果发现，橄榄油的 FT-MIR 谱图几乎不随氧化时间的延长发生变化。相应地，菜籽油的红外监测谱图可以观察到变化，而葵花籽油的谱图变化最为明显，说明橄榄油、菜籽油、葵花籽油的氧化稳定性依次降低。

　　图 8-9 显示的是冷榨菜籽油随氧化时间的谱图变化。由图可见：最大的变化位于指纹区，其中 $968 cm^{-1}$ 和 $986 cm^{-1}$ 谱峰强度增加，其对应的是反式双键的形成；位于 $710 cm^{-1}$ 谱峰强度的降低，意味着氧化过程顺式双键的比例降低；相应地，位于 $3006 cm^{-1}$（归属于顺式双键连接的 C—H 伸缩振动）的谱峰强度下降。此外，过氧化物的 $3500 cm^{-1}$ 谱峰呈现细微增加，而归属于羰基化合物的 $1744 cm^{-1}$ 弱峰也有微弱变化。

　　结合 PCA 和 MCR-ALS 方法解析油脂氧化过程：该实例分别采用 PCA 和 MCR-ALS 解析氧化油脂的红外光谱图。其中，MCR-ALS 是将光谱图的矩阵数

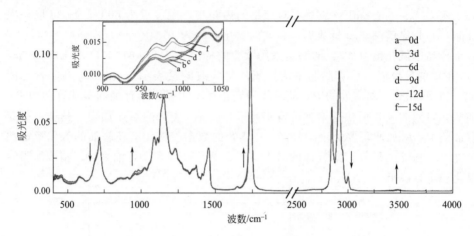

图 8-9　冷榨菜籽油在 60℃下氧化 0～15d 期间的中红外光谱图

据分解为谱图和浓度曲线。MCR 分解光谱依据方程 $\boldsymbol{D}=\boldsymbol{C}\boldsymbol{S}^\mathbf{T}+\boldsymbol{E}$，其中 $\boldsymbol{D}$ 是在不同氧化程度油脂的光谱矩阵，$\boldsymbol{C}$ 是浓度变化矩阵，$\boldsymbol{S}^\mathbf{T}$ 是纯物质光谱对应的矩阵，$\boldsymbol{E}$ 是建模的残差矩阵。化学计量学方法的运算和分析采用 Unscrambler 软件实现。首先对所有谱图进行多元散射校正（MSC）处理，然后再分别进行 PCA 和 MCR-ALS 分析。

　　PCA 分析的结果显示（图 8-10）：三类食用油在 PCA 图中可以完全分离，其中橄榄油无论氧化时间长短，均聚成一簇；菜籽油则随着氧化时间的延长逐渐向下移动，并且随氧化时间的延长逐渐增大距离，这一现象葵花籽油的 PC 图表现最为明显 [图 8-10(a)]。主成分 1（PC1）的占比为 75%，图 8-10(b) 显示了 PC1 对应的谱峰贡献。由图显示：顺式双键 710cm^{-1}、3008cm^{-1} 谱峰的强度降低，甘油三酯的羰基（1742cm^{-1}）谱峰也有所减弱，而反式双键、氢过氧化物和羰基化合物的 987cm^{-1}、3440cm^{-1} 和 1728cm^{-1} 谱峰强度则有轻微增强。

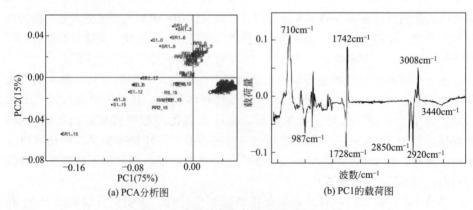

图 8-10　食用油氧化前的 MIR-PCA 分析

　　MCR-ALS 的分析目的是确定光谱矩阵中化学组分的数量，并给出这些化合组分的光谱图与对应贡献浓度。应用 MCR-ALS 分析实例食用油氧化的 MIR 谱图，结果发现，MIR 谱图矩阵被分解为三类化学组分，即组分 1、组分 2、组分 3（注意这里的化学组分并非是一种或一类化合物，而是指由 MCR-ALS 分解出的组分），并且每个组分随油脂氧化程度的加深发生明显变化。组分 1 在所有油脂氧化之初的贡献率相同，随着加热时间的延长，组分 1 的贡献率开始逐渐增加，不同油脂中组分 1 的贡献增速不同，其中，组分 1 的贡献在精炼葵花籽油氧化过程的增速最快。同样方法分析得出：组分 2 的贡献率为葵花籽油＞菜籽油＞橄榄油。不同的是，组分 3 对菜籽油和葵花籽油的贡献率降低了。图 8-11(a) 是应用 MCR-ALS 分解出的组分光谱图，图 8-11(b) 则是各组分对应的贡献程度（以相对浓度表示）。

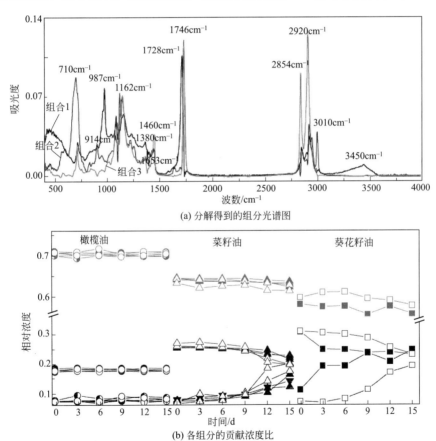

(a) 分解得到的组分光谱图

(b) 各组分的贡献浓度比

图 8-11　食用油氧化监测 FT-MIR 谱图的 MCR-ALS 分析

（○●为橄榄油；△▲为菜籽油；□■为葵花籽油）

　　根据 MCR-ALS 分解出的组分光谱图，很容易得到油脂氧化过程的化学组成变化。其中，组分 1 对应的化合物有带反式双键的化合物、氢过氧化合物和醛酮等，原因是其光谱图对应着位于 987cm^{-1} 处顺-反和反-反共轭双键的特征吸收峰，以及位于 3450cm^{-1} 氢过氧化物特征峰。此外，羰基（C $=$ O）峰拓宽至 1728cm^{-1}，说明油脂氧化产生了不饱和醛酮化合物 [图 8-11(a) 和表 8-5]。相应地，也可以解析出组分 2 和组分 3 对应的吸收峰及其归属情况。由表 8-5 可见，由 MCR-ALS 分析出的特征峰的归属与文献报道的谱图基本一致。因此，通过这些谱峰归属可以监测油脂氧化过程发生的化合物变化情况。

表 8-5　食用油氧化监测 MIR 谱图经 MCR-ALS 分析得到的特征谱峰

组分	MCR 分析/cm^{-1}	文献报道/cm^{-1}	谱峰归属
组分 1	3450	3445	氢过氧化物
	1728	1711	—C $=$ O 伸缩振动
	987	988	反式 C—H 弯曲振动
组分 2	3010	3006	顺式 $=$ C—H 伸缩振动
	1653	1654	顺式 —C $=$ C— 伸缩振动
	1162	1163	—C—O 和—CH$_2$—伸缩和弯曲振动
	914	914	—HC $=$ CH—顺式面外弯曲振动
	710	721	—(CH$_2$)$_n$—和—HC $=$ CH—顺式弯曲振动
组分 3	2920	2924	亚甲基的—C—H 伸缩振动(不对称)
	2854	2853	亚甲基的—C—H 伸缩振动(对称)
	1746	1746	酯基—C $=$ O 伸缩振动
	1162	1163	—C—O、—CH$_2$—伸缩振动
	1460	1465	甲基和亚甲基的—C—H 弯曲和剪式振动

方法评价：该实例应用 FT-MIR 监测了橄榄油、菜籽油和葵花籽油三种食用油的氧化过程，并且采用 PCA 和 MCR-ALS 分析了油脂氧化的 FT-MIR 谱图。结果表明，油脂氧化过程中，其饱和与不饱和结构均发生变化，典型的变化包括顺式双键减少、反式双键形成并增多，氢过氧化物产生以及后续醛酮结构的生成等。比较不同种类油脂的氧化稳定性，其顺序依次是橄榄油＞菜籽油＞葵花籽油，即葵花籽油最容易被氧化。实例表明，FT-MIR 监测可以观察到油脂氧化过程谱峰发生微弱变化，结合 PCA 和 MCR-ALS 等化学计量学方法，能够较为精确地解析出变化谱峰及其对整体谱图的贡献率。由于谱峰均归属于某种结构或组分，因而可以确定油脂氧化中发生组分或结构变化，从而找到油脂氧化的规律，同时也可比较出不同油脂的氧化稳定性。总之，FT-MIR 是一种较好的监测油脂氧化的方法，结合化学计量学方法，可以辨析出大量化学信息，从而为油脂氧化机理的研究提供参考。

实例 93　FT-MIR 结合负二阶导数测定油脂中的反式脂肪酸[7]

背景介绍：油脂氧化会产生许多危害人体健康的物质，其中反式脂肪酸（TFA）备受关注，原因是这类脂肪酸会引发心血管疾病，并且对婴幼儿的生长发育有不利影响。世界各国政府和学术团体针对反式脂肪酸出台了许多法规、标准和摄入量建议等，以此来规范相关产品，引导健康饮食。关于反式脂肪酸的定义，大致分为两大类。一类是以丹麦、美国、加拿大等国家为代表，认为反式脂肪酸是指带有孤立反式双键的单不饱和或多不饱和脂肪酸（PUFA），不包括带有共轭双键的脂肪酸；另一类是以欧盟一些国家、法国、澳大利亚等为代表，认为反式脂肪酸是指含有反式双键的不饱和脂肪酸（UFA）。显然，前者的范围较窄，不包含反刍动物中的瘤胃酸（$C_{18:2}$-9c，11t）等共轭亚油酸（CLAs）。我国对反式脂肪酸的定义是基于第一类，并在此基础上将天然反式脂肪酸排除在外，如异油酸（$C_{18:1}$-11t），因而我国规定的反式脂肪酸范围更窄。

方法原理：无论反式脂肪酸如何定义，以孤立反式双键来筛选甚至表示反式脂肪酸的含量是毋庸置疑的。传统测定反式脂肪酸的方法是气相色谱法，即利用不同脂肪酸的衍生物通过气相色谱柱的保留时间差异达到分析目的。气相色谱法不仅可以测定反式脂肪酸总量，还可以获得单个反式脂肪酸组分含量。但缺点是操作烦琐，分析耗时。中红外光谱具有简单、快速的优点。目前，中红外光谱测定反式脂肪酸的方法比较成熟，其原理是基于反式脂肪酸中孤立反式双键的C—H弯曲振动在$966cm^{-1}$（$10.3\mu m$）处有特征红外吸收峰（图8-12）。根据这一特点，可以根据$966cm^{-1}$处吸收峰的吸收值强度直接计算动植物油脂以及食品的脂肪提取物中反式脂肪酸的含量。

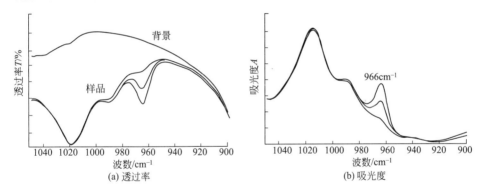

图 8-12　孤立反式双键的红外光谱图

仪器条件：FT-MIR需配置DTGS或MCT检测器，分辨率为$4cm^{-1}$，波数范围覆盖$1050\sim900cm^{-1}$，仪器应在3min内读取$1050\sim900cm^{-1}$范围内的数据，光谱噪声（或基线噪声/峰-峰值）低于0.0005A.U.。ATR附件需有加热功能，配置ZnSe、钻石或功能相当的晶体，ATR附件的容量为$1\sim10\mu L$，恒温（65±2）℃。

操作步骤：中红外光谱测定反式脂肪酸的方法一直在改进。最初采用毒性较强的二硫化碳（CS_2）作为空白和溶剂，目前可以直接测定，不需要溶剂稀释或衍生化，从而简化了操作步骤，提高了分析速度。方法的灵敏度也从5%降低到2%以下，适用范围从植物油拓展到整个动植物油脂领域和部分食品的脂肪提取物。方法准确度和灵敏度的改进均归因于中红外光谱仪器及其附件的改进，包括光谱仪器从色散型发展为傅里叶变换型，提高了红外谱图的信噪比与准确度；ATR 附件相比液体池，只需将液体样品直接滴在表面，不用溶剂稀释，并且清洗方便，极大地简化了制样过程。具体的操作步骤如下：

（1）配制标准溶液　分别准确称取 0.0015g（精确至 0.1mg）、0.003g、0.006g、0.015g、0.03g、0.045g 和 0.06g 的三反油酸甘油酯（trielaidin，TE）标准品于 10mL 烧杯或小瓶中，然后依次加入 0.2985g、0.297g、0.294g、0.285g、0.27g、0.255g 和 0.24g 的三软脂酸甘油酯（tripalmitin，TP），即总量均为 0.3g 的 TE 标准溶液，混匀，制得 TE 含量分别为 0.5%、1%、2%、5%、10%、15% 和 20%（占油脂总量的比例）的标准溶液。

（2）光谱扫描　先预热 ATR 附件 [(65±2)℃] 约 30min，收集 FT-MIR 背景谱图（扫描次数 256 次），保存，然后依次滴加标准溶液和试样至 ATR 附件表面，注意要完全覆盖 ATR 晶体表面。扫描并收集各标准溶液和试样的 FT-MIR 谱图（扫描次数均为 256 次）。每个样品测试之后要彻底擦拭干净 ATR 晶体表面，以免影响后续谱图的扫描。

（3）绘制标准曲线与计算　扫描得到 FT-MIR 吸收谱图或转换为吸收光谱图。然后取二阶导数再乘以 −1 得到 −2nd 谱图（图 8-13），二阶导数谱不仅提高了谱图的分辨率，还解决了 FT-MIR 谱图中基线不平问题，乘以（−1）仅仅为了让 966cm^{-1} 处的吸收峰由负变正，便于观察。然后，在 1030～880cm^{-1} 范围内测量 966cm^{-1} 的峰高。利用标准溶液的 966cm^{-1} 处峰高值绘制标准曲线。结合标准曲线和试样的 966cm^{-1} 处峰高值计算样品中 TE 的含量。

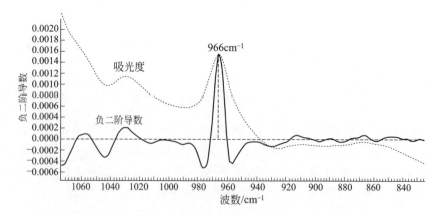

图 8-13　油脂的原始红外光谱图（虚线）与负二阶导数谱图（实线）

干扰因素与方法局限：FT-MIR 通过测定孤立反式双键位于 966cm^{-1} 处的吸收峰强度进行定量测定，因而方法的灵敏度受吸收系数的限制，检出限仅为 1%～5%（以脂肪计）。干扰 966cm^{-1} 处吸收峰的化学基团均会干扰该方法，如顺-反和反-反共轭双键（如 CLA）的最大红外吸收在 $990\sim950\text{cm}^{-1}$ 范围内，包括位于 990cm^{-1}、984cm^{-1} 和 950cm^{-1} 处吸收峰对 966cm^{-1} 峰造成干扰。此外，游离羧基和甘油分子羟基在 935cm^{-1} 处有 O—H 键的弯曲振动峰，以及其他位于 966cm^{-1} 附近的吸收峰也对方法构成干扰。

因此，早期的 AOCS Cd 14-95[8]、AOAC 994.14[9] 与 AOAC 965.34[10] 中规定红外光谱法适用于分析反式脂肪酸比例高于 5% 的油脂样品，不适用于分析共轭酸含量超过 1% 的油脂（如桐油），也不适用于分析含有干扰 966cm^{-1} 功能基团的油脂样品（如蓖麻油中的蓖麻酸及其立体异构体中的羟基等），或者含有吸收峰接近 966cm^{-1} 基团的样品，并且样品必须预先甲酯化，以消除游离羧酸和甘油中羟基的干扰。

随着 ATR 附件的应用，后来制定的标准，如 AOCS Cd 14d-99[11] 与 AOAC 2000.10[12] 已经摒弃了甲酯化步骤，但适用范围没有改变。后来，Mossoba 等利用软件技术对原始红外吸收谱图进行了取二阶导数（2nd derivative）处理，获得分辨率更高的二阶导数谱图 [为了让 966cm^{-1} 朝上，谱图乘以（−1），即负二阶导数谱，见图 8-13]，从而避免了位于 966cm^{-1} 附近的大部分干扰峰，从而扩大了红外光谱测定反式脂肪酸样品的适用范围。目前，该方法拓展至动植物油脂，包括氢化植物油、反刍动物和海洋动物油脂，以及其乳制品中孤立反式双键的总量测定[12,13]。

方法评价和注意事项：该方法简便、快速、无须稀释溶剂，属环境友好方法。负二阶导数提高了谱图的分辨率和灵敏度，扩大了方法的应用范围，降低了方法的检出限，该方法可检测反式脂肪酸含量小于 5% 的样品。但是，应用时应注意，若 FT-MIR 仪器配置 MCT 检测器，建议检测器在液氮环境下运行，以提高检测灵敏度。若配置 DTGS 检测器，ATR 附件最好具备 3 次以上反射功能，以提高仪器检测的灵敏度。测试时要注意试液完全覆盖 ATR 晶体表面。测试完前一个试样后，要将 ATR 晶体表面用脱脂棉彻底擦拭干净，必要时可蘸一点乙醇，以免干扰下一个试样的测定，特别是当前一个样品含有较高浓度的反式脂肪酸时。注意谱图中 960cm^{-1} 处的吸收峰不要计算在内，如图 8-14 所示，椰子油中的 TFAs 只有 0.1%，但其高含量的饱和脂肪酸在 960cm^{-1} 处有特征吸收。

实例 94 应用 FT-MIR 结合 ATR 监测油脂氧化过程的顺式不饱和度、反式脂肪酸和游离脂肪酸的变化[14]

背景介绍：油脂氧化过程主要是脂肪酸发生变化。中红外光谱分析技术具有简便、快速的优势，已经在油脂分析领域有较多研究，在氧化监测方面相对较少。该实例利用 FT-MIR 结合 ATR 附件，直接从谱图上考察油脂从新鲜到深度煎炸的全过程，考察油脂氧化过程中顺式不饱和度、反式脂肪酸和游离脂肪酸的变化。

氧化油脂的制备：实验对象是葵花籽油和一种调和油，收集足够多的油样进行密封加热。加热温度设定为 147℃、171℃ 和 189℃，每天加热 8h，总共的氧

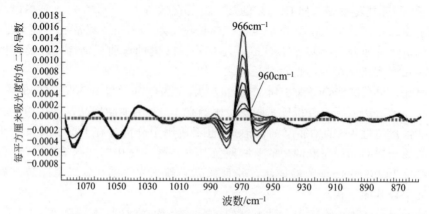

图 8-14　含 TFAs 油脂的负二阶导数谱图（虚线为椰子油）

化时间是 32h。期间每 2h 取出 2mL 油样装入玻璃瓶备用。

　　光谱仪器与谱图采集：以 FT-MIR 仪器及其 ATR 附件采集不同加热时间油脂的红外光谱图。FT-MIR 仪器的波数范围 $4000 \sim 650 \mathrm{cm}^{-1}$，分辨率 $4\mathrm{cm}^{-1}$，扫描次数 32 次。测定时将 $100\mu\mathrm{L}$ 油样滴在 ATR 附件（9 次反射）上，采集时温度保持在 $(26\pm1)\,℃$。

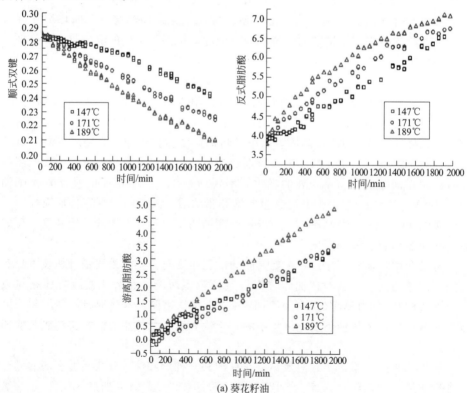

(a) 葵花籽油

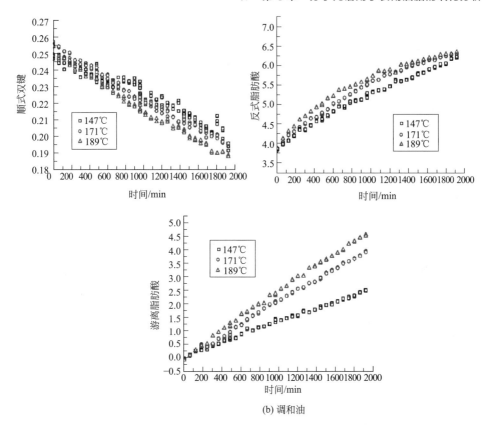

(b) 调和油

图 8-15　葵花籽油和调和油中顺式不饱和度、反式脂肪酸和游离脂肪酸
分别在 147℃、171℃ 和 189℃ 温度下随着加热时间的变化情况

氧化过程考察：该实例通过直接考察油脂不同加热时间的红外谱图来研究油脂氧化过程。重点关注食用油中顺式双键（代表顺式不饱和度）、反式脂肪酸和游离脂肪酸的相对比例变化。具体判断方法是：顺式不饱和度是以位于 $3010cm^{-1}$ 谱峰强度（峰高值）除以 $2854cm^{-1}$ 谱峰强度；反式脂肪酸的含量以实例 94 的方法测定；游离脂肪酸则是先以 $1650cm^{-1}$ 为基点（零点），计算位于 $1740cm^{-1}$ 和 $1685cm^{-1}$ 之间的羰基谱带的积分面积。图 8-15 是油脂中顺式不饱和度、反式脂肪酸和游离脂肪酸随加热时间的变化情况。

很明显，随着加热时间的延长，油脂中的顺式双键的比例下降，而反式脂肪酸和游离脂肪酸的含量增加。温度越高，这个趋势越明显，并且两种油脂的趋势完全一样，只是葵花籽油的氧化稳定性较差，变化趋势更突出。

方法评价：与以往实例不同的是，该实例完全通过红外光谱图判断油脂氧化过程中的组成变化，简单、快速，可以快速观察油脂的氧化趋势，比较不同油脂的氧化稳定性。

8.4 近红外光谱用于食用油脂的氧化分析

实例 95 透射 NIR 结合 PCA 与 MCR-ALS 监测食用油的加热氧化过程[6]

背景介绍：由于 FT-MIR 是分子振动的基频，响应信号强且谱峰波数准确稳定，是常用的结构定性方法，因而成为监测油脂氧化的理想方法。而 NIR 的优势则在于定量分析。该实例在应用 FT-MIR 监测油脂氧化的同时，将样品同时放入 NIR 光谱仪中检测，分析谱图并研究 NIR 监测油脂氧化的可行性，具体方法包括单纯 NIR 谱图监测油脂氧化过程的谱图分析，结合主成分分析（PCA）和多元曲线分辨-交替最小二乘法（MCR-ALS）分析 NIR 谱图，分析氧化过程中化学组成的变化情况。

样品与参考数据：收集了不同加工工艺得到的橄榄油、菜籽油和葵花籽油 3 种食用油的 13 个样品，分别置油样于浅盘中，放入 60℃ 烘箱中实施油脂氧化实验。每隔一段时间测定过氧化值（PV），收集 NIR 谱图。具体操作方法和检测数据见实例 93。

光谱仪器与氧化过程监测：近红外光谱仪（MPA），波数范围 $15000\sim4000cm^{-1}$，分辨率 $16cm^{-1}$，扫描次数 32 次。以透射方法采集不同加热时间的氧化油脂的 NIR 谱图，样品瓶为 8mm 光程的玻璃瓶，恒温至 40℃ 后采集谱图。图 8-16 显示的是冷榨菜籽油随氧化时间的 NIR 谱图变化。由图可见，最典型的变化出现在 $4810cm^{-1}$ 附近和最高处 $7068cm^{-1}$ 斜峰，这些变化指示氢过氧化物的形成。

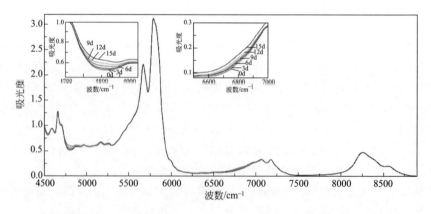

图 8-16 冷榨菜籽油在 60℃ 下氧化 15d 期间的中红外谱图的变化情况

通过 PCA 和 MCR-ALS 方法解析 NIR 谱图：该实例通过 PCA 和 MCR-ALS 解析氧化过程收集的 NIR 谱图。PCA 分析的结果显示（图 8-17），橄榄油、菜籽油和葵花籽油各聚在一起，其中橄榄油随加热时间的变化不明显，菜籽油和葵花籽油随加热时间逐渐分开，说明橄榄油的氧化稳定性较好，菜籽油次之，葵花籽油的氧化稳定性最差。将 PCA 图中贡献率为 75％的主成分 1 （PC1）的谱图进行分析，可以发现，表示双键的 $4590cm^{-1}$ 和 $4670cm^{-1}$ 谱峰强度降低，表示亚甲基的 C—H 的一级倍频 $5870cm^{-1}$ 谱峰和二级倍频 $8600cm^{-1}$ 谱峰强度降低。然而，归属于过氧化物 $4804cm^{-1}$ 和 $6950cm^{-1}$ 谱峰强度增加。

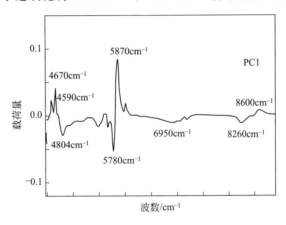

图 8-17　油脂氧化过程的 MIR-PCA 载荷图

　　MIR 谱图矩阵将油脂氧化的 NIR 谱图分解为三类化学组分，即组分 1、组分 2、组分 3。组分 1 在所有油脂氧化之初的贡献率相同，随着加热时间的延长，组分 1 的贡献率开始逐渐增加，不同油脂中组分 1 的贡献增速不同。其中，组分 1 贡献率的增速随精炼葵花籽油氧化程度的加深表现得最快。同样方法分析得出，组分 2 的贡献顺序为葵花籽油＞菜籽油＞橄榄油；不同的是，组分 3 对菜籽油和葵花籽油的贡献率降低了［见图 8-11(b)］。

　　根据 MCR-ALS 分解 NIR 谱图得到的组分光谱图（图 8-18），可以解析油脂氧化过程的化学变化。其中，组分 1 的谱图中有位于 $6852cm^{-1}$ 的宽峰和 $4800cm^{-1}$ 处的吸收峰，这两个谱峰均归属于氢过氧化物。组分 2 中有一个位于 $8560cm^{-1}$ 的甲基的二级倍频峰，还有归属于不饱和结构的 $6010cm^{-1}$、$4665cm^{-1}$ 和 $4591cm^{-1}$ 吸收峰，以及位于 $8380cm^{-1}$ 和 $5860cm^{-1}$ 处的亚甲基的一级和二级倍频峰。组分变化的谱峰归属情况见表 8-6。

表 8-6　监测油脂氧化的 NIR 谱图通过 MCR-ALS 分析得到的特征谱峰

组分	MCR 分析/cm^{-1}	文献报道/cm^{-1}	谱峰归属
组分 1	7037	7042	羟基
	6852	6849	氢过氧化物组合频
	5860	5790	—CH$_2$—、C—H 一级倍频伸缩振动
	4800	4800	氢过氧化物

组分	MCR 分析/cm^{-1}	文献报道/cm^{-1}	谱峰归属
	8560	8562	—CH$_3$、C—H 二级倍频伸缩振动
	6010	6010	顺式—C＝C—和顺式 C—H
组分 2	5860	5790	—CH$_2$—、C—H 一级倍频伸缩振动
	4665	4662	—HC＝CH—、＝C—H 伸缩＋C＝O 伸缩
	4591	4596	—HC＝CH—、＝C—H 不对称伸缩＋C＝C 伸缩
	8260	8258	—CH$_2$—、C—H 二级倍频伸缩振动
	7190	7189	CH$_3$—、2C—H 伸缩＋C—H 变形振动
组分 3	7072	7072	—CH$_2$—、2C—H 伸缩＋C—H 变形振动
	5790	5790	—CH$_2$—一级倍频
	5670	5678	—CH$_2$—一级倍频

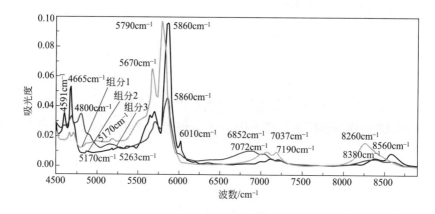

图 8-18　氧化油脂的 NIR 谱图通过 MCR-ALS 分析得到的组分光谱图

方法评价：该实例采用透射 NIR 监测了橄榄油、菜籽油和葵花籽油的氧化过程，并且以 PCA 和 MCR-ALS 解读了油脂氧化过程的化学变化。结果表明，油脂氧化过程的 NIR 谱图仅发生了微弱变化，利用 PCA 和 MCR-ALS 可以将谱图中隐藏的信息挖掘出来。PCA 的结果可以明显地比较出三类食用油的氧化稳定性，即橄榄油＞菜籽油＞葵花籽油。MCR-ALS 则可以解析出油脂氧化过程中的化学变化。不过相比 FT-MIR，NIR 谱图只能给出非常微弱的变化，解读其中的有效信息较为困难，但 NIR 的定量分析效果良好，可以用于测定氧化指标。

实例 96　透射 FT-NIR 结合 PLS 快速监测煎炸油的羰基值[15]

背景介绍：油脂在煎炸过程中发生氧化、水解、聚合等反应导致油脂品质降低，因此，煎炸油脂的安全关系到煎炸食品的质量安全。羰基值是监测煎炸油安全的重要指标。该实例以常见的食用油和煎炸油为原料，通过采集不同氧化程度的油样进行近红外透射光谱图，结合 PLS 建立煎炸油的近红外光谱与其羰基值之间的定量模型，最终实现煎炸油羰基值的快速监测。

　　样品制备与参考数据：收集市售的起酥油、大豆油、菜籽油、玉米油和调和油，任意取两种按 1∶1、1∶2、1∶3 混合，随机获取 24 个，然后将油样置于 105℃烘箱中进行加速氧化，根据氧化时间不同，取 3 个不同氧化程度的油样（7kg）倒入煎炸锅，加热到油温为（180±5）℃，以 1.5kg/h 的速率煎炸马铃薯片，每 30min 取油样 1 次，每次 100mL。连续煎炸 3d，每天 6h，共煎炸 18h，整个过程不加新油，最终共得 108 个样品。随机分配样品为校正集（76 个，羰基值范围为 0.53～44.17mmol/kg）和验证集（32 个，羰基值范围为 1.98～43.51mmol/kg）。煎炸过程的实际羰基值以 GB 7102.1—2003 规定的方法测定。我国植物油卫生标准规定，羰基值不能超过 25mmol/kg。

　　光谱仪器与测量：以透射方式采集 FT-NIR 谱图，玻璃比色皿的光程为 0.5mm，波数范围 12000～4000cm^{-1}，分辨率 4cm^{-1}，扫描次数 32 次，采集时温度保持在 60℃。

　　模型建立与验证：煎炸过程的羰基值定量模型以 PLS 法建立。光谱预处理采用一阶求导、二阶求导、SNV 和 MSC 等方法。以 PCA 确定最佳主成分数，比较不同预处理方法的建模效果，最终确定谱图范围选择 9739～6274cm^{-1}。预处理方法采用 SNV 和二阶求导，此时，模型的相关系数最大（$R=0.9844$），模型校正和验证标准偏差（RMSEC 和 RMSEP）分别为 1.47 和 1.73。

　　该实例对验证集的预测值和实测值进行配对 t 检验，结果显示 t 值为 1.93，小于临界值 $t_{31,0.05}=2.04$。随机取 5 个样品的相对误差范围为 1.2%～4.3%，均小于 5%，表明模型的准确度满足分析要求。平行测定样品的羰基值 5 次，RSD 值为 1.53%，表明模型的精密度良好。

　　煎炸过程监测：煎炸过程同上，取 7kg 煎炸油置入煎炸锅，加热到（180±5）℃，以 1.5kg/h 的速率煎炸马铃薯片，每 1h 取 100mL 油样，冷却至 60℃后，采集近红外光谱图，以建立的 NIR-PLS 模型预测羰基值，同时利用传统方法测定羰基值，对两者结果进行相关性分析。当羰基值超过 25mmol/kg 时停止煎炸。注意，整个煎炸过程不加新油。图 8-19 是 NIR-PLS 模型监测煎炸油脂的羰基值的情况。结果表明，模型的预测效果良好，预测值与实际值的相关系数达到 0.9952。

　　方法评价：应用 FT-NIR 结合 PLS 建立的煎炸油羰基值的模型，可以较好地监测实际煎炸过程。如果油脂企业将此方法与自动采样分析系统相结合，可实现煎炸油羰基值的实时监控。此外，该实例还利用透射方式的 FT-NIR 结合建立了煎炸油极性组分的含量分析模型。结果显示，基于 4963～4616cm^{-1}、5222～5037cm^{-1}、5688～5499cm^{-1} 波段范围建立的 NIR-PLS 校正模型的 R^2 为 0.9965，RMSEC 为 1.84%，验证集的相关模型 R^2 为 0.9936，RMSEP 为 1.92%，且预测值与实测值比较接近，可以用于煎炸油极性组分含量的监测[16]。

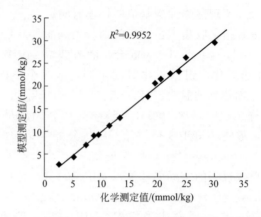

图 8-19　NIR 结合 PLS 建立的模型监测油脂煎炸过程的羰基值

8.5　拉曼光谱用于食用油脂的氧化分析

实例 97　Raman 光谱监测橄榄油的加热过程并结合 PLS 测定胡萝卜素的含量[17]

背景介绍：食用油在加热过程中容易产生有害物质，导致劣变。传统分析油脂劣变的方法耗时费力且需要消耗大量化学试剂。由于食用油的质量安全关乎消费者的健康，因而监测油脂加热过程中的劣变情况非常必要。拉曼光谱方法具有简单、无损和快速的优点，该实例考察应用拉曼光谱监测橄榄油加热过程的谱图变化情况，并且结合 PLS 方法快速检测油脂中胡萝卜素的含量变化。

样品与参考数据：采购市售的特级初榨橄榄油，采用微波加热形式考察油脂劣变情况。微波加热的方法是将 200mL 油样置于 500mL 烧杯中，放入微波炉，以 700W 功率加热，加热温度分别设定为 50℃、70℃、100℃、120℃、140℃、160℃、180℃、190℃、215℃和 225℃，每个温度加热 15min，其中每加热 2min 就搅拌一次。然后将每个温度下加热完成的油样取出 20mL，冷却备用。

参考数据检测了游离脂肪酸和胡萝卜素的含量。游离脂肪酸的测定采用 AOCS Ca 5a-40 方法，含量以油酸计。胡萝卜素的含量则采用紫外可见分光光度计测定，即用正己烷稀释油样，测定 λ_{445} 下的吸光度，胡萝卜素的含量以 β-胡萝卜素计。结果显示，微波加热油脂的游离脂肪酸的含量为 $0.18\%\sim0.20\%$，胡萝卜素含量为 $0.60\sim1.67mg/kg$。

光谱仪器与测量：拉曼光谱仪的激发光源为 Ar^+ 气体激光器（功率为 10mW），激发波长为 514.5nm。光源发射的激光通过倒置显微镜投射在 $1800\mu L$ 石英样品池上，样品的拉曼散射信号通过 1200 凹槽/mm，入口狭缝宽度为 $200\mu m$ 的光栅单色器散射后，由配有液氮冷却的 CCD 检测器检测。扫描范围

700～3100cm⁻¹，每个样品扫描 5 次，收集时间为 5s。

谱图分析油脂氧化过程：图 8-20 是特级初榨橄榄油在不同加热温度下（微波炉加热）监测到的拉曼光谱图。由图显示，位于 1008cm⁻¹、1150cm⁻¹ 和 1525cm⁻¹ 的拉曼谱峰（归属于胡萝卜素）在加热温度高于 180℃时开始下降，温度越高，拉曼谱峰强度越弱，温度为 225℃时谱峰最弱。1650cm⁻¹ 处的谱峰是脂肪的 C ═C 振动，随着加热温度的升高，谱峰强度有些微增加。谱峰 1265cm⁻¹ 和 1300cm⁻¹ 的强度比例代表油脂的不饱和度。该比例随温度的增加下降，说明加热导致不饱和度降低。位于 1747cm⁻¹ 谱峰是 C ═O 伸缩振动，其强度略微下降，说明油脂发生了水解。在高波数区域，2850cm⁻¹ 和 2880cm⁻¹ 归属于脂肪链，这两个峰的强度代表脂肪的相转移。如果 2850cm⁻¹ 峰的强度较高，则说明脂肪的液态化程度更高。反之，2880cm⁻¹ 峰的强度代表脂肪的固态化程度。随着温度的升高，2850cm⁻¹ 比 2880cm⁻¹ 的谱峰增加更快，说明脂肪产生液态化的趋势。此外，位于 3015cm⁻¹ 处谱峰随温度的升高缓慢降低，由于该谱峰代表顺式不饱和键，说明温度升高，顺式双键减少，不饱和程度在降低。

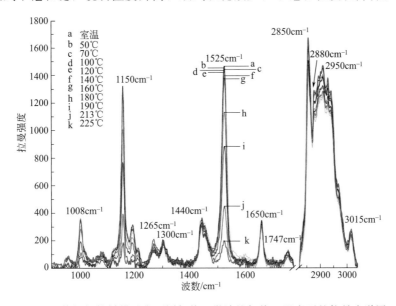

图 8-20　特级初榨橄榄油在不同加热（微波炉加热）温度下的拉曼光谱图

校正模型的建立与预测：采用 PLS 建立校正模型。谱图范围选择 900～1570cm⁻¹，PCA 结果表明，前两个主成分，即 PC1 和 PC2 占到了总体光谱变量的 99％。Raman-PLS 模型的校正集和验证集的相关系数（R^2）均达到 0.99、校正标准偏差（RMSEC）和预测标准偏差（RMSEP）分别为 0.027 和 0.079。Raman-PLS 模型的校正集和验证集的预测值与实际值的比较见图 8-21。

方法评价：该实例应用 Raman 光谱监测不同加热温度下特级初榨橄榄油的

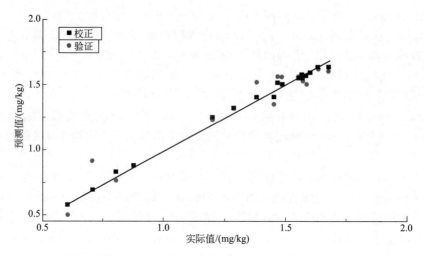

图 8-21　橄榄油中胡萝卜素含量的 Raman-PLS 预测值与实际值的比较

拉曼谱图，从谱图上可以看到热诱导的油脂氧化过程，其中油脂的不饱和度、顺式双键、羰基、脂肪固液态程度以及类胡萝卜素含量等均发生了变化。此外，该实例还采用拉曼谱图直观比较了微波加热和普通加热情况下类胡萝卜素与加热温度的关系。结果发现，微波加热时，类胡萝卜素在 180℃下开始下降。而普通加热时，类胡萝卜素在 140℃下开始下降，说明微波加热情况下，油脂的氧化稳定性要好一些。同时，该实例根据类胡萝卜素位于 1008cm^{-1}、1150cm^{-1} 和 1525cm^{-1} 的拉曼谱峰，结合 PLS 方法建立了 Raman-PLS 定量模型，根据模型的评价参数说明模型的定量效果较好，从而为拉曼光谱在油脂氧化监测和油脂组分分析方面提供了借鉴和参考。

8.6　荧光光谱用于食用油脂的氧化分析

实例 98　荧光监测初榨橄榄油加热过程的化学变化[18]

背景介绍：食用油的劣变源自氧化，光、热、金属、色素等诱导油脂发生氧化反应。其中以油脂的热氧化最为普遍，涉及的化学反应复杂，包括多不饱和脂肪酸的氧化、顺-反异构、次级氧化产物的生成以及氧化甘油三酯及其聚合物的形成等。通常，人们认为特级初榨橄榄油中含有高比例单不饱和脂肪酸，少量多不饱和脂肪酸以及多酚、维生素 E 等抗氧化物质，不易被氧化。但考虑到氧化导致油脂风味下降、品质降低，甚至产生有害物质，因而了解油脂氧化过程发生的化学反应，有效防止油脂氧化一直是油脂领域的研究热点。特级初榨橄榄油具有鲜明的分子荧光特征，荧光谱峰涉及叶绿素、维生素 E、多酚类物质和油脂氧化产物等，因此，该实例通过监测特级初榨橄榄油加热氧化过程的荧光谱图，观察荧光特征峰的峰位、峰强变化，从而了解氧化过程发生的一系列化学反应。

样品制备：从突尼斯市场上购买两个不同品牌的特级初榨橄榄油样品。每个品牌分为12份，每4份为一组，共分3组，分别设定第一、二、三组样品的加热温度为140℃、160℃和180℃，恒温加热，加热时间分别为30min、60min、120min、180min，取出油样，冷却备用。

光谱仪器与测量：分子荧光仪器为自制，光源为LED激发光源，激发波长为365nm，采集样品的石英比色皿前置，通过光纤光束采集样品，发射波长为400～800nm，光谱信号采集软件为OOIBase32。此外，荧光谱图的发色团分析采用Igor Pro软件进行去卷积处理。

谱图变化油脂的氧化过程：如图8-22所示，位于400～500nm区域的氧化产物随着加热温度的升高，加热时间的延长，荧光强度呈上升趋势。说明随着氧化程度的加深，产生了越来越多的氧化产物。同时，位于650～750nm区域的叶绿素随着加热温度的升高，加热时间的延长，荧光强度呈下降趋势。说明叶绿素随油脂氧化含量下降。此外，可以观察到当油脂在160℃和180℃下

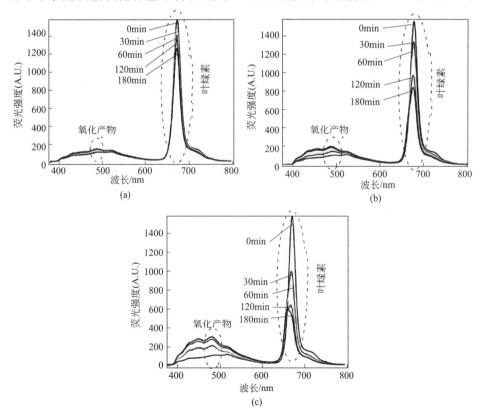

图8-22　特级初榨橄榄油分别在140℃（a）、160℃（b）和180℃（c）
恒温加热下随时间的荧光谱图变化

加热时，叶绿素的荧光谱峰产生变形，谱峰发生蓝移，在 665nm 处出现了新的谱峰（图 8-23）。根据参考文献推测，在加热过程中，初榨橄榄油中原有的叶绿素 a 失去 Mg^{2+} 转化为脱镁叶绿素（pheophytin），脱镁叶绿素进一步脱羧基转化为焦脱镁叶绿素（pyropheophytin）。焦脱镁叶绿素是位于 665nm 处的新化合物（图 8-23）。

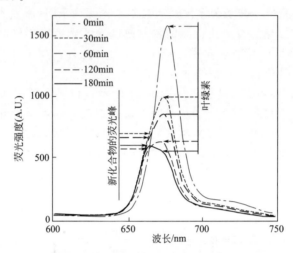

图 8-23　特级初榨橄榄油在 180℃恒温加热下叶绿素的荧光谱峰变化

（在 665nm 处出现新化合物的荧光峰）

　　该实例还分析了位于 400～600nm 波段的荧光峰，这部分不包含叶绿素的荧光峰，却包含前面提到的氧化产物（400～500nm）和位于 525nm 处的维生素 E 的荧光峰。由于这部分的荧光峰宽且强度弱，该实例采用去卷积和归一化方法进行了分析，即首先对 400～600nm 进行了去卷积处理，然后将此范围荧光峰的强度除以维生素 E 的荧光峰强度（归一化），得到的结果见图 8-24。由图可见，随着加热温度的升高，加热时间的延长，位于 432nm、455nm 和 489nm 处氧化产物的强度增强，其中以 489nm 处荧光峰的强度增强最明显，意味着氧化产物的产生和持续增加。

　　方法评价：该实例采用前置荧光，以 365nm 为激发波长监测了特级初榨橄榄油加热过程的荧光谱图变化。从荧光谱图上可以直观地看到，叶绿素 a 的含量随氧化程度的增加而减少，当加热温度达到 160℃以上时，叶绿素发生化学变化，依次转化为脱镁叶绿素（pheophytin）和焦脱镁叶绿素（pyropheophytin）。同时，该实例通过去卷积和归一化分析了氧化产物的产生，获得了非常直观的分析效果。总之，荧光光谱技术是监测和分析油脂氧化过程的有力工具，该工具的应用需要通过化学计量学方法等的适当数据处理，同时结合色谱、质谱分析方法等，可以获得丰富的油脂氧化信息。

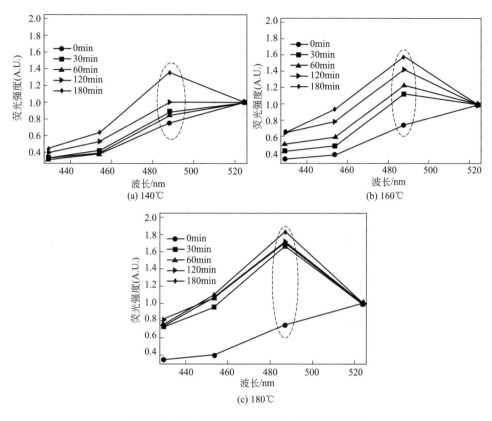

图 8-24　归一化处理油脂恒温加热的荧光谱图

实例 99　时间分辨荧光监测特级初榨橄榄油的加热氧化过程[5]

背景介绍：特级初榨橄榄油具有很高的营养价值和健康保健作用，原因是其中含有大量单不饱和脂肪酸和多种抗氧化活性物质，如角鲨烯、维生素 E、甾醇、叶绿素和酚类化合物等，这些抗氧化物质虽然含量不高，却对初榨橄榄油的氧化稳定性起到至关重要的作用。油脂氧化是一个非常复杂的过程，氧化油脂的风味下降，且含有许多有毒有害物质，对人体健康不利。该实例尝试应用时间分辨荧光技术监测橄榄油氧化前后的叶绿素的荧光变化，推测橄榄油氧化过程，了解油脂氧化机理。

样品与参考数据：人工采摘了意大利西西里地区的三个品种的橄榄果，送至工厂加工（27℃下冷榨）制得特级初榨橄榄油；然后两两混合，制备得到具有当地特色的 3 个橄榄油样品。橄榄油样品放置在密闭的玻璃瓶中，置于 23℃、暗处储存备用。氧化实验是为每个油样准备 7 个玻璃瓶，并注入 10mL 油样，分别放置在 30℃、60℃、90℃ 的烘箱中氧化，样品最长的氧化时间为 35d。

光谱仪器与测量：采用时间分辨荧光法分析。仪器的脉冲激光光源

（Vibrant Opotek Inc）提供激发光，脉冲宽度约 5ns，重复频率 10Hz，可在
UV-Vis 范围调节。设置激光波长 410～650nm，脉冲能量维持在（1.50±0.05）
mJ。用高分辨摄谱仪（Spectrapro 2300i，美国，配备 300 凹槽/mm 和 500nm
光栅）采集发射光。检测器为强化空气冷却的 CCD 成像仪（PIMAX）。延迟时
间可在 0.5～80ns 范围内设置。检测油脂样品时以环己烷稀释（10%，体积分
数），在 25℃ 条件下，放入 1cm 石英比色池扫描采集谱图。

　　谱图分析油脂的氧化过程：时间分辨荧光是基于分子荧光寿命（τ）的分析
方法。分子荧光属于光致发光，是指分子受到激光照射后能够发射出荧光。通
常，分子从受到激发到发射荧光之间有一段纳秒级（ns）的延缓或弛豫时间，即
为分子的荧光寿命。不同分子的荧光寿命不同。该实例通过测量荧光寿命，考察
油脂氧化过程中可能发生的化学组成变化。

　　实验表明，橄榄油中的叶绿素在紫外-可见光激发下，会在 670nm 和 720nm
处发射荧光谱带。图 8-25 是叶绿素在 410nm 波长的光激发下，位于 670nm 发射
谱带的荧光强度随时间的衰减情况。可以看到，随着时间的延长，叶绿素发射出
的荧光强度迅速降低，其趋势可拟合为一条单指数衰减曲线。

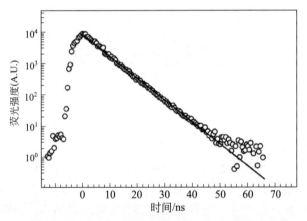

图 8-25　叶绿素荧光谱带（$\lambda_{EX410}/\lambda_{EM670}$）的荧光寿命

　　图 8-26 是三种橄榄油在 60℃ 下随加热时间的荧光寿命变化。由图所示，初
始阶段橄榄油的荧光寿命是（6.0±0.1）ns，35d 后的荧光寿命增加至（6.3±
0.1）ns。由此推测，叶绿素等荧光发色团与黏度等环境因素在油脂氧化过程中发
生了变化。

　　方法评价：该实例首次从时间分辨荧光的分子荧光寿命方面考察了油脂的氧
化过程，为油脂氧化的监测研究提供了新思路。但对复杂的油脂体系，荧光寿命
的解读还需要进一步的研究。

　　实例 100　同步荧光光谱监测不同种类食用油的热诱导过程[19]

　　背景介绍：同步荧光分析中最常用的是固定波长差法，即将激发和发射单色

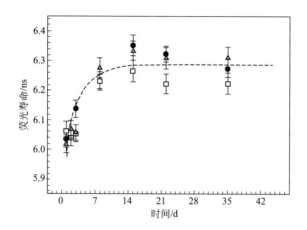

图 8-26　叶绿素的荧光寿命随氧化时间的变化

器波长维持一定差值 Δλ，得到同步荧光光谱。与传统的荧光方法相比，同步荧光分析具有谱图简单、谱带窄、分辨率高、光谱重叠少的优点。该实例应用同步荧光分析方法监测热诱导下各种食用油的氧化过程。

样品与参考数据：购买市售的特级初榨橄榄油、橄榄果渣油、花生油、玉米油、葵花籽油、大豆油和调和油。分别取各油样 7.5g 置于 4cm 高、2.5cm 直径的敞口杯中，放入油浴中加热，加热温度分别设定为 100℃、150℃、190℃，加热时间为 30min，然后将氧化程度不同的油样放在 -18℃ 冰箱中备用。

光谱仪器与测量：采用 Fluorolog-3 荧光分光光度计。仪器配备双光栅激发器和单光栅发射单色器，激发光源为 450nm 氙灯，激发和发射狭缝宽度设为 2nm。样品池为 10mm×4mm×45mm 石英比色皿，与光源成直角。同步荧光光谱的激发波长为 250～720nm，波长间隔为 80nm。

谱图分析油脂氧化过程：图 8-27 显示了不同食用油在上述测定条件下的同步荧光谱图。由图可见，特级初榨橄榄油和橄榄果渣油在 570～700nm 区域出现了叶绿素的荧光峰，这些荧光峰的强度随着加热温度的升高而降低。此外，特级初榨橄榄油在 315～350nm 范围有一酚类化合物的荧光峰，该峰随着加热温度的升高而降低；350～500nm 区域出现三个荧光峰，这些峰的强度随加热温度的升高而增强。然而，橄榄果渣油在 350～500nm 区域却只有两个峰，它们的强度随加热温度的升高而降低。芝麻油在 315～500nm 区域的同步荧光谱峰随加热温度的升高而升高，而低于 315nm 的酚类化合物荧光峰的强度则随加热温度的升高而降低。由于特级初榨橄榄油和芝麻油没有经过精炼，酚类化合物得以保留，但随着温度的升高，油脂氧化形成的自由基消耗了酚类化合物，使得酚类化合物的含量随着油脂氧化程度的加深而降低。

玉米油、大豆油、葵花籽油和调和油的同步荧光谱较相似，均只是在 350～

500nm 区域出现一个荧光峰，该峰的强度随温度的升高而逐步减弱，其中大豆油的荧光峰在 100℃加热 30min 即出现明显减弱现象，其他油脂的则在 150℃下加热 30min 才开始明显降低。350（340）～500nm 区域是生育酚的特征峰。图 8-27说明，生育酚随着油脂氧化程度的加深而降低。

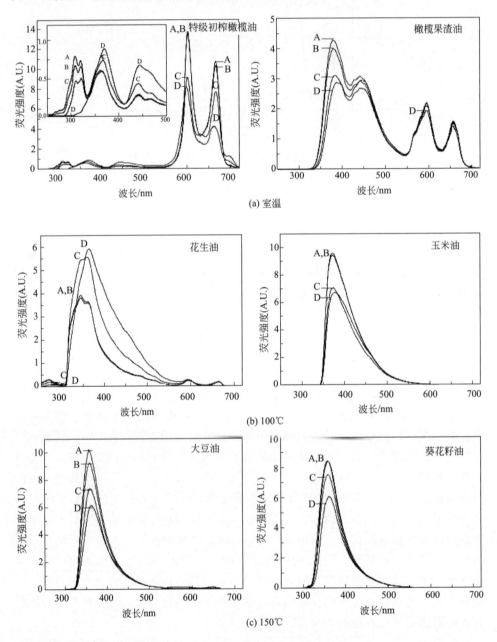

(a) 室温

(b) 100℃

(c) 150℃

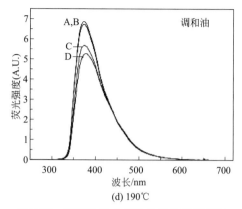

图 8-27　不同种类食用油的同步荧光谱图
A—室温；B—100℃；C—150℃；D—190℃

该实例在此基础上，进一步采用三维荧光谱图解读了将加热时间延长至 8h 后油脂荧光峰的变化情况。结果表明，对于特级初榨橄榄油，当在 100℃下加热 8h，低于 290nm 的荧光峰全部消失；150℃加热 8h，300nm 以下的荧光峰全部消失，325～465nm 的荧光信号增强；190℃加热 8h，265～350nm 的荧光峰消失，350～500nm 的荧光峰强度增加，500～720nm 的谱峰消失。对于橄榄果渣油，当在 100℃下加热 8h，谱峰变化并不明显；150℃和 190℃下加热 8h，低于 350nm 的荧光峰消失；400～500nm 的荧光信号增强，600nm 以上的荧光峰消失。改变波长间隔为 48～92nm，190℃下加热 8h 后，橄榄果渣油在 430～460nm 处出现最强荧光峰。对于花生油，100℃下加热对谱图的影响不明显。当在 150℃和 190℃下加热 8h 后，低于 325nm 和高于 580nm 的谱峰消失，而位于 350～530nm 的荧光峰增强；当在 190℃下加热后，同步荧光谱峰在 395～400nm 出现高强度荧光峰（波长间隔变换为 50～105nm）。特别有意思的是，特级初榨橄榄油、橄榄果渣油、花生油在 190℃下加热 8h 后，均在 400～450nm 范围出现荧光信号的增强现象。

至于玉米油、大豆油、葵花籽油和调和油，在 100℃下加热 8h 后荧光谱图仅有微弱变化；150℃加热后，低于 370nm 的荧光峰减弱，190℃时，低于 370nm 和高于 630nm 的荧光信号消失；190℃加热 8h 后，玉米油、大豆油、葵花籽油和调和油的同步荧光谱，分别在 355～425nm、365～405nm、370～420nm、425～440nm 波长范围的荧光峰增强。

综上，不同种类食用油三维荧光谱图的变化，即低于 350nm 的荧光峰普遍消失，600～700nm 的荧光峰信号降低，表明油脂中的抗氧化物质和叶绿素随氧化程度的加深而降低；400～500nm 范围荧光信号强度增加，说明次级氧化产物随着油脂氧化而产生并持续增加。

方法评价：该实例应用同步荧光分析技术监测了油脂的加热过程的谱峰变化

情况。从荧光信号的增强和减弱，解读酚类和维生素 E 等抗氧化物质随油脂氧化含量降低甚至消失，初榨橄榄油中的叶绿素随油脂加热而减少；油脂的次级氧化产物则随加热温度的升高，加热时间的延长而迅速增加。可以看出，利用同步荧光谱可以直观地观察到油脂氧化过程中化合物的变化情况，但由于油脂及其氧化过程极其复杂，应用荧光方法，即使是分辨能力更高的同步荧光，也无法对多数荧光峰进行准确归属，或者只能做化合物种类的归属，因此，该技术目前只能作为筛选或研究方法来了解油脂及其氧化过程，而不能应用在实际分析方法中。

◆ 参考文献 ◆

[1] 武彦文，欧阳杰，李冰宁. 反式脂肪酸. 北京：化学工业出版社，2015.

[2] Goncalves R P, Marco P H, Valderrama P. Thermal edible oil evaluation by UV-Vis spectroscopy and chemometrics. Food Chem, 2014, 163: 83-86.

[3] Dréau Y L, Dupuy N, Artaud J, et al. Infrared study of aging of edible oils by oxidative spectroscopic index and MCR-ALS chemometric method. Talanta, 2009, 77: 1748-1756.

[4] Talpur M Y, Hassan S S, Sherazi S T H, et al. A simplified FT-MIR chemometric method for simultaneous determination of four oxidation parameters of frying canola oil. Spectrochim Acta Part A: Mol Biomol Spectrosc, 2015, 149: 656-661.

[5] Navarra G, Cannas M, D'Amico D, et al. Thermal oxidative process in extra-virgin olive oils studied by FT-MIR, rheology and time-resolved luminescence. Food Chem, 2011, 126: 1226-1231.

[6] Wójcicki K, Khmelinskii I, Sikorski M, et al. Near and mid infrared spectroscopy and multivariate data analysis in studies of oxidation of edible oils. Food Chem, 2015, 187: 416-423.

[7] AOCS official method Cd 14e-09 Negative second derivative infrared spectroscopic method for the rapid (5 min) determination of total isolated *trans* fat.

[8] AOCS. Official method Cd 14-95 (Reapproved 2009). Isolated *trans* isomers infrared spectrometric method.

[9] AOAC official method 994. 14, isolated *trans* unsaturated fatty acid content in partially hydrogenated fats (infrared spectrophotometric method, first action 1994).

[10] AOAC official method 965. 34, isolated *trans* isomers in margarines and shortenings (infrared spectrometric method, revised 1997).

[11] AOCS official method Cd 14d-99 (Reapproved 2009), rapid determination of isolated *trans* geometric isomers in fats and oils by attenuated total reflection infrared spectroscopy.

[12] AOAC official method 2000. 10, determination of total isolated trans unsaturated fatty acids in fats and oils (ATR-FT-MIR spectroscopy, first action 2000).

[13] Mossoba M M, Kramer J K G, Azizian H. Application of a novel, heated, nine-reflection ATR crystal and a portable FT-MIR spectrometer to the rapid determination of total *trans* fat. J Am Oil Chem Soc, 2012, 89: 419-429.

[14] Moros J, Roth M, Garrigues S, et al. Preliminary studies about thermal degradation of edible oils through attenuated total reflectance mid-infrared spectrometry. Food Chem, 2009, 114:

1529-1536.

［15］王亚鸽，张静亚，于修烛，等. 近红外光谱的煎炸油羰基值检测及监控研究. 中国粮油学报，2014, 29（2）: 105-109（114）.

［16］陈秀梅，于修烛，王亚鸽，等. 基于近红外光谱的煎炸油极性组分定量分析模型构建. 食品科学，2014, 35（2）: 238-242.

［17］El-Abassy R M, Donfack P, Materny A. Assessment of conventional and microwave heating induced degradation of carotenoids in olive oil by VIS Raman spectroscopy and classical methods. Food Res Int, 2010, 43: 694-700.

［18］Kongbonga Y M, Ghalila H, Majdi Y, et al. Investigation of heat-induced degradation of virgin olive oil using front face fluorescence spectroscopy and chemometric. Anal J Am Oil Chem Soc, 2015, 92: 1399-1404.

［19］Poulli K, Chantzos N V, Mousdis G A, et al. Synchronous fluorescence spectroscopy: tool for monitoring thermally stressed edible oils, J Agric Food Chem. 2009, 57: 8194-8201.